E. DELIÈGE

LE LIVRE UNIQUE

DE

SCIENCES & D'AGRICULTURE

DESTINÉ

Aux Élèves des Cours moyen et supérieur de l'École Primaire, à ceux des Cours d'Adultes
et à ceux des Cours agricoles des Lycées et Collèges

LECTURES SCIENTIFIQUES ET AGRICOLES

AVEC APPLICATIONS

à l'Hygiène, à l'Économie domestique & à l'Antialcoolisme

*L'Observation est la base
de l'Enseignement scientifique
et agricole.*

Vve AUGUSTE GODCHAUX

IMPRIMEUR-ÉDITEUR

133, Boulevard de Charonne — PARIS

1902

E. DELIÈGE

LE LIVRE UNIQUE

DE

SCIENCES & D'AGRICULTURE

DESTINÉ

Aux Élèves des Cours moyen et supérieur de l'École Primaire, à ceux des Cours d'Adultes
et à ceux des Cours agricoles des Lycées et Collèges

LECTURES SCIENTIFIQUES ET AGRICOLES

AVEC APPLICATIONS

à l'Hygiène, à l'Économie domestique & à l'Antialcoolisme

*L'Observation est la base
de l'Enseignement scientifique
et agricole.*

Vve AUGUSTE GODCHAUX

IMPRIMEUR-ÉDITEUR

133, Boulevard de Charonne — PARIS

1902

AVANT-PROPOS

Le **Livre unique de Sciences et d'Agriculture**, est conçu sensiblement sur le même plan que le **Livre unique de Morale et d'Instruction civique**, édité par la même librairie. Le succès que l'ouvrage de MM. POIGNET et BERNAT obtient parmi les membres du corps enseignant, nous laisse espérer que le volume que nous offrons aujourd'hui à nos Collègues, sera le bienvenu pour l'enseignement des Sciences et de l'Agriculture.

En ce qui concerne les Sciences, nous avons groupé en 40 leçons les principaux sujets destinés à être traités dans les écoles primaires, en conformité avec l'arrêté ministériel et les instructions de 1897.

Chaque leçon comprend :

1º Une **Lecture-résumé** pour le cours moyen première année, et une autre pour la deuxième année du cours moyen ou pour le cours supérieur. La seconde complétant toujours la première. Ces lectures sont formées de phrases simples, courtes, substantielles, éveillant chacune une idée dans le cerveau de l'enfant ;

2º Des **Exercices d'observation**, exercices encore peu répandus dans les ouvrages similaires, dont le but est de forcer l'écolier à observer ce qui se passe autour de lui, et, comme conséquence, à se rendre compte *par lui-même* du « pourquoi » des faits ;

3º De **Questions sur l'Economie domestique**, dont la réponse est toujours une application pratique devant trouver place dans le ménage rural aussi bien que dans le ménage urbain ;

4º D'**Exercices de Rédaction**, donnés pour la plupart comme épreuves au certificat d'études primaires, et pouvant servir de préparation à cet examen ;

5º De **Problèmes** mettant en évidence, par des chiffres, les règles scientifiques ou leurs applications usuelles importantes énoncées dans le courant de la leçon ;

6º D'**Expériences à réaliser**, tantôt par les élèves seuls à la maison, lorsqu'elles sont faciles et qu'elles ne présentent aucun danger ; tantôt, en classe, par les écoliers et le maître lorsqu'elles sont plus difficiles, mais destinées toutes à faire comprendre, d'une manière concrète, le texte auquel elles correspondent (1) ;

7º D'**Indications de Collections à préparer**, autant que possible en double, pour en former en même temps le musée personnel de l'enfant et le musée scolaire de la classe ;

8º De **Lectures ou de Récitations** se rapportant, les unes, aux points les plus saillants des résumés et choisies parmi nos meilleurs auteurs, afin de servir en même temps à la culture littéraire des écoliers ; les autres, à l'*hygiène* et à l'*anti-alcoolisme*, pour permettre de réagir à la fois contre l'abus des boissons alcooliques et contre l'oubli des plus simples règles de tempérance ou de propreté, etc.

En ce qui concerne l'Agriculture, nous avons également divisé le cours en 40 leçons, correspondant dans la mesure du possible, d'une part, aux leçons de sciences, et d'autre part, à l'époque des travaux agricoles faisant l'objet de l'enseignement.

Chacune des leçons comprend déjà, comme les chapitres de sciences :

1º Un **Résumé-leçon** pour le cours moyen, complété par un autre pour la deuxième année du cours moyen ou pour le cours supérieur ;

2º Des **Exercices de Rédaction** en vue de la préparation au certificat d'études primaires ;

3º Des **Lectures** ou des **Poésies**, à la fois agricoles, littéraires et morales, destinées à inspirer aux enfants « *l'amour de la vie des champs et le désir de ne point la changer pour celle de l'usine* ». Certaines de ces lectures ont été extraites de journaux ou de bulletins agricoles pour faire

---

(1) Toutes ces expériences doivent toujours être **réalisées** *avant* l'exposé de la leçon qui s'y rapporte.

naître chez les futurs agriculteurs le désir de lire plus tard des revues professionnelles ; d'autres ont été prises parmi les épreuves d'orthographe des différents examens de l'enseignement primaire. Dans notre esprit, ces derniers extraits, *après avoir été lus en classe*, pourraient être utilisés avantageusement comme dictées de contrôle.

Ces leçons renferment en outre :

1º Un **Questionnaire** permettant de vérifier si l'écolier sait la leçon exposée ;

2º Des **Problèmes** dont les données et les réponses apportent une aide précieuse à l'enseignement agricole.

Elles présentent en plus, sur une page distincte, *formant l'originalité du volume*, originalité qui lui donne un côté absolument pratique pour l'écolier d'abord, pour le jeune cultivateur ensuite :

1º **L'Indication d'expériences à réaliser**, de **collections à préparer**, en tenant compte des *possibilités locales* ou *scolaires*, avec gravures, explications, notes, etc.;

2º Des **Tableaux de renseignements** puisés aux meilleures sources, destinés à habituer à lire intelligemment des tableaux synoptiques et dont les chiffres seront toujours consultés avec fruit par nos élèves devenus praticiens ;

3º Très souvent une **Maxime** due aux vulgarisateurs agricoles les plus connus et les plus recommandés ;

4º Un **Plan de devoir d'agriculture locale**, permettant d'approprier aux besoins de la localité la leçon générale d'agriculture. Il suffira, pour cela, à la suite de l'exposé du maître, de faire chercher oralement, en guidant les élèves dans cette recherche, les réponses devant remplir les *blancs* des plans manuscrits que comporte l'ouvrage. Les tableaux de renseignements seront d'ailleurs d'un concours très précieux pour la préparation de nombre de ces devoirs. Nous conseillons de les faire autant que possible sur un cahier spécial conservé par l'enfant à sa sortie de l'école. Ce sera là une *petite monographie agricole communale* qu'il aura le loisir et sans doute le désir de compléter plus tard.

Bon nombre de **gravures**, dans le texte et hors texte, illustrent le **Livre unique de Sciences et d'Agriculture**. Dans leur choix, nous nous sommes surtout appliqué à rendre claires les leçons de sciences et à présenter, par l'image, les portraits de savants agronomes, des contrastes entre l'antique culture et l'agriculture moderne, des résultats d'expériences, d'élevages rationnels, des croquis d'insectes, de plantes nuisibles, de pages d'herbiers, de boîtes à collections, d'outils agricoles ou horticoles, des coupes d'organes intérieurs, des tableaux de la vie champêtre faisant opposition avec des scènes de la vie urbaine, etc., toutes choses que l'on ne peut toujours montrer réellement aux enfants et dont la représentation par la gravure ne saurait être trop répétée.

Telle est, en quelques mots, la disposition de ce livre. Il est clair que son utilisation ne sera fertile qu'autant que les explications orales du maître seront plus précises et plus claires, et que, nous insistons sur ce point, et *à l'école et dans la famille*, avant, pendant et après la classe, par des exercices nombreux et variés, les élèves auront été habitués à *observer, graduellement et méthodiquement*, les êtres et les choses, et à chercher, dans la mesure où leur développement intellectuel le leur permet, les causes et les effets des actions ou des phénomènes qui se passent sous leurs yeux.

Nous serons très heureux si le travail que nous offrons à nos collègues peut faciliter leur tâche et servir en même temps, d'une façon si humble que ce soit, à enrayer le courant d'émigration des campagnes vers les villes, tout en favorisant le courant contraire.

Les trois états des corps - Corps simples & composés
LEÇONS

Cours Moyen

I. — 1. Les corps peuvent se présenter sous trois états : solide, liquide et gazeux.

2. — On dit alors qu'il y a des *corps solides*, comme le bois, des *corps liquides*, comme l'eau, des *corps gazeux* ou des gaz, comme l'air.

3. — Sous l'action de la chaleur un corps solide devient liquide d'abord, gazeux ensuite.

4. — Inversement, sous l'action du froid, un corps devient liquide, puis solide.

5. — Ainsi la vapeur d'eau, refroidie légèrement, forme de l'eau, refroidie fortement, se transforme en glace.

6. — De même, la glace légèrement chauffée donne de l'eau, fortement chauffée se convertit en vapeur d'eau.

7. — Quel que soit l'état des corps, on les subdivise en *corps simples* et en *corps composés*.

8. — Un corps simple est celui qui ne contient aucun élément étranger : tels sont le soufre, le fer.

9. — Un corps composé est formé de la combinaison de plusieurs corps simples : tels sont l'eau, la craie.

10. — Dans l'étude de la chimie, les corps composés se classent en *acides*, *oxydes* et *sels*.

Cours Supérieur

II. — 1. Tout corps solide est formé de *molécules* adhérant entre elles : il a une forme déterminée.

2. — Tout corps liquide est composé de molécules roulant continuellement les unes sur les autres : il prend la forme du vase qui le contient.

3. — Les uns et les autres ont un volume constant.

4. — Tout corps gazeux présente des molécules excessivement légères et mobiles : il n'a pas de forme déterminée, il n'offre pas de volume constant ; il se détend continuellement.

5. — Les corps simples comprennent les *métaux*, généralement brillants, et les *métalloïdes*, dépourvus de reflets éclatants.

6. — Certains corps composés sont des *mélanges*, d'autres des *combinaisons*.

7. — Tout acide a une saveur aigrelette, altère les matières organiques et rougit la teinture de tournesol.

8. — Tout oxyde ramène au bleu la teinture de tournesol rougie par un acide.

9. — Un sel est formé par la combinaison d'un acide et d'un oxyde.

10. — La *combustion*, due à la chaleur, change l'état des corps : elle est *vive* ou *lente*.

11. — Toute combustion nécessite un corps qui brûle, c'est le *combustible*, et un corps qui fait brûler, c'est le *comburant*.

Exercices d'observation

1. — Quelle forme affecte votre règle lorsque vous la tenez à la main ? Lorsque vous la posez sur la table ? Quelle forme affecte le lait que vous mettez : 1° dans un verre à pied ? 2° dans un petit flacon ? Que concluez-vous de ceci quant à la forme des liquides et des solides ? — 2. Lorsque vous entrez le matin dans une écurie ou dans une étable d'où l'on n'a pas retiré le fumier depuis quelques jours que perçoit votre odorat ? Comment alors la présence d'un gaz invisible peut-elle vous être révélée ? — 3. Que devient un morceau de glace que vous placez dans votre bouche ? A quoi cela est-il dû ?

Economie domestique. — Pourquoi les pommes, les poires, les raisins etc., sont-ils aigres surtout quand ils ne sont pas mûrs ? — Pourquoi l'acide oxalique, ou sel d'oseille, fait-il disparaître sur le linge les taches de rouille ? — A quoi est employée *l'eau de cuivre* (dissolution de sel d'oseille) ? — Pourquoi fait-on boire ou du lait ou une verrée d'eau dans laquelle on a délayé, soit de la magnésie calcinée, soit de la craie, ou même du savon à la personne qui a, par erreur, avalé un acide minéral ?

Rédactions

1. **Différence entre un acide et un oxyde.** — Nommez deux acides et deux oxydes. — Dites pourquoi chacun d'eux est acide ou oxyde ?

2. **Différence entre un mélange et une combinaison.** — Quand y a-t-il mélange ? Quand y a-t-il combinaison ? — Exemples.

3. **Différence entre un corps combustible et un corps comburant.** — Exemples.

Problèmes

1. — 1 gramme de craie chauffée fortement laisse dégager environ 0 gr. 44 d'acide carbonique. Quelle quantité de cet acide obtiendra-t-on en faisant chauffer 5 bâtons de craie pesant chacun 28 grammes ?

2. — Vous faites fondre un bloc de glace long de 20^{cm} large de 12 et épais de 5. Sa densité est 0,930. Calculer le volume de l'eau obtenue en supposant qu'il n'y ait aucune perte de liquide pendant la fonte de la glace ?

Expériences à réaliser par les élèves

1. — Faire fondre le plomb (corps solide) ; obtenir du plomb fondu (corps liquide). (E.)

2. — Exposer de l'eau à la gelée (corps liquide) obtenir de la glace (corps solide). (E.)

3. — Faire bouillir de l'eau (corps liquide) ; obtenir de la vapeur d'eau (gaz.) (E.)

4. Placer au-dessus de cette vapeur d'eau (gaz) une assiette refroidie : obtenir des gouttelettes d'eau (liquide). (E.)

5. — Faire fondre du soufre, on obtient du soufre (corps simple). (E.)

6. — Faire fondre du sucre, on obtient du charbon (corps composé). (E.)

7. — Goûter du vinaigre (acide), du chlorure de sodium ou sel de cuisine (sel). (M)

(E) *Signifie expériences de classe sous la direction du Maître.*
(M) *Signifie expériences libres à la maison.*

Enseignement Agricole
LEÇONS

L'agriculture

I. — 1. L'agriculture est l'art de cultiver la terre et d'élever les animaux domestiques. — **2.** Cet art est d'une utilité incontestable car lui seul permet de subvenir aux besoins les plus impérieux de l'homme et des animaux. — **3.** L'agriculture prend différents noms suivant la nature de produits qu'on se propose d'obtenir. C'est ainsi qu'on lui donne les dénominations successives d'agriculture proprement dite, d'horticulture, d'arboriculture, de viticulture, de sylviculture, de zootechnie, d'aviculture, d'apiculture, de sériciculture, de pisciculture et d'ostréiculture. — **4.** L'enseignement agricole est destiné à former l'instruction spéciale des cultivateurs.

II.—1. L'enseignement agricole est placé sous la haute direction du Ministre de l'Agriculture. — **2.** Il est surveillé par des Inspecteurs généraux. — **3.** Il est donné à l'Institut national agronomique, dans les écoles nationales d'agriculture, dans des écoles pratiques agricoles, dans les fermes-écoles. — **4.** En outre, des conférences sont faites dans les communes rurales par les Professeurs départementaux d'agriculture. — **5.** Depuis 1882 des notions d'agriculture et d'horticulture doivent être enseignées dans toutes les écoles d'Enseignement primaire. — **6.** L'arrêté du 31 juillet 1897 a établi, pour l'examen du Certificat d'études primaires, une épreuve écrite et obligatoire d'agriculture. — **7.** Sans instruction agricole on ne peut faire qu'une agriculture routinière conduisant fatalement à la ruine.

Questionnaire

I.— Définissez l'agriculture — **2.** Pourquoi l'agriculture est-elle indispensable à la vie de l'homme ? — **3.** Citez des végétaux qu'on cultive : 1° en agriculture proprement dite; 2° en horticulture; 3° en arboriculture 4° en viticulture; 5° en sylviculture ? — **4.** De quels animaux s'occupent : l'éleveur, l'aviculteur, l'apiculteur, le sériciculteur, le pisciculteur et l'ostréiculteur ?

II —1. Définir l'enseignement agricole. — **2.** Sous quelle direction est-il ? — **3.** Par qui est-il surveillé ? — **4.** Citez quelques grandes écoles d'agriculture. — **5.** Y a-t-il une épreuve d'agriculture à l'examen du Certificat d'études primaires? a-t-on eu raison de l'y introduire ? — **6.** Qu'est-ce qu'un cultivateur routinier? A quoi s'expose-t-il ?

Rédactions

1. Les Ministres favorables à l'agriculture— Quels ont été, dans notre histoire, les Ministres qui se sont particulièrement occupés d'agriculture ? — Quelques mots sur chacun d'eux.

2. Avantages de la vie à la campagne. — Pourquoi l'ouvrier de la campagne se porte-t-il généralement mieux que celui de la ville, et pourquoi vit-il mieux avec un salaire moindre ?

Problèmes

I. 1. Revenu cadastral.
Le revenu cadastral d'une propriété est évalué 15 fr. l'hectare. Calculer le revenu cadastral d'une prairie classée dans la même catégorie et dont la superficie est de 5 hectares, 75 ares, 32 centiares.

2. Droits d'enregistrement.
Une propriété de 8 hectares, 05 est louée 75 fr. l'hectare. Combien devra-t-on verser de droits fixes à l'enregistrement, si l'on donne 0 fr. 20 par 100 fr. de loyer annuel et si le bail doit durer 9 ans.

II. 3. Réclamation de contributions.
Une personne ayant vendu un terrain dont le revenu cadastral est de 3 fr. 20 ne songe que quatre ans plus tard à faire opérer la *mutation*, c'est-à-dire à faire porter le champ à la *cote de l'acheteur*, de sorte qu'elle a payé les impots pendant ces quatre années. Quelle somme peut-elle réclamer à l'acheteur, le *centime-le-franc* ayant été successivement 39, 40, 43 et 45 1/2.

4. Répartition de terres en classes.
Une exploitation rurale a une superficie totale de 180 hectares; le 1/9 est en terre de 1re classe, le 1/3 en terre de 2me classe, le 1/5 en terre de 3me classe et le reste en terre de 4me classe. Calculer la superficie des terres dans chacune des classes.

1. — Avantages de la condition de l'ouvrier des champs sur celle de l'ouvrier des villes.

La vie de l'ouvrier, de l'habitant pauvre de la campagne, est une vie humaine en comparaison de cette vie machinale de l'ouvrier en soie ou en coton des villes. Celui-là ne se dépayse ni de son sol, ni de son ciel, ni de sa maison, pour aller s'exiler entre quatre murs.

L'ouvrier des champs grandit où il est né. Les sentiments et les habitudes de famille, de voisinage, de parenté, de pays, lui forment une atmosphère d'affections innées, cruelles à rompre, lentes à se réformer. Il n'est pas contraint de se séquestrer de la nature physique, ce milieu nécessaire à l'homme pour que l'homme soit sain et complet. Il a le ciel sur sa tête, le sol sous ses pieds, l'air dans sa poitrine, l'horizon vaste et libre devant ses regards, le spectacle irréfléchi, mais perpétuellement nouveau du firmament, de la terre, du jour, de la nuit, des saisons, qui entretiennent sans paroles, mais sans lassitude, les sens, le cœur, l'esprit de l'homme de la campagne. Ses travaux sont rudes, mais ils sont variés ; ils comportent mille applications diverses de la pensée, mille attitudes différentes du corps, mille emplois des heures et des bras : bêcher, labourer, semer, sarcler, faucher, planter des haies, bâtir des murs, élever, soigner, nourrir, traire des animaux domestiques, moissonner, battre des gerbes, vanner le blé, émonder, vendanger les vignes, pressurer le raisin, récolter les fruits du noyer ou du châtaignier, sécher ses récoltes, les préserver pour l'hiver, irriguer les prairies, curer les écluses des moulins, pêcher les étangs, atteler, dételer les bœufs, tondre les moutons, presser le laitage des chèvres, couper le genêt ou la broussaille pour le foyer, réparer le chaume du toit, tresser le jonc, peigner le chanvre, nourrir le ver à soie, filer la laine pendant les jours de neige : ce sont autant de travaux qui, en diversifiant le travail de l'ouvrier de la campagne, le lui font aimer, et changent la peine en intérêt, et souvent en attachement passionné à l'œuvre.

Presque tous ces travaux s'accomplissent en plein air et en plein jour, santé et gaieté de l'homme. L'homme n'y est point machine ; il est homme : il y place son émulation, son orgueil, son adresse, sa force, son exactitude, son habileté ; il y est actif et assidu, mais il n'y est pas esclave. Il se sent libre, et il se déplace à son gré dans le vaste atelier rural ouvert à ses pas. Il y devient robuste ; il y reste sain ; sans cesse aux prises avec les forces de la nature, il y exerce les siennes ; il a la fierté et le courage de sa liberté, il est propre à tout. Quand il a grandi dans cette forte discipline des travaux champêtres, le sabre ou le fusil lui paraîtront légers après la charrue ou le pic ; il est aussi propre à défendre son pays qu'à le fertiliser. Une empreinte de santé, de vigueur, de franchise, de liberté et de fierté modeste, virilise ses traits. Il regarde en face, il marche droit, il parle haut, il respire à pleine poitrine, il ne craint et il n'envie personne. Placez à côté l'un de l'autre un ouvrier en soie de Lyon et un paysan de l'Auvergne ou des Alpes, du même âge, et comparez l'homme à l'homme : l'un vous rendra fier, l'autre vous rendra triste d'appartenir à la race humaine qui a produit tant de faiblesse à côté de tant de majesté !

LAMARTINE. (Hachette, éditeur.)

2. — Nécessité de l'instruction pour le cultivateur.

Pour que le cultivateur profite des indications des savants, il faut que lui-même soit suffisamment instruit ; il faut qu'il puisse lire avec profit de bonnes publications agricoles et tenter des essais dont il devra tirer de sérieux avantages. Il faut qu'il puisse tenir sa comptabilité et apprécier les résultats de ses diverses opérations. Plus l'homme est instruit, plus son esprit est accoutumé à réfléchir ; mieux il sait commander à la nature, et plus il a de chance de réussir.

Les statistiques agricoles établissent que le rendement du sol est en raison directe du degré d'instruction des habitants. Les départements où le niveau intellectuel est le plus élevé sont ceux qui produisent le plus, où règne la plus grande aisance. La fortune privée et, par suite, la fortune publique, s'élèvent avec le niveau intellectuel. Donc, instruire le cultivateur, développer l'intelligence de l'ouvrier des champs, rendre les produits du sol plus abondants, c'est agir dans l'intérêt général, c'est accomplir en quelque sorte un acte de patriotisme. La culture de l'esprit améliore l'outillage social ; c'est par elle que nous lutterons avec succès contre la concurrence étrangère, et que l'agriculture française sortira triomphante de la crise qu'elle traverse depuis quelques années.

C. E. (Marne).

Maxime

L'agriculture fait la richesse des nations.

Phénomène de la germination

Reproduction de l'expérience

Matériel : Un bocal à large embouchure.
—   2 plaques de liège mm' percées d'un trou.
Placer : Grain d'avoine en m B (aspect au bout de trois semaines).
—   Grain de radis en m' A (aspect au bout de trois semaines).

Notes à consigner sur le carnet agricole

GRAINES semées	DATE du semis	DATE de la levée	Aspect de la racine et de la tige au bout de trois semaines

Mélanges d'engrais pour cultures en pots

Engrais complet. — Nitrate, 2 gr. – Superphosphate, 3 gr. — Chlorure, 1 gr. — Plâtre, 4 gr. — Sulfate de fer, 1/100 du mélange.

Engrais sans azote. — Superphosphate, 3 gr. — Chlorure, 1 gr. — Plâtre, 4 gr. — Sulfate de fer, 1/100 du mélange.

Engrais sans azote ni phosphore. — Nitrate, 2 gr. — Chlorure, 1 gr. — Plâtre, 4 gr. — Sulfate de fer, 1/100 du mélange.

Engrais sans potasse. — Nitrate, 2 gr. — Superphosphate, 3 gr. — Plâtre, 4 gr. — Sulfate de fer, 1,100 du mélange.

EMPLOI. — *3 grammes de chacun des mélanges par kilog. de terre.*

Tableau de Renseignements

Enseignement supérieur

DÉPARTEMENTS	ÉCOLES
Seine	Institut national agronomique.
Seine-et-Oise	Ecole nationale de Grignon.
Hérault	— de Montpellier.
Ille-et-Vilaine	— de Rennes.
Seine	Ecole vétérinaire d'Alfort.
Rhône	— de Lyon.
Haute-Garonne	— de Toulouse.
Seine-et-Oise	Ecole nationale d'horticulture agricole de Versailles.
Meurthe-et-Moselle	Ecole nationale forestière de Nancy.
Loiret	Ecole forestière des Barres.
Nord	Ecole nationale des industries agricoles de Douai.
Doubs	Ecole nationale d'industrie laitière de Mamirolle.
Orne	Ecole des Haras, au Pin.

Fermes-Écoles

DÉPARTEMENTS	FERMES-ÉCOLES
Ariège	Royat.
Aude	Besplas.
Charente-Inférieure	Puilboreau.
Cher	La moy.
Corrèze	Les Plaines.
Doubs	La Roche.
Haute-Garonne	Castelnau-les-Nauzes.
Gers	Lahourre.
Gironde	Macborre.
Haute-Loire	Nolhac.
Lot	Le Montat.
Lozère	Chazeirolettes.
Orne	Saint-Gauthier.
Vienne	Montlouis.
Vienne (Haute-)	Chavaignac.
Vosges	Beaufroy.

Devoir d'Agriculture locale : Enseignement agricole local

Ma commune appartient au département de (1) qui fait fait partie de la (2) région agricole. On s'y occupe particulièrement de (3) et de (3). L'enseignement agricole y est donné, à l'école du jour, et au cours du soir. Quelquefois aussi, le professeur (4) d'agriculture, M. (4) vient faire des conférences publiques aux cultivateurs. A la sortie de l'école primaire je puis fréquenter l' (5), école d'agriculture de (5).

(1) Mettre le nom du département. — (2) Indiquer la région agricole à laquelle le département appartient. — (3) D'agriculture, d'horticulture, de viticulture, de zootechnie, etc. — (4) Départemental ou d'arrondissement ; indiquer le nom du professeur. — (5) Indiquer les noms des écoles pratiq es d'agriculture du département et, à défaut, celles des départements limitrophes.

Les trois Règnes de la Nature

Cours Moyen

I. — 1. La nature présente des *pierres* ou roches, des *plantes* ou végétaux, des *animaux*.

2. — L'ensemble des roches forme le *règne minéral*; celui des plantes, le *règne végétal*, celui des animaux, le *règne animal*.

3. — On peut diviser les roches en deux catégories : les roches *cristallisées*, comme le granit, les roches *non cristallisées*, comme l'argile.

4. — De même, les végétaux sont *herbacés*, comme le blé, ou *ligneux*, comme le chêne.

5. — Quant aux animaux, ils comprennent des *vertébrés*, avec des os, comme le chien, et des *invertébrés*, sans os, comme le hanneton.

6. — Dans la plante on distingue la *racine* et la *tige*.

7. — Tout en fixant le végétal au sol, la racine puise pour lui la nourriture dont il a besoin.

8. — La tige, le plus souvent aérienne, porte les *bourgeons*, les *feuilles*, les *fleurs* et les *fruits*.

9. — La *graine* est l'œuf de la plante; elle provient du fruit.

10. — La *germination* est le phénomène par lequel une graine se transforme en végétal.

Cours Supérieur

II. — 1. Le minéral ne vit pas, ne se nourrit pas, ne grandit pas, ne se meut pas; il a une forme déterminée qui ne peut varier que sous une influence extérieure.

2. — Le végétal vit, se nourrit, grandit, change d'aspect, mais ne se déplace pas.

3. — L'animal vit, se nourrit, grandit, change d'aspect et se meut.

4. — Les roches cristallisées comprennent particulièrement le *granit*, le *basalte*, la *lave* et le *porphyre*.

5. — Les roches non cristallisées, encore appelées sédimentaires, comprennent surtout l'*argile*, la *silice* et le *calcaire*.

6. — L'ensemble de ces roches et de quelques métaux forme la partie solide de la croûte terrestre.

7. — Les unes et les autres proviennent des différentes époques de formation du globe : *primitive*, *primaire*, *secondaire*, *tertiaire*, et *quaternaire*.

8. — Elles ont formé le sol *végétal* sous l'influence de l'atmosphère, de l'eau, de la glace.

9. — Tout végétal est composé de *matières minérales* et de *matières organiques*.

Exercices d'Observation

1. — En mai, vous êtes assis sur une pierre bornant un champ de blé; un hanneton se promène à vos pieds et disparaît bientôt; quelle différence vous frappe déjà au point de vue du mouvement, entre la pierre, le blé et le hanneton. — 2. En juillet, vous retournez au même endroit, le blé n'est pas encore coupé, ne remarquez-vous pas, quant à la forme, une nouvelle différence entre cette céréale et la borne? — 3. Vous jouez journellement aux billes dans le creux de la pierre placée près de la porte de l'école; comment a pu être creusée cette pierre? A-t-il fallu longtemps? — Par comparaison, que peuvent alors faire les torrents, les rivières, les fleuves, et qu'advient-il de leurs dépôts? 4. — Dans vos promenades du jeudi, vous récoltez parfois de jolis coquillages sur les bords des ruisseaux, rien de plus naturel; on vient d'ouvrir une carrière près de votre village et, à 4ᵐ de profondeur, là où la pioche de l'homme n'a jamais pénétré, vous trouvez également bon nombre de coquillages ayant appartenu à des êtres vivants; comment vous expliquez-vous leur présence en cet endroit?

Essayer d'expliquer : 1° La raison d'être des geysers, des sources d'eau chaudes, des volcans. — 2° Pourquoi chaque année les côtes du Calvados reculent en moyenne de 25ᶜᵐ, et pourquoi Aigues-Mortes, autrefois port, se trouve aujourd'hui fort loin de la mer.

Rédactions

1. **Formation du sol** — Rendez compte d'une excursion que vous avez faite à une carrière; rappelez la leçon donnée sur les lieux, par votre maître, sur la formation probable du sol et du sous-sol qu'il vous a été possible d'examiner dans la carrière.

2. **Différentes espèces de roches.** — Qu'entendez-vous par roches? roches cristallisées, roches sédimentaires? Citez quelques roches cristallisées? Quelques roches sédimentaires.

Problèmes

1. — La densité du granit est de 2,70. Que pèse un bloc de cette roche ayant 1ᵐ 30 de long, 0ᵐ 45 de large et 0ᵐ 24 d'épaisseur? On sait que la densité d'un corps exprime le poids d'un décimètre cube de ce corps.

2. — On a constaté que dans la profondeur de la terre la température augmente d'un degré tous les 30 mètres. De combien de degrés la température aura-t-elle augmenté à une profondeur de 1.000 mètres? Si cette augmentation est constante jusqu'au centre de la terre, quelle sera la température à 60 kilomètres de profondeur?

Expériences à réaliser par les Élèves

1. — Dans une assiette, mettre du sable avec de l'eau; dans une deuxième, de l'argile avec de l'eau; laisser évaporer et constater dans quelle assiette l'évaporation aura été la plus rapide.

2. — Verser du vinaigre fort sur de la craie; que se produit-il? Conclusion.

3. — Verser du vinaigre fort sur de l'argile; que se produit-il? Conclusion.

Collections à faire

1. — Réunir sur carton : une pierre (roche), un pied de violette desséché (végétal); une gravure de cheval ou de chien (animal).

2. — Réunir sur carton : un morceau de tuile (argile); un fragment de silex (silice); un cube de craie (calcaire). (Roches sédimentaires.) — Un échantillon de granit, de lave, de basalte (Roches cristallisées).

Eléments constitutifs; différents sols

LEÇONS

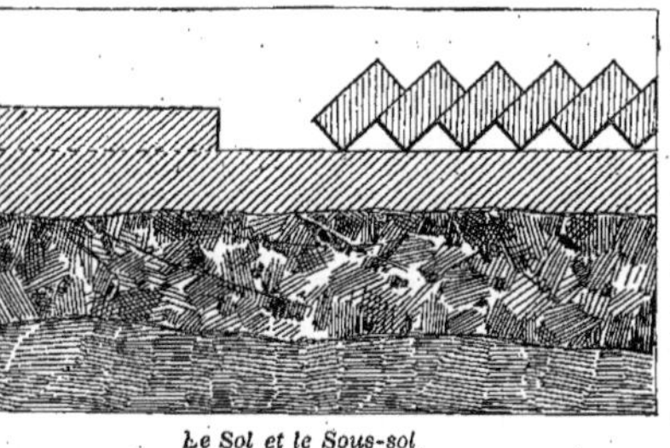

Le Sol et le Sous-sol.

I. — 1. Le sol est la partie superficielle de la croûte terrestre dans laquelle se développent particulièrement les racines des végétaux. — **2.** Le sol comprend la terre arable et la terre végétale. — **3.** Le sous-sol est la couche terrestre ou rocheuse placée immédiatement au-dessous du sol. — **4.** Le sol comprend à la fois des matières minérales et des matières organiques. — **5.** La quantité de ces matières se détermine par l'analyse. — **6.** Suivant les éléments dont ils se composent, on classe les sols en sols humifères, sablonneux, argileux, calcaires et francs.

II.— 1. Les principaux éléments du sol et du sous-sol sont: l'humus, élément organique; la silice, l'argile et le calcaire, éléments minéraux. — **2.** L'humus, ou terreau, est une matière noirâtre qui donne de la consistance au sol et qui en forme sa richesse nutritive. — **3.** Le sable, composé de grains de silex ou de granit, rend les terres meubles, légères, mais trop froides. — **4.** L'argile, ou terre glaise, généralement compacte, relie les diverses parties de la terre arable, retient l'eau, mais produit des sols humides et froids — **5.** Le calcaire, que l'on rencontre à l'état pulvérulent, ou à l'état de limon, a les mêmes propriétés que le sable; de plus, il empêche l'argile d'être entraînée par les eaux d'infiltration. — **6.** La terre franche est celle qui renferme, en proportions convenables, l'argile, le sable, le calcaire et l'humus. — **7.** La nature du sous-sol exerce une grande influence sur la végétation. — **8.** Le sol est généralement de même composition que le sous-sol.

Questionnaire

I. — 1. Qu'est-ce que le sol? — **2.** Quelles sont ses deux parties? — **3.** Définissez le sous-sol? — **4.** De quelles matières le sol est-il composé? -- **5.** Comment classe-t-on les sols?

II. — 1. Citez les principaux éléments du sol? — **2.** Comment détermine-t-on la quantité de chacun d'eux? — **3.** Définissez l'humus, le sable, l'argile, le calcaire. — **4.** Qu'appelle-t-on terre humifère, sablonneuse, argileuse, calcaire? — **5.** Citez une plante sauvage propre à chacune de ces terres. — **6.** Quelle est la meilleure des terres? Pourquoi? — **7.** Qu'exerce sur la végétation: un sous-sol argileux? un sous-sol calcaire? — **8.** Au point de vue de la température comment sont les diverses sortes de terres? — **9.** Pourquoi un sol est-il généralement de la même composition que le sous-sol sur lequel il repose?

Rédactions

1. Le sol et le sous-sol. — Eléments constitutifs du sol différents sols. — Leurs principales propriétés. — Est-il important pour le cultivateur de bien connaître la nature du sol et pourquoi?
C. E Isigny (Calvados) 1898.

2. Le sol arable. — Qu'appelle-t-on sol arable? —Les 4 éléments qui le forment? Qu'appelle-t-on terre franche, terre forte, terre légère?—Caractères de la terre sableuse, argileuse et calcaire. — Avantages et inconvénients de chacune de ces sortes de terres.
C.E. St-Dizier (Hte-Marne)

3. Le calcaire.— Caractère du calcaire; son rôle dans le sol. Moyens employés pour donner de la chaux aux sols qui en manquent. C.E. (Meuse)

Problèmes

I.—1. Revenu d'un sous-sol.

Un propriétaire a extrait, d'une carrière établie dans une de ses terres, la pierre nécessaire pour empierrer un terrain long de 850^m, large de 4^m50; sachant que l'empierrement doit avoir 0^m15 d'épaisseur et que la pierre est vendue 7fr.25 le mètre cube, calculer la valeur totale de la pierre fournie.

2. Augmentation d'épaisseur d'un sol.

Un fermier fait transporter sur un terrain de 2110^mq un tas de terre dont le volume est de 422^{mc}. De quelle épaisseur sera augmentée la couche de terre si le tas est répandu uniformément?

II. — 3. Résultats d'analyse.

D'un bordereau d'analyse de la terre d'un jardin on extrait les renseignements suivants: silice 50p0/0, argile 25p0/0, calcaire 9p0/0 et humus 4p0/0. D'après ces données, évaluer en grammes les quantités de ces divers éléments contenues dans $2k260gr$. de cette terre.

4. Proportions d'éléments minéraux.

Sachant que dans 500 grammes de terre envoyée au laboratoire départemental on a trouvé, après analyse, en ce qui concerne les éléments minéraux du sol : 225gr. de silice, 110gr. d'argile et 60gr. de calcaire, on demande de déterminer le tant pour cent de ces trois éléments par rapport au poids total de la terre analysée.

1. — La terre

Ce globe immense nous offre, à la surface, des hauteurs, des profondeurs, des plaines, des mers, des marais, des fleuves, des cavernes, des gouffres, des volcans ; et, à la première inspection, nous ne découvrons en tout cela aucune régularité, aucun ordre. Si nous pénétrons dans son intérieur, nous y trouverons des métaux, des minéraux, des pierres, des bitumes, des sables, des eaux et des matières de toute espèce, placées comme au hasard et sans aucune règle apparente. En examinant avec plus d'attention, nous voyons des montagnes affaissées, des rochers fendus et brisés, des contrées englouties, des îles nouvelles, des terrains submergés, des cavernes comblées ; nous trouvons des matières pesantes souvent posées sur des matières légères, des corps durs environnés de substances molles, des choses sèches, humides, chaudes, froides, solides, friables, toutes mêlées, et dans une espèce de confusion qui ne nous présente d'au image que celle d'un amas de débris et d' monde en ruines.

Cependant nous habitons ces ruines avec u entière sécurité ; les générations d'hommes, d'a maux, de plantes, se succèdent sans interruptio la terre fournit abondamment à leur subsistan la mer a des limites et des lois, ses mouvement sont assujettis ; l'air a ses courants réglés, les s sons ont leurs retours périodiques et certains, verdure n'a jamais manqué de succéder aux f mas, tout nous paraît être dans l'ordre : la ter qui tout à l'heure n'était qu'un chaos, est un séjo délicieux où règne le calme et l'harmonie, où to est animé et conduit avec une puissance et une int ligence qui nous remplissent d'admiration.

BUFFON. *Époques de la nature*

2. — L'éruption d'un volcan

Tout à coup, au milieu du silence de la nuit, un bruit affreux retentit à nos oreilles. Nous entendons de loin la mer mugir et rouler vers le rivage ses ondes amoncelées ; les souterrains profonds sont frappés à coups redoublés, la terre tremble sous nos pas, nous courons pleins d'effroi au milieu des épaisses ténèbres. Une montagne voisine s'entr'ouvrant avec effort lance au plus haut des airs une colonne ardente qui répand au milieu de l'obscurité une lumière rougeâtre et lugubre ; des rochers énormes volent de tous côtés ; la foudre éclate et tombe ; une mer de feu s'avançant avec rapidité, inonde les campagnes. A son approche, les forêts s'embrasent, la terre n'offre plus q l'image d'un vaste incendie qu'entretiennent o amas énormes de matières enflammées, et qu'a ment des vents impétueux. Où peuvent fuir les inf tunés voyageurs ? De quelque côté qu'ils cherch un asile comment éviteront-ils la mort qui menace ? De nouveaux gouffres s'ouvrent sous leu pas, de nouveaux tourbillons de flammes, de pi res, de cendres et de fumée, volent vers eux sommet des montagnes, et la mer écumeuse, roug par l'éclat des foudres, surmonte son rivage s'avance pour les engloutir.

LACÉPÈDE.

3. — **Moyen facile de reconnaître la nature des terres**

D'après le Comice agricole de Castres, on reconnaît la nature des terres par le toucher, l'ouïe, l'odorat et les yeux.

Par le toucher. — Prenez la terre dans la main. Est-elle dure, graveleuse ? elle contiendra plus ou moins de sable. Est-elle douce, maniable ? elle en contient peu. Est-elle grasse ? elle possède de l'argile. Le sol sablonneux est facile à labourer par tous les temps. C'est le contraire s'il est argileux.

Par l'ouïe. — Mettez une pincée de terre entre les dents, ou écrasez la terre sur une assiette. Si un craquement se produit, c'est que la terre est sablonneuse.

Par l'odorat. — L'argile a une odeur qui lui est propre. Prenez une motte de terre et sentez-la. Si l'odeur dont nous parlons frappe les narines, c'est de l'argile. Absence d'odeur, le sol est sablonneux ou calcaire.

Par les yeux. — Si vous labourez par un temps humide, et que la terre s'attache aux socs de la charrue, ou aux dents des herses, vous êtes en présence de l' gile. Moins elle est adhérente, plus elle contient de sab de chaux et d'humus. Les tranches de terre sont-el luisantes, ne s'émiettent-elles pas ? le sol est argile compact et fort. S'émiettent-elles ? le sol est marne ou calcaire. Les eaux restent-elles stagnantes ? le terr est argileux, et alors a besoin d'un drainage. L'eau s filtre-t-elle ? le sol est peu argileux et contient beauco de sable et de chaux. La terre est-elle blanchâtre ? e contient chaux et plâtre. Est-elle jaunâtre ? elle conti du fer, de l'argile et de la chaux. Est-elle noirâtre ? e possède de l'humus.

Faites bouillir de la terre avec de l'eau ; si le liqu est jaune-brun, c'est qu'il y a de l'humus. Si vous imp gnez de fort vinaigre une motte de terre, et qu'il se p duise des bouillonnements, cette terre contient de chaux ou de la marne. Le cas contraire se produit Absence de chaux,

Maxime

La terre ne trompe jamais ; elle dit franchement
ce qu'elle peut ou ne peut pas.

Les Transformations de la Terre

1. Période primaire. — 2. Période secondaire. — 3. Période tertiaire.
4. Période quaternaire - Apparition de l'Homme.

La végétation des plantes varie avec la nature du sol

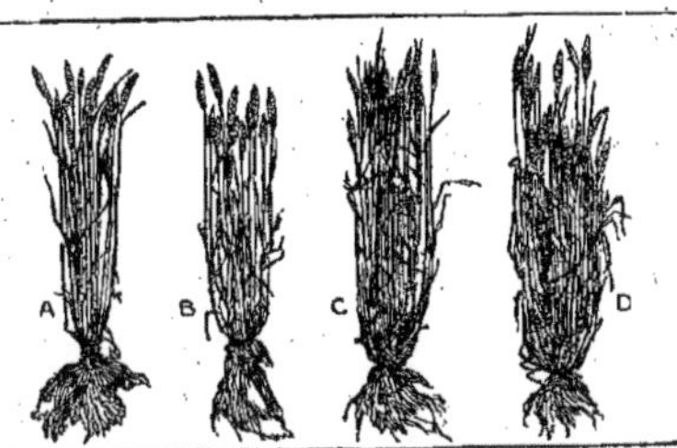

Expérience de M. GRANDEAU

A. Culture dans la craie; B. Culture dans le sable;
C. Culture en sol silico-argileux; D. Culture dans l'argile.

Reproduction de l'expérience

Matériel : 4 caisses — 1 - 2 - 3 - 4

1. Remplie de craie en menus morceaux
2. «   de sable
3. «   de sable et d'argile
4. «   d'argile

Semer : même nombre de grains de blé dans chaque caisse.

Note à consigner sur le carnet agricole

RENSEIGNEMENTS	CRAIE	SABLE	Sili-Arg.	ARGILE
Date du semis				
Date de la levée				
Date de la récolte				
Tallage				
Poids de la récolte				

Tableaux de Renseignements

Plantes caractéristiques des sols

SOLS	PLANTES
Terrains siliceux	Petite oseille. - Bruyère commune - Réséd. jaune. - Plantain. - Ajonc marin. - Fougère femelle - Fléole des prés - Fétuque rouge - Pensée sauvage
Terrains argileux	Prêle - Persicaire - Vulpin - Lotier corniculé - Saponaire - Tussilage - Dactyle pelotonné - Aristoloche - Chicorée sauvage.
Terrains calcaires	Mercuriale - Sauge - Coquelicot - Chardon - Luputhe - Centaurée - Fumeterre - Potentille.
Terrains humifères	Menthe poivrée - Linaigrette.

Densité des terres, amendements, engrais

NATURE	DENS.	NATURE	DENS
Granit	2,400	Boue fraîche	1,200
Plâtre cuit	2,264	Urine	1,0 0
Sable pur	1.900	Noir animal	1,0 0
Sable de rivière	1,800	Guano	1.000
Gravier terre	,800	Chaux vive	0,850
Terre glaise	1,700	Terreau	0,800
Marne	1,600	Fumier de bovine	0,780
Phosphate de chaux	1,450	Os en poudre	0.700
Gravier pur	1,400	Terre de bruyère	0,650
Sable sec	1,400	Tourbe sèche	0,600
Terre fraîche	1,400	Os naturel	0,550
Chaux éteinte	1,400	Cendres	0,550
Terre d'alluvion	1,200	Fumier de cheval	0,425

Devoir d'Agriculture locale : Sol et sous-sol de la commune

Le sol de..(1).. est..(2)..; on y remarque en effet des plantes telles que..(2)..qui y croissent spontanément. La terre arable et la terre végétale forment une couche d'une épaisseur moyenne de..(3)..; cela permet de faire des labours..(4).. L'analyse de la terre arable faite au..(5). donne pour l'..(6).. une proportion moyenne de..(7)..caractéristique des terres..(8).. Le sous-sol offre comme roche principale..(9)..employée dans la région pour..(10)

(1) nom de la commune — (2) indiquer la nature du sol et des plantes en utilisant le tableau ci-dessus — (3) dites, en centimètres, l'épaisseur moyenne — (4) profonds, ordinaires ou superficiels — (5) laboratoire départemental, ou au laboratoire de la ville de, du comice de — (6) indiquer la roche dominante — (7) donner le tant pour cent — (8) calcaires, argileuses, siliceuses — (9) calcaire, silex, argile, etc — (10) construction, empierrement, tuileries, briqueteries, etc.

L'air. — L'oxygène

LEÇONS

Cours Moyen

1. — L'air est un gaz qui entoure la terre.

2. — C'est un mélange d'oxygène et d'azote.

3. — Il est incolore sous une petite épaisseur; en grande quantité il présente une teinte bleue.

4. — L'air peut être pur ou vicié.

5. — Il est pesant; il remplit tout ce qui paraît vide.

6. — L'oxygène est un des gaz de l'air et de l'eau : c'est un corps simple.

7. — On ne le voit pas; il n'exhale aucune odeur.

8. — Sa propriété dominante est celle qu'il a d'activer la combustion : c'est un comburant.

9. — L'air est nécessaire à la germination des graines.

10. — Il entretient la respiration des animaux et des hommes.

11. — Il entre dans les poumons chargé d'oxygène; il en sort chargé d'acide carbonique.

12. — A l'état de vent, l'air déplace les nuages, actionne les moulins, les pompes élévatoires, et dessèche les plantes fourragères.

Cours Supérieur

1. — Sur 100 litres d'air, il y a environ 21 litres d'oxygène et 79 litres d'azote.

2. — L'air renferme, en outre, de la vapeur d'eau, de l'acide carbonique et certains corpuscules solides.

3. — Un litre d'air pèse 1 gr. 293.

4. — L'air pur est inodore, l'air vicié exhale une mauvaise odeur et est impropre à la respiration: d'où la nécessité de renouveler le plus possible l'air des appartements et des écuries.

5. — L'air doit à son oxygène la propriété d'entretenir la combustion et de purifier le sang de l'homme et des animaux. — L'oxygène pénètre dans le sang, en brûle les impuretés, et produit la chaleur animale. — L'action de l'oxygène est tempérée par la présence de l'azote dans l'air.

6. — Les végétaux s'emparent également de l'oxygène de l'air durant leur respiration nocturne. — Les plantes aquatiques prennent l'oxygène de l'eau.

7. — Toute matière végétale organique renferme environ le tiers de son poids d'oxygène.

8. — L'oxygène est le corps le plus répandu dans la nature.

Exercices d'observation

1. Comment peut-on prouver qu'un vase vide contient de l'air ? — 2. Pourquoi l'air des poumons blanchit-il l'eau de chaux ? — 3. Comment peut-on voir que l'a r contient de la vapeur d'eau ? — 4. De quelle manière peut-on estimer la vitesse du vent ? — 5. Le vent sert-il à purifier l'air ? — 6. Pourquoi certains vents sont-ils secs, d'autres humides ?

Économie domestique. — 1. Que remarquez-vous dans la trace lumineuse produite par le rayon de soleil qui pénètre dans la classe ? — 2. Pourquoi ce rayon vous paraît-il visible ? — 3. Qu'en concluez-vous au point de vue de la pureté de l'air des appartements ? — 4. Que se passe-t-il si l'on recouvre d'un étouffoir des charbons allumés ? — 5. Que se passe-t-il quand on projette de l'air, à l'aide d'un soufflet, sur des charbons presque éteints ? — 6. Que concluez-vous de ces deux observations différentes ? — 7. Pourquoi arrive-t-on facilement à éteindre un feu de cheminée en bouchant d'abord l'ouverture du bas ? — 8. Comment vous expliquez-vous qu'il soit possible d'éteindre un feu prenant à des vêtements en se roulant par terre plutôt qu'en se sauvant dans la rue ?

Rédactions

1. **L'air et l'atmosphère.** — Nature, composition, couleur et poids de l'air. — Son utilité pour les animaux et pour les plantes. — Combustion et respiration. (C. E.)

2. **Le vent.** — Ses avantages, ses inconvénients, son emploi comme force motrice. (C. E.)

Problèmes

1. — On veut faire construire une bergerie pour loger 145 brebis et 86 agneaux. Il faut 3 mc. 25 d'air par brebis et 2ᵐᶜ 65 par agneau. La superficie de la bergerie étant de 204 mq. 50, quelle devra en être la hauteur ?

2. — La capacité des poumons d'un cheval de taille moyenne est de 30 litres. Il exécute environ 16 inspirations en une minute, et chaque inspiration introduit dans les voies respiratoires une quantité d'air égale au 1/6 de la capacité des poumons. Sachant qu'un litre d'air pèse 1 gr. 293, calculer le poids de l'air inspiré par un cheval dans une journée de 24 heures.

3. — Une salle de classe a 10 m. de long, 7 m. 50 de large et 4 m. de hauteur, combien contient-elle de litres d'oxygène et de litres d'azote ?

EXPÉRIENCES A RÉALISER PAR LES ÉLÈVES

1. — Mettre dans une assiette un peu d'eau et une bougie allumée, recouvrir celle-ci d'un grand verre : dire ce qui arrivera.

2. — Construire, avec une branche de sureau, un petit pistolet à vent.

3. — Boucher solidement le tuyau d'un soufflet, essayer ensuite de le manœuvrer : dire ce qui se produira.

4. — Attacher un morceau de sucre, avec de la cire à cacheter, au fond d'un verre ordinaire; plonger verticalement, l'ouverture en bas, le verre dans un seau d'eau ; qu'adviendra-t-il du sucre ?

PRÉPARATION DE LA TERRE
Labour, Hersage, Roulage
LEÇONS

(1) Labour   (2) Hersage
(3) Coupe d'un labour   (4) Coupe d'un hersage

I. — 1. Préparer la terre, c'est lui donner toutes les façons de culture nécessaires pour la mettre en état de produire. — **2.** La préparation du sol comprend : dans la grande culture, les labours, les hersages et les roulages; dans la culture potagère les bêchages et les façons à la fourche et au râteau. — **3.** Le labour s'effectue à l'aide de la charrue, le hersage à l'aide de la herse et le roulage à l'aide du rouleau. — **4.** Les labours sont dits superficiels, ordinaires ou profonds, suivant l'épaisseur de la terre qu'ils retournent. — **5.** Ils sont dits en billons, en planches et à plat, d'après la forme de la surface qu'ils donnent aux champs. — **6.** Le bêchage, exécuté à la bêche, et les façons à la fourche et au râteau ameublissent le sol des vergers et des jardins.

II. — 1. Le labour ameublit la terre, la retourne partiellement, enfouit les engrais, les herbes et les chaumes, favorise la circulation de l'air dans la terre. — Un bon labour présente les conditions suivantes: 1° la bande de terre est détachée parallèlement à la surface du sol, et verticalement, de façon à former un angle droit avec le côté non labouré; 2° la bande de terre est déposée sur le côté pour que la herse puisse la diviser plus facilement; 3° le labour ne sera pas effectué par un temps pluvieux. — **2.** Le hersage pulvérise superficiellement le sol labouré, enterre les engrais en poudre et enlève les plantes nuisibles. — **3.** Le roulage tasse la terre et brise les mottes; l'emploi de rouleaux pesants sur les terrains argileux et humides est pernicieux. — **4.** A la préparation du sol, et préalablement aux labours, se rattachent le défrichement, l'écobuage et l'essartage. — **5.** Le déchaumage est un labour superficiel qui extirpe spécialement les chaumes des céréales.

Questions orales ou écrites

I — Qu'est-ce que préparer la terre? Que comprend la préparation du sol? Comment classe-t-on les labours : 1° Par rapport à leur profondeur; 2° par rapport à la surface du terrain labouré?

II — Définir le bêchage. Indiquez les conditions d'un bon labour. A quoi servent le hersage? le roulage? le défrichement? l'écobuage? l'essartage? le déchaumage?

Rédactions

I — Le labour. — Pourquoi laboure-t-on la terre? Conditions les meilleures du labour. Diverses sortes de labours. Dans quels cas ces différents labours doivent-ils être exécutés?
C.E. Peyrat-le château (Hte-Vienne) 1898

II — Instruments agricoles.—Instruments dont on se sert pour ameublir les terres, nom et emploi de chacun d'eux.   C.E. St-Aignan (Loir-et-cher) 1899

III — L'écobuage. — Qu'est-ce que l'écobuage? Sur quel terrain est-il utile de le pratiquer?

Problèmes

I. 1 Salaire d'un jardinier. — Un jardinier a bêché 8 planches de jardin de chacune 4^m, 75 de long sur 8,^m 10 de large. On le paie à raison de 4 f, 20 l'are. Quelle somme doit-on lui verser?   C.E. Loire-inférieure.

2. Durée d'un labour. — Un laboureur trace, dans un champ large de 18^m,50, des sillons de 0^m,25 de largeur et met 4 minutes pour tracer un sillon. Combien lui faudrait-il d'heures et de minutes pour labourer son champ?

II. 3. Gain que procure un bêchage — Une pièce de terre, en forme de trapèze, a une grande base de 65 mètres; sa petite base est de 53 mètres et sa hauteur de 21 mètres. Elle a été bêchée en 10 jours par un ouvrier qui travaillait 12 heures par jour et que l'on payait 0 f, 40 l'heure. Combien a-t-il gagné en tout et quel est son gain par are?   C.E. Eure-et-Loire

4. Hersage: temps qu'il demande — On demande quel temps il faudra à un homme et à 2 chevaux pour le hersage d'un champ triangulaire de 82 ^m de base sur 60, ^m 40 de hauteur sachant que dans les mêmes conditions on peut faire herser un hectare en 12 heures.

1. — Les vents

L'air est plus léger, plus fluide que l'eau. L'action éloignée du soleil, l'action immédiate de la mer, celle de la chaleur qui le raréfie, celle du froid qui le condense, y causent des agitations continuelles. Les vents sont ses courants; ils poussent, ils assemblent les nuages, ils transportent au-dessus de la surface aride des continents terrestres les vapeurs humides des plages maritimes, ils déterminent les orages, répandent et distribuent les pluies fécondes et les rosées bienfaisantes; ils troublent les mouvements de la mer, ils agitent la surface mobile des eaux, arrêtent ou précipitent les courants, les font rebrousser, soulèvent les flots, excitent les tempêtes; la mer irritée s'élève vers le ciel et vient en mugissant se briser contre des digues inébranlables qu'avec tous ses efforts elle ne peut ni détruire ni surmonter.

BUFFON.

2. — Le feu et l'oxygène

Ne vous êtes-vous jamais demandé, mes chers enfants, l'hiver, en chauffant vos petits pieds à la cheminée, ce que c'est que le feu, ce grand bienfaiteur des hommes? le feu, sans lequel une partie de la terre serait presque inhabitable pour nous, un bon tiers de l'année; le feu, sans lequel nous ne pourrions pas faire un morceau de pain; le feu qui nous éclaire la nuit, le feu qui dompte les métaux, et sans lequel nous n'aurions ni le fer, ni le cuivre, ni l'argent, ni rien de tout ce qui se fabrique avec eux; le feu, sans lequel, en un mot, l'industrie humaine ne serait pas de beaucoup au-dessus de celle du singe et du castor. Le feu n'est qu'une décomposition du bois ou du charbon par ce grand roi du monde, l'oxygène. C'est ce qu'on nomme la combustion.

J. MACÉ. — Hetzel, éditeur.

3. — Les laboureurs

Au joug de bois poli le timon s'équilibre,
Sous l'essieu gémissant le soc se dresse et vibre,
L'homme saisit le manche, et sous le coin tranchant
Pour ouvrir le sillon le guide au bout du champ.
    O travail, sainte loi du monde,
    Ton mystère va s'accomplir!
    Pour rendre la glèbe féconde
    De sueur il faut l'amollir.
    L'homme, enfant et fruit de la terre,
    Ouvre les flancs de cette mère
    Où germent les fruits et les fleurs
    Comme l'enfant mord la mamelle,
    Pour que le lait monte et ruisselle
    Du sein de sa nourrice en pleurs!
La terre, qui se fend sous le soc qu'elle aiguise,
En tronçons palpitants s'amoncelle et se brise;
Et tout en s'entr'ouvrant, fume comme une chair
Qui se fend, et palpite, et fume sous le fer.

En deux monceaux poudreux les ailes la renversent:
Ses racines à nu, ses herbes se dispersent;
Ses reptiles, ses vers, par le soc déterrés,
Se tordent sur son sein en tronçons torturés;
L'homme les foule aux pieds, et secouant le manche,
Enfonce plus avant le glaive qui les tranche;
Le timon plonge et tremble, et déchire ses doigts.
La femme parle aux bœufs du geste et de la voix:
Les animaux, courbés sur leur jarret qui plie,
Pèsent de tout leur front sur le joug qui les lie;
Comme un cœur généreux leurs flancs battent d'ardeur,
Ils font bondir le sol jusqu'en sa profondeur.
L'homme presse ses pas, la femme suit à peine,
Tous, au bout du sillon arrivent hors d'haleine;
Ils s'arrêtent: le bœuf rumine, et les enfants
Chassent, avec la main, les mouches de ses flancs.

LAMARTINE. — Jocelyn (Hachette).

4. — Les labours

Assez ordinairement on dirige le labour dans le sens de la pente du terrain pour donner aux eaux un écoulement plus facile. Mais sur les coteaux et sur les pentes raides, on laboure en travers, non seulement pour que l'attelage se fatigue moins, mais afin que les engrais et la terre remuée soient moins facilement entraînés en hiver, lors des grandes pluies. La profondeur du labour doit varier selon l'épaisseur et la qualité du sol arable, selon les saisons, et aussi selon la nature des plantes qu'on sème et la longueur de leurs racines. Le premier labour qu'on donne à la terre doit être le plus profond afin que la terre bien retournée ait le temps de mûrir; mais c'est ce qu'on ne peut pas toujours faire. Quand le terrain est trop dur et qu'on ne peut pas, la première fois, faire entrer assez profondément le soc, on tâche de le faire entrer plus profondément dans les labours qui ont lieu plus tard. Les terrains légers, sablonneux et chauds, exigent moins de labours que les terres fortes. Il faut aussi éviter de multiplier les labours sur les pentes rapides, ainsi que dans les localités exposées aux inondations, de peur que la terre trop souvent soulevée par la charrue ne soit entraînée plus facilement. Les terres argileuses exigent des labours d'autant plus fréquents qu'elles sont plus compactes; malheureusement ces labours sont pénibles et coûteux.

C. E. — Lion d'Angers (1888).

5. — Les corpuscules de l'atmosphère

Il flotte dans l'atmosphère, malgré sa transparence et sa pénétrabilité, une immense quantité de corpuscules invisibles. Est-ce que chacun ne l'a pas reconnu en entrant dans un endroit obscur que traverse un rayon de lumière? On est tout surpris alors, en le regardant, de l'infinie variété de tout ce qui voltige, s'abaisse ou monte, en formant des flots irisés et étincelants. Ces corpuscules légers représentent des vestiges, des détritus de tous les corps qui se trouvent à la surface de la terre, et qui en sont enlevés par l'agitation de l'atmosphère. En pleine mer et en temps calme, un rayon de lumière ne laisse apercevoir presque rien; il n'y flotte que quelques débris du navire. Sur le sommet des hautes montagnes, on remarque la même pénurie de corpuscules.

(Mœurs et instincts des animaux.)
POUCHET. — Hachette, éditeur.

Influence de la profondeur des Labours

Reproduction de l'expérience

Milieu : 3 carrés du jardin de chacun 1 mq.
Graines : Carottes ou betteraves.
Travaux : Défoncer superficiellement. — 1.
— normalement. — 2.
— fortement. — 3.
Semer : même quantité de graines, même époque.

Notes à consigner sur le carnet agricole

Parcelles	Profondeur du labour	Date des semis	Date de la récolte	Résultats obtenus
1				
2				
3				

1. Sol complètement défoncé. — *Rapport plus grand.*
2. Sol défoncé superficiellement. — *Rapport plus petit.*

Tableaux de Renseignements.

(1) Sur les Labours — (2) Travail d'une journée (façon et transport) de bêtes de somme.

(A) Classification des Labours.

NATURE	PROFONDEUR
Labours de défoncement............	Sous-sol
Labours profonds....................	20 centimètres
Labours ordinaires...................	10 à 20 centimètres
Labours légers.......................	jusqu'à 10 centimètres

(B) Coût moyen à l'hectare des Labours.

NATURE	TERRES	COUT
Labours de défoncement	Compactes	160 francs
	Légères	125 —
Labours ordinaires	Compactes	25 —
	Légères	20 —

NATURE DU TRAVAIL	CHEVAUX	BŒUFS	VACHES
Labour à plat. { Sol fort...	40 ares	32 ares	23 ares
— moyen.	50 —	33 —	30 —
— léger..	60 —	40 —	35 —
Labour pour semer......	45 —	30 —	32 —
Extirpateur..............	300 —	200 —	175 —
Scarificateur.............	400 —	300 —	250 —
Hersages ordinaires.....	500 —	400 —	350 —
Semoir. { à la volée......	500 —	»	»
en ligne........	450 —	»	»
Fumier transporté { à 1 kil.	3 à 10 voit.	6 à 8 voit.	»
à 2 kil.	4 à 5 —	3 à 4 —	»

Devoir d'Agriculture locale : Les Labours

Dans la commune que j'habite le sol est..(1)..et son épaisseur moyenne est de ..(2)..; aussi les labours du pays sont-ils des labours..(3)..auxquels on donne..(4)..centimètres de profondeur. On laboure toujours..(5).. La charrue la plus communément employée est la charrue..(6)..; on l'attelle..(7).. La surface moyenne labourée dans une journée par un bon ouvrier est de ..(8)..; le coût d'un hectare de labour fait dans ces conditions s'élève à ..(9)..

(1) léger, compact — (2) donner l'épaisseur de la terre labourable en centimètres — (3) légers, ordinaires, profonds — (4) indiquer la profondeur du labour d'après le tableau (A) — (5) à plat, en planches, en billons — (6) araire ; à avant-train ; tourne-oreille ; brabant double ; multiple, etc. — (7) donner le nombre de chevaux ou de bœufs — (8) indiquer le labour moyen du pays — (9) donner le coût moyen par hectare dans la localité.

NOTIONS DE CHIMIE
L'Eau ; l'Hydrogène
LEÇONS

Cours Moyen

I. — 1. L'*eau* est un liquide formé d'une combinaison d'oxygène et d'hydrogène.

2. — L'eau pure est incolore, inodore et insipide.

3. — Elle se présente dans la nature sous les trois états : *vapeur*, dans l'atmosphère, *liquide*, dans les cours d'eau, *solide*, sous forme de grêle ou de glace.

4. — L'eau peut être *potable* ou *contaminée* : potable, elle est propre à l'alimentation ; contaminée, elle est absolument inutilisable comme boisson.

5. — L'eau est indispensable à la germination des graines, aux fonctions des racines, à la dissolution des engrais, à la vie des plantes, des animaux et des hommes.

6. — C'est une *source motrice* de premier ordre ; soit à l'état liquide, soit à l'état gazeux.

7. — C'est la meilleure *boisson* de l'homme ; c'est la boisson unique des animaux domestiques.

8. — L'*hydrogène* est un des gaz de l'eau ; il est très léger, sans couleur, sans odeur, sans saveur.

9. — Il s'enflamme facilement : c'est un *combustible*.

10. — L'hydrogène en brûlant donne de l'eau.

Cours Supérieur

I. — 1 Dans la composition de l'eau, le volume de l'hydrogène est double de celui de l'oxygène.

2. — L'eau *dissout* un certain nombre de corps solides et de gaz.

3. — Ce liquide, pour être potable, doit être frais, limpide, dépourvu de matières organiques.

4. — L'eau pure est le produit de la *distillation* de l'eau ordinaire.

5. — Dans le vide, un centimètre cube d'eau pure, à la température de 4 degrés, pèse *un gramme*.

6. — On ne devrait boire que de l'eau de source où de l'eau convenablement filtrée.

7. — Dans la nature, on distingue des eaux *ordinaires*, *calcaires*, *séléniteuses*, *minérales* et *thermales*.

8. — Les êtres vivants, hommes et animaux, sont formés d'environ 75 p. 0/0 de leur poids d'eau.

9. — Certaines plantes en contiennent jusqu'à 90 p. 0/0.

10. — L'excès d'eau dans le sol nuit aux végétaux ; le manque de ce liquide leur est également préjudiciable.

11. — L'hydrogène représente le vingtième du poids des matières organiques végétales.

12. — Uni au carbone, l'hydrogène entre dans la composition du goudron, de l'essence de térébenthine, de la benzine, du pétrole. Le gaz d'éclairage, le gaz des marais et le grisou des mines de houille sont des *composés hydrocarbonés*.

Exercices d'Observation

1. — Pourquoi le forgeron jette-t-il de l'eau sur son feu pour l'activer ? — 2. Goûtez de l'eau bouillie et dites si elle a la même saveur que l'eau non bouillie ; exposez les causes de cette différence. — 3. — Comment pouvez-vous montrer qu'il y a de l'air dans l'eau non bouillie ? — 4. L'eau de la rivière était très claire. Une pluie d'orage survient. Quelque temps après, l'eau devient trouble. Pourquoi ? — 5. Si au moyen d'un alambic on distille de l'eau, que reste-t-il dans la cucurbite, la distillation terminée ? — 6. Expliquez par quoi et comment le moulin placé sur le bord de la rivière est actionné. — 7. Expliquer : 1° Pourquoi on utilise la flamme de l'hydrogène dans les *chalumeaux*. — 2. Pourquoi l'eau stagnante se putréfie. — 3. D'où provient l'eau des puits artésiens. — 4. La formation des stalactites et stalagmites.

Économie domestique. — 1. Pourquoi la même espèce de haricots cuit-elle bien dans certaines eaux et moins bien dans d'autres ? — 2. Pourquoi l'eau de pluie a-t-elle la propriété de bien cuire les légumes et de dissoudre le savon sans donner lieu à des grumeaux ? — 3. D'après ce que vous avez vu autour de vous, dites à quoi servent le goudron, l'essence de térébenthine, la benzine, le pétrole.

Rédaction

1. Eau potable. — Qu'appelle-t-on eau potable ? — Comment reconnaît-on une eau potable ? — Comment se procure-t-on de l'eau potable ? — Comment peut-on rendre potable une eau qui ne l'est pas ? (C. E. Creuse.)

Problèmes

1. — Un champ de maïs a 12 m de large sur 45 m de long ; on compte en moyenne 25 pieds de maïs par mètre carré. En été, chaque pied de maïs laisse évaporer par heure, 12 gr, 10 d'eau. Quel volume sera évaporé par tout le maïs du champ durant une journée de 10 heures ?

2. — Quel poids d'hydrogène contiennent 5 litres d'eau pure sachant que l'hydrogène représente environ le 1/9 du poids de l'eau ?

EXPÉRIENCES A RÉALISER PAR LES ÉLÈVES

1. — Se servir pendant un certain temps d'une même casserole pour faire chauffer de l'eau provenant d'une source calcaire ; que remarquera-t-on sur le fond et sur les parois de la casserole ?

2. — Placer du charbon de bois pilé dans un linge de toile fine. Laisser couler sur ce charbon une eau colorée en jaune par le purin ; recueillir le liquide en dessous du filtre improvisé. Comparer sa couleur avec celle de l'eau avant sa filtration.

3. — Remplir de gaz hydrogène, fabriqué en classe par l'instituteur, une fiole qui ferme avec un bouchon à travers lequel passe un tube de verre ; tenir la flamme d'une bougie au sommet du tube : le gaz s'enflamme sur-le-champ.

4. — Faire passer ce gaz dans un petit ballon de baudruche, et le ballon s'élèvera bientôt.

Drainage.— Irrigations

LEÇONS

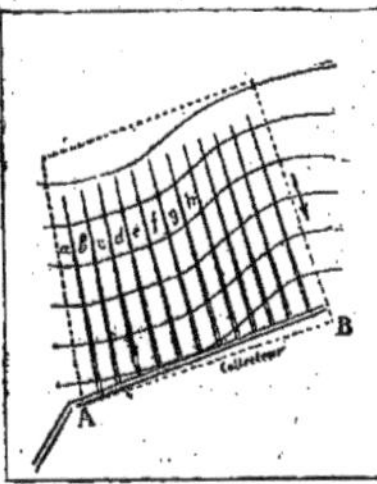

Plan de drainage

Les lignes de drains, qui coupent les courbes de niveau sur le plan, débouchent dans le collecteur **A B.**

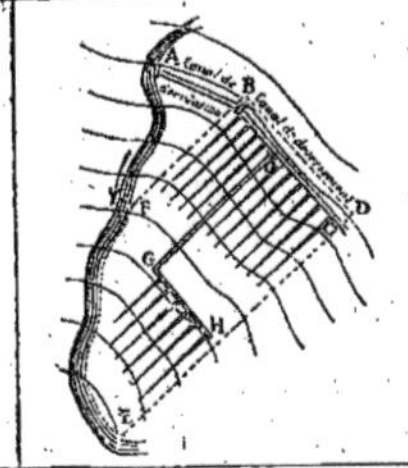

Plan d'irrigation

Le canal de dérivation amène l'eau dans le canal de déversement d'où elle s'infiltre de la partie élevée du sol vers la partie inférieure.

I. — 1. Lorsqu'un sol est trop humide, on le draine pour faire disparaître les eaux surabondantes — **2.** Le drainage s'exécute ordinairement à l'aide de tuyaux en terre cuite disposés les uns au bout des autres au fond d'une tranchée; ces tuyaux portent le nom de drains. — **3.** On peut même, économiquement, remplacer les drains par une couche de pierres entre lesquelles l'eau s'écoule facilement. — **4.** Quand une terre est trop sèche, on l'irrigue en amenant sur son sol les eaux d'un ruisseau ou d'une rivière. — **5.** On distingue les irrigations par ruissellement, par submersion et par infiltration.

II. — 1. En enlevant l'excès d'eau qui emplit les pores de la terre, le drainage favorise la pénétration de l'air. Il empêche également la pourriture des jeunes radicelles et conserve ainsi toute leur vigueur aux végétaux. La maturité des plantes est rendue plus précoce par le drainage. Les végétaux à racines pivotantes se développent normalement dans des terres drainées tandis qu'ils ne réussissent pas dans des terrains trop humides. Enfin, le drainage détruit les plantes de mauvaise nature et assainit le pays en faisant disparaître les causes de fièvres et de maladies. — **2.** En apportant au sol la quantité d'eau qui lui manquait, l'irrigation favorise la dissolution des engrais et par suite la nutrition des plantes. Seules, les eaux où peuvent vivre la truite et l'écrevisse et où peuvent croître la véronique et le cresson de fontaine sont propres aux irrigations.— **3.** Le colmatage est une irrigation d'un genre particulier qui apporte au sol les matières fertilisantes tenues en suspension dans les eaux de certains cours d'eau.

Questionnaire

I. — 1. Comment retire-t-on l'excès d'humidité d'un sol? — **2.** Qu'appelle-t-on drains? — **3.** Ne peut-on pas effectuer un drainage autrement qu'avec des drains?— **4.** Qu'est-ce que l'irrigation? — **5.** Indiquez les divers modes d'irrigations.

II. — 1. Pourquoi le drainage favorise-t-il la pénétration de l'air dans le sol? — **2.** Quel est son effet sur la radicelle des plantes? sur leur maturité? — **3.** Quelle culture spéciale permet-il? — **4.** N'a-t-il pas une influence hygiènique? laquelle? — **5.** Quel rapport y a-t-il entre l'irrigation en grande culture, l'arrosage en horticulture et l'emploi des engrais? — **6.** Définir le colmatage.

Rédactions

1. Sécheresse et humidité. — Inconvénients de l'excès de sécheresse ou de l'excès d'humidité pour la vie des plantes; comment peut-on combattre ces inconvénients?

2. Une prairie améliorée. — Sous forme de lettre à votre frère, soldat depuis 2 ans, décrivez ce qu'a fait votre père pour améliorer une prairie de peu de rapport: dessèchement, destruction des mauvaises herbes, irrigation. Concluez: tant vaut l'homme tant vaut la terre.

3. — Le drainage. — Existe-t-il des terres drainées dans votre commune? Pourquoi les a-t-on drainées? Dites comment s'est fait le travail.   C.E.

Problèmes

I. 1 Coût d'un drainage. — Pour le drainage d'un are de terrain, on emploie 360 tuyaux coûtant chacun 0fr.08. La main-d'œuvre étant évaluée au même prix que le revient des tuyaux, quelle sera la dépense pour le drainage de 1 hare 17ares?

2. Coût de l'eau d'une irrigation. — Pour irriguer une prairie, on emploie 230 hl d'eau par heure. Combien dépensera-t-on pour 15 jours d'irrigation, de 7 heures chacun, si l'on donne 5 millimes par mètre cube d'eau au meunier qui fournit la prise d'eau?

II. 3. Résultats d'un drainage. — Le propriétaire d'une terre, ayant 250m de longueur et 180m de largeur, la fait drainer dans le sens de la longueur. Les drains sont espacés de 15m en 15m, le premier rang étant à 7m50 du bord; ils coûtent 0 fr.70 le mètre courant. Avant le drainage cette terre ne produisait que 8 hectolitres de blé à l'hectare et maintenant elle en produit 15. On demande à quel taux ce propriétaire a placé les fonds employés à ce travail, le blé valant 21 fr. l'hectolitre.

4. Débit d'un cours d'eau. — Calculer en mètres cubes le volume d'eau que débite par heure un cours d'eau dont la profondeur moyenne est de 0m45, la largeur moyenne 4m20 et dont *la vitesse d'écoulement* à la surface est de 1m60. Dans ce cas, *la vitesse moyenne* n'est que les 0,8375 de la vitesse à la surface.

1. — Rôle de l'eau dans la nature

Voyez-vous ces nuages qui volent comme sur les ailes des vents ?

S'ils tombaient tout à coup par de grosses colonnes d'eau, rapides comme des torrents, ils submergeraient et détruiraient tout dans l'endroit de leur chute, et le reste des terres demeurerait inculte. Ils ne tombent que goutte à goutte, comme si on les distillait par un arrosoir.

En certains pays chauds, où il ne pleut presque jamais, les rosées de la nuit sont si abondantes qu'elles suppléent au défaut de la pluie, et en d'autres pays, tels que les bords du Nil ou du Gange, l'inondation régulière des fleuves en certaines saisons pourvoit à point nommé au besoin des peuples, pour arroser les terres.

Ainsi l'eau désaltère non seulement les hommes, mais encore les campagnes arides.

Les eaux tombent des hautes montagnes, où leurs réservoirs sont placés ; elles s'assemblent en gros ruisseaux dans les vallées ; les rivières serpentent dans les vastes campagnes pour les mieux arroser. Elles vont enfin se précipiter dans la mer, pour en faire le centre du commerce de toutes les nations.

FÉNELON

2. — L'eau et la fièvre typhoïde

Entre le 1er et le 4 septembre 1879, la fièvre typhoïde subit à Auxerre une recrudescence extraordinaire. Le docteur Dionis des Carrières rechercha les causes de cette épidémie, et voici ce qu'il trouva. Auxerre reçoit son eau de deux sources : la source du Vallan et une autre. Seules les maisons alimentées par le Vallan avaient des malades. Une caserne alimentée par cette eau avait presque tous ses habitants frappés par la maladie. Un couvent riche qui prenait ses eaux au Vallan avait sept malades et eut 1 mort sur 39 religieux constituant sa population. Un autre couvent, pauvre celui-là, et contigu au précédent, tirait sa distribution d'eau d'un puits et n'avait pas de fièvre typhoïde. La maison d'aliénés, qui aurait dû être particulièrement atteinte, étant donné le tribut que paye ce genre d'établissement à toutes les épidémies, n'était pas frappée ; c'est qu'elle recevait son eau de la même source, celle restée pure. Or, l'eau du Vallan avait été contaminée près de sa source par une ferme dans laquelle avait été soignée une femme venue de Paris avec la fièvre typhoïde. On jetait les déjections sur le fumier, et les matières, filtrant, entraînées par le eaux du ciel, avaient infecté les eaux du Vallan. Dionis des Carrières en fit la preuve expérimentale de la manière suivante : il jeta de la fuchsine sur le fumier. Vingt minutes après, l'eau du Vallan était colorée en bleu ; il jeta de l'eau de noyau sur ce même fumier, quelques minutes après l'eau du Vallan sentait le kirsch.

BROUARDEL

3. — Naissance et action des fleuves

Les eaux qui tombent sur les crêtes et les sommets des montagnes, ou les vapeurs qui s'y condensent, ou les neiges qui s'y liquéfient, descendent par une infinité de filets le long de leurs pentes ; elles en enlèvent quelques parcelles et y marquent leur passage par des sillons légers. Bientôt ces filets se réunissent dans les creux plus marqués dont la surface des montagnes est labourée ; ils s'écoulent par les vallées profondes qui en entament le pied, et vont former ainsi les rivières, les fleuves, qui reportent à la mer les eaux que la mer avait données à l'atmosphère. A la fonte des neiges ou lorsqu'il survient un orage, le volume de ces eaux des montagnes, subitement augmenté, se précipite avec une vitesse proportionnée aux pentes ; elles vont heurter avec violence le pied de ces croupes de débris qui couvrent les flancs de toutes les hautes vallées ; elles entraînent avec elles les fragments déjà arrondis qui les composent ; elle les émoussent, les polissent encore par le frottement ; mais à mesure qu'elles arrivent à des vallées plus unies où leur chute diminue, ou dans des bassins plus larges, où il leur est permis de s'épandre, elles jettent sur la plage les plus grosses de ces pierres qu'elles roulaient ; les débris plus petits sont déposés plus bas, et il n'arrive guère au grand canal de la rivière que les parcelles les plus menues ou le limon le plus imperceptible. Souvent même le cours de ces eaux, avant de former le grand fleuve inférieur, est obligé de traverser un lac vaste et profond, où leur limon se dépose, et d'où elles ressortent limpides. Mais les fleuves inférieurs, et tous les ruisseaux qui naissent des montagnes plus basses ou des collines, produisent aussi, dans les terrains qu'ils parcourent, des effets plus ou moins analogues à ceux des torrents des hautes montagnes. Lorsqu'ils sont gonflés par de grandes pluies, ils attaquent le pied des collines terreuses ou sablonneuses qu'ils rencontrent dans leur cours, et en portent les débris sur les terrains bas qu'ils inondent, et que chaque inondation élève d'une quantité quelconque ; enfin lorsque les fleuves arrivent aux grands lacs ou à la mer, et que cette rapidité, qui entraîne les parcelles du limon, vient à cesser tout à fait, ces parcelles se déposent aux côtés de l'embouchure ; elles finissent par y former des terrains qui prolongent la côte ; et, si cette côte est telle que la mer y jette de son côté du sable et contribue à cette accroissement, il se crée ainsi des provinces, des royaumes entiers, ordinairement les plus fertiles et bientôt les plus riches du monde, si les gouvernements laissent l'industrie s'y exercer en paix.

CUVIER

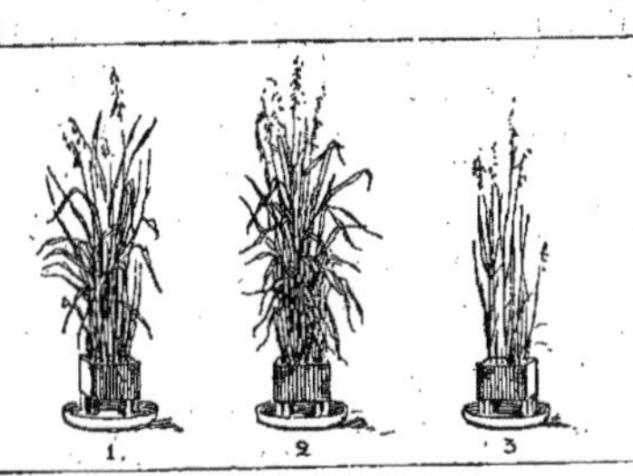

Expérience faite à l'École normale de Vesoul.

1. Bonne récolte : purin lavé.
2. Très bonne récolte : purin.
3. Récolte faible : témoin.

Reproduction de l'expérience

Matériel : 3 pots à fleurs.
Milieu : Terre peu fertile.
Engrais : Purin.
Graine : Avoine.
Conseils : Verser le purin en 1 et 2. Laver à gran de eau en 2. Semer en 1 - 2 - 3.

Notes à consigner sur le carnet agricole

POTS	ENGRAIS	DATE SEMIS	DATE RÉCOLTE	Résultats
1	Purin lavé			
2	Purin			
3	Néant			

Tableaux de Renseignements

Drainage.

(a) SYSTÈMES	PROFONDEUR DES TRANCHÉES
Drainage en pierres cassées	1m 20 à 1m 50
Drainage en pierres plates	id.
Drainage avec fascines	id.
Drainage avec drains ou poteries	1m 20 à 1m 30

(b) ÉCARTEMENT DES LIGNES DE DRAINS	
NATURE DES TERRES	ÉCARTEMENT
Terre argileuse ordinaire	9 à 11 mètres
Terre crayeuse	8 à 11 —
Terre sablonneuse	13 à 18 —
Terre tourbeuse	11 à 14 —

Irrigation

(c) SYSTÈMES	TERRAINS PROPICES
Irrigation par déversement	Terrains à pente rapide
Irrigation par submersion	Ter. à niveau inf. au cours d'eau
Irrigation par infiltration	Terrains du Midi
Irrigation par aspersion	Terrains pour culture potag.

(d) EAUX NUISIBLES AUX IRRIGATIONS	
NATURE DES EAUX	EFFETS PRODUITS
Eaux tourbeuses	Brûlent par leur acidité
Eaux séléniteuses (du plâtre)	Obstruent les pores des tissus
Eaux tuffeuses (de la craie)	végétaux
Eaux ferrugineuses	Déposent une espèce de rouille.

Devoir d'agriculture locale : Le Drainage

Le principal moyen pour modifier physiquement le sol de (1) est le (2). Le système de drainage le plus répandu utilise les (3). Généralement les lignes de drains sont espacées de (4) ; la profondeur des tranchées varie entre (5) et la pente est ordinairement de (6) millimètres par mètre.

Le coût du drainage atteint le plus souvent (7) à l'hectare ; mais en revanche, les résultats que cette opération procure sont les suivants (8).

(1) Nom de la commune — (2) drainage -- (3) indiquer le mode usité à X... d'après le tableau -- (4) consulter le tableau 4 et indiquer l'écartement suivant la nature des terres de X... -- (5) peut avoir de 0m.60 à 1m.30 ; donner la profondeur en usage dans la localité -- (6) varie entre 1 et 3 millimètres [même remarque qu'en (5.] — (7) peut coûter de 200 à 300 francs; dire le coût local -- (8) terres plus fertiles, facilite l'aération, augmente la valeur foncière, fait disparaître les fièvres etc.

Carbone — Charbons — Composés gazeux et solides

LEÇONS

Cours Moyen

1. — Le *Carbone* est un corps solide simple. Le diamant est du carbone pur.

2. — Les *Charbons* renferment une grande quantité de carbone unie à des matières étrangères.

3. — Les charbons sont *naturels* : houille, tourbe et plombagine, ou *artificiels* : coke, charbon de bois, noir animal.

4. — Le carbone brûle dans l'air et dans l'oxygène.

5. — Il peut alors former deux gaz : l'*oxyde de carbone* et l'*acide carbonique*.

6. — Ces gaz sont absolument impropres à la respiration de l'homme et des animaux.

7. — Le carbone entre environ pour moitié dans la composition organique des végétaux.

8. Ceux-ci se l'approprient en absorbant l'acide carbonique de l'air.

9. — Durant le jour, cet acide est décomposé par la plante qui s'assimile alors le charbon et exhale l'oxygène.

10. — Les végétaux favorisent ainsi la respiration de l'homme et des animaux.

Cours Supérieur

1. — Le gaz acide carbonique a une saveur aigrelette, il se dissout dans l'eau ; il n'entretient ni la combustion, ni la respiration.

2. — Le gaz oxyde de carbone est sans saveur ; il est combustible et empoisonne.

3. — Il se produit principalement lorsqu'on utilise, comme appareils de chauffage, les réchauds, les poêles en fonte, qui deviennent dangereux quand ils sont portés au rouge, et surtout les *poêles économiques*, à combustion lente.

4. — En se dissolvant, l'acide carbonique rend mousseux les liquides dans lesquels il se trouve : vin, bière, cidre, limonade, eau de seltz.

5. — Ce même gaz, uni au calcaire, forme un composé solide : le *carbonate de calcium* encore appelé *carbonate de chaux*.

6. — On retrouve du carbonate de calcium dans les cendres des végétaux ; il est donc indispensable à leur constitution.

7. — Mais les plantes ne peuvent l'absorber qu'autant qu'il est dissout.

8. — Cette dissolution se produit dans de l'eau contenant de l'acide carbonique.

9. — On doit donc favoriser la production ou l'accès de l'acide carbonique en terre par l'enfouissement de matières organiques et par la pratique constante des labours.

Exercices d'observation

1 — Pourquoi le diamant raye-t-il le verre ? — 2. Quand le bec de gaz file, que se dépose-t-il sur la clochette située au-dessus du gaz. — 3. Votre père a entouré un enclos avec des pieux ; vous l'avez vu carboniser légèrement la pointe de chaque pieu à enfoncer en terre. Quel est le but de ce travail supplémentaire ? — 4. Un vigneron est tombé mort en foulant le raisin dans la cuve ; à quoi attribuez-vous cet accident ? — 5. Durant un hiver rigoureux, le feu de la classe a été fortement activé, on n'ouvrait guère les fenêtres ; beaucoup de vos camarades ressentaient des maux de tête ; quelle était la cause de ces malaises ? — 6. Votre père avait bouché des bouteilles de cidre ; en allant chercher une bouteille à la cave, vous constatez que plusieurs se sont débouchées d'elles-mêmes ; pourquoi ? — 7. Essayez d'expliquer : 1· Pourquoi la densité du charbon de bois est très faible ? — 2. D'où viennent la chaleur et l'humidité d'un tas de fumier ? — 3. Pourquoi les ouvriers employés dans les fabriques ont souvent l'air pâle et maladif ? — 4. Pourquoi l'air de la campagne est plus pur que celui des villes ? — 5 Pourquoi et comment les arbres et les plantes purifient l'air ?

Économie domestique. — Vous faites griller du pain pour votre déjeuner, vous oubliez de le surveiller. Que retrouvez-vous sur la grille ? — 2. Pourquoi est-il nécessaire en tout temps d'aérer les appartements ? — 3. Pourquoi peut-on ôter avec du charbon de bois pulvérisé, l'odeur et la saveur désagréable du poisson, du gibier et des viandes qui commencent à se putréfier.

Rédactions

1. *La Houille*. — Son extraction, ses usages.

2. *L'acide carbonique*. — Sa composition, ses propriétés, son rôle au point de vue hygiénique.   (C. E. Eure.)

3. *Fabrication du charbon de bois*. — Racontez ce que vous avez vu au cours d'une promenade scolaire en forêt. Charbonniers disposant des meules destinées à fabriquer du charbon de bois.

4. *Charbons naturels*. — Enumération. Description. Indication. Des usages de chacun d'eux.

Problèmes

1. — Un tas de bois destiné à fabriquer du charbon a 5m. 60 de long., 1m. 40 de haut et 0m.50 de large. La densité de ce bois est 0,520; on sait qu'il donne 7 0/0 de son poids de charbon. Calculer ce que pèse le charbon obtenu.

2. — Sur 22 grammes d'acide carbonique, il y a 16 grammes d'oxygène et 6 gr. de carbone. Quelle quantité d'oxygène existe-t-il dans une cuve complètement remplie d'acide carbonique, présentant un diamètre moyen de 1m.80 sur une hauteur de 1m.40 ?

3. — Le carat de diamant vaut 90 fr.; ce poids correspond à 205 mmgr. Que vaut une bague en or portant un diamant de 4 carats 5 sachant que le métal de la bague est déjà estimé 45 francs ?

EXPÉRIENCES A RÉALISER PAR LES ÉLÈVES

1. — Décolorer du vin avec du charbon de bois pilé.

2. — Mélanger du noir animal avec du vin rouge. Filtrer le tout.

3. — Faire du gaz d'éclairage avec de la sciure de bois ou de la houille en menus morceaux, mises dans une pipe en terre.

4. — Souffler avec un chalumeau dans un verre rempli d'eau de chaux.

5. — Verser de l'eau de seltz dans un verre contenant de l'eau de chaux (troublée) ; continuer à verser (devient claire).

Collections à faire

1. — Réunir sur un carton des échantillons de plombagine, de houille, de tourbe (*charbons naturels*) ; de coke, de charbon de bois, de noir animal, de noir de fumée (*charbons artificiels*).

MODIFICATIONS DU SOL
Amendements
LEÇONS

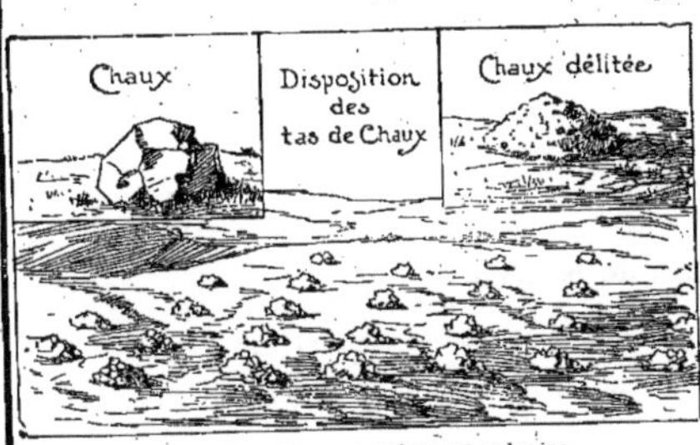

Mise en place d'un amendement calcaire

I. — 1. On appelle amendements des substances minérales qui corrigent la nature d'une terre. — **2.** Ils sont généralement utilisés dans les sols de composition contraire; ainsi un amendement calcaire sera employé dans une terre argileuse et réciproquement. — **3.** Les principaux amendements sont: l'argile, le sable et la marne. — **4.** La marne est argileuse ou calcaire suivant la prédominance de l'argile ou de la craie. — **5.** La chaux et le plâtre sont également des amendements, mais ils jouent en même temps le rôle d'engrais calcaires. — **6.** Les amendements s'emploient le plus souvent avant l'hiver.

II. — 1. Un sol peut présenter un excès d'acidité, une consistance trop forte ou une mobilité excessive. L'analyse démontre que cette acidité est due au manque de calcaire, que la trop grande consistance est causée par l'excès d'argile et qu'au contraire, la mobilité excessive résulte du manque de ce même élément; l'emploi des amendements permet de remédier à cet état de choses. — **2.** La marne calcaire est utilisée dans les terres argileuses qu'elle rend plus chaudes et moins compactes; l'argile et la marne argileuse s'emploient dans les sols siliceux et calcaires qui deviennent alors moins légers, moins secs et moins chauds. — **3.** La chaux enlève l'acidité des sols tourbeux et rend moins compacts les sols argileux; elle provoque encore la formation d'un calcaire pulvérulent assimilable par la plante. — **4.** Le plâtre agit de même; c'est, de plus, un stimulant car il active la végétation du trèfle et de la luzerne.

Questionnaire

I. — 1. Qu'appelle-t-on amendements? — **2.** Citez les principaux amendements? — **3.** Où emploiera-t-on l'argile? le sable? la chaux? — **4.** Qu'appelez-vous marnes ? Qu'est-ce qu'une marne argileuse? une marne calcaire? — **5.** A quelle époque s'emploient généralement les amendements?

II. — 1. Quels défauts peut présenter un sol? **2.** A quoi sont dus: l'excès d'acidité? la trop grande consistance? la mobilité excessive? — **3.** Comment peut-on remédier à chacun de ces inconvénients? — **4.** Quels sont les effets: de la marne calcaire? de la marne argileuse? Où emploie-t-on particulièrement ces deux sortes de marnes? — **5.** Citez l'effet particulier de la chaux. — **6.** Rappelez l'expérience de Franklin relative à l'effet du plâtre sur les légumineuses.

Rédactions

1. Moyens de corriger les défectuosités de la composition du sol.— Quels sont les éléments d'une bonne terre végétale et leurs proportions? Dites les moyens d'entretenir la fertilité du sol et de remédier à sa composition si elle est défectueuse. C.E. Mirambeau (Charente-Inférieure) 1898.

2. Les amendements.— Qu'entend-on par amendement? Quels amendements devrait-on faire dans votre canton. (C.E. 1899)

3. Le calcaire dans le sol.— Caractères du calcaire; son rôle dans le sol. Quels sont les moyens employés pour donner de la chaux aux sols qui en manquent? (C.E.)

Problèmes

I. — 1. Coût d'un marnage.— Un jardin de 62^m,50 de long sur 37^m,85 de large doit être recouvert d'une couche de marne de 5 centimètres d'épaisseur. Quelle dépense occasionnera cet amendement si le mètre cube de marne rendu sur place coûte 2fr.75 et si les frais d'épandage s'élèvent à 1fr.75 par are?

2. — Résultats d'un plâtrage.— Un champ non plâtré a produit 475 bottes de trèfle pesant chacune 7kg.5. S'il avait été plâtré, il aurait donné les 7/30 en plus. Quel aurait été le bénéfice si cette herbe est estimée 6fr.75 le quintal métrique?

II. — 3. Résultats d'un marnage.— Un propriétaire a fait répandre sur sa terre 2748 mètres cubes de marne dont le poids est 2 fois 1/2 celui de l'eau; rendue sur place et établie, elle revient à 0fr.23 le quintal métrique; on demande ce qu'il a dépensé, et à quel taux il a placé son argent, sachant que sa récolte a valu 477fr.50 de plus que l'année précédente et que, grâce à cette amélioration, il a obtenu 293fr. de prime au concours. C.E. Aube 1883

4. — Coût d'un chaulage.— Il faut environ 55 hl de chaux à l'hectare pour transformer en terre cultivable un terrain marécageux. Quelle est la quantité de chaux nécessaire pour un terrain de 1 H^{ar} 25 ares? quelle sera l'épaisseur de la couche de chaux répandue et la somme dépensée si le mètre cube de chaux coûte 27fr. et la main-d'œuvre 0fr. 15 par are?

1. — Le charbon de bois

C'est le plus souvent dans les forêts que les charbonniers fabriquent le charbon. Ils commencent d'abord par niveler le sol sous lequel la meule doit être établie. Puis, au centre, ils enfoncent des piquets aussi haut que la meule qu'ils doivent élever. Ces piquets forment une sorte de cheminée.

Tout autour, ils rangent verticalement des bûches de bois, et en font ainsi un énorme tas, qu'ils recouvrent de gazon et de terre battue; puis ils font, à la base de la meule, quelques ouvertures appelées évents. Dans la cheminée, des brindilles de bois enflammées sont jetées. Le feu se communique à la masse, et, au bout de quelque temps, à l'épaisse fumée du début, qui s'échappait par la cheminée, succède une flamme bleuâtre et claire.

Le charbon est fait; on bouche les évents avec soin; on ferme la cheminée et le feu s'éteint

C. E. Mézidon (Calvados).

2. — Les mineurs de Newcastle

Que d'autres sur les monts boivent à gorge pleine
Des vents impétueux la bienfaisante haleine,
Et s'inondent le front d'un air suave et pur ;
Que d'autres, emportés par des voiles légères,
Passent comme les vents sur les ondes amères,
Et sillonnent sans fin leur magnifique azur ;

Que d'autres, chaque jour, emplissent leur paupière
Des rayons colorés de la chaude lumière,
Et contemplent le ciel dans ses feux les plus beaux ;
Que d'autres, près d'un toit festonné de verdure,
Travaillent tout le jour au sein de la nature,
Et s'endorment le soir au doux chant des oiseaux.

. . . .

Nous sommes les mineurs de la riche Angleterre ;
Nous vivons comme taupe à six cents pieds sous terre ;
Et là, le fer en main, tristement nous fouillons,
Nous arrachons la houille à la terre fangeuse ;
La nuit couvre nos reins de sa mante brumeuse,
Et la mort, vieux hibou, vole autour de nos fronts.

Malheur à l'apprenti qui dans un jour d'ivresse
Pose un pied chancelant sur la pierre traîtresse !
Au plus creux de l'abîme il roule pour toujours !
Malheur au pauvre vieux dont la jambe est inerte !
Lorsque l'onde, en courroux de se voir découverte,
Envahit tout le gouffre, il périt sans secours !

Malheur à l'imprudent, malheur au téméraire
Qui descend sans avoir la lampe salutaire
Qu'un ami des humains fit pour le noir mineur !
Car le mauvais esprit qui dans l'ombre le guette,
La bleuâtre vapeur, sur lui soudain se jette,
Et l'étend sur le sol sans pouls et sans chaleur !

Malheur, malheur à tous ! car même sans reproche,
Lorsque chacun de nous fait sa tâche, une roche
Se détache souvent au bruit seul du marteau ;
Et plus d'un qui rêvait dans le fond de son âme
Aux cheveux blonds d'un fils, à l'œil bleu de sa femme,
Trouve au ventre du gouffre un éternel tombeau.

Et cependant c'est nous, pauvres ombres muettes,
Qui faisons circuler au-dessus de nos têtes
Le mouvement humain avec tant de fracas ;
C'est avec le trésor qu'au risque de la vie
Nous tirons de la terre, ô puissante industrie !
Que nous mettons en jeu les gigantesques bras.

C'est la houille qui fait bouillonner les chaudières,
Rugir les hauts fourneaux tout chargés de matières,
Et rouler sur le fer l'impétueux wagon ;
C'est la houille qui fait par tous les coins du monde,
Sur le sein écumant de la vague profonde,
Bondir en souverains les vaisseaux d'Albion.

Auguste Barbier.

Fayard frères, éditeurs.

3. — Amendements à faire dans les différentes terres

Si les terres sont argileuses, elles retiennent beaucoup d'humidité ; lorsqu'elles se dessèchent trop vite, de larges crevasses se produisent dans le sol ; par un temps humide, le labour y est très difficile, car la terre adhère aux instruments aratoires ; par un temps sec, le fer de la charrue a du mal à les entamer. Pour corriger la plupart de ces défauts, il est nécessaire d'ajouter à ces terres des amendements calcaires complétés par des amendements siliceux.

On se procure une marne calcaire contenant au moins 50 0/0 de carbonate de chaux. Puis, à l'arrière saison, après des céréales, lorsque la terre n'a pas encore été labourée, on la répand sur le sol dans la proportion de 45 à 50 mètres cubes par hectare. Durant l'hiver, sous l'influence de l'air, de l'eau, de la gelée, cette marne va se déliter ; au printemps, on achève de la réduire en poussière par des hersages et des roulages et enfin de l'enterrer légèrement par plusieurs labours successifs. On s'applique à mélanger la marne le plus intimement possible au sol ; à cette condition seule, l'amendement produit de bons effets. Si l'on complète cet amendement par des apports de sable, il suffit d'amener ce sable sur les terres avant l'hiver et de l'enfouir en même temps que la marne délitée.

Quand les terres sont calcaires, et cela se reconnaît à leur couleur peu foncée, elles sont trop perméables, c'est-à-dire qu'elles ne retiennent pas l'eau et qu'elles se dessèchent très facilement ; aussi les plantes y dépérissent durant les années chaudes.

Pour améliorer ces terres, il devient nécessaire d'utiliser un amendement argileux.

Il faut, pour cela, environ 200 mètres cubes d'argile par hectare.

On la conduit aux champs où l'on en forme des tas d'environ 40 centimètres de hauteur. Ces tas restent un an ou deux sans être étendus, jusqu'au moment où la délitation est complète. Après quoi on les épand sur la surface entière du terrain, de manière à former une couche de 2 centimètres d'épaisseur, que l'on incorpore intimement au sol par des labours et des hersages successifs. La dépense par hectare atteint environ 600 fr., mais l'amélioration obtenue vaut encore plus ; il y a donc un progrès de réalisé.

Pl. 2

Les Minéraux

1. Mine de houille. — 2. Coupe d'un four à chaux continu. — 3. Une verrerie. — 4. Le phosphatage. —
5. Le sulfatage de la vigne. — 6. Carrière à ciel ouvert. — 7. Marais salant.

Absorption de l'acide carbonique par les feuilles

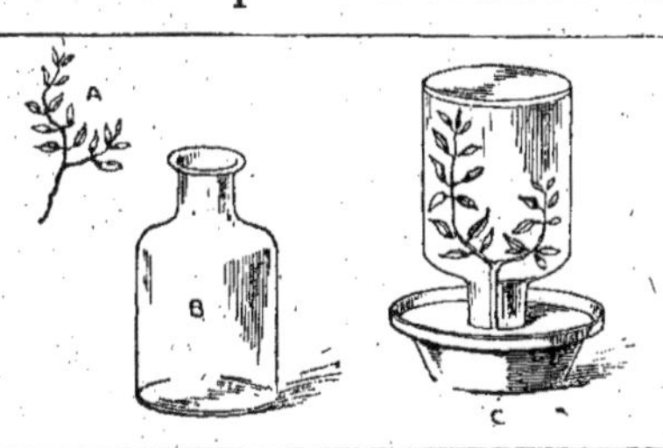

A. branche verte — **B.** bocal.
C. bocal rempli d'acide carbonique, abritant la branche (A)

Reproduction de l'expérience

Matériel : une terrine, un bocal en verre, une branche garnie de feuilles fraîchement cueillie.

Conseils : remplir (B) d'acide carbonique, y introduire la branche (A). — Disposer comme en (C). — Exposer quelques heures au soleil.

Résultats : Après avoir retiré la branche, une allumette présentant un point en ignition, introduite dans le bocal, se rallume : la plante a absorbé le carbone et laissé l'oxygène.

Note à consigner sur le carnet agricole

NATURE des feuilles	DURÉE de l'expérience	RÉSULTATS CONSTATÉS

Tableau de Renseignements
Les Amendements

NATURE	TERRES OU ILS S'EMPLOIENT	QUANTITÉ A L'HECTARE	RÔLE
Marne calcaire	Non calcaires	50 à 500^{mc}	Favorise la nitrification
Chaux	Siliceuses-humides-froides	10 H^l tous les 3 ans	Détruit l'acidité
Plâtre	Destinées aux légumineuses	500 à 600 kg.	Stimule la végétation
Cendres de bois	Toutes les terres	30 à 40 kg.	Donne de la potasse
Marne argileuse	Terres légères	50 à 500^{mc}	Donne de la ténacité
Marne siliceuse	Terres argileuses	50 à 500^{mc}	Améublit le sol
Cendres de houille	Terres argileuses	40 à 50 kg.	Ameublit le sol
Sable-cailloux-gravier	Terres compactes	Variable	Combat la ténacité
Sable et cailloux	Terres argileuses	Variable	Ameublit le sol
Argile séchée	Terres sablonneuses	Variable	Rend consistant

Maxime : *L'application des Sciences à l'Agriculture est une nécessité de notre temps.* — (Léonce de Lavergne)

Devoir d'Agriculture locale : Emploi d'amendements

Le sol de.. (1)..est.. (2).., ce qui le rend.. (3)..; on le modifie à l'aide de.. (4).,cet amendement provient.. (9).. et coûte, rendu à (1).. environ.. (5)..le mètre cube.

La quantité employée à l'hectare varie entre.. (6).. et.. (6). mètres cubes; cet emploi se fait en.. (7)..et, l'hiver passé, on enfouit (4).. délité par un labour dont la profondeur moyenne est de.. (8).

(1) Nom de la localité — (2) nature du sol d'après le tableau — (3) tenace, léger — (4) indiquer l'amendement en usage dans la commune — (5) dire le prix de revient du m.c — (6) consulter le tableau et les cultivateurs pour énoncer la quantité moyenne employée à l'hectare — (7) dire le mois d'automne — (8) marquer ici la profondeur du labour qui varie entre 15 et 25 centimètres — (9) lieu d'extraction de l'amendement.

NOTIONS DE CHIMIE

L'Azote et ses composés
LEÇONS

Cours Moyen

1. — *L'azote atmosphérique* est un des gaz de l'air.

2. — C'est également un corps simple.

3. — Il est sans couleur, ni odeur.

4. — Contrairement à l'oxygène, *il n'entretient ni la combustion, ni la respiration.*

5. — Dans l'air atmosphérique, l'azote sert à modérer l'activité de l'oxygène.

6. — En agriculture, on distingue l'*azote nitrique*, l'*azote ammoniacal* et l'*azote organique*.

7. — L'azote nitrique provient d'engrais minéraux appelés *nitrates*; tel est, par exemple, le nitrate de soude.

8. — L'azote ammoniacal est surtout donné par le *purin* et par un engrais minéral nommé *sulfate d'ammoniaque*.

9. — L'azote organique est fourni par la décomposition des débris animaux et végétaux, par les résidus industriels.

10. — L'*ammoniaque* est une combinaison d'hydrogène et d'azote; c'est un gaz d'une odeur piquante.

11. — Il se dissout dans l'eau et forme l'ammoniaque du commerce; c'est d'ailleurs sous cette forme qu'on l'utilise le plus souvent.

Cours Supérieur

1. — L'azote est indispensable à la formation de toute substance vivante.

2. — Les plantes se l'approprient spécialement dans le sol.

3. Les animaux trouvent l'azote qui leur est nécessaire dans les végétaux dont ils se nourrissent.

4. — Les plantes, sauf les légumineuses, ne peuvent s'assimiler l'azote que sous la forme nitrique ou minérale.

5. — L'absorption des azotes ammoniacal et organique n'est donc possible qu'autant qu'ils ont subi la *nitrification* ou transformation en azote nitrique.

6. — La nitrification n'est réalisable dans un sol qu'autant qu'il existe dans ce sol un microbe particulier et aussi de l'air, de l'eau, de la chaleur et du calcaire.

7. — Les légumineuses, trèfle, luzerne, sainfoin, absorbent directement l'azote atmosphérique par les *nodosités* de leurs racines.

8. — L'ammoniaque du commerce est utilisé pour cautériser les piqûres d'abeilles, les morsures de vipères, pour combattre l'ivresse, contre la météorisation des bestiaux, pour le dégraissage des *étoffes*.

9. — Les sels ammoniacaux, sulfate d'ammoniaque, azotate d'ammoniaque, sont des engrais excellents.

10. — Un autre composé de l'azote, l'*acide azotique*, a de nombreuses applications industrielles.

Exercices d'observation

1. — Que devient une souris dans un bocal rempli d'azote? — 2. Ce gaz est donc un poison? — 3. A quoi attribuez-vous le picotement que vous éprouvez dans les narines et dans les yeux lorsque vous pénétrez le matin dans l'écurie ou dans l'étable de vos bestiaux? — 4. Vous avez été piqué par une guêpe; on a frotté la piqûre avec l'ammoniaque; qu'avez-vous ressenti? — 5. On a ramassé sur le pavé un ivrogne; on lui a passé sous les narines un flacon d'où s'exhalait une odeur piquante; l'ivrogne est revenu à lui; que contenait le flacon?

Économie domestique. — Essayez d'expliquer 1. Pourquoi les taches occasionnées sur l'argent par le sel de cuisine sont enlevées par l'ammoniaque liquide. — 2. De quoi est composée la *pierre infernale*, ou nitrate d'argent. — 3. Pourquoi on utilise le *sel ammoniac* (chlorhydrate d'ammoniaque) pour dissoudre les incrustations de l'intérieur des bouilloires employées depuis longtemps. — 4. Pourquoi on administre au malade qui a absorbé de l'ammoniaque une grande quantité d'eau à laquelle on a ajouté un peu de vinaigre ou de jus de citron. — 5. A quoi est due la putréfaction d'un morceau de viande abandonné à l'air pendant les chaleurs.

Rédaction

1. L'azote atmosphérique. — Où existe-t-il. — A quel caractère principal le reconnaît-on? — Rappelez les expériences faites en classe au sujet de ce gaz. — Rôle de l'azote dans l'air.

Problèmes

1. — Calculer le poids de l'azote contenu dans votre classe, sachant d'abord qu'un litre d'air pèse à peu près 1 gr. 29 et que sur 100 gr. d'air il y a 77 gr. d'azote, (*Note : le Maître fera prendre, par les élèves, les dimensions de la classe*).

2. — Quel est le poids d'azote contenu dans 45 quintaux de luzerne fanée, complètement desséchée et privée d'eau, sachant que ce fourrage dans ces conditions contient 2,08 0/0 d'azote?

EXPÉRIENCES A RÉALISER PAR LES ÉLÈVES

1. — Remplir une assiette d'eau; placer une bougie allumée au milieu de cette assiette; recouvrir d'un bocal vide; gaz obtenu: azote atmosphérique.

2. — Remplir un petit flacon d'eau; transvaser l'azote du bocal dans ce flacon.

3. — Plonger une allumette en pleine combustion dans le flacon. L'allumette s'éteint. Conclusion.

4. — Mâcher des grains de blé. Obtenir une espèce de pâte élastique (gluten), matière azotée des végétaux. Elle se putréfie et laisse échapper l'ammoniaque.

5. — Jeter quelques grains de nitrate de soude sur un gazon jaunâtre, en temps humide. Constater les résultats au bout de plusieurs jours: gazon devenu très vert par suite de la présence de l'azote nitrique du nitrate de soude.

MODIFICATIONS DU SOL
Les Engrais; nécessité
LEÇONS

Engrais bien soigné
Sol rendu étanche, fumier bien tassé, terre arable disposée pour absorber le purin et recouvrir ensuite le tas de fumier.

I. — 1. Les engrais sont des matières organiques ou minérales qui enrichissent une terre en éléments propres à la nutrition des végétaux. **— 2.** On divise les engrais en quatre catégories : les engrais végétaux, les engrais animaux, les engrais mixtes et les engrais chimiques. — **3.** Les trois premières catégories forment le groupe des engrais organiques; les engrais chimiques sont des engrais minéraux. — **4.** Les éléments essentiels des engrais sont: l'azote, l'acide phosphorique, la potasse et la chaux.— **5.** La première qualité d'un engrais est sa richesse en ces divers éléments; la seconde est le degré de solubilité de ses éléments dans l'eau.

II. — 1. L'analyse permet de reconnaître dans la composition chimique d'une plante la présence de carbone, d'oxygène, d'hydrogène, d'azote, d'acide phosphorique, de sable, de potasse, de chaux, de soufre, de chlore, de sodium, de fer, de manganèse et de magnésium. — **2.** L'atmosphère fournit un certain nombre de ces éléments; le sol a des réserves inépuisables de plusieurs autres; seuls, l'azote, l'acide phosphorique, la potasse et la chaux ne sont point fournis en assez grande quantité par une terre épuisée. — **3.** Le cultivateur doit donc rendre ces 4 éléments au sol s'il veut obtenir des produits rémunérateurs: cette restitution est possible par l'apport des engrais. — **4.** Dans l'emploi judicieux d'un engrais on tiendra compte: 1o de la richesse de la terre en éléments fertilisants; 2o de la richesse de l'engrais en azote, en acide phosphorique, en potasse et en chaux; 3o de la plus ou moins grande facilité de l'engrais à arriver à l'état assimilable; 4o des exigences spéciales du végétal que l'on veut cultiver. — **5.** Grâce au pouvoir absorbant du sol, la terre fixe les matières fertilisantes à l'état insoluble pour ne les rendre ensuite qu'aux végétaux. Ce pouvoir absorbant évite la déperdition des principes fertilisants qui disparaîtraient sans cela dans les profondeurs du sous-sol.

Questionnaire

I. — 1. Qu'appelle-t-on engrais? — **2.** Doit-on confondre les engrais avec les amendements? — **3.** Citez les différentes catégories d'engrais. — **4.** Pourquoi les uns sont-ils appelés engrais organiques et les autres engrais minéraux? — **5.** Citez les quatre éléments essentiels des engrais.— **6.** Dites sur quoi repose la valeur d'un engrais.

II. — 1. Quels sont les éléments chimiques qui composent une plante? — **2.** Parmi tous ces éléments quels sont ceux dont l'épuisement par les récoltes doit préoccuper le cultivateur? — **3.** A l'aide de quoi restitue-t-on au sol ces quatre éléments? — **4.** Sur quoi repose un emploi judicieux d'engrais? — **5.** Définir le pouvoir absorbant du sol. Qu'arriverait-il si ce pouvoir absorbant n'existait pas?

Rédactions

1. Utilité des engrais.— Comment les plantes se nourrissent-elles? Montrez l'utilité des engrais. C.E. (Aube)

2. Les engrais et leur choix.— Qu'appelle-t-on engrais? Leur but: des différentes sortes d'engrais; du moment de les employer; à quelle sorte d'engrais donnez-vous la préférence et pour quelles raisons? CE. (Charente-Inf^re)

Problèmes

I. 1. Augmentation des récoltes due aux engrais. On cultive, en France, environ 7 millions d'hectares en blé. Quelle serait l'augmentation totale en hectolitres, si, par un emploi rationnel d'engrais, on obtenait 8hl,50 de plus à l'hectare?

2. Poids des éléments fertilisants d'un engrais. L'engrais flamand donne en moyenne 9 kg. d'azote, 3 kg. d'acide phosphorique et 2 kg. de potasse pour 1000 kg, d'engrais. Cela étant, calculer les poids de chacun de ces 3 éléments contenus dans 5 tonnes d'engrais flamand.

II. 1. Emploi rationnel d'engrais; exigences de la plante. Une terre d'une certaine fertilité demande encore à l'h^are pour une bonne récolte de betterave, 112 kg. d'azote, 75 kg. d'acide phosphorique et 75 kg. de potasse. On a déjà enfoui 20 voitures de fumier fournissant chacune 10 kg. d'azote, 5 kg. d'acide phosphorique et 10 kg. de potasse. Quelle quantité de chacun des éléments reste-t-il à fournir par les engrais chimiques?

4. Achat d'engrais; quantités à se procurer.— Si l'on fournit l'azote complémentaire du problème précédent à l'aide de nitrate de soude à 15.5 p. 0/0; l'acide phosphorique à l'aide de scories de déphosphoration à 16 p. 0/0. la potasse à l'aide de chlorure de potassium à 15 p. 0/0 de potasse, on demande quel poids de chacun de ces engrais complémentaires on devra se procurer.

1. — L'ammoniaque

Pendant longtemps l'ammoniaque a été extraite de l'urine, mais on la retire aujourd'hui en grande quantité des eaux vannes du gaz d'éclairage.

C'est à l'état de dissolution dans l'eau que l'on utilise l'ammoniaque. On donne généralement à ce liquide le nom d'alcali volatil. On l'emploie dans la préparation de l'eau sédative destinée à calmer la migraine. On s'en sert aussi pour détruire les effets des piqûres de guêpes, d'abeilles, de scorpions, et même de vipères.

On en fait encore usage pour combattre le ballonnement, la météorisation des bestiaux. Quand, après avoir mangé du trèfle ou de la luzerne en vert, ces bêtes sont tellement gonflées qu'elles en étouffent, on verse deux cuillerées à bouche d'ammoniaque dans un litre d'eau, que l'on fait boire de force à chaque animal indisposé; le gonflement disparaît peu à peu.

L'alcali volatil dissout les corps gras. Aussi l'utilise-t-on avantageusement pour l'enlèvement des taches de graisse sur les vêtements, le nettoyage des collets d'habits, etc.

La combinaison de l'ammoniaque avec l'acide sulfurique donne le sulfate d'ammoniaque ou azote ammoniacal, employé comme engrais.

2. — L'acide azotique et la gravure

L'acide azotique est utilisé pour la gravure sur cuivre et sur acier. Ce procédé de gravure s'appelle gravure à l'eau-forte. Quand on veut graver une plaque de cuivre, on l'enduit d'abord de cire, en laissant un léger rebord, de façon à former une petite cuvette. Puis on dessine sur la cire la figure ou le texte à reproduire. Avec une pointe fine, on enlève la cire sur les traits du dessin, de manière à mettre le métal à nu aux endroits où il y a un trait. On verse alors sur la cire de l'acide azotique du commerce : le métal se trouve attaqué dans les parties nues et reste au contraire intact dans les parties recouvertes de cire. Quand l'action de l'acide a été assez prolongée, on retire l'acide, on détache la cire et on obtient, reproduit en creux, le dessin tracé sur la cire. Cette cire aurait pu, d'ailleurs, être remplacée par une mince couche de vernis.

3. — Le nitrate de soude

C'est sous forme de nitrate que les plantes prennent dans la terre la presque totalité de leur azote. L'azote organique des fumiers devient azote nitrique avant d'être absorbé dans la terre par les racines des plantes.

Le nitrate de soude est à peu près le seul nitrate employé en agriculture. Il est connu sous le nom de salpêtre du Chili. Il en existe des gisements immenses non loin des côtes du Pacifique. Purifié sur place, on l'amène ensuite aux ports d'Iquique et de Piragua, et de là à Dunkerque.

Cet engrais n'agit que par les 15,5 ou 16 0/0 d'azote qu'il contient; l'oxygène et la soude qui entrent dans sa composition n'ont aucune valeur fertilisante. Quand on achète un sac de 100 kg. de nitrate de soude, on ne doit payer que les 15 kg. 1/2 d'azote nitrique que cet engrais renferme. A 20 fr., par exemple, le sac de nitrate, le kilogramme d'azote revient à 20 fr. : 15,5 = 1 fr. 29.

Très soluble dans l'eau, le nitrate de soude, répandu sur un champ, est entraîné par elle aussi profondément qu'elle pénètre elle-même. La terre ne retient pas le nitrate, ne le fixe pas, comme elle le fait pour les autres principes fertilisants. S'il survenait donc une pluie abondante et de longue durée, la presque totalité du nitrate appliqué avant cette pluie, serait entraînée dans le sous-sol, hors de portée des racines. Donc, ne pas employer le nitrate longtemps à l'avance et ne répandre que la quantité nécessaire à la végétation en cours.

4. — Nécessité des engrais

Les plantes tirent leur nourriture du sol et de l'atmosphère. — Lorsqu'une plante meurt et se décompose sur le sol qui l'a produite, elle lui restitue ce qu'elle lui a emprunté, et, de plus, elle lui apporte ce qu'elle a puisé dans l'atmosphère; dans ce cas, le sol s'enrichit. Mais si nous cultivons une plante pour la faire servir à nos usages, sans rien restituer au sol, celui-ci s'épuise et devient stérile. Pour conserver à la terre sa fertilité, il faut donc lui rendre les principes qu'elle a cédés aux plantes récoltées. — Dans quelques cas, cette restitution se fait directement par le retour au sol d'une partie plus ou moins considérable de ces plantes. Prenons comme exemple le blé: les racines demeurent dans la terre; la tige, qu'elle soit employée comme fourrage ou comme litière, retourne au sol à l'état de fumier ; seule, la graine sort de la ferme pour n'y plus rentrer. Dans d'autres cas, aucune partie de la plante ne fait retour à la terre ; la récolte entière (tiges et graines) sort de la ferme ; exemple : le lin. Il faut donc trouver, sous une autre forme, pour les rendre au sol qui les a fournis, les éléments du grain de blé et du pied de lin. Nous les demandons tantôt au règne végétal, tantôt au règne animal, tantôt au règne minéral. Les substances ainsi empruntées aux divers règnes de la nature, pour introduire dans le sol les principes dont les plantes se nourrissent, portent le nom d'engrais.

J. VIEILLOT. (Journal l'*Instituteur*, 1888.)

Les engrais nourrissent la plante sans épuiser le sol.

Reproduction de l'expérience
Matériel : 2 pots à fleurs.
Milieu : gravier broyé — verre pilé.
Engrais : vase n. 2 — Néant.
vase n. 1 — Engrais complet. (*Voir note, page* 7).
Conseils : Avant de semer n'employer que la moitié du mélange d'engrais ; semer le reste en plusieurs fois, avec arrosage en couverture.

Culture démonstrative en milieu stérile.

(1) Vase contenant du verre cassé ou mêlé avec engrais complet.

(2) Vase contenant du verre cassé sans engrais.

Note à consigner sur le carnet agricole

VASES	ENGRAIS	POIDS	SEMIS-DATE	RÉCOLTE	
				TIGES	gousses
1	Chlorure de potassium............ Nitrate de soude.. Superphosphate de chaux..............				
2	Néant............,				

Tableau de Renseignements : Les Engrais.

NATURE	ESPÈCES	NATURE	ESPÈCES
Engrais Végétaux	Balle de céréales. Drèches de brasserie. Feuilles d'arbres. Marcs divers. Pulpes et tourteaux. Plantes retournées en vert.	Engrais mixtes	Fumiers divers. Composts.
Engrais animaux	Abattis de poissons. Chair et sang desséchés. Colombine et guano. Gadoue et poudrette. Noir animal. Os et poudre d'os.	Engrais minéraux	Engrais azotés : nitrate de soude, nitrate de potasse ou salpêtre, sulfate d'ammoniaque. Engrais phosphatés ; phosphates naturels, superphosphate minéral, scories de déphosphoration. Engrais potassiques : Kaïnite, chlorure de potassium, sulfate de potasse. Engrais calcaires : chaux, plâtre.

Devoir d'Agriculture locale : Emploi du Fumier.

A (1) le fumier s'emploie (2). Le fumier est répandu en couverture sur (3) ; ce travail se fait en (4). Le fumier est enfoui par des labours qui précèdent les semis de (5) et de (6). S'il s'agit de la culture des (7) on conduit le fumier aux champs durant le mois de (8) ; s'il s'agit de la culture des (9) ou des (6), le fumier est transporté durant le mois de.. (10). L'habitude (11) d'enfouir cet engrais aussitôt transporté. C'est un progrès (12)

(1) Nom du pays — (2) par enfouissage, en couverture — (3) les prairies naturelles, les prairies artificielles — (4) automne, printemps — (5) céréales — (6) plantes sarclées — (7) céréales d'automne — (8) octobre-novembre — (9) céréales de printemps — (10) janvier, février, mars — (11) ne s'est pas encore généralisée ou s'est généralisée — (12) à réaliser ou de réalisé.
Autre devoir : Emploi des engrais minéraux. Comment on les utilise dans la commune.

NOTIONS DE CHIMIE
Potasse — Soude — Chlore
LEÇONS

Cours Moyen

1. — La *potasse* et la *soude* sont des substances solides, blanches, caustiques, très solubles dans l'eau.

2. — Les médecins et les chimistes seuls en font usage à cause du danger qu'elles présentent.

3. — Unies à l'acide carbonique, ces substances forment le *carbonate de potassium* et le *carbonate de sodium*, aussi appelés *carbonate de potasse* et *carbonate de soude*.

4. — Le *carbonate de potassium* se nomme encore *potasse du commerce* ; il est extrait des cendres de végétaux terrestres.

5. — C'est un sel blanc, très soluble dans l'eau, servant à la fabrication des savons mous.

6. — Le carbonate de sodium ou de soude se nomme aussi *soude du commerce*.

7. — C'est un sel blanc, très soluble dans l'eau, servant à la fabrication des savons durs et du verre ordinaire.

8. — Il est extrait du *sel marin* et des cendres de végétaux marins.

9. — La potasse, par le carbonate de potassium, la soude, par le carbonate de sodium, entrent dans la composition de la partie minérale des végétaux.

10. — Le *chlore* est un gaz jaune verdâtre, assez soluble dans l'eau ; il décolore et désinfecte.

11. — C'est un des éléments de la plante.

Cours Supérieur

1. — Les végétaux terrestres contiennent plus de potasse que de soude.

2. — C'est le contraire chez les végétaux marins.

3. — Il n'y a pas à se préoccuper de fournir de la soude aux végétaux cultivés ; le sol en a des réserves suffisantes.

4. — Il n'en est pas de même de la potasse : on la fournit aux plantes par le *chlorure de potassium*, le *sulfate de potassium*, la *kaïnite*, les *cendres de bois*.

5. — La potasse et la soude du commerce sont employées directement pour le lessivage et pour le blanchissage du linge.

6. — Leur solution dans l'eau porte le nom de *lessive*.

7. — Cette lessive, mêlée aux matières grasses du linge, donne un savon soluble qui disparaît par un lavage à grande eau.

8. — L'azotate de potassium, ou *salpêtre*, entre dans la composition de la poudre

9. — Le sol renferme des provisions suffisantes de chlore ; il est donc inutile que le cultivateur fournisse ces éléments aux végétaux.

10. — Le chlore gazeux passant à travers une dissolution froide de potasse caustique donne *l'eau de Javel* : c'est un *décolorant*.

11. — Le chlore gazeux arrivant sur de la chaux éteinte donne le *chlorure de chaux* : c'est un *désinfectant*.

12. Le *sel marin* est un composé de chlore et de soude : il est employé comme assaisonnement et pour la conservation des viandes et poissons ; c'est un précieux stimulant dans l'alimentation du bétail.

Exercices d'observation

1. — Où recueillez-vous parfois du salpêtre ? — 2 Qu'arrive-t-il quand on jette du salpêtre sur des charbons ardents ? — 3. Pourquoi les vaches lèchent-elles les murs humides des étables où l'on remarque une espèce de poussière blanchâtre ?

ÉCONOMIE DOMESTIQUE. Pourquoi votre maman emploie-t-elle des cendres de bois pour préparer sa lessive ?— 2. Le savon est gras au toucher et pourtant il détache les vêtements graisseux ; où acquiert-il cette propriété ? — 3. Vous essayez, mais en vain, de dissoudre du savon dans une eau dont vous ne connaissez pas l'origine ; que renferme cette eau ? — 4. Une fillette détache la robe rose de sa poupée avec de l'eau de Javel. Qu'advient-il ? Quels conseils lui donne sa maman à ce sujet ? — 5. Pourquoi la viande de porc mise au saloir se conserve-t-elle ? — 6. L'usage prolongé de la viande salée n'est-il pas dangereux ?

Rédactions

1. Les cendres des végétaux. — Usages divers à la maison, au jardin, aux champs.
2. Le sel. — Sa provenance. — Son extraction. — Ses usages.

C. E. (Saône-et-Loire).

Problèmes

1. — Une blanchisseuse emploie, dans une année, 12 sacs de cendres pesant chacun 52 kilog. Ces cendres contiennent environ 12 0/0 de potasse. Quel poids de cet élément les cendres auront-elles fourni pour les lessives ?

2. — Dans les temps humides, le sel absorbe 7 0/0 de son poids d'eau. Quelle somme enlève en réalité aux clients un épicier qui a vendu, à 0,20 le kilog., 2 quintaux pendant un mois pluvieux ?

EXPÉRIENCES A RÉALISER PAR LES ÉLÈVES

1. — Fabriquer un savon avec de la graisse, de la soude ou de la potasse.

2. — Nettoyer les taches d'encre des tables scolaires avec un peu d'extrait d'eau de Javel.

3. — Mettre du chlorure de chaux au fond d'un verre ; y verser du vinaigre : dégagement de chlore que l'on perçoit à son odeur.

4. — Faire fondre du sel dans de l'eau jusqu'au moment où ce liquide en est saturé (ce qu'on ajoute encore de sel ne fond alors plus). Verser l'eau salée dans une assiette ; laisser évaporer : obtenir des cristaux de sel.

Engrais végétaux et engrais animaux

LEÇONS

Engrais négligé
Fumier déposé dans les rues, purin en flaque, écoulement dans les puits.

I. — 1. Les engrais végétaux sont des matières fertilisantes tirées uniquement du règne végétal. — **2.** Ils comprennent les engrais verts, plantes que l'on enfouit en vert, fauchées ou non fauchées, les engrais végétaux secs débris de plantes ou feuilles d'arbres, les déchets industriels et les tourteaux. — **3.** On appelle engrais animaux des matières fertilisantes fournies uniquement par le règne animal. — **4.** Ils comprennent les excréments humains, les déjections animales et les débris animaux. — **5.** Les engrais végétaux et les engrais animaux sont des engrais organiques.

II. — 1. On choisit de préférence, comme engrais verts, les plantes qui donnent un feuillage abondant: le sarrazin, le colza, le trèfle, la vesce. Les plantes légumineuses qui emmagasinent l'azote atmosphérique dans les nodosités de leurs racines conviennent particulièrement à l'enfouissage en vert. L'enfouissage se fait généralement lorsque les plantes sont en fleurs, car elles contiennent alors leur maximum de principes nutritifs; Cette opération se nomme sidération. — **2.** Les débris végétaux qui peuvent servir d'engrais sont les feuilles mortes, les fougères, les sciures, le bois pourri, le varech, puis les déchets industriels: résidus de sucrerie, marcs et tourteaux. — **3.** Les engrais animaux tirés des excréments de l'homme et ceux formés des déjections des animaux sont très riches en azote et en acide phosphorique; parmi les premiers on trouve l'engrais flamand et la poudrette, parmi les seconds, la colombine et le guano. Tous les autres débris animaux: chair, sang, os calcinés, chiffons de laine, cornes, poils, noir animal, fournissent d'ailleurs ces deux mêmes éléments; mais ils ne sont employés utilement que mélangés au fumier.

Questionnaire

I. — 1. Qu'appelle-t-on engrais végétaux? engrais animaux? — **2.** Pourquoi ces deux catégories d'engrais sont-elles des engrais organiques? — **3.** Que comprennent les engrais végétaux? les engrais animaux? — **4.** Qu'appelle-t-on déchets industriels?

II. — 1. Citez les plantes que l'on choisit de préférence comme engrais verts? — **2.** A quel moment doit-on les enfouir? — **3.** Quel principe prennent-elles à l'atmosphère pour le rendre au sol? — **4.** Citez les débris végétaux, les déchets industriels aussi bien d'ordre animal que d'ordre végétal, utilisables comme engrais. — Quels sont les 2 principes fertilisants particuliers aux engrais animaux? — **5.** Quelle précaution faut-il prendre pour éviter la déperdition de ces principes? — **6.** Qu'est-ce que l'engrais flamand? la poudrette? la colombine? le guano?

Rédactions

1. Nourriture des plantes. — De quoi se nourrit une plante? Principes puisés dans l'air par les plantes. Parlez de la fixation du carbone. — L'azote de l'air est-il pris par certaines plantes? par lesquelles? — Importance de ce fait pour la culture. C.E. (Calvados) 1898

2. Engrais animaux . — Quels sont les engrais d'origine animale que l'on utilise? Montrer l'importance des déjections humaines, des gadoues ou boues de villes.

Problèmes

I. 1. Valeur d'engrais végétaux. Sur 1 hectare de luzerne défrichée on a recueilli 37020 kg. de débris végétaux. Sachant que 750 kg. de ces débris correspondent à une tonne de fumier de ferme, calculer à quel poids de ce dernier engrais équivalent les débris de luzerne recueillis.

2. Richesse en azote de la poudrette. Un cultivateur emploie 2600 kg. de poudrette par H^{are} en ensemençant son blé. Quelle quantité d'azote donne-t-il ainsi au sol, sachant que cette poudrette dose 1,70 p 0/0 d'azote?

II. 3. Enfouissement de colza. 40 pieds de colza (racines et partie inférieure des tiges), laissés en terre après la récolte ont pesé 2 kg. 441. Ces pieds, enfouis dans le sol, pouvaient équivaloir comme engrais aux 68/61 de leur poids de bon fumier de ferme. Si l'on estime ce dernier, transporté et répandu sur le sol, à 8 fr. les 1000 kg. quelle sera la valeur, comme engrais, de 40.000 pieds de colza?

4. Chiffons de laine. On dispose déjà, pour la fumure d'un jardin, de 8 tonnes de fumier contenant 5,5 p. 1000 d'azote; on voudrait donner en tout 31 kgr. d'azote assimilable dès la première année. Pour compléter cette fumure, combien faudra-t-il de sacs de chiffons de laine dosant 5,7 p. 100 d'azote si chacun d'eux pèse 80 kg. et quelle somme devra-t-on si le kg. d'azote vaut 1 fr. 25? L'azote du fumier est assimilable pour la 1/2 dès la 1re année et celui des chiffons de laine pour les 2/5.

1. — La potasse

La potasse d'Amérique et de Russie (cendres de végétaux forestiers) et les salins de betteraves (résidus de la distillation des mélasses) n'offraient qu'une source très limitée de potasse et la livraient à un prix trop élevé pour que l'agriculture pût songer à l'employer en grand. La découverte du gisement de Stassfurt (Prusse) et l'application des procédés Balard à l'extraction de la potasse des eaux mères des marais salants sont venues à point pour permettre à l'agriculture de restituer au sol la base précieuse que la culture de la betterave réclame tout particulièrement. Vers 1860, l'épuisement de la potasse des sols du Magdebourg, presque entièrement cultivés en betteraves sucrières, avait atteint une limite très inquiétante pour les producteurs de sucre. Aussi Liébig félicitait-il, dans les termes suivants, le docteur Frank, promoteur de la nouvelle industrie : « La découverte des gisements des sels potassiques est un bonheur providentiel pour nos agriculteurs et pour nos cultivateurs de betteraves en particulier. Si les cultivateurs français ne suivent pas leur exemple, dans une génération d'hommes il ne sera plus question de sucreries de betteraves en France. L'agriculture vous doit de la reconnaissance pour avoir fabriqué à bon marché cet engrais si important et en avoir propagé l'emploi (1865). »

GRANDEAU. — *Études agronomiques.*

2. — Le sel

Le sel, ou chlorure de sodium, se trouve quelquefois dans la terre ; on l'en extrait, sous forme de blocs, comme de la pierre. C'est alors le sel gemme ou sel de pierre.

Il existe de riches mines de sel gemme en Espagne, en France ; dans le département de la Meurthe, près de la ville de Château-Salins, aujourd'hui annexée à l'Allemagne, ainsi qu'à Vic et à Dieuze. Mais la principale se trouve à Wieliczka, près de Cracovie, dans la Pologne autrichienne. Elle occupe une superficie souterraine considérable, sa profondeur atteint 312 mètres, soit 57 mètres au-dessous du niveau de la mer. L'intérieur de la mine représente un immense édifice avec ses chambres, ses corridors, ses cours, ses bastions, ses escaliers ; une nombreuse population de mineurs y naît, y vit, y meurt. Souvent, en effet, des accidents se produisent : incendies qui détruisent les échafaudages, écroulements, inondations, etc. La mine de Wieliczka fournit une quantité énorme de sel.

On retire également le sel de l'eau de mer. Pour cela, on établit au bord de l'Océan de nombreux bassins peu profonds recouverts d'argile battue. De petits canaux amènent l'eau dans ces bassins. Cette eau est évaporée, sous l'influence de la chaleur du soleil et du vent, et, bientôt, au fond de ces espèces de marais, appelés marais salants, il reste une couche de sel que l'on raffine et qu'on livre au commerce.

En France, les marais salants les plus importants sont ceux de la Charente-Inférieure, de la Gironde, de la Loire-Inférieure et des côtes basses de la Méditerranée.

3. — Engrais perdus

Après avoir longtemps tâtonné, la science sait aujourd'hui que le plus fécondant et le plus efficace des engrais, c'est l'engrais humain. Les Chinois le savaient avant nous. Pas un paysan chinois ne va à la ville sans rapporter aux deux extrémités de son bambou deux seaux pleins de ce que nous nommons immondices. Grâce à l'engrais humain, la terre en Chine est encore aussi jeune qu'au temps d'Abraham. Le froment chinois rend jusqu'à 120 fois la semence. Il n'est aucun guano comparable en fertilité aux détritus d'une capitale. Une grande ville est le plus puissant des stercoraires. Employer la ville à fumer la plaine, ce serait une réussite certaine. Si notre or est fumier, en revanche notre fumier est or.

Que fait-on de cet or fumier ? On le balaye à l'abîme.

On expédie à grands frais des convois de navires afin de récolter au pôle austral la fiente des pétrels et des pingouins, et l'incalculable élément d'opulence qu'on a sous la main, on l'envoie à la mer. Tout l'engrais humain et animal que le monde perd, rendu à la terre, au lieu d'être jeté à l'eau, suffirait à nourrir le monde.

Ces tas d'ordures du coin des bornes, ces tombereaux de boue cahotés la nuit dans les rues, ces affreux tonneaux de la voirie, ces fétides écoulements de fange souterraine, que le pavé vous cache, savez-vous ce que c'est ? C'est de la prairie en fleurs, c'est de l'herbe verte, c'est du serpolet, et du thym, et de la sauge, c'est du gibier ; c'est du bétail, c'est le mugissement satisfait des grands bœufs le soir, c'est du foin parfumé, c'est du blé doré, c'est du pain sur votre table, c'est un sang chaud dans vos veines, c'est de la santé, c'est de la joie, c'est de la vie. Ainsi le veut cette création mystérieuse qui est là transformation sur la terre et la transfiguration dans le ciel.

Rendez cela au grand creuset ; votre abondance en sortira. La nutrition des plaines fait la nourriture des hommes. Vous êtes maîtres de perdre cette richesse et de me trouver ridicule par-dessus le marché. Ce sera le chef-d'œuvre de votre ignorance.

VICTOR HUGO. — *Les Misérables.*
(Hetzel, éditeur.)

4. — Les engrais verts

Les engrais verts doivent avoir avant tout la propriété d'absorber l'azote de l'air, car ils enrichissent ainsi le sol d'un élément fertilisant qui se vend très cher et que l'agriculteur a ainsi pour rien ; ils doivent être d'une croissance rapide et d'une propagation facile et peu coûteuse.

Mais, souvent, il est préférable de faire consommer par les animaux ces masses fourragères et de les transformer en viande au lieu de les faire servir directement à la fertilisation du sol.

Cependant, lorsque, par exemple, les champs sont très éloignés du centre de la ferme, que leur exploitation est coûteuse pour le transport du fumier, pour les travaux des récoltes, etc., qu'il faut solder des frais très élevés, il devient avantageux, dans ces conditions, de faire produire par le champ lui-même les engrais qu'on doit lui apporter ; il en est encore de même quand les champs sont d'un accès difficile, quand il n'y a pas de routes pour les véhicules et qu'il faut améliorer la terre en transportant le fumier à dos d'homme ou de mulet.

Lorsque le cultivateur n'a pas assez d'animaux pour consommer les fourrages cultivés, quand il craint le manque de fumier pour renouveler les principes fertilisants de ses terres, quand enfin le sol réclame des matières organiques, comme dans les terres légères et calcaires, dans ces cas particuliers seulement, le cultivateur cherchera s'il n'est pas plus économique de faire des engrais verts que de faire des fourrages pour l'engraissement des bêtes à cornes.

P. MONTAUZÉ. — *Agriculture moderne.*

Restitution au sol de l'azote de l'air par les légumineuses

Expérience faite à l'école normale d'Arras

1. Témoin.
2. Vase contenant mélange (2) ci-contre.
3. Vase contenant mélange (3) ci-contre.
4. Vase contenant mélange (4) ci-contre.
5. Vase contenant mélange (5) ci-contre.

Reproduction de l'expérience

Matériel : 5 pots à fleurs.

Milieu : sable.

Engrais : 1. - néant.
   2. - Engrais complet
   3. - Engrais sans azote.
   4. - Engrais sans azote et 100 gr. de terre tamisée provenant d'un champ venant de donner une récolte abondante de trèfle
   5. - Engrais sans azote et 1 gr. de sulfate d'ammoniaque par kilog. de terre.

Graines : trèfle ou luzerne.

Notes à consigner sur le carnet agricole

Vases	Engrais	Poids	Semis	Récolte (date)	Résultats
1					
2 etc					

Tableau de Renseignements
Composition par 100 kilog. des principaux engrais

ENGRAIS VÉGÉTAUX				
NATURE	Azote	Acide phosph.	Potasse	Chaux
Drèches de brasseries...	0,80	0,5	»	»
Marcs de raisin...	1,20	0,25	0,90	»
Pulpes de sucreries...	0,3	0,1	0,30	2,50
Tourteaux de colza...	4,90	2,83	1,36	»
Feuilles de vigne...	8,80	0,16	0,28	2,40
Trèfle incarnat...	0,43	0,08	0,26	0,36
Trèfle rouge...	0,48	0,13	0,44	0,48
Sarrasin...	0,39	0,08	0,38	0,50
Colza...	0,46	0,12	0,35	0,23
Vesce...	0,56	0,13	0,43	0,35

ENGRAIS ANIMAUX				
NATURE	Azote	Acide phosph	Potasse	Chaux
Abattis de poisson...	3 à 5	3 à 6		
Chair desséchée...	13,04	1,15		
Colombine...	1,12	0,46		
Déchets de laine...	11 à 13	0,15		
Gadoue noire...	0,45	0,59	0,52	3,75
Guano du Pérou...	16,34		1,94	5,11
Poudrette...	1,60	4,10	1,20	
Noir animal...		35		
Sang desséché...	12	1	0,7	
Poudre d'os...	1 à 1,5	27 à 30		

Devoir d'agriculture locale : Emploi d'un engrais végétal

L'engrais vert le plus communément enfoui dans la localité est (1). On le sème au mois de (2) et lorsque sa floraison est complète, il est (3), puis enterré par un labour de (4). La production moyenne à l'hectare est de (5) ; cet enfouissement apporte donc au sol (6) d'azote, (6) d'acide phosphorique, (6) de potasse et (6) de chaux.

(1) Indiquer la nature d'après le tableau. — (2) Dire le mois du semis, renseignement local à demander. — (3) roulé ou fauché. — (4) dire la profondeur du labour d'après renseignement local. — (5) indiquer la production moyenne locale en vert. — (6) A l'aide du tableau et de la production à l'hectare calculer la quantité de chacun des éléments fertilisants fournis par l'engrais.

Phosphore, Acide phosphorique ; Phosphates
LEÇONS

Cours Moyen

1. — Le *phosphore ordinaire* est un corps solide, blanc et vitreux.

2. — Il répand, à l'air, des lueurs violacées accompagnées de fumées blanches.

3. — Il s'enflamme au moindre frottement et peut même prendre feu spontanément.

4. — Aussi le conserve-t-on dans des flacons remplis d'eau.

5. — Sous l'action de la chaleur, le phosphore ordinaire se transforme en *phosphore rouge*.

6. — Ce dernier s'enflamme assez difficilement.

7. — Le phosphore ordinaire est venéneux, le phosphore rouge ne l'est pas.

8. — Ils servent tous deux à la fabrication des allumettes.

9. — Le phosphore est indispensable à la formation de la graine ; il entre également dans la constitution de la substance animale vivante.

10. — D'ailleurs on l'extrait des *os d'animaux*.

11. — En brûlant, il se combine avec l'oxygène et forme l'*acide phosphorique*.

12. — Cet acide est très soluble dans l'eau ; il est très important en agriculture car il entre dans la *composition des engrais*.

Cours Supérieur

1. — Le phosphore est insoluble dans l'eau ; son dissolvant est le *sulfure de carbone*.

2. — La *phosphorescence* du phosphore est due à son oxydation lente par l'oxygène de l'air.

3. — La pâte phosphorée, très vénéneuse, est utilisée pour la destruction des rats et des souris qui infestent si souvent les exploitations agricoles.

4. — Les vapeurs de phosphore attaquent vivement les os du nez et déterminent la *nécrose*.

5. — L'acide phosphorique forme des *phosphates*, appelés phosphates de calcium, ou encore phosphates de chaux, lorsqu'il se combine avec le calcium.

6. — Ces phosphates ne deviennent solubles qu'autant que le sol où ils sont employés renferme de l'acide carbonique.

7. — Cet acide enlève du calcium aux phosphates insolubles et les transforme en *superphosphates solubles*.

8. — D'ailleurs, on prépare artificiellement des superphosphates en traitant les phosphates par l'acide sulfurique.

9. — Le phosphore se combine avec l'hydrogène et donne naissance à un gaz appelé *hydrogène phosphoré* qui est spontanément inflammable à l'air.

Exercices d'observation

1. — Pourquoi n'emploie-t-on pas le phosphore pur dans la fabrication des allumettes ? — 2. Durant une nuit humide, votre papa a essayé, plusieurs fois, mais en vain, d'allumer une allumette, en la frottant contre le mur ; à quoi attribuez-vous la trace lumineuse qui cependant est apparue là où il a frotté ? — 3. Ne connaissez vous pas un petit animal qui apparaît, durant les nuits d'été, comme un point lumineux, dans l'herbe des champs ? Brûle-t-il quand on le ramasse ? A quoi est due la clarté qu'il répand ? — 4. Un de vos camarades peut à peine se tenir debout attendu que ses os sont peu résistants ; quel principe forme la base des médicaments que le médecin lui ordonne ? — 5. Un champ de blé a versé ; quel élément d'engrais manquait au sol ?

Essayez d'expliquer : 1° Comment se fabriquent les allumettes phosphoriques. — 2° la cause de l'odeur fétide de certains cimetières. — 3° la cause des *feux follets*, qui apparaissent fréquemment en été dans les marais et dans les grandes fondrières. — 4° Pourquoi les feux follets fuient la personne qui les approche et poursuivent celle qui les fuit.

Rédactions

1. **Phosphore blanc et phosphore rouge.** — Quelles différences connaissez-vous entre ces deux corps ? — Allumettes au phosphore blanc. — Allumettes au phosphore rouge. — Dangers que présentent la fabrication et l'usage des premières.

2. **Les phosphates en agriculture.** — Élément qu'ils donnent à la plante — Effet de cet élément — Diverses sortes de phosphates — Comment transforme-t-on les phosphates en superphosphates.

Problèmes

1. — Une pâte phosphorée destinée à la fabrication des allumettes ordinaires contient sur 11gr,60 : 2gr,5 de phosphore ordinaire. 2gr de colle forte, 4gr,5 d'eau, 2gr de sable fin, 0gr,5 d'ocre rouge, et 0gr,1 de vermillon. Quelle est la quantité de chacune de ces substances employées à fabriquer 1kg,160 de pâte phosphorée ?

2. — On estime que 94kg d'os bruts donnent 70kg d'os calcinés et que 100kg d'os calcinés fournissent 10kg,285 de phosphore. Quel poids de phosphore obtiendra-t-on avec un chargement d'os évalué à 8 quintaux, 75 ?

3. — Le noir animal renferme 60 p. 0/0 de phosphate de calcium. Quel poids de phosphate de calcium contiennent 2 tonnes de noir animal ?

EXPÉRIENCES A RÉALISER PAR LES ÉLÈVES

1. — Calciner des os dans un feu vif, les pulvériser ensuite en les écrasant avec un marteau sur le pavé. — On obtient des cendres contenant de l'acide phosphorique.

2. — Placer des tranches de pain mince au centre du poêle de l'école. Lorsque le pain a été porté au rouge au moins un quart d'heure, le retirer. Laisser refroidir. Pulvériser. — On obtient encore une matière riche en acide phosphorique.

3. — Faire constater l'odeur que produit une allumette phosphorée que l'on vient d'allumer (acide phosphoreux.)

Collections à faire

1. — Recueillir en flacon : phosphate de calcium, superphosphate de calcium, scories de déphosphoration.

2. — Recueillir un échantillon de nodule phosphaté (vulgairement coquin) un échantillon d'os.

ENGRAIS ORGANIQUES MIXTES
Fumier ; purin ; compost

LEÇONS

I. — **1.** On appelle engrais organiques mixtes des substances fertilisantes formées à la fois de matières végétales et de matières animales ; ils comprennent le fumier, le purin et les composts. — **2.** Le fumier, qui est un engrais complet, se compose d'un mélange de déjections animales et de végétaux en décomposition. — **3.** Il peut être qualifié de chaud ou de froid, de court ou de long ; les fumiers chauds sont plus azotés, les fumiers froids le sont moins. — **4.** Le purin, ou jus du fumier, est un engrais de grande valeur ; on doit le conserver précieusement. — **5.** On appelle composts des mélanges de matières diverses, animales et végétales, qui ont subi une fermentation commune d'au moins un an.

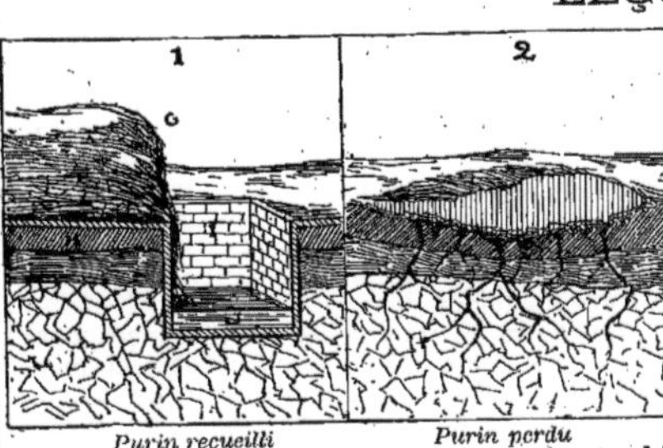

Purin recueilli   *Purin perdu*

II. — **1** La valeur d'un fumier dépend des soins qu'on lui donne, de la nature des végétaux employés comme litière, des animaux qui le fournissent, de la nourriture que prennent ces animaux. — **2.** Quelle que soit sa valeur, le fumier ne saurait suffire seul à la restitution normale des éléments enlevés au sol par des récoltes successives. — **3.** On supprime la déperdition des parties liquides d'un fumier à l'aide d'une plate-forme étanche et d'une fosse à purin ; on évite l'évaporation des produits gazeux du fumier par l'établissement de tas en hauteur, par l'emploi d'abris, par le tassement hebdomadaire et enfin par l'arrosage au purin. — **4.** Le fumier s'utilise par enfouissage ou en couverture ; dans le premier cas, il faut l'enterrer le plus tôt possible ; le purin, étendu d'eau, employé en arrosements sur certaines cultures, produit d'excellents effets. — **5.** On favorise la décomposition des composts en arrosant modérément les tas.

Questionnaire

I. — **1.** Qu'est-ce qu'un engrais organique mixte ? — **2.** Citez les principaux engrais de cette catégorie — **3.** Le fumier est un engrais complet. Pourquoi ? — **4.** Quelle différence y a-t-il entre un fumier chaud et un fumier froid ? — **5.** Définir le purin, le compost.

II. — **1.** De quoi dépend la valeur d'un fumier ? — **2.** Quels sont les soins à donner à un tas de fumier ? — **3.** Le fumier employé seul suffit-il toujours comme engrais ? — **4.** Comment s'emploie le fumier ? Quel fumier convient en couverture ? en enfouissage ? — **5.** Qu'arrive-t-il quand on laisse les fumerons (tas de fumier) trop longtemps dans les champs ? — **6.** Comment utilise-t-on le purin ? — **7.** Que savez-vous sur les composts ? **8.** Lequel vaut le mieux comme engrais, du purin ? ou du fumier ? — **9.** Énumérez les éléments fertilisants qui entrent dans la composition des engrais organiques mixtes.

Rédactions

1. Le fumier. — Ses principes fertilisants. — Sa valeur. — Sa préparation. — Doit-on négliger le fumier ? — Comment doit-on l'entretenir ?
    C. E. Trevières (Calvados) 1898.

2. Le purin. — Principes fertilisants. — Sa valeur. — Manière de le recueillir et de l'employer. Pertes qu'éprouvent les cultivateurs qui négligent de le recueillir. — Inconvénients qui résultent, pour la santé des personnes et des animaux, du manque de soin dans la conservation du purin.   C. E. Ryes (Calvados) 1898.

3. Nécessité de l'enfouissement immédiat. — Deux cultivateurs de votre village conduisent le fumier au champ : l'un le fait répandre et enterrer de suite ; l'autre le laisse en petits tas et ne l'enfouit que trois ou quatre semaines plus tard. Exposez les raisons pour lesquelles vous pensez que le premier cultivateur agit mieux que le second.

Problèmes

I. **1. Valeur du fumier d'après ses éléments.** — La tonne du fumier de cheval renferme 5 kg. d'azote, 2 kg. 8 d'acide phosphorique et 5 kg. 3 de potasse. Sachant que ces matières, les seules cotées, se payent respectivement 1 fr. 50, 0 fr. 50, 0 fr. 40 le kilog, on demande la valeur d'une demi-tonne de fumier de cheval.

2. Capacité d'une fosse à purin. — Une fosse a purin a 2m, 25 de longueur, 1m, 20 de largeur et 1m, 75 de hauteur ; elle est remplie aux 4/7 de purin. Combien contient-elle actuellement d'hectolitres de cet engrais ?

II. **3. Couvrez les fumerons.** Du fumier abandonné en petits tas, ou fumerons, dans les champs a perdu les 2/5 de son azote ; un autre fumier répandu en tas un peu plus volumineux, moins élevés et qui ont été aussitôt recouverts d'une légère couche de terre, n'a rien perdu, cette terre ayant tout absorbé. Sachant qu'un ouvrier a couvert dans sa journée 10 tonnes de fumier demi-consommé, dosant 5 p. 1000 d'azote, et que l'azote est coté 1 fr. 50 le kg., on demande combien vaut réellement le travail de cet ouvrier.

4. Perte subie par un épandage de trop longue durée. Un tas de fumier frais, en bon état, pesait 20 tonnes et contenait par 1000 kg. 4 kg. d'azote, 2 kg. d'acide phosphorique et 4 kg. 5 de potasse. Mais, par suite d'un épandage de trop longue durée, l'évaporation et les infiltrations profondes dans le sous-sol lui ont enlevé les 3/5 de son azote, les 3/10 de l'acide phosphorique et le 1/3 de la potasse. Calculer la perte subie, si le kg. d'azote vaut 1 fr. 50, celui d'acide phosphorique 0 fr. 50 et celui de potasse 0 fr. 40.

1. — Le phosphore

C'est en 1667, qu'un alchimiste de Hambourg, Brandt, à la recherche de la pierre philosophale, comme tous les alchimistes de son temps, trouva, en faisant un essai sur l'urine humaine, non l'or qu'il désirait, mais un corps nouveau, le phosphore.

Comme le lait, le sang, la matière cérébrale, les os surtout, et toutes les cellules microscopiques dont sont formés les organes de l'animal et ceux de la plante, l'urine, en effet, contient du phosphore. A l'état pur, ce corps est solide, incolore, translucide comme l'ambre, mou comme la cire. Il a une odeur légèrement alliacée. Mis dans l'eau, il fond quand cette eau est chauffée jusqu'à 44°. Exposé à l'air, il répand des fumées blanches résultant de son union avec l'oxygène. Cette union détermine une chaleur souvent suffisante pour que spontanément le phosphore s'enflamme.

Son maniement est donc dangereux. Il occasionne des brûlures difficiles à guérir, aussi le conserve-t-on dans l'eau, à l'abri de l'air. S'il a l'avantage de produire rapidement du feu, il a, malheureusement, l'inconvénient d'être un poison violent. Pour cette raison, il entre dans la préparation de la *mort-aux-rats*, destinée à la destruction des rongeurs. De plus, les vapeurs qu'il émet, dans les ateliers où l'on fabrique les allumettes phosphorées, attaquent les dents des ouvriers, puis l'os maxillaire lui-même, qu'il faut extirper par une douloureuse opération.

Une autre variété de phosphore, le phosphore rouge, appelé aussi phosphore amorphe, et qu'on tend à substituer au phosphore ordinaire dans la fabrication des allumettes, n'est ni aussi inflammable, ni aussi dangereux, il n'a même aucune action toxique, du moins pendant un certain temps.

2. — Soins à donner au fumier

Voici les soins à donner aux fumiers pour leur faire acquérir une grande valeur fertilisante :

Vous établirez dans la cour et près de vos étables, une sorte de plate-forme, à l'abri, autant que possible, des grandes chaleurs.

Vous revêtirez cet endroit d'argile, et, à côté, vous creuserez une fosse étanche destinée à recevoir le purin du tas de fumier et les urines des étables. C'est le purin de cette fosse qui servira à arroser le fumier à l'aide d'une écope ou d'une pompe spéciale.

Vous dresserez le tas avec régularité ; vous l'additionnerez de phosphate minéral bien pulvérisé, à raison de dix à quinze kilogrammes par mètre cube.

Vous éviterez, avec le plus grand soin, que le tas soit lavé à la base par les eaux qui proviennent des toits.

Vous arroserez de temps en temps le tas avec le purin, pour que la fermentation se fasse régulièrement.

Vous mettrez dans la fosse à purin un peu de sulfate de fer, lorsque les vapeurs ammoniacales se feront sentir.

En agissant ainsi, vous empêcherez la déperdition des sels ammoniacaux, vous préviendrez le développement du blanc, et vous aurez un fumier dans lequel l'azote, qui n'a pas été utilisé par le bétail, ou qui n'a pas été exporté sous forme de lait ou de viande, sera pour la grande partie conservé.

Que votre tas de fumier soit l'objet de vos meilleurs soins ; que le visiteur qui entre dans votre exploitation en voie la masse entière pénétrée de purin ; le tas dressé avec tant de soin, qu'à distance on croirait voir le mur d'une citadelle. A cette vue, il sera édifié sur votre mérite et sur votre intelligence ; il saura que, dans cette exploitation, on réalise des bénéfices, tant est vraie cette phrase de Boussingault : « On peut, à première vue juger de l'industrie et du degré d'intelligence d'un cultivateur, par les soins qu'il donne à son tas de fumier. »

E. Doutté.

3. — Compost

Le cultivateur intelligent utilisera comme engrais quantité de matières qui sont tous les jours perdues dans nos campagnes. Il réservera dans un coin de son jardin deux fosses pour y porter les détritus de toutes sortes : crins, poils, cheveux, boues de la rue, vases de rivière ou d'étang, chiffons de laine, herbes, débris de plantes cultivées, déchets de cuisine, os, matières fécales, etc. Il arrosera le tout avec les eaux grasses de la ferme ou de la maison, et obtiendra de la sorte un excellent compost à employer après un an de fermentation.

La première fosse contiendra les débris qui, ayant fermenté pendant un an, seront réduits à l'état de terreau, prêts à être utilisés ; la seconde, comblée dans l'année, ne fournira son engrais que l'année suivante.

Maximes

La terre ne vieillit ni ne s'épuise si on l'engraisse.

Les engrais sont à la terre ce que la nourriture est à l'homme.

Double ton engrais, tu doubles ton champ.

Valeur fertilisante des produits liquides et gazeux du fumier

Reproduction de l'expérience

Matériel : 3 pots, 3 tubes, 2 bouchons, 1 litre.

Milieu : Terre épuisée.

Engrais : A. Purin liquide. — B. Reçoit les produits gazeux du fumier. — C. Néant.

Graine : Orge ou ray-grass.

Note à consigner sur le carnet agricole

VASES	ENGRAIS	SEMIS DATE	LEVÉE DATE	RÉCOLTE DATE	RÉSULTATS
A.					
B.					
C.					

Puissance fertilisante des produits liquides et gazeux du fumier.
A. Arrosé au purin. — B. Reçoit le gaz du fumier. — C. Témoin.

Tableau de Renseignements. — Fumier et purin. Litières

FUMIER ET PURIN

Composition du fumier d'après BOUSSINGAULT

ANIMAUX QUI LE FOURNISSENT	RICHESSE SUR 100 KILOG.		
	Azote	Acide phosphor.	Potasse et soude
Chevaux	0 67	0.23	0.72
Vaches	0.34	0.13	0.35
Moutons	0.82	0.21	0.84
Porcs	0.78	0.20	1.69

Composition du purin d'après WOLF, *sur 1.000 kilog.*

MATIÈRES	POIDS	MATIÈRES	POIDS
Eau	982	Potasse	4.9
Azote	1.5	Chaux	0.3
Acide phosphorique.	0.1	Magnésie	0.4
Acide sulfurique	0.7	»	»

VALEUR DES LITIÈRES

NATURE	Nombre de kilos pouvant remplacer 100 kil. de paille de blé	NATURE	Nombre de kilos pouvant remplacer 100 kil. de paille de blé
Tourbe	40	Paille de froment	100
Tannée	48	Fougère	100
Sciure de bois de peuplier	50	Tiges de topinambours non broyées	105
Sciure de bois de pin	50	Paille de colza	110
Paille de féverolles.	67	Feuilles mortes	110
Paille d'orge	77	Aiguilles de conifères	125
Mousses et litières de forêt.	80	Bruyère	150
Paille de pois	80	Genêt	200
Tiges de topinambours broyées.	80	Terre végétale	440
		Marne et calcaires.	550
Paille d'avoine	96	Sable quartzeux	880

Devoir d'Agriculture locale : Le fumier

A (1) les fumiers appartiennent à la catégorie des fumiers (2) attendu qu'ils proviennent de la litière d'animaux domestiques tels que (3). Ces fumiers sont (4). On (5) les dispose sur des (6) avec (7) à purin à proximité. On augmente leur richesse en (8); cette richesse moyenne est évaluée à (9) d'azote (9), d'acide phosphorique (9), de potasse, et (9) de chaux par tonne d'engrais.

(1) Nom de la localité. — (2) Chauds, froids, mixtes. — (3) Chevaux et moutons, vaches et porcs, ou tous ensemble. — (4) Soignés ou négligés. — (5) Ne... pas) dans le cas de négligence. — (6) Sur plateforme étanche, sous hangar. — (7) Fosse (ou sans fosse dans le cas de négligence). — (8) Soit en saupoudrant de phosphate de chaux la litière ou les couches du tas, soit en y ajoutant les balayures de la ville de X... Indiquer le ou les moyens employés. — (9) Donner la quantité par 1.000 kilog. de chacun des éléments, si une analyse a été faite.

Soufre — Acides sulfureux & sulfurique — Sulfates

LEÇONS

Cours Moyen

I. — 1. Le *soufre* est un corps solide, de couleur jaune citron, ne répandant aucune odeur.

2. — On l'extrait par fusion de son minerai, tiré des *solfatares* italiens.

4. — Sous l'action de la chaleur, ce corps fond d'abord pour se vaporiser ensuite : il répand alors une odeur particulière.

5. — Le soufre entre dans la préparation de la poudre de guerre et dans la fabrication des allumettes.

6. — La fleur de soufre permet de combattre utilement le parasite de la vigne connu sous le d'*oïdium*.

7. — Lorsque le soufre brûle à l'air ou dans l'oxygène il forme un gaz appelé *acide sulfureux*.

8. — Ce gaz est incolore, d'odeur piquante et désagréable, provoquant la toux.

9. — Il n'entretient pas la combustion et n'est pas combustible : c'est un *décolorant* énergique.

10. — Il sert à préparer l'*acide sulfurique*, liquide incolore, visqueux, qui carbonise tous les tissus animaux et végétaux.

Cours Supérieur

I. — 1. Le soufre fond vers 111º et bout à 440º, ce qui représente une température très élevée.

2. — C'est un mauvais conducteur de la chaleur et de l'électricité.

3. — On utilise le pouvoir décolorant de l'acide sulfureux pour le blanchiment de la laine et de la soie.

4. — Cet acide enlève également les taches de fruits et de vin sur les étoffes.

5. — N'entretenant pas la combustion, il permet d'*éteindre les feux de cheminée* : il suffit de jeter de la fleur de soufre dans le foyer allumé et de fermer l'ouverture inférieure de la cheminée avec un drap mouillé.

6. — Il détruit les moisissures des tonneaux ainsi que les germes de certaines maladies contagieuses; c'est donc un *antiseptique*.

7. — L'acide sulfurique attaque tous les métaux, à l'exception de l'or et du platine.

8. — C'est un liquide très dangereux qu'il ne faut manier qu'avec d'infinies précautions.

9. — Vulgairement, on l'appelle encore *vitriol* ou huile de vitriol.

10. — Uni aux métaux, il forme des *sulfates*. Quelques-uns : le *sulfate de fer*, le *sulfate de chaux* ou plâtre, et le *sulfate de cuivre*, sont employés en agriculture et en horticulture.

11. — Combiné avec l'hydrogène, le soufre forme l'*hydrogène sulfuré*, gaz infect qui se dégage des cabinets d'aisances.

Exercices d'Observation

1. — Pourquoi le vigneron lance-t-il de la fleur de soufre sur ses vignes atteintes par l'oïdium ? — 2. — Qu'éprouvez-vous lorsque vous êtes dans une salle où l'on fait brûler du soufre ? — A quoi attribuez-vous la mort accidentelle d'un ouvrier vidangeur descendu dans une fosse d'aisances ? — 4. — Dites tout ce que vous savez sur le plâtre. — 5. Quels noms vulgaires donne-t-on au sulfate de cuivre ? au sulfate de fer ? Quelle est la couleur de la dissolution du premier? du second ?

Economie domestique. — 1. Pourquoi la fleur de soufre jetée et enflammée dans le foyer d'une cheminée où il y a le feu éteint-elle l'incendie ? — 2. Un vieux tonneau sentait le moisi; votre père a fait brûler à l'intérieur une mèche soufrée ; quel résultat a-t-il obtenu ? — 3. Votre sœur avait fait une tache de fruit sur son tablier; vous l'avez vu mouiller légèrement cette tache, exposer ensuite l'endroit taché au-dessus d'un peu de soufre enflammé; la tache est disparue; pourquoi ?

Rédactions

1. Le soufre. — Extraction, propriétés, usages divers.

2. Le gaz ou acide sulfureux. — Rappelez une expérience par laquelle on vous a montré son pouvoir décolorant? — Parlez de l'application pratique de cette propriété au blanchiment de la laine ou de la soie.

3. Soufrage de la vigne. — Rendez compte d'une promenade scolaire durant laquelle il vous a été permis d'assister au soufrage d'une vigne. Maladie traitée; application du traitement; époques auxquelles ce ce traitement a eu lieu; résultats que l'on en attend, etc.

Problèmes

1. — Quel poids de soufre entre dans la fabrication de 20 kg. de poudre de guerre sachant que la composition moyenne de ce produit est la suivante : salpêtre 75 p. 0/0, soufre 12,5 p. 0/0 et charbon 12,5 p. 0/0 ?

2. — Le sulfate de cuivre coûte environ 0 fr. 40 le kilog; 3 kg. de sulfate de cuivre permettent de sulfater 800 litres de semence. A combien reviendra le sulfatage de 2 hl, 75 de blé pour semence ?

3. — On soufre 3 fois une vigne de 45 ares ; on emploie en moyenne 30 kg. de fleur de soufre par hectare. Calculer le prix de revient de ce soufrage si le kg. de fleur de soufre coûte 0 fr. 25.

EXPÉRIENCES A RÉALISER PAR LES ÉLÈVES

1. — Placer un morceau de soufre en canon dans la main (crépitements).

2. — Frotter un bâton de soufre; remarquer l'odeur qu'il dégage (ozone)..

3. — Mélanger du soufre, du charbon, du salpêtre (idée de la fabrication de la poudre).

4. — Faire brûler du soufre dans le couvercle d'une boîte à cirage. Placer des violettes au-dessus. (Leur décoloration par l'acide sulfureux qui s'est dégagé durant cette combustion).

Collections à faire

1. — Recueillir un morceau de soufre en canon, de la fleur de soufre.

2. — Mettre dans 3 flacons différents : du sulfate de fer, du sulfate de cuivre, du sulfate de calcium.

Engrais chimiques ou complémentaires

LEÇONS

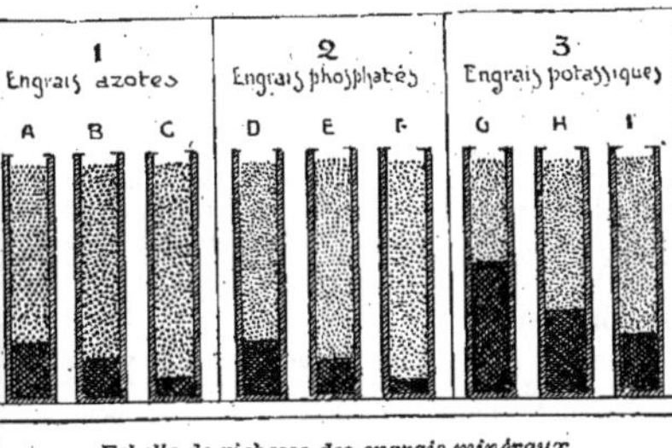

Echelle de richesse des engrais minéraux

A Sulfate d'ammoniaque   D Superphosphate   G Chlorure de potassium
                de chaux
B Nitrate de soude   E Scories de   H Nitrate de potasse
                déphosphoration
C Nitrate de potasse   F Phosphates   I Sulfate de potasse
                naturels

La partie foncée indique le tant pour cent d'élément fertilisant contenu dans un quintal d'engrais.

I. — **1.** Les engrais minéraux, encore appelés engrais chimiques ou complémentaires, sont des matières fertilisantes, de nature saline, tirées uniquement du règne minéral. — **2.** Suivant la nature de l'élément fertilisant qui en fait la valeur, ils sont subdivisés en engrais azotés, phosphatés ou potassiques. — **3.** Les engrais azotés fournissent l'azote; ce sont surtout le nitrate de soude et le sulfate d'ammoniaque; les engrais phosphatés, tels que le superphosphate de chaux et les scories de déphosphoration, donnent l'acide phosphorique; les engrais potassiques, ou à base de potasse, comprennent particulièrement le chlorure de potassium et le sulfate de potasse. — **4.** Aux engrais chimiques on peut rattacher, sous le nom d'engrais calcaires, la chaux et le plâtre, employés aussi comme amendements.

II. — **1.** La valeur d'un engrais chimique, comme celle d'un engrais quelconque d'ailleurs, dépend de sa teneur en éléments fertilisants. La teneur d'un engrais minéral est le tant pour cent de l'élément assimilable par les plantes contenu dans un quintal d'engrais; ce tant pour cent est rigoureusement déterminé par l'analyse. Le prix des engrais minéraux se calcule toujours sur ce tant pour cent et non sur leur poids brut total. — **2.** Les engrais chimiques ont cet avantage sur le fumier qu'ils peuvent fournir séparément un seul élément à un sol ou à une plante; ils complètent ainsi heureusement la pauvreté des autres engrais en tel ou tel élément, d'où leur nom d'engrais complémentaires. — **3.** Le mélange d'engrais minéraux azotés, phosphatés, potassiques et calcaires forme un engrais complet, engrais que le cultivateur doit composer lui-même. — **4.** Les engrais chimiques, utilisés en couverture ou par enfouissage, ne doivent être employés que comme complément du fumier qu'ils ne sauraient remplacer.

Questionnaire

I. — **1.** Qu'appelle-t-on engrais minéraux? — **2.** Citez quelques engrais azotés, phosphatés, potassiques. — **3.** Pourquoi dit-on que les engrais minéraux sont de nature saline? — **4.** Quels sont les amendements qui se rattachent aux engrais minéraux?

II. — **1.** Sur quoi repose la valeur d'un engrais? — **2.** Quand on dit que le nitrate de soude dose de 15 à 15,5 p. 0/0 d'azote, que signifie cette expression? — **3.** Comment doit-on acheter des engrais et qu'appelle-t-on garantie de richesse sur facture? — **4.** Où peut-on faire contrôler la richesse d'un engrais chimique? — **5.** Quel avantage particulier présentent les engrais chimiques? — **6.** Citez l'effet de l'azote, de l'acide phosphorique, de la potasse, sur les plantes. — **7.** Comment s'emploient les engrais minéraux? doit-on les utiliser seuls? pourquoi pas? — **8.** Doit-on acheter un engrais complet minéral? à quoi s'exposerait-on en le faisant?

Rédactions

1. Les engrais : Leur utilité en agriculture. Principaux engrais complémentaires; leur rôle. C.E. 1899.

2. À quoi servent les engrais ? Qu'appelle-t-on engrais chimiques et comment faut-il les utiliser? Avantages à les employer concurremment avec le fumier pour satisfaire aux besoins particuliers de certaines plantes.

Problèmes

I. 1. Prix de l'unité de l'élément fertilisant. Du nitrate de soude, garanti à 16 p. 0/0 d'azote, est offert à 24 fr. le quintal. Quel est le prix du kilog. d'azote?

2. Comparaison de prix du même élément. On offre du nitrate de soude, garanti à 16 p. 0/0 d'azote, au prix de 24 fr. les 100kg. et du sulfate d'ammoniaque, également garanti à 20 p. 0/0 d'azote, au prix de 30 fr. le quintal. Comparez le prix du kg. d'azote de chacun de ces 2 engrais.

II. 3. Analyse d'un engrais minéral. On a acheté, à 5 fr. 40 le quintal, 800 kg. de phosphate des Ardennes, garanti sur facture à 10 p. 0/0 d'acide phosphorique. D'après l'analyse chimique faite de cet engrais sa richesse réelle n'est que de 14 p. 0/0 d'élément assimilable. De quelle somme doit-on réduire la facture?

4. Valeur d'une facture d'après l'unité d'élément. Un cultivateur achète 2 quintaux de nitrate de soude, dosant 15,5 p. 0/0 d'azote, à 1 fr. 50 l'unité, 400 kg. de scories, dosant 18 p. 0/0, à 0 fr. 21 l'unité et 150 kg. de chlorure de potassium, dosant 50 p. 0/0 de potasse à 0 fr. 45 l'unité. Dites ce qu'il doit.

1. — Usages de l'acide sulfureux

L'acide sulfureux a plusieurs applications, dont la plus importante est celle qu'on en fait au blanchiment. La soie, la laine, les tissus, ayant des taches de fruit, peuvent être blanchis par ce gaz.

On enlève les taches de fruit ou de vin sur le linge et les vêtements en brûlant du soufre sous un cornet de papier qui sert de cheminée ; la tache, préalablement mouillée légèrement, est présentée à la partie supérieure de cette cheminée. Le gaz qui s'échappe par le sommet ouvert du cornet fait disparaître la tache comme disparaît la couleur d'une rose ou d'une violette exposée au gaz sulfureux.

Avec des fumigations sulfureuses, on peut assainir les lazarets et les vaisseaux, désinfecter les hardes, matelas et couvertures des malades. Depuis deux siècles, la médecine connaît l'efficacité du gaz sulfureux pour combattre la gale. On l'administre aujourd'hui en fumigations auxquelles on soumet le corps entier du malade, à l'exception de la tête. Ce gaz sert encore à prévenir la fermentation acide des liquides alcooliques, tels que le vin et la bière. Enfin, n'entretenant pas la combustion, il est utilisé dans l'extinction des feux de cheminées.

2. — L'acide sulfurique

La nation qui consomme la plus grande quantité d'acide sulfurique est, d'après le savant chimiste Dumas, la plus industrieuse. Si la houille est le nerf de l'industrie, l'acide sulfurique en est le sang.

C'est à l'acide sulfurique qu'il faut s'adresser pour avoir les moyens de fabriquer la plupart des autres acides, pour obtenir le suif, les acides gras, le phosphore, la soude, pour rendre solubles les phosphates, pour décaper les métaux, dissoudre l'indigo.

On se sert de l'acide sulfurique pour produire l'hydrogène qui gonfle les ballons dont s'amusent les enfants ; on s'en sert également pour fabriquer les fulminates, le coton-poudre, la nitro-glycérine qui tuent leurs pères. Cent espèces d'industries trouvent dans l'acide sulfurique l'élément indispensable à leur existence ; mille autres lui doivent indirectement un concours des plus efficaces.

Le fer et l'acide sulfurique sont les deux principaux instruments de travail de toute nation industrieuse ; leur intervention apparaît dans la plupart des actes qui intéressent la conservation de l'humanité, l'amélioration de son bien-être.

Il ne faut donc pas s'étonner des efforts que nous faisons incessamment pour augmenter la production du fer et de l'acide sulfurique.

Merveilles de la chimie.

3. — Emploi des sulfates

Le sulfate de chaux, ou plâtre, est employé dans la construction et en agriculture.

Le sulfate de fer sert à la fabrication de l'encre. Il forme, avec l'acide tannique de la noix de gale, un tannate de fer qui est noir. Il sert aussi au développement des couleurs noires dans la teinture. On l'utilise pour désinfecter les fosses d'aisance, rendre inodores les vidanges et permettre de s'en servir comme engrais. Enfin, il est d'un grand usage en agriculture.

Le sulfate de cuivre remplace avantageusement le chaulage. Le sulfatage préserve le blé de la carie et du charbon. Additionné d'eau et de chaux grasse, le sulfate de cuivre est employé à combattre le mildiou, champignon de la vigne.

Le sulfate de zinc est utilisé en médecine, surtout contre les ophtalmies.

4. — Nécessité des engrais complémentaires

Les végétaux empruntent en grande partie au sol leurs éléments constitutifs, la quantité ainsi enlevée est variable pour chaque espèce. Si donc, on ne rend pas à la terre ce que les récoltes lui enlèvent, au bout d'un certain temps, les plantes qu'on y sèmera, ne trouvant plus une nourriture suffisante, périront nécessairement d'inanition. Si, en outre, on ne rend aux terres d'une ferme que le fumier fourni par les animaux qu'elle possède, cet apport sera insuffisant pour les raisons suivantes : le fumier, provenant des déjections animales, ne contient lui-même qu'une faible fraction des éléments nutritifs contenus dans la nourriture végétale produite par le sol de la ferme (la plus grande partie de ces éléments étant utilisée pour la croissance des bêtes et pour récupérer leurs efforts). D'ailleurs, si la terre cultivée du domaine est elle-même pauvre, les plantes qu'elle engendrera ne le seront pas moins, et le fumier qu'on en tirera sera bien moins riche encore. D'où la nécessité d'employer conjointement au fumier les engrais chimiques, seuls capables de remédier à cet état de choses.

(Agriculture moderne.) Camille Pabst.

5. — Engrais chimiques et expériences agricoles

Une seule méthode donne à l'agriculteur des résultats certains pour les engrais qui conviennent le mieux à telle plante : c'est la méthode expérimentale, c'est celle qui consiste, selon l'expression imagée de M. Boussingault, à « faire parler la plante ».

Supposons un champ de blé divisé en un grand nombre de carrés de surface égale.

Dans le premier carré, nous cultiverons le blé sans engrais ; dans le second, nous mettrons un engrais azoté ; un engrais à base de phosphate dans le troisième ; dans le quatrième un engrais potassique, et du calcaire dans le cinquième.

Nous réunirons ensuite nos quatre engrais dans le sixième carré, puis dans les carrés suivants nous les associerons trois par trois. On comprend facilement qu'en procédant ainsi, et en pesant à la moisson la récolte de chacun des carrés, on peut se rendre un compte très exact de l'effet d'un engrais sur une plante donnée, déterminer celui qui lui convient le mieux et qui peut produire, eu égard à la dépense, la plus grande somme d'effet utile. E. Fagot.

Effets des différents engrais

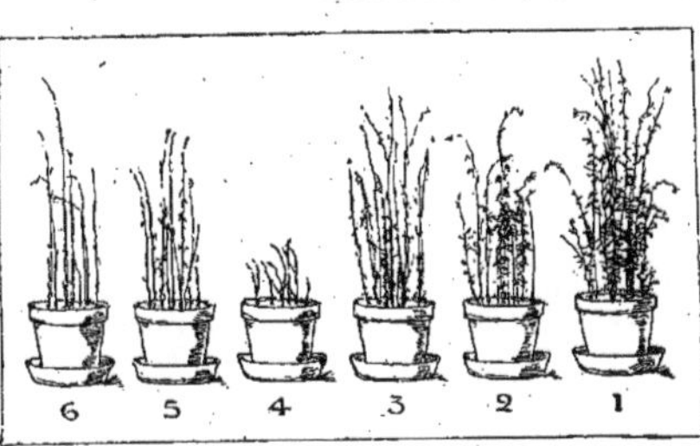

Expérience réalisée à l'École Normale de Savenay.

1.— avec engrais intensif, — 2. avec engrais complet. — 3. Sans azote. — 4. Sans acide phosphorique. — 5. Sans potasse. — 6. Témoin.

Reproduction de l'expérience

Matériel : 6 pots à fleurs.
Milieu : Sable ou terre épuisée
Engrais : 1. — Nitrate 12 gr., superphosphate 18 gr., chlorure 6 gr.
2. — Nitrate 6 gr., superphosphate 9 gr., chlorure 3 gr.
3. — Superphosphate 9 gr., chlorure 3 gr.
4. — Nitrate 6 gr., chlorure 3 gr.
5. — Nitrate 6 gr., superphosphate 3 gr.
6. — Néant.
Graine : ou blé, ou chanvre, ou lin.

Notes à consigner sur le carnet agricole

Vases	Engrais	Poids	Semis	Dates Levée	Récolte	Résultats
1						
2 etc.						

Tableau de Renseignements
Composition par 100 kilog. des Engrais minéraux

NATURE	ESPÈCES	AZOTE	ACIDE phosphorique	POTASSE	CHAUX
ENGRAIS AZOTÉS	Nitrate de soude	15 à 16 kg			
	Nitrate de potasse	13 à 14		43 à 44	
	Sulfate d'ammoniaque	20 à 21			
ENGRAIS PHOSPHATÉS	Phosphates naturels		10 à 15		
	Superphosphates d'os		14 à 18		
	Superphosphates minéraux		10 à 18		
	Scories de déphosphoration		10 à 20		
ENGRAIS POTASSIQUES	Chlorure de potassium			40 à 50	
	Kaïnite			13	
	Sulfate de potasse			44 à 50	
ENGRAIS CALCAIRES	Chaux grasse				91
	Plâtre cru				32

Devoir d'Agriculture locale : Les Engrais minéraux

La coutume (1) généralisée à (2) d'employer les engrais minéraux comme compléments des engrais organiques.

On (3) comme engrais azotés le (4), comme engrais phosphatés le (4), comme engrais potassiques le (4) et comme engrais calcaires le (4).

Les engrais (5) achetés par l'intermédiaire du (6) qui les fournit, rendus en gare (7) ou chez M. (7) à (7). Ce genre d'achat est une garantie de la valeur fertilisante des engrais.

(1) S'est ou ne s'est pas encore — (2) nom du pays — (3) utilise ou utiliserait avantageusement — (4) indiquer, à l'aide du tableau et des renseignements locaux, les engrais minéraux de chaque catégorie convenant particulièrement au sol et aux cultures de X. — (5) sont ou devraient être — (6) indiquer le Comice ou le Syndicat le plus proche auquel devraient s'affilier les cultivateurs de X — (7) nom de la gare, nom et demeure du fournisseur, désignés par le bulletin du Comice ou du Syndicat.

Les Métaux ; les Alliages.

LEÇONS

Cours Moyen

1. — Les *métaux* sont des corps simples doués d'un certain éclat et produisant des reflets particuliers.

2. — On les divise en métaux usuels et en métaux précieux.

3. — Parmi les *métaux usuels*, se placent le fer, le zinc, l'étain, le plomb et le cuivre.

4. — On prépare les métaux usuels avec des *minerais* extraits du sol.

5. — D'une façon générale, on soumet les minerais à une forte chaleur et on les traite par le charbon.

6. — La plupart des métaux usuels, le fer surtout, et ses dérivés, la fonte et l'acier, entrent dans la fabrication des instruments aratoires, du matériel d'abris, des véhicules.

7. — Les *métaux précieux* sont l'argent, l'or, et le platine : on les trouve souvent dans la terre à l'état naturel.

8. — Ils entrent dans la fabrication des monnaies, des bijoux, des pièces d'orfèvrerie et de joaillerie.

9. — La fusion commune de deux ou plusieurs métaux donne des *alliages*.

Cours Supérieur

II. — 1. Les métaux sont plus ou moins *fusibles*, *tenaces*, *ductiles* et *malléables*.

2. — La plupart des métaux usuels s'altèrent à l'air humide et se recouvrent d'un *oxyde* : rouille pour le fer, vert-de-gris pour le cuivre, etc. — Les métaux précieux sont inaltérables.

3. — Il n'y a qu'un seul métal liquide : le mercure. Le plus léger des métaux est l'aluminium.

4. — L'étain sert en particulier à fabriquer les ustensiles de cuisine et à étamer le fer et la fonte.

5. — Avec le cuivre, on construit des chaudières, des alambics, des feuilles de doublage pour les navires.

6. — Le plomb est utilisé pour la fabrication des tuyaux de conduite, des balles de fusil, du plomb de chasse, des feuilles de toiture.

7. — Avec le zinc, on couvre les toits, on fait des gouttières, des ustensiles de ménage et de jardinage.

8. — Les *alliages* sont généralement plus durs que les métaux dont ils sont composés.

9. — On distingue parmi eux : le bronze (cuivre et étain), le laiton (cuivre et zinc), le maillechort (cuivre, zinc et nickel), les alliages monétaires et d'orfèvrerie (or et cuivre, argent et cuivre).

10. — Tous les alliages ont de nombreux usages industriels.

Exercices d'observation

1. — Une lame de bon couteau casse lorsqu'on essaye de la plier ; une lame de mauvais plie et ne casse pas, comment vous expliquez-vous ceci ? — 2. Que deviennent, à l'air humide, un fil de fer pur et un fil de fer galvanisé ? — 3. De cette observation, concluez quel est celui dont il vaut mieux faire usage pour treillis, clôtures, etc. — 4. Un enfant a la mauvaise habitude de mettre des sous dans sa bouche ; un jour, il éprouve des coliques violentes : à quoi les attribuez-vous ? — 5. Pourquoi ajoute-t-on du cuivre à l'argent et à l'or destinés à la fabrication des bijoux ?

Economie domestique. — Essayer d'expliquer : 1° Pourquoi les poêles, les fourneaux, etc., se rouillent dans une chambre non habitée. — 2° Dans quelle partie de l'année est-il plus difficile d'empêcher les poêles de se rouiller ? — 3° Pourquoi on empêche le fer de se rouiller en le couvrant d'une couche de graisse ou de peinture. — 4. Pourquoi l'eau contenue dans un seau en zinc n'est pas malsaine. — 5° Pourquoi il ne faut pas conserver des fruits, des viandes grasses, du sel, du vinaigre, dans des vases de zinc. — 6° Pourquoi une faible dissolution acidulée de sel d'étain fait disparaître les taches de rouille qui se forment sur le linge. — Pourquoi les viandes gardées dans des poteries grossières, vernies le plus souvent avec le sulfure de plomb, sont-elles malsaines. — 8° Quelle est la raison de l'étamage des casseroles en fer ou en cuivre.

Rédactions

1. **Visite aux hauts-fourneaux.** — Lettre à un ami où vous relatez la visite que vous avez faite aux hauts-fourneaux de X....

2. **Le plus utile des métaux** — Quel est-il à votre avis ? Exposez vos raisons, et faites connaître les principaux emplois de ce métal. (C. E. Seine-Inférieure).

Problèmes

1. — 1 kg. de fer est estimé 0 fr. 50. Avec un kilog de fer transformé en acier, on peut faire jusqu'à 180.000 ressorts de montres. Chaque ressort étant estimé 3 fr. 50, calculer le surcroît de valeur que la transformation industrielle a donné au kilog de fer brut.

2. — Une feuille de zinc laminé a 1m,20 de long, 0m,65 de large et 0m,002 d'épaisseur. Que pèse-t-elle si la densité du zinc laminé est 7, 2. ?

EXPÉRIENCES A RÉALISER PAR LES ÉLÈVES

1. — Laisser un morceau de fer humide exposé à l'air (production de la rouille).

2. — Laisser un vieux sou humide exposé à l'air (production du vert-de-gris).

3. — Verser du vinaigre fort sur une plaquette de cuivre — Métal oxydable — Vert-de-gris.

4. — Verser du vinaigre fort sur une pièce de 1 fr. neuve — Métal non attaqué — Non oxydable.

5. — Frotter une pièce d'argent noircie, par suite de contact avec des allumettes soufrées, avec de la craie pilée, du blanc d'Espagne ou des cendres de bois. La tache disparaît.

6. — Mélanger intimement des grenailles fines de fer avec des grenailles de cuivre ou d'autres métaux, puis retirer les grenailles de fer à l'aide de l'aimant.

Collections à faire

1. — Recueillir des échantillons de minerais de fer, de cuivre, de zinc, d'étain, de plomb. — Puis des échantillons de fonte, de fer, d'acier, de cuivre, de zinc, de plomb, d'étain (*métaux*) ; de bronze, de laiton, de maillechort (*alliages*).

Instruments aratoires; machines agricoles; outils du jardinier

LEÇONS

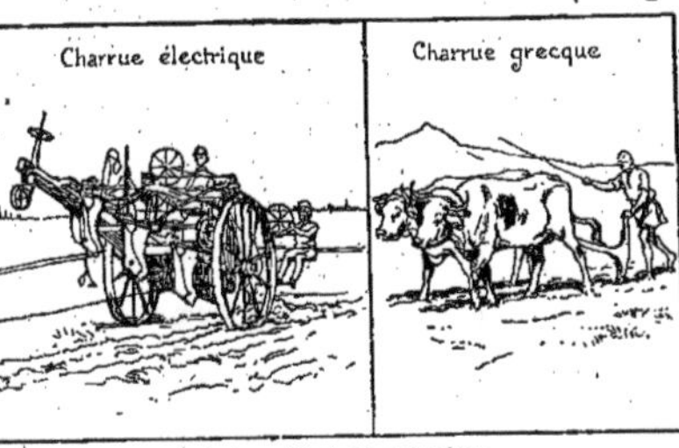

Charrue électrique · Charrue grecque

Aujourd'hui et autrefois

Charrue électrique · Charrue grecque

I. — 1. L'outillage agricole comprend des instruments aratoires, des machines agricoles et des instruments de jardinage. — **2.** Les instruments aratoires sont employés pour les travaux de préparation du sol; les machines agricoles permettent de semer et de récolter. — **3.** A l'outillage agricole on rattache les véhicules de transport et le matériel d'intérieur de la ferme. — **4.** Des instruments de jardinage, les uns se rapportent à la culture du sol, d'autres aux semis et aux récoltes, les derniers aux arrosages, aux abris, à la culture forcée et à l'arboriculture.

II. — 1. L'emploi des instruments et des machines, aussi bien en agriculture qu'en horticulture, s'impose aujourd'hui à cause du prix très élevé de la main-d'œuvre. Les instruments perfectionnés économisent la force et fournissent souvent un travail supérieur à celui de l'homme, même aidé par des animaux. — **2.** A certaines époques de l'année, mais surtout à l'entrée de la morte-saison, l'agriculteur, soucieux de ses intérêts, doit passer l'inspection de son outillage, ne pas attendre la reprise des travaux pour demander des pièces de rechange parfois nécessaires dans certaines machines agricoles et enfin savoir donner à temps, au bois et au métal de ses instruments de culture, la couche de peinture qui les protégera contre les détériorations importantes, toujours coûteuses à réparer.

Questionnaire

I — 1 Qu'appelle-t-on instruments aratoires? Citez les instruments aratoires que vous connaissez. — **2.** Qu'appelle-t-on machines agricoles? Citez les machines agricoles dont on se sert pour les récoltes. — **3.** Citez divers instruments d'intérieur de ferme. — **4.** De quels outils se sert le jardinier? l'arboriculteur? — **5** Indiquez les principaux véhicules de transport.

II. — 1. Dites ce que vous savez sur la charrue. — **2.** Parlez du semoir. — **3** Indiquez les parties essentielles d'une moissonneuse. — **4.** Pourquoi un cultivateur intelligent doit-il se procurer des machines agricoles? — **5.** Quel est l'avantage d'un hangar-abri dans la ferme? — **6.** Pourquoi le cultivateur doit-il être un peu maréchal et un peu charron? — **7.** A quel moment doit-il revoir son outillage agricole? — **8.** Quand faut-il se procurer les pièces qui peuvent manquer à une machine? — **9.** Pourquoi l'emploi de peinture sur l'outillage est-il une économie?

Rédactions

1. Les instruments agricoles. Dans l'une de vos promenades scolaires, votre maître vous a fait visiter une ferme que vous avez tous admirée à cause de sa bonne tenue. Décrivez les instruments agricoles qui vous ont été montrés.   *C. E.*

2. La charrue. — Comment laboure-t-on la terre? — Comment est faite une charrue ordinaire? Comment fonctionne la charrue?   *C. E.*

3. Cloches et châssis — Vous avez vu des cloches et des châssis, avec leurs paillassons, dans le jardin du voisin. Décrivez ce matériel et dites à quoi il sert.

Problèmes

I. 1. Remise au comptant. — Un cultivateur fait achat d'un brabant double estimé 195 fr., d'un jeu de 3 herses en acier, valant 75 fr., et d'un rouleau uni, en fonte, coûtant 230 fr. Il paye comptant et bénéficie d'une remise de 2,5 p. 0/0. Quelle somme nette versera-t-il?

2. Achat d'outils — Un paysan vend au marché 12 doubles décalitres de blé à 3 fr. 50 chacun, 5 doubles décalitres d'orge à 1 fr. 55 l'un, 2 doubles décalitres de navette à 6 fr. 35 chacun et 8 doubles décalitres d'avoine à 2 fr. 75 l'un. Il a acheté, avec cet argent, 2 bêches à 6 fr. 35 l'une, une pelle de 3 fr. 25, une pioche à 3 fr. 85, 2 râteaux à 2 fr. 45 pièce; il dépense en outre 5 fr. 45 pour sa nourriture. Combien lui reste-t-il?

II. 3. Avantages des machines agricoles — En faisant usage d'une machine à moissonner un cultivateur a pu, moyennant une dépense de 13 fr. 50 en moyenne par hectare, tous frais compris, faire couper les 45 hectares de blé et les 35 hectares d'avoine, composant sa récolte de céréales. Le même travail fait à la faux aurait occasionné une dépense de 25 fr. par hectare de blé et de 15 fr. par hectare d'avoine. Quelle est l'économie résultant de l'emploi de la machine?

4. Etablissement de châssis vitrés — Un maraîcher veut faire couvrir de châssis vitrés les couches de son jardin qui ont une étendue de 2 ares 65 centiares. Les vitres formeront les trois quarts de la surface totale, le reste étant occupé par le bois des châssis. On demande: 1° combien il faudra de vitres de 45 cent. de hauteur sur 37 de largeur pour couvrir les couches; 2° quel sera le prix des vitres en admettant que le verre coûte 4 fr. 75 le mètre carré?

1. — Le fer

En tête des matières qui résistent au choc, se place le fer ; et c'est précisément son énorme résistance à la rupture qui nous rend ce métal si précieux. Jamais une enclume d'or, de cuivre, de marbre, de pierre quelconque, ne résisterait aux coups de marteau des forgerons comme l'enclume de fer. Le marteau lui-même, avec quelle substance pourrait-on le faire autre que le fer ? En cuivre, en argent, en or, il s'aplatirait, s'écraserait et serait hors d'usage en peu de temps, car ces métaux manquent de dureté. En pierre, il se briserait au premier coup un peu violent. Pour ces instruments, rien ne peut remplacer le fer. Rien non plus ne peut le remplacer pour la hache, pour la scie, pour le couteau, pour le ciseau des maçons, pour le pic du carrier, pour le soc de l'agriculteur et pour une foule d'instruments qui coupent, taillent, percent, rabotent, liment, donnent ou reçoivent des coups violents. Le fer seul possède la dureté qui entame la plupart des matières et la résistance qui brave le choc. Il est par excellence la matière de l'outil, indispensable à tout art, à toute industrie.

C. E. Aumont (Lozère)

2. — Un métal nouveau. — L'aluminium

L'argile renferme un métal, ainsi que l'avait annoncé Lavoisier ; mais, ce que Lavoisier ne pouvait prévoir, ce métal est léger comme le verre, presque aussi beau que l'argent, comme lui inaltérable à l'air, au feu, et résiste même à la plupart des agents chimiques. Ductile, malléable, fusible, exigeant cependant pour fondre une température assez haute et ne se volatisant pas, c'est un métal noble de plus, prenant place à côté de l'or et de l'argent ; et un métal prodigué par la nature, plus répandu que le fer dans les couches superficielles du globe, formant comme une réserve pour les besoins des époques plus civilisées. Nous assistons à l'aurore de son introduction dans les habitudes de l'espèce humaine ; mais ses qualités et sa prodigieuse abondance le rendent propre à un si grand nombre d'usages qu'un jour ce sera le plus répandu des métaux.

Le premier kilogramme d'aluminium obtenu par Henri Sainte-Claire-Deville avait coûté plus de *40.000 fr.*

Actuellement (1894), le kilogr. revient à 5 fr.

Dumas (*Éloges académiques*)

3. — Entretien des instruments agricoles

Il est bien rare qu'après les travaux de l'automne, les charrues et autres instruments de culture n'aient pas besoin de quelques réparations. C'est pendant l'hiver que le cultivateur prévoyant doit passer l'inspection de son matériel, et le faire remettre en bon état : car le printemps approche et, avec le mois de février, vont recommencer les labours et les premières semailles. Ceux qui attendent le moment des travaux pour faire réparer leurs charrues s'exposent à perdre les premiers beaux jours et à voir leurs chevaux à l'écurie pendant que les charrues seront chez le charron ou chez le maréchal.

Trop souvent aussi, on voit des instruments passer l'hiver dans les champs, ou rester dans la cour de la ferme, abandonnés à toutes les intempéries. C'est une négligence qui coûte bien cher, car la pluie et le soleil usent les instruments presque autant que le travail. Il est peu de fermes où l'on ne puisse trouver un abri pour y loger les instruments pendant l'hiver ; et partout, il est facile de construire pour cet usage, et à très peu de frais, un hallier ou hangar, adossé à quelque bâtiment, et couvert en paille ou en carton bitumé. En général les cultivateurs ne comprennent pas assez l'importance des précautions de ce genre et des habitudes d'ordre ; ils ne font pas attention que ces petits soins, répétés et exactement observés, procurent à ceux qui en prennent l'habitude une grande satisfaction et de notables économies.

Mathieu de Dombasle.

4. — Les machines agricoles

Les machines agricoles offrent aujourd'hui un intérêt d'autant plus important que la main d'œuvre devient chaque jour plus rare et par conséquent plus chère ; elles viennent remplacer les déserteurs des champs et affranchir le cultivateur des exigences qui lui sont imposées. Que nos paysans cessent donc de dénigrer ce que certains ne comprennent pas encore. Que les riches propriétaires donnent l'exemple. Nous ne leur disons pas de s'aventurer au hasard et de tenter des expériences imprudentes ; mais qu'ils cherchent, étudient, examinent ; qu'ils tentent sur une petite échelle l'essai des opérations qui leur semblent encore douteuses ; qu'ils achètent les machines dont l'emploi est d'une utilité avérée. Là où il y a de fortes probabilités, sinon la certitude du succès, qu'ils n'hésitent pas à employer en amélioration du sol une portion de ce qu'ils tirent du sol.

Mme Romieu.

Les Métaux

Le Fer : 1. Coupe d'un haut-fourneau. — 2. Coulée de la fonte dans les moules. —
3. *Au Creusot* : le marteau pilon. — L'Or : 4. Lavage des sables aurifères. — 5 Sortie du creuset.

Croquis coté

Note explicative.

1. Croquis préparatoire. — Dessiner l'objet de face, de gauche ou de droite, de haut, sur ardoise. — Idées de l'élévation de face et de côté, de plan — et même de coupe.

2. Relevé des dimensions. — Prendre, avec un mètre, les dimensions des parties essentielles de l'objet, suivant les 3 positions indiquées.

3. Mise au net. — Diviser la feuille en 4 cases ayant des dimensions proportionnelles à celles du relevé. — En (1) placer l'élévation de face. — En (2) l'élévation de côté. — En (3) le plan. — En (4) la coupe ou le titre. — Marquer les côtés sur pointillé — les titres, etc.

Croquis à faire.

Outils simples : Bêche — Rateau — Houe — Pioche — Binette-Serfouette.

Instruments agricoles : parties essentielles d'une charrue, d'une herse, d'un rouleau, etc.

Tableau de Renseignements.

Coût moyen de l'Outillage agricole.

DÉSIGNATION	PRIX	DÉSIGNATION	PRIX
Charrue ordinaire..	90 Fr.	Rateau à cheval....	250 fr.
Scarificateur	225	Semoir à graine....	800
Extirpateur	275	id. engrais.	450
Houe à cheval	180	Batteuse mécanique	1200
Herse ordinaire....	115	Tarare	90
Rouleau id.	200	Trieur.............	250
Faucheuse.........	375	Hache-paille.......	110
Moissonneuse	700	Concasseur	120
Moissonneuse-lieuse	1000	Coupe-racine	50
Faneuse	350	Brise-tourteaux	125

Coût moyen de l'Outillage horticole.

DÉSIGNATION	PRIX	DÉSIGNATION	PRIX
Bêche.............	4 Fr.	Ratissoire	1fr.25
Pioche	4,75	Arrosoir	4
Houe	2	Brouette...........	20
Pelle	2	Greffoir	1,50
Fourche...........	4	Sécateur...........	3
Rateau	2,50	Serpette	1
Plantoir	0,75	Egohine	1,75
Déplantoir........	1	Serpe.............	3
Binette	2,25	Pulvérisateur	40
Serfouette	1,75	Echelle double.....	7

Devoir d'Agriculture locale : **L'outillage agricole.**

Au cours d'une visite faite à la ferme de M. (1), nous avons pu examiner à loisir un outillage agricole complet comprenant : 1° comme instruments aratoires (2), 2° comme instruments de semailles (2), 3° comme instruments de récolte (2), 4° comme véhicules de transport (2), 5° enfin, comme instruments d'intérieur de ferme (2). M. (1) achète son outillage à (3) chez M. (4), maison de confiance recommandée par le (5). Son exemple devrait être imité.

(1) Nom du propriétaire de la ferme. — (2) Indiquer, par catégories, les instruments examinés ; se servir du tableau et des notes prises au cours de la visite. — (3) Lieu d'achat de l'outillage. — (4) Nom du fabricant ou du dépositaire. — (5) Le comice de.... ou le syndicat de...., indiquer la société dont on fait partie.

NOTIONS D'ANATOMIE

Parties du Corps — Tissus — Peau

LEÇONS

Cours Moyen

1. — Le *corps humain* présente trois parties distinctes : la *tête*, le *tronc* et les *membres*.

2. — La tête renferme le *cerveau* et porte les principaux *organes* des sens.

3. — Le tronc renferme les *poumons*, le *cœur*, l'*estomac*, le *foie* et les *intestins*.

4. — Les membres sont divisés en membres supérieurs ou bras et en membres inférieurs ou jambes.

5. — Les animaux domestiques ont un corps présentant trois parties distinctes comme celui de l'homme.

6. — Leur tête et leur tronc renferment ou portent les mêmes organes.

7. — Mais leur station est horizontale au lieu d'être verticale.

8. — Aussi leurs quatre membres sont-ils disposés pour la marche.

9. — La masse du corps de l'homme et des animaux domestiques est composée de différentes matières ou tissus.

10. — Ce sont les *os*, les *cartilages*, les *muscles*, la *graisse*, le *sang* et la *matière blanchâtre du cerveau et des nerfs*.

11. — La *peau* recouvre tous ces tissus : celle de l'homme est généralement lisse ; celle des animaux est recouverte de poils.

Cours Supérieur

1. — Les os sont durs ; les cartilages le sont moins, les uns et les autres sont formés du *tissu osseux*.

2. — Les muscles, vulgairement la chair, sont composés d'un tissu musculaire jouissant d'une certaine élasticité.

2. — Le sang paraît constitué par un liquide incolore ou jaunâtre, le *sérum*, dans lequel nagent des *globules* rouges et blancs.

4. — Le *tissu nerveux*, celui du cerveau et des nerfs, est caractérisé par sa grande mollesse.

5. — Certains de ces tissus renferment à la fois des éléments minéraux et organiques.

6. — La partie organique est susceptible de putréfaction.

7. — La peau de l'homme, aussi bien que celle des animaux domestiques, présente deux couches bien distinctes : l'*épiderme* au-dessus, le *derme* en dedans.

8. — L'étui de la *corne* des animaux ruminants, les *ongles*, les *sabots*, les *poils* ont une constitution semblable à celle de l'épiderme.

9. — La peau est percée de petits trous destinés au passage de la sueur et à la respiration cutanée ; elle peut être le siège de maladies contagieuses.

10. — La propreté favorise la secrétion de la sueur et la respiration ; elle éloigne les germes de maladies.

11. — La peau qui rentre à l'intérieur du corps, bouche, œsophage, etc, porte le nom de *muqueuse*.

Exercices d'observation

1. — Quelle différence remarquez-vous dans la station du corps d'un homme et d'un cheval marchant côte-à-côte ? — 2. Pourquoi est-il très facile de saisir un objet avec les doigts de la main, tandis que cela est très difficile, pour ne pas dire impossible, avec les doigts du pied ? — 3. La main du cultivateur est-elle douce ou rugueuse à toucher ? Qu'indique, comme genre de travail, une main à peau lisse ? une main à peau rugueuse ? — 4. Quelle saveur trouvez-vous à la sueur de votre visage quand elle arrive parfois dans votre bouche ? — 5 Eprouve-t-on une sensation de froid ou de chaud lorsque la sueur s'évapore rapidement sur la partie superficielle du corps ? — 6. Pourquoi les violentes sueurs que l'on éprouve lorsque l'on est atteint de fièvre affaiblissent-elles ?

Rédactions

1. **Description de votre corps.** — Les parties extérieures ; les principaux organes intérieurs. Dites un simple mot sur les fonctions particulières de ces organes.

2. De la peau. — Son rôle. — Ce qu'est la sueur. Raisons de la propreté de la peau. Utilité des bains.

3. **Importance de la propreté chez les animaux domestiques** — Énumérez les soins que réclament les différentes parties du corps des animaux. — Parlez du pansage et des bains des animaux à poils.

Problèmes

1. — La sueur rejetée par un homme adulte est de 1 kg., 200 en 24 heures. Une marche forcée occasionne l'émission de ce liquide. Quel poids de sueur aura laissé secréter un soldat ayant accompli une marche forcée de 9 heures ?

2. — Un homme adulte dont le poids moyen est de 65 kg. perd en 24 heures environ 20 gr. d'azote, 300 gr. de carbone, 30 grammes de sels et 2.000 grammes d'eau. Que perd, dans le même temps, de ces différents éléments, un enfant qui ne pèse que 35 kilogrammes ?

EXPÉRIENCES A RÉALISER PAR LES ÉLÈVES

1. — Préparer une bouillie formée d'eau, d'alun et de sel.

2. — Prendre une partie de la peau d'un lapin qu'on vient de dépouiller.

3. — Immerger un certain temps cette peau dans la bouillie. — Laver ensuite. — Laisser sécher. — *On obtient une peau préparée.*

Collections à faire

1. — Recueillir et grouper : 1° différents échantillons de cuirs et quelques gravures représentant des objets fabriqués avec le cuir. — 2° Des échantillons de laine, à l'état brut, puis travaillée industriellement : bobines, pelotes, tricots, flanelles, draps.

Agents de production; débouchés; Warrants et caisses agricoles

LEÇONS

I. — 1. L'économie rurale est l'art de tirer le plus d'argent possible des agents de production mis à la portée du cultivateur. — **2.** Ces agents de production sont l'homme, la terre, les engrais, les instruments, le bétail. — **3.** Les débouchés sont les lieux où l'on peut vendre les principaux produits de la ferme: céréales, produits de laiterie, animaux de boucherie, etc.— **4.** Les warrants agricoles et les caisses régionales agricoles, de création récente, facilitent considérablement aux agriculteurs les moyens de se procurer les agents de production dont ils peuvent avoir besoin. — **5.** Les warrants agricoles sont semblables aux effets de commerce; les caisses agricoles jouent le même rôle que les banques industrielles.

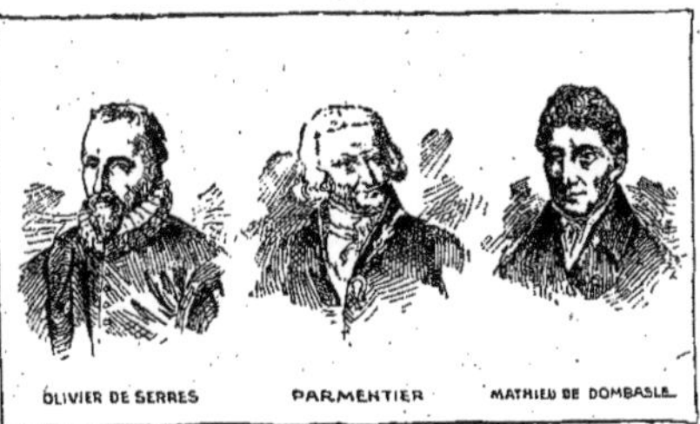

Les bienfaiteurs de l'agriculture

II. — 1. L'homme agit à la fois comme agent physique, comme agent intelligent et comme agent moral. — **2.** La valeur d'un sol varie avec sa fertilité, sa situation, son rapprochement ou son éloignement d'un centre populeux, le prix de la main-d'œuvre dans la région. — **3.** Plus les engrais sont faciles à produire ou à se procurer dans une exploitation agricole, plus il y a de chances de réussite pour le cultivateur. — **4.** Les instruments perfectionnés favorisent énormément la culture; sans bétail, il n'est pas possible de réaliser des bénéfices sérieux. — **5.** On ne doit produire, dans une ferme, que ce qu'on a la certitude d'écouler à des prix rémunérateurs. — **6.** Les warrants agricoles permettent à tout agriculteur d'emprunter sur les produits agricoles ou industriels de son exploitation, tout en conservant la garde de ces produits. — **7.** Les caisses de crédit agricole favorisent le développement de l'industrie agricole au moyen d'avances directes faites, à un taux très peu élevé, aux personnes qui présentent des garanties morales et matérielles suffisantes.

Questionnaire

I. — 1. Qu'est-ce que l'économie rurale? — **2.** Quels sont les agents de production dans une exploitation rurale? — **3.** Qu'entendez-vous par débouchés?

II. — 1. Que fait l'homme comme agent physique, comme agent intelligent, comme agent moral? — **2.** Avec quoi varie la valeur d'un sol? — **3.** Pourquoi l'éloignement ou le rapprochement d'une grande ville influent-ils sur cette valeur? — **4.** Indiquez les résultats donnés par les engrais, par les instruments, par le bétail, dans une exploitation agricole. — **5.** Que permettent les warrants? — **6.** A quoi servent les caisses de crédit agricole?

Rédactions

1. Ferme bien tenue. — Dans l'une de vos promenades scolaires, votre maître vous a fait visiter une ferme, que vous avez tous admirée à cause de sa bonne tenue. Quels avantages présente-t-elle? Vous connaissez justement une ferme mal tenue; comparez-la à la première.

2. Avantages des débouchés faciles. — Vous habitez à proximité de X... grande ville de la région. De quelles cultures s'occupe-t-on spécialement dans votre village pour expédier à X... En serait-il de même si vous habitiez un autre coin du département éloigné d'un centre populeux? Faites ressortir les avantages qui résultent de la situation de votre commune pour les cultivateurs de la localité.

3. Bienfaiteurs de l'agriculture. — Racontez ce que vous savez des bienfaiteurs de l'agriculture représentés sur la gravure de cette page.

Problèmes

I. 1. Warrants agricoles. — Un cultivateur emprunte 1200 fr., par warrant agricole, sur une meule estimée 1500 fr. Quelle somme recevra-t-il réellement si on lui retient 3, 50 p. % d'escompte plus une somme totale de 4 fr. 55 pour frais de warrantage et autres?

2. Caisses de crédit agricole. — Une caisse mutuelle communale de crédit agricole compte 600 parts de 20 fr. chacune. Chaque année il peut être réparti une somme de 150 fr., comme dividende entre les divers membres de l'Association. Que recevra un actionnaire qui a souscrit 12 parts?

II. Economie rurale; emploi de capitaux. — Un cultivateur possède une somme de 4500 fr. qu'il désire employer, soit à améliorer sa culture, soit à acheter une parcelle de terre. Dans le premier cas, il pourra augmenter de 50 fr. par hectare le bénéfice net qu'il retire annuellement et en moyenne de chacun des 17 hectares de terre qu'il exploite; dans le second cas, il pourra faire l'acquisition de 1 hectare 60 de terre dont il espère retirer, chaque année, en moyenne, un bénéfice net de 180 fr. par hectare. A quel taux ce cultivateur place-t-il ses fonds dans chacun des cas?

4. Améliorations agricoles. — Un propriétaire a dépensé 375 fr. pour faire recouvrir d'un pavage imperméable le sol de ses écuries, de ses étables et de son aire à fumier; 188 fr. pour faire construire des rigoles d'écoulement et une fosse pour le purin. Il évalue à 350 fr. le bénéfice net annuel que lui procurent ces améliorations. A quel taux a-t-il placé son argent?

1. — Préceptes d'hygiène

1. — Pour être bien portant, soyez propre. Si vous tenez à votre peau nettoyez-la.

2. — Le matin, à votre lever, lavez-vous la tête, le cou, les bras, la poitrine. Ne craignez pas l'eau froide. Nettoyez avec soin vos yeux, vos oreilles. Les pieds ont, autant que les mains, besoin d'être lavés tous les jours.

3. — Une fois par semaine, savonnez-vous la tête et lavez-la à grande eau.

4. — Les bains, chauds l'hiver et froids l'été sont excellents ; mais ne vous baignez jamais en sortant de table.

5. — Dans votre intérêt, et dans l'intérêt d'autrui, apprenez à nager.

6. — Pour empêcher le refroidissement que produit l'évaporation de la sueur, usez le plus possible de gilet ou de chemise de flanelle et, quand vous êtes en sueur, évitez les courants d'air ou même les endroits trop frais.

7. — Ne vous couvrez pas la tête pendant la nuit.

8. — Coupez régulièrement vos ongles mais ne les rongez pas avec vos dents.

2. — L'homme

Tout marque dans l'homme, même à l'extérieur, sa supériorité sur tous les êtres vivants ; il se soutient droit et élevé, son attitude est celle du commandement, sa tête regarde le ciel et présente une face auguste sur laquelle est imprimé le caractère de sa dignité ; l'image de l'âme y est peinte par la physionomie, l'excellence de sa nature perce à travers les organes matériels et anime d'un feu divin les traits de son visage ; son port majestueux, sa démarche ferme et hardie annoncent sa noblesse et son rang ; il ne touche à la terre que par ses extrémités les plus éloignées, il ne la voit que de loin, et semble la dédaigner ; les bras ne lui sont pas donnés pour servir de piliers d'appui à la masse de son corps, sa main ne doit pas fouler la terre, et perdre par des frottements réitérés la finesse du toucher dont elle est le principal organe ; le bras et la main sont faits pour servir à des usages plus nobles, pour exécuter les ordres de la volonté, pour saisir les choses éloignées, pour écarter les obstacles, pour prévenir les rencontres et le choc de ce qui pourrait nuire, pour embrasser et retenir ce qui peut plaire, pour le mettre à la portée des autres sens.

BUFFON.

3. — Greffe épidermique

Les époux Rabaud, de Saintes, ont fait pour leur enfant malade un sacrifice qu'ils n'auraient pas accompli si naturellement pour l'enfant d'une autre famille. Cela n'enlève rien à la beauté de leur acte, mais cela aide à le comprendre. Qu'une fausse délicatesse ne vous empêche pas d'entendre des détails qui ont ému l'Académie. Il y a là d'ailleurs une application nouvelle du dévouement paternel et maternel à un cas médical ; c'est, je crois, le premier cas de ce genre qui se rencontre dans nos Annales du Bien.

Un des enfants des époux Rabaud fut horriblement brûlé depuis la poitrine jusqu'aux genoux ; la plaie du ventre seule pouvait entraîner la mort. Il fallut essayer la greffe épidermique : le père et la mère s'offrirent du même élan pour que le médecin prît immédiatement sur eux les greffes nécessaires ; cinq grandes furent prises sur le père, vingt-deux plus petites sur sa femme. Ni l'un ni l'autre n'avaient hésité un instant ; l'opération réussit. L'enfant fut malade pendant 14 mois ; il guérit plus tard que ses parents, mais enfin il guérit.

Le père et la mère ne s'étaient pas séparés dans leur sanglante offrande : nous n'avons pas voulu les séparer dans la proclamation d'un dévouement égal. Mais c'est le jour où leur enfant fut guéri, qu'ils avaient déjà reçu leur récompense : ce que nous y ajoutons aujourd'hui est bien peu de chose.

CARO. (Prix de Vertu)

4. — Emprunts par warrants

Le cultivateur, pressé par des besoins d'argent, se voyait fréquemment obligé de vendre sa récolte dans un moment où l'affluence des produits similaires sur le marché entraînait une dépréciation des cours. On a voulu lui permettre d'attendre et de se procurer les fonds qui lui sont nécessaires en donnant pour gage tout ou partie des produits de son exploitation.

L'agriculteur peut désormais emprunter sinon sur tous les produits de son exploitation, du moins sur les plus importants, en les conservant sur ses terres ou dans ses bâtiments. Ces produits, devenus le gage du créancier porteur d'un warrant, assurent à ce dernier les plus sérieuses garanties : d'une part, le propriétaire ne peut en disposer ni les détériorer volontairement sans encourir des responsabilités pénales ; d'autre part, si la réalisation du gage devient nécessaire, le porteur du warrant est payé, sur le produit de la vente, par privilège et préférence à tous créanciers, sans autre déduction que celle des contributions et des frais de justice.

Circulaire ministérielle (16 août 1898)

ENSEIGNEMENT EXPÉRIMENTAL
Collections — Warrants.

Boîtes à collections

Chaque case, s'ouvrant par le haut, sera remplie des graines de céréales indiquées par les étiquettes.

Collections à faire

1º **Graines** : Céréales — Plantes sarclées — Plantes fourragères — Plantes industrielles — Arbres — Arbustes — Légumes — Fleurs.

2º **Roches** : Éléments du sol — Amendements.

3º **Engrais minéraux** : Engrais azotés — Engrais phosphatés — Engrais potassiques — Engrais calcaires.

Tableau de Renseignements : Produits à warranter – Loi du 18 juillet 1898.

Nᵒˢ D'ORDRE	NATURE DES PRODUITS	Nᵒˢ D'ORDRE	NATURE DES PRODUITS
1	Céréales en gerbes ou battues.	10	Vins et cidres.
2	Fourrages secs.	11	Eaux-de-vie et alcools.
3	Plantes officinales séchées.	12	Cocons secs et cocons de grainage.
4	Légumes secs.	13	Bois exploités.
5	Fruits séchés.	14	Résines -- écorces à tan.
6	Fécules.	15	Fromages.
7	Matières textiles (animales et végétales),	16	Miels et cires.
8	Graines oléagineuses.	17	Huiles végétales.
9	Graines à ensemencer.	18	Sel marin.

Devoir d'Agriculture locale : Warrant à remplir.

Nº ....

JUGE DE PAIX D............

DÉPARTEMENT D............

WARRANT AGRICOLE

(Loi du 18 juillet 1898)

(1) Emprunteur { Nom .... / Prénoms.... / Domicile.... / Qualité .....

(2) Montant des sommes à emprunter ....

(3) Produit warranté ...... { Nature...... / Valeur..... / Quantité ... / Situation....

(4) Nom et adresse du propriétaire, de l'usufruitier ou de leur mandataire légal...

Et date à laquelle l'avis de l'emprunteur lui a été envoyé

Date de la réception du consentement du propriétaire, de l'usufruitier ou de leur mandataire légal ou mention de l'absence d'opposition dans les douze jours de l'envoi de l'avis ....

Mention de l'assurance ou de la non assurance du produit warranté ....

(5) Nom et adresse de l'assureur

A .... le .... 190 ....

Le Greffier de la Justice de Paix.

Date du remboursement de l'emprunt et radiation de l'inscription...............

WARRANT AGRICOLE. — LOI DU 18 JUILLET 1898

Nº............

JUSTICE DE PAIX............

DÉPARTEMENT D............

WARRANT AGRICOLE

(LOI DU 18 JUILLET 1898)

M. (1) ....

a déclaré vouloir emprunter la somme de (2) ....

sur (3) ....

M. (4) ....

a reçu l'avis prescrit par l'article 2 de la loi du 18 juillet 1898.

Il n'a pas formé opposition.

La marchandise qui fait l'objet du présent warrant a été assurée par M. (5) ....

Timbre de la Justice de paix.

A ...., le 190

Le Greffier de la Justice de Paix.

NOTIONS D'ANATOMIE

Os. — Squelette. — Articulations

LEÇONS

Cours Moyen

1. — Les *os* sont des corps durs composés à la fois de matières minérales et de matières organiques.

2. — L'ensemble des os forme le *squelette* de l'homme et des vertébrés.

3. — Chez l'homme, les diverses pièces du squelette correspondent aux trois parties du corps : *tête, tronc et membres*.

4. — Les os de la tête forment le *crâne* et la *face*.

5. — Ceux du tronc forment la *colonne vertébrale*, les *côtes*, le *sternum* et le *bassin*.

6. — Chaque membre supérieur comprend des attaches, *omoplate* et *clavicule*, puis les *os* du *bras*, de l'*avant-bras*, du *poignet* et de la *main*.

7. — Chaque membre inférieur s'articule sur le bassin et comprend les *os* de la *cuisse*, de la *jambe* et du *pied*.

8. — Un os s'unit à un autre par une *articulation*.

9. — Les articulations sont fixes ou mobiles.

10. — Une articulation fixe, celle des os du crâne par exemple, ne permet pas aux os de jouer l'un sur l'autre.

11. — Le contraire existe dans une articulation mobile, comme celle du coude ou celle de l'épaule.

Cours Supérieur

1. — La matière organique ou vivante des os est appelée *cartilage*.

2. — La matière minérale ou pierreuse est formée de *carbonate* et de *phosphate de chaux*.

3. — D'ailleurs, tout os n'a d'abord été qu'un cartilage mou et flexible.

4. — Le cartilage s'ossifie grâce au calcaire que l'on trouve dans l'alimentation.

5. — La nécessité s'impose donc de faire entrer dans l'alimentation humaine et animale des matières renfermant une certaine quantité de calcaire.

6. — Etant données la flexibilité et la mollesse du cartilage, on évitera la déformation du squelette, chez l'homme comme chez l'animal, en obligeant les jeunes enfants et les jeunes animaux à conserver une *attitude régulière*.

7. — Tout os se reconstitue par l'extérieur au fur et à mesure qu'il s'use.

8. — Certains os renferment de la *moelle*.

9. — Pour assurer la solidité des articulations mobiles, des bandelettes ou *ligaments* vont d'un os à l'autre.

10. — Une déchirure ou une trop grande tension des ligaments occasionne l'*entorse* ; le déboitement de deux os occasionne une *luxation* ; la brisure d'un os détermine une *fracture*.

Exercices d'observation

1. A quoi attribuez-vous la diminution de poids de l'os qui a subi l'action du feu ? — 2. Pourquoi des os blancs brûlés dans un vase clos déterminent-ils sur les parois de celui-ci une poussière noire, le noir animal ? — 3. Pourquoi est-il possible de croquer les os d'un tout jeune veau ? — 4. Le jeune enfant a-t-il autant de chances de se briser les os en tombant que si pareil accident arrivait à un vieillard ? Justifiez votre réponse. — 5. Pourquoi l'écolier qui se tient mal en écrivant finit-il par devenir légèrement bossu ? — 6. On a reformé une partie du tibia droit d'un enfant de treize ans à l'aide de fragments d'os d'un jeune chevreau ; que prouve la réussite de cette opération au point de vue de la composition des os de l'homme et des autres animaux ?

Rédactions

1. **Squelette et articulations.** — Principaux os de la charpente de l'homme. — Position relative de chacun d'eux. — Dites comment les os sont reliés entre eux et comment ils peuvent se mouvoir.

2. **Composition des os.** — Ce qu'est un cartilage. — Comment un cartilage se transforme en os. — Expériences qui prouvent la présence de matières minérales et de matières organiques dans les os.

3. **Utilisation des os.** — Les os ramassés par les chiffonniers sont-ils utilisés dans l'industrie ? — En agriculture ? — Pourquoi ? — Sous quelle forme les utilise-t-on ?

4. **Le rebouteur.** — Donnez un exemple permettant de montrer le danger qu'il y a à s'adresser au rebouteur, plutôt qu'au médecin, dans le cas de fracture ou d'entorse.

Problèmes

1. — 100 kilogrammes d'os transformés en gélatine fournissent 33 % de leur poids de cette matière. Quelle quantité d'os devra-t-on traiter pour obtenir 160 kilogrammes de gélatine ?

2. — Un kilogramme d'os réduits en poudre contient à peu près autant de phosphate que 70 litres de lait. En supposant que ces os broyés, répandus sur une prairie, fournissent, complétement et seuls, l'acide phosphorique que contient l'herbe constituant l'unique nourriture d'une vache laitière donnant 1.120 litres de lait par an, on demande combien il faudra répandre de kilogrammes d'os en poudre sur cette prairie pour former l'élément phosphaté du lait.

EXPÉRIENCES A RÉALISER PAR LES ÉLÈVES

1. — Faire brûler un os : il reste la partie minérale, pierreuse et blanche (*phosphate et carbonate de chaux*).

2. — Mettre un os dans de l'acide chlorhydrique ou dans du fort vinaigre, il reste une portion molle, c'est la matière organique. — Laver, faire bouillir longtemps dans l'eau : *On obtient de la gélatine*.

Collections à faire

Recueillir en 3 flacons différents : os broyés, — gélatine, matière organique des os, — cendres d'os, matière minérale des os.

Capitaux fonciers et mobiliers; modes d'exploitation

LEÇONS

Le repos
à la campagne — à la ville

I. — **1.** Un domaine agricole comprend à la fois un capital foncier et un capital mobilier. — **2.** Le capital foncier n'est autre que la terre et tout ce qu'on ne peut détruire sans en altérer la valeur: constructions, arbres, gazons naturels. — **3.** Le capital mobilier se compose de tout ce qui sert à exploiter le sol: instruments, bestiaux, semences, etc. — **4.** On distingue trois modes d'exploitation d'un domaine agricole : le faire-valoir direct, le fermage et le métayage. — **5.** Les rapports entre le propriétaire et son fermier ou son métayer sont réglés par des baux ou par des contrats.

II. — **1.** Le faire-valoir direct est un mode d'exploitation dans lequel le cultivateur possède à la fois le capital foncier et le capital mobilier. Dans le fermage, l'exploitant, appelé fermier, ne possède que le capital mobilier; il prend l'autre en location. Le métayer ne possède aucun des deux capitaux; il exploite un domaine agricole moyennant un salaire qui équivaut généralement à la moitié des produits qu'il obtient en nature. — **2.** Le fermier a peu de tendances à améliorer un sol, mais du moins il perfectionne ses instruments et son bétail puisque ce matériel est à lui. De la part du métayer rien ne tend au progrès; le propriétaire doit donc avoir une action incessante sur lui, s'il ne veut pas voir diminuer la valeur de son domaine. C'est pourquoi le fermage paraît toujours préférable au métayage. — **3.** Pour qu'une terre en location se trouve dans des conditions convenables, il importe : 1o que le prix du bail en soit modéré; 2o que la durée de location en soit assez importante.

Questionnaire

I. — **1.** Dire ce que c'est que le capital foncier. — **2.** Définir le capital mobilier. — **3.** Combien connaissez-vous de modes d'exploitation d'un domaine agricole?

II. — **1.** Qu'est-ce que le faire-valoir direct? — **2.** Qu'est-ce que le fermage? — **3.** Qu'est-ce que le métayage? — **4.** Quels sont les avantages et les inconvénients de ces deux modes de location? — **5.** Par quoi sont réglés les rapports entre propriétaire et fermier? entre propriétaire et métayer? — **6.** Citez deux conditions importantes pour la réussite d'un fermage. — **7.** Quelle durée a généralement un bail de ferme dans votre région?

Rédactions

1. La vie du petit propriétaire cultivateur. — Faites l'éloge du petit propriétaire cultivateur. Il est indépendant. Il vit au grand air. Sa santé est robuste de même que celle de tous les siens. Sans être riche il vit bien. Il soulage même les malheureux. Il est estimé de tous. Ses enfants feront comme lui. Ils vivront et mourront à la campagne.

2. Avantages de la vie à la campagne pour la jeune fille. — Lettre d'une jeune fille de la campagne à une amie de la ville. Elle lui dit pourquoi elle a préféré rester à la campagne plutôt que d'aller travailler à la ville.

3. « L'œil de fermier vaut fumier ». — Que signifie ce proverbe. Expliquez-le en le commentant.
(C.E. Pas-de-Calais)

4. Rédigez un bail de ferme. — Noms, qualités, domiciles des bailleurs et preneurs. Durée du bail. Énumération du capital foncier. Conditions particulières : prix, impôts, culture, fumure, etc. Date et signature.

Problèmes

I. 1. Faire-valoir direct. — Un cultivateur a un terrain qu'il a payé 3700 fr., pour la culture duquel il dépense annuellement 850 fr. en moyenne et qui lui fournit une récolte évaluée 1200 fr. A quel taux en réalité, place-t-il son capital?

2. Comparaison entre un placement d'argent et une exploitation. — Un propriétaire vend une ferme 60.000 fr. qu'il emploie à acheter de la rente à 3 p. % au cours de 82, 40. Cette ferme, dont la contenance est de 58 hectares 60 arcs, lui rapportait 0 fr. 40 l'are. On demande si la nouvelle rente est supérieure ou inférieure à l'ancienne.
C. E. Aveyron, 1888

II. 3. Fermage et métayage. — Un propriétaire a transformé sa ferme en métairie et, pour cela, il a dépensé un capital de 5.500 fr. A la fin de l'année, il a eu pour sa part de produits une somme de 1.625 fr. Auparavant sa ferme était louée 950 fr. Quel bénéfice brut réalise-t-il ainsi sachant que le capital qu'il a employé pour cette transformation lui rapportait 4 fr. 75 p. % l'an.

4. Revenu de propriétés rurales. — Un propriétaire a une ferme pour laquelle il reçoit 187 fr. 50 chaque trimestre. On lui paye en outre, pour une autre propriété rurale, une rente annuelle de 510 fr. Là-dessus il a à payer 54 fr. 20 d'impôts. Combien doit-il dépenser par jour pour qu'il lui reste 183 fr. 80 à la fin de l'année?
C. E. Orne

1. — Préceptes d'hygiène

1. — Evitez les attitudes vicieuses en lisant ou en écrivant ; ayez une marche régulière et gracieuse.

2. — Si une chute occasionne à un de vos camarades une fracture ou une entorse, transportez le blessé, avec beaucoup de précautions, dans une habitation voisine.

Placez-le sur un matelas ou sur un lit bas et ferme, recommandez-lui de ne faire aucun mouvement.

En attendant l'arrivée du médecin et *non du rebouteur*, faites-lui administrer un cordial pour l'aider à supporter la douleur.

3. — S'il s'agit d'une entorse, il sera bon d'entourer la partie blessée d'un linge mouillé.

2. — Greffe osseuse

Voici un cas curieux de greffe osseuse pratiquée par un chirurgien de Lyon. Il avait été obligé d'enlever le tibia droit d'un enfant de 13 ans, à l'exception de la partie supérieure qu'il laissa en place. Pour le remplacer il prit des fragments d'os sur un jeune chevreau.

Trois mois après l'opération, le jeune garçon marchait très bien, à tel point qu'il put faire 18 kilomètres sans fatigue.

Un autre chirurgien a enlevé sur le crâne de deux lapins des rondelles d'os qu'il a ensuite transplantées de l'un sur l'autre. Ces transplantations ont parfaitement réussi, et la cicatrisation s'est faite en laissant à peine de traces.

Ainsi aujourd'hui on répare la charpente osseuse comme on répare la charpente d'une maison. Une pièce est-elle détériorée : on la remplace.

CARO

(Rapport sur les prix de Vertu)

3. — Fonction des Bras et des Mains

Les bras sont destinés à serrer et à repousser, à remuer ou à transporter, selon nos besoins, les choses qui nous accommodent ou nous embarrassent. Les mains nous servent aux ouvrages les plus forts et les plus délicats. Par elles nous nous faisons des instruments pour faire les ouvrages qu'elles ne peuvent faire elles-mêmes. Par exemple, les mains ne peuvent ni couper ni scier ; mais elles font des couteaux, des scies, et d'autres instruments semblables qu'elles appliquent chacun à leur usage. Les bras et les mains sont en divers endroits divisés par plusieurs articulations qui, jointes à la fermeté des os, leur servent pour faciliter le mouvement, et pour serrer les corps grands et petits. Les doigts, inégaux entre eux, s'égalent pour embrasser ce qu'ils tiennent. Le petit doigt et le pouce servent à fermer fortement et exactement la main. Les mains nous sont données pour nous défendre, et pour éloigner du corps ce qui lui nuit. C'est pourquoi il n'y a d'endroit où elles ne puissent atteindre.

BOSSUET

4. — Bonheur de la vie champêtre

Heureux l'homme des champs, s'il connaît son bonheur !
Fidèle à ses besoins, à ses travaux dociles,
La terre lui fournit un aliment facile,
Il n'a point tous ces arts qui trompent notre ennui ;
Mais que lui manque-t-il ? la nature est à lui :
Des grottes, des étangs, une claire fontaine
Dont l'onde en murmurant l'endort sous un vieux chêne,
Un troupeau qui mugit, des vallons, des forêts :
Ce sont là ses trésors, ce sont là ses palais.
Le laboureur en paix coule des jours prospères ;
Il cultive le champ que cultivaient ses pères :
Ce champ nourrit l'Etat, ses enfants, ses troupeaux,
Et ses bœufs, compagnons de ses heureux travaux.
Ainsi que les saisons sa richesse varie :
Ses agneaux au printemps peuplent sa bergerie ;
L'été remplit sa grange, affaisse ses greniers ;
L'automne d'un doux poids fait gémir ses paniers ;
Et les derniers soleils, sur les côtes vineuses,
Achèvent de mûrir les grappes paresseuses.
Quel plaisir lorsqu'à table entre tous ses enfants,
Le père, chaque soir, voit revenir des champs
Ses troupeaux bien repus, la vache nourricière,
Et l'agneau qui bondit à côté de sa mère,
Ses bœufs, à pas pesants, las, et le cou baissé,
Ramenant la charrue et le soc renversé !
De jeunes serviteurs que son toit a vu naître,
Animent la maison et bénissent leur maître :
Tous ses jours sont pareils, tous ses jours sont sereins,
Et sa porte rustique est fermée aux chagrins.

DELILLE

Maxime

En cas de fracture ou d'entorse, appelle le médecin

et non le rebouteur

Collections. — Économie rurale.

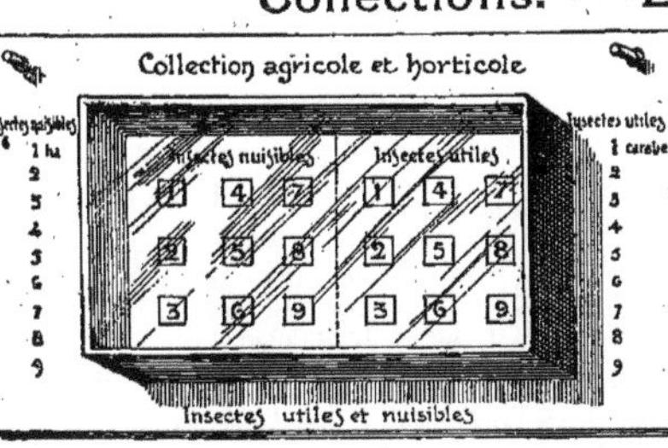

Seront inscrits : les noms des insectes nuisibles (*a gauche*) et utiles (*a droite*), piqués sur le numéro correspondant de la boîte.

Boîtes à insectes.

Notice explicative

Matériel : 1.-1 carton-fond de 22 cm. sur 31 cm. 2.-Deux cartons de 17 cm. sur 22 cm. pour boîte et couvercle. 3.-1 verre de 12 cm, sur 16 cm. 4.-Papier vert et vieux bouchons.

Conseils : des détails sur la construction de la boîte seront donnés en leçon de travail manuel.

Insectes à collectionner :

1o Insectes utiles : Abeille - Bombardier - Carabe Cantharide - Cicindèle - Cynép - Dytique-Hydrophile - Ichneumon - Libellule - Mante religieuse - Bombyx du mûrier - Staphylin.

2o Insectes nuisibles : Blatte - Bruche du pois - Charançon - Eumolpe - Courtillière - Hanneton - Oestre du cheval - Punaise - Teigne - Taon - Sauterelle.

Tableau de Renseignements. — DROIT RURAL : Contraventions à éviter.

Nos D'ORDRE	NATURE DE LA CONTRAVENTION	AMENDE A PAYER ou prison à faire
1	Glanage -- Ratelage -- Grapillage	1 fr. à 5 fr.
2	Passage sur terrain d'autrui où il y a des grains en épis, des raisins, des fruits.	6 fr. à 10 fr.
3	Bestiaux sur terrain d'autrui avant l'enlèvement des récoltes	1 fr. à 15 fr.
4	Cause de mort ou de blessures sur les animaux d'autrui (imprudence ou maladresse)	5 jours de prison.
5	Mauvais traitements envers les animaux domestiques (application de la loi Grammont)	1e 5 à 15 fr. d'amende 2e 1 à 5 jours de prison
6	Abandon, dans les champs, de coutres de charrues ou autres outils dangereux.	1 fr. à 15 fr.
7	Contravention au ban des vendanges	6 fr. à 10 fr.
8	Dégradation et usurpation de chemins ruraux	11 fr. a 15 fr.
9	Contravention aux règlements administratifs et aux arrêtés municipaux	1 fr. à 5 fr.

Devoir d'Économie rurale.

La commune que j'habite est une commune (1) ; sur une population totale de (2), on compte (3) ; la superficie communale, déduction faite des chemins, routes et propriétés bâties, comprend (4) hectares subdivisés en (5) de grande culture, (5) de prairies naturelles, (5) de vignes, (5) de cultures maraîchères, (5) de forêts. Les produits du sol servent à (6), approvisionnent les usines de (7), sont écoulés à (8) ; l'argent que l'on en retire suffit amplement aux besoins des habitants ; plus tard, je rentrerai au village et je serai (9) ; de cette façon, mon existence sera plus tranquille que celle des citadins.

(1) agricole, viticole, horticole, etc. — (2) indiquer la population adulte — hommes seuls — (3) nombre de cultivateurs, de jardiniers, d'horticulteurs, d'arboriculteurs, de vignerons, etc. ; — (4) superficie cultivée d'après la matrice cadastrale ; — (5) superficie en hectares des divers groupes de culture, d'après la statistique agricole annuelle ; (6) — la nourriture des habitants, des animaux ; — (7) noms des usines voisines, sucrerie, huilerie, moulins, raperie, distillerie, etc. ; — (8) ville où l'on vend les divers produits ; — (9) cultivateur, jardinier, horticulteur, arboriculteur, vigneron, etc.

NOTIONS D'ANATOMIE
Muscles — Mouvement
LEÇONS

Cours Moyen

1. — Les *muscles* sont des organes charnus et rougeâtres.

2. — Leur coloration rouge est due à la présence du sang.

3. — Chez les animaux à sang peu coloré les muscles sont blancs ; il en est ainsi chez le veau, chez le poisson.

4. — Les extrémités des muscles, appelées *tendons*, les rattachent aux os.

5. — Les muscles forment la *chair* de l'homme comme celle des animaux.

6. — Ces organes ont la propriété de se *contracter*, c'est-à-dire de diminuer de longueur pour augmenter en épaisseur.

7. — Suivant la position qu'ils occupent dans le corps, leurs usages sont variables, mais tous ont pour but de mettre les os en mouvement.

8. — Il y a toutefois un certain nombre de muscles entièrement indépendants des os : ce sont ceux des organes internes : œsophage, estomac, intestins, cœur.

9. — Plus un muscle travaille, plus il devient fort et plus il grossit : de là l'importance du travail corporel, des exercices physiques : jeux, marches, gymnastique.

Cours Supérieur

1. — Les muscles sont constitués chimiquement par une matière organique azotée connue sous le nom de *fibrine*.

2. — Cette matière est susceptible de décomposition : d'où la nécessité pour les bouchers de prendre des précautions afin d'empêcher la putréfaction de la viande de boucherie.

3. — La volonté, l'électricité déterminent la *contractilité* des muscles.

4. — Lorsque cette contractilité est prolongée pour une cause ou pour une autre, elle détermine la *fatigue* des hommes et des animaux domestiques.

5. — A la suite d'une fatigue, le *repos* et le *sommeil* permettent à l'organisme de reprendre de nouvelles forces.

6. — D'ailleurs ce repos, joint à une bonne nourriture, développe également le volume des muscles.

7. — Mais alors la chair dont ils sont constitués s'entremêle de *graisse*.

8. — C'est ce qui convient à l'animal de boucherie, non à l'homme, ni aux animaux de travail.

9. — L'éleveur doit donc traiter différemment les bêtes de travail et les bêtes de débit.

Exercices d'Observation

1. — Le forgeron et le secrétaire de mairie causent ensemble dans la rue ; quel est celui de ces deux hommes qui vous paraît le plus robuste ? Dites ce qui rend l'un plus fort que l'autre. — 2. Pourquoi le facteur rural a-t-il généralement de bons mollets et en retour des bras peu musculeux ? — 3. Pourquoi le boulanger a-t-il généralement les muscles des bras plus développés que ceux des jambes ? Comment peut-on faire grossir le bras ? — 4. Pourquoi se couche-t-on pour se reposer ? — 5. Un morceau de pain est dans votre main ; un autre se trouve dans votre œsophage ; lequel des deux morceaux est-il possible d'empêcher d'aller à l'estomac ? Le morceau entraîné est-il sous l'influence d'un mouvement volontaire ou d'un mouvement involontaire ? — 6. Un proverbe dit qu'on digère plus avec les jambes qu'avec l'estomac, est-il exact ?

Rédactions

1. — Rôle des muscles dans les mouvements des divers organes intérieurs et extérieurs du corps.

2. — Influence du travail corporel & de la gymnastique sur le développement des muscles. — A qui les exercices complémentaires, marches et courses, sont-ils particulièrement salutaires ?

3. — Conservation des viandes. — Principaux procédés employés pour empêcher les viandes alimentaires de se putréfier et pour les conserver durant des mois et même des années.

Problèmes

1. — Un kilogramme de chair humaine contient $32^{gr},50$ d'azote. Un kilogramme de pain contient $13^{gr},50$ d'azote. Combien faudrait-il absorber de kilogrammes de pain pour constituer 1 kilogramme de chair humaine ?

2. — 1 kilogramme de viande de bœuf a la même richesse en azote qu'un kilogramme de haricots secs. L'organisme animal n'absorbe que la moitié de l'azote des aliments végétaux tandis qu'il absorbe les 3/4 de l'élément azoté des aliments animaux. Calculer le poids de haricots secs devant remplacer la viande de bœuf destinée à réparer la perte hebdomadaire d'azote qu'éprouve un homme, perte calculée à 140^{gr} ; on sait d'ailleurs qu'un kilogramme de chair de bœuf contient 35^{gr} d'azote ?

EXPÉRIENCES A RÉALISER PAR LES ÉLÈVES

1. — Prendre un morceau de viande bouillie dans le pot-au-feu. — Séparer les filaments qu'elle présente. — *Idée des fibres des muscles.*

2. — Rapprocher lentement la main de l'épaule, sentir le biceps se raccourcir et grossir progressivement : *contraction*.

3. — Allonger le bras progressivement ; sentir le biceps reprendre sa longueur et son épaisseur ordinaire.

4. — Gratter légèrement et mettre un peu de sel sur le muscle d'attache des pattes d'arrière d'un lapin encore chaud, et que l'on vient de dépouiller ; la patte remue doucement : *contraction*.

5. — Placer le doigt contre la paupière de l'œil, on la baisse : *mouvement involontaire*.

COMPTABILITÉ AGRICOLE
But — Registres & Livres
LEÇONS

L'ordre en agriculture conduit à l'épargne

I. — **1.** Le cultivateur, soucieux de ses intérêts, doit se rendre un compte exact de ce qui se passe dans sa ferme. — **2.** Il s'exposerait sans cela à de graves mécomptes pouvant un jour entraîner sa ruine. — **3.** C'est une comptabilité bien tenue qui lui permet de connaître toujours l'état de sa situation financière. — **4.** Cette comptabilité nécessite l'emploi de plusieurs livres ou registres. — **5.** Ce sont : le livre-journal, le livre de caisse et le livre d'inventaire. — **6.** Ce que le cultivateur possède se nomme actif; ce qu'il doit se nomme passif.

II. — **1.** Sur le livre-journal on inscrit toutes les opérations, achats, ventes, échanges, dans l'ordre où elles se produisent. — **2.** Sur le livre de caisse, on note séparément les recettes et les dépenses à mesure qu'elles ont lieu. — **3.** Sur le livre d'inventaire, on récapitule, en fin d'année, l'actif et le passif du cultivateur. — **4.** L'inventaire se fait généralement dans les derniers jours de décembre; il serait peut-être préférable qu'il se fît aussitôt la rentrée des récoltes, c'est-à-dire vers le 1er novembre. — **5.** La différence entre l'actif et le passif donne exactement la situation d'une exploitation rurale et indique mathématiquement de combien il faut diminuer les dépenses ou la nécessité de la création de nouvelles recettes. — **6.** Tout cultivateur soigneux doit constamment avoir en poche un carnet, où il relate de suite, dans quelque endroit qu'il se trouve, les opérations qu'il fait. Ce carnet évite les omissions que le défaut de mémoire pourrait faire commettre.

Questionnaire

I. — **1** Qu'entendez-vous par situation financière d'une ferme ? — **2.** Quel est le but de la comptabilité agricole ? — **3.** Quels livres nécessite une comptabilité agricole bien tenue ? — **4.** Que comprend l'actif d'un cultivateur? Son passif?

II. — **1.** A quoi sert le livre-journal? — **2.** Pourquoi l'appelle-t-on ainsi? — **3.** Indiquez l'usage du livre de caisse ? — **4.** Qu'est-ce que faire un inventaire ? — **5.** Que comporte le livre d'inventaire ? — **6.** A quelle époque a lieu généralement l'inventaire d'une exploitation agricole ? — **7.** Pourquoi serait-il préférable que ce travail eût lieu vers le 1er novembre ? — **8.** Que doivent craindre les cultivateurs qui négligent de se rendre compte de leurs recettes et de leurs dépenses ? — **9.** Pourquoi le carnet de poche est-il particulièrement utile aux agriculteurs ?

Rédactions

1. Nécessité d'une comptabilité agricole. — On entend quelquefois dire que le cultivateur, absorbé par son exploitation, rentrant fatigué le soir des durs labeurs de la journée, ne peut tenir de comptabilité. Montrez que ce travail lui est possible, en indiquant : sa simplicité, le peu de temps qu'il nécessite et les avantages qui en résultent.

2. Registres d'une comptabilité agricole. — Ecrivez à un camarade pour bien lui faire comprendre l'usage du livre-journal, du livre de caisse et du livre d'inventaire dans une exploitation rurale.

3. L'actif et le passif du cultivateur. — Le père Vincent, cultivateur de votre village, vient de dresser son inventaire de fin d'année. Vous l'avez aidé dans ce travail. Comme conséquence de ce que vous avez vu, faites comprendre, par des exemples, ce que vous entendez par l'actif et le passif d'un cultivateur.

Problèmes

I. — **1. Balance d'inventaire.** — L'actif d'un inventaire s'élève à 7.951 fr. 25. Il reste à payer 250 fr. de traites, 200 fr. aux domestiques, 450 fr. aux ouvriers agricoles. Quelle est la balance, ou excédent de l'actif sur le passif, qui indique la situation réelle du cultivateur ?

2. Comptes d'un livre-journal. — Un livre-journal comporte pour le mois de décembre les diverses opérations suivantes : Vente de 10 porcelets à 22 fr. l'un; achat de 1.000 kg. de tourteaux à 20 fr. le quintal; paiement de 20 fr. pour le salaire mensuel d'une servante; recette du prix de 30 hectolitres de blé à 17 fr. 25 l'un; paiement du mémoire du bourrelier s'élevant à 135 fr. 25. Dire s'il y a un excédent de recettes ou de dépenses et à combien s'élève cet excédent.

II. — **3. Détail d'opérations consignées au carnet de poche.** — Sur un carnet de poche un cultivateur a noté les opérations suivantes : « Reçu une vache de 340 francs, un veau de 80 francs, 270 bottes de fourrage à 0 fr. 32 l'une, et donné en échange un cheval. — Bénéfice net réalisé : 110 francs. » D'après ces données, calculer ce que le cheval avait coûté au cultivateur ?

4. Une opération de comptabilité. — 2 chevaux composant l'attelage d'une charrue reçoivent chacun la ration journalière suivante : 14 litres d'avoine à 9 fr. l'hectolitre; 10 kg. de foin à 50 francs la tonne; 1 kg. de son à 1 fr. 20 le quintal. Ils coûtent par tête 30 fr. de frais annuels de harnachement et 18 fr. de ferrure. A combien revient la dépense annuelle pour ces deux chevaux?

1. — Préceptes d'hygiène

1. — Les rhumatismes sont des maladies des muscles ; ils sont causés par le froid humide. Evitez de conserver des vêtements mouillés, de vous reposer sur la terre fraîche, de coucher dans un endroit humide.

2. — Tout muscle qui n'agit pas perd de son élasticité ; il faut donc, autant que possible, faire fonctionner tous les muscles du corps ; c'est le but de la gymnastique.

Les exercices de gymnastique, réguliers et méthodiques, développent la force et la souplesse ; ces exercices sont surtout très utiles aux enfants et aux jeunes gens des villes.

Le travail musculaire augmente l'activité de la respiration et celle du cœur et par suite influe sur la production de la chaleur.

Tout travail excessif détermine la fatigue.

3. — Le repos et le sommeil atténuent les inconvénients de la fatigue.

Mieux vaut se coucher tôt et se lever tôt que se coucher tard et se lever tard.

Il importe néanmoins d'attendre que la digestion du repas du soir soit à peu près terminée avant de se mettre au lit.

Un lit dur, élastique, est préférable à un lit trop mœlleux.

L'enfant peut dormir 11 à 12 heures, de suite, l'adolescent de 8 à 9 heures, l'homme adulte 7 heures.

On peut dire aussi que la durée du sommeil varie avec les tempéraments, les professions, le climat.

2. — L'alcoolisme conduit à l'incapacité de travail

Arrivé à la période des accidents de l'intoxication chronique, le buveur ne peut plus disposer de la force musculaire qu'il avait antérieurement, ni donner la même quantité de travail ; c'est là un point important à connaître pour les chefs d'ateliers. Il serait facile de prouver par des statistiques que la somme de travail accomplie par des ouvriers adonnés aux liqueurs fortes est infiniment moindre que celle que peut produire le même nombre d'ouvriers bien nourris. En outre, au bout d'un certain temps, les ouvriers intempérants deviennent paresseux et incapables de travailler ; on en voit qui, dès l'âge de 45 ou 50 ans, n'ont plus ni énergie physique ni énergie morale, et que le moindre exercice musculaire essouffle, fatigue et arrête.

Docteur LANCEREAUX.
(De l'alcoolisme et de ses conséquences.)

3. — La comptabilité agricole

Le but légitime de toute exploitation agricole est le profit ; il faut donc, parmi tous les produits que la ferme est susceptible de faire croître, choisir ceux qui donnent le plus de profit, c'est-à-dire ceux dont le prix de vente est le plus élevé au-dessus du prix de revient. Il importe donc de bien établir celui-ci, de savoir exactement ce que coûte chaque culture. Pour cela il faut avoir une comptabilité régulière. Celle-ci devra, non seulement donner le compte recettes et le compte dépenses en général, mais établir le compte pour chaque culture en particulier.

Il ne faut pas s'effrayer de ce travail ; il est à la portée de tout cultivateur soigneux, et voulant y consacrer une heure chaque jour. Il est à considérer seulement que c'est un travail méticuleux, et se souvenir rigoureusement du vieux principe :

Ne remets pas à demain ce que tu peux faire au jourd'hui. Tout retard dans une inscription, non seulement donne un supplément de travail pour le lendemain, mais fait courir le risque d'une erreur ou d'une omission, et cette erreur peut en amener d'autres.

Pour bien se mettre en l'esprit ce qu'est une comptabilité ainsi tenue, il suffit de considérer chaque culture comme un particulier avec lequel on est en affaires courantes.

Outre chaque culture, le bétail, la basse-cour, les attelages, bœufs ou chevaux, doivent avoir leur compte particulier. On en reçoit en effet les journées de travail, le fumier produit, on leur vend la nourriture, l'entretien des harnais, les ferrures, etc.

Chaque culture ayant son compte ainsi ouvert, on y note toutes les dépenses.

4. — Le prix de revient agricole

On obtient le prix de revient *exact* d'une culture, non par des devis approximatifs, mais au moyen d'une comptabilité qui enregistre avec précision toutes les dépenses afférentes à cette culture.

Ainsi, le prix de revient du blé est formé des dépenses suivantes : 1º fermage et impôts ; 2º main-d'œuvre ; 3º travail des animaux ; 4º frais généraux ; 5º semences ; 6º fumier de ferme ; 7º engrais chimiques.

Ces dépenses sont réunies dans un compte « *culture de blé* ». En face de la dépense on place les quantités d'hectolitres de blé et de kilogrammes de paille obtenues. Comme la paille est gardée pour la ferme, on l'évalue au prix courant du marché local. On déduit cette somme de la dépense ; le reste est alors divisé par la quantité d'hectolitres de blé ; et l'on obtient le *prix de revient net*, prix auquel le blé entre dans le grenier. Il en sort quand il est vendu. *Le bénéfice ou la perte est la différence entre le prix de revient et le prix de vente.*   Eug. LÉAUTEY.

(Manuel universel de comptabilité agricole.)

Collections — Droit rural — Comptabilité agricole

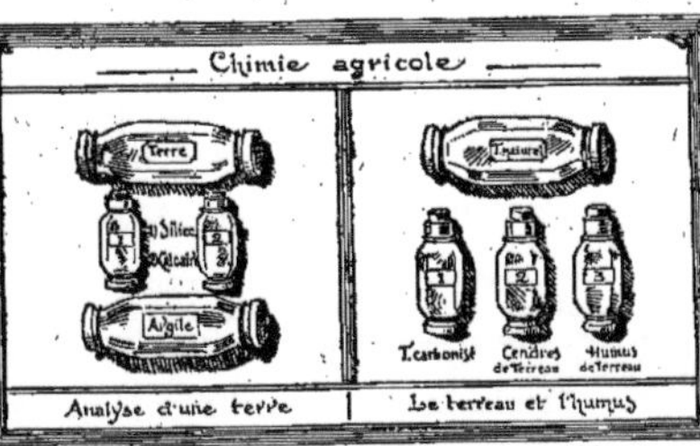

Les échantillons du tableau ci-dessus ont été recueillis :
A droite : au moment de l'analyse d'une terre :
A gauche : au moment d'expériences sur le terreau (élément organique d'un sol).

Carton mural de Collections.
Notice explicative.

Matériel : un carton de 20 cm, sur 24. Des flacons plats, (coût approximatif, 0 fr. 05 l'un).

Conseils : Préparer le carton en leçon de travail manuel.

Recueillir les échantillons en leçons de chimie expérimentale et en promenades scolaires.

Collections à faire.

1. — Échantillons de corps simples et de corps composés.

2. — Résultats d'analyses : (*A*) cendres brutes, cendres lavées, potasse de cendres lavées, résidus siliceux, craie. (*B*) terre arable moins les pierres — argile — silice — carbonate de chaux régénéré.

3. — Résultats d'expériences : terreau desséché — terreau carbonisé — terreau calciné — humus du terreau.

Tableau de Renseignements
Droit Rural : Délits à éviter

N° D'ORDRE	NATURE DU DÉLIT	NATURE DE LA PEINE
1	Dévastation des récoltes et plantes sur pied	prison : 2 ans à 5 ans
2	Abattage -- mutilation -- coupe d'arbres -- destruction de greffes	prison : 6 jours à 6 mois
3	Coupe de céréales ou de fourrages sur terrain d'autrui	prison : 6 jours à 2 mois
4	Destruction ou rupture d'instruments d'agriculture, de parcs, de cabanes	prison : 1 mois à 1 an
5	Empoisonnement d'animaux domestiques, ou de poissons dans les étangs	prison 1 an à 5 ans amende : 16 fr. à 360 fr.
6	Destruction d'un animal domestique sur le terrain de son propriétaire	prison : 5 jours à 6 mois
7	Destruction de clôtures ; déplacement de bornes, et comblement de fossés	prison : 1 mois à 1 an am. : 1/4 des indemnités
8	Inondation par eaux de moulins d'usines et dégradation par les eaux	prison : 6 jours à 1 mois am. : 1/4 des indemnités
9	Infraction à la loi du 21 juillet 1881 sur la police sanitaire des animaux	prison : 6 mois à 3 ans am. : 100 fr. à 2.000 fr.

Maxime : *Il en est du champ comme de l'homme. Quand il gagnerait beaucoup, s'il dépense trop, il ne reste rien. --- (Caton)*

Exercice de Comptabilité agricole
LIVRE DE CAISSE

Recettes — Dépenses

DATES Mois	jours	ARTICLES	PRIX Fr.	C.	DATES Mois	Jours	ARTICLES	PRIX Fr.	C.
Juin	7	Vendu un bœuf comptant...	(2)		Juin	10	Acheté une vache laitière et payé comptant	(2)	
	9	id 7 quintaux de blé à (1)	(2)				Payé 55 kg. sulfate de cuivre à (1) le kilog	(2)	
	27	id 13 kg. de beurre à (1)	(2)			12			
	30	Reçu espèces pour lait fourni mensuellement à (3).	(2)			17	Payé réparation de la pompe à purin	(2)	
		Total mensuel des Recettes	(4)				Total mensuel des dépenses	(4)	

(1) Prix de l'unité à l'époque où aura lieu l'exercice. -- (2) Prix du tout. -- (3) Nom de l'acheteur au mois. -- (4) Total des recettes ou des dépenses du mois. (Même exercice sur le livre-journal et sur le livre d'inventaire).

Cerveau — Nerfs — Sensations
LEÇONS

Cours Moyen

1. — Le cerveau est un organe blanchâtre qui remplit tout l'intérieur du crâne.

2. — Il est continué par le cervelet, puis par la *moelle épinière*, qui remplit les vertèbres en descendant jusqu'au bas de la colonne vertébrale.

3. — A droite et à gauche de la colonne vertébrale partent des cordons blanchâtres appelés *nerfs*.

4. — Ils se ramifient dans toutes les parties du corps.

5. — On distingue des *nerfs moteurs* et des *nerfs sensitifs*.

6. — Les premiers transmettent aux muscles les ordres du cerveau, ce qui détermine le *mouvement*.

7. — Les seconds apportent au cerveau les impressions ou *sensations* du dehors.

8. — Ces derniers sont d'ailleurs les nerfs des cinq sens : *vue, odorat, ouïe, goût* et *toucher*.

9. — La vue reçoit les images des corps, elle a pour organes les yeux ; l'odorat perçoit les odeurs, son organe est le nez ; l'ouïe recueille les sons, ses organes sont les oreilles ; le goût apprécie la saveur des aliments par l'intermédiaire du palais et de la langue ; enfin le toucher, par la peau et les mains, renseigne sur la forme, le poids des objets.

Cours Supérieur

1. — Le cerveau et les nerfs sont de nature azotée avec adjonction d'une certaine quantité de phosphore.

2. — C'est dans le cerveau que réside *l'intelligence*.

3. — Toute blessure de cet organe entraine fatalement l'affaiblissement de l'intelligence.

4. — On doit donc éviter de frapper les enfants sur la tête.

5. — Chez les animaux domestiques, le système nerveux diffère peu de celui de l'homme.

6. — Pour eux aussi, il est l'organe du mouvement et des sensations.

7. — Leurs nerfs perçoivent les coups et les blessures ; ne les frappez donc pas, ce serait cruauté.

8. — L'homme et les animaux supérieurs ont un nerf particulier pour chaque sens.

9. — Celui de la vue est le *nerf optique* ; celui de l'odorat, le *nerf olfactif* ; celui de l'ouïe, le *nerf acoustique*.

10. — Généralement les animaux ont l'odorat plus subtil que l'homme.

11. — En retour, notre toucher, grâce aux mains, est de beaucoup supérieur à celui des animaux.

12. — Toute affection d'un de ces nerfs particuliers rend moins sensible l'organe correspondant

Exercices d'observation

1. — Que ressentez-vous quand vous enfoncez légèrement la pointe d'une aiguille dans une partie quelconque de votre corps ? qui perçoit cette sensation ? — 2. Avant de vous enlever une dent, l'opérateur vous a injecté quelques gouttes d'un liquide dans la gencive, pourquoi n'avez-vous éprouvé aucune douleur au moment de l'extraction de votre dent ? — 3. Pourquoi les chirurgiens font-ils respirer du chloroforme aux personnes qui doivent subir une opération douloureuse ? — 4. Vous fermez instinctivement les yeux lorsqu'un danger vous menace, expliquez le mécanisme de ce mouvement. — 5. Votre maman a jeté sur le fumier de la cour un reste de cerises à l'eau-de-vie : les poules les ont mangées rapidement, qu'est-il advenu ? — 6. Pourquoi un homme légèrement ivre agit-il comme un être privé de raison ?

Rédactions

1. Système nerveux de l'homme. — Description sommaire de ses parties importantes. — Rôle de chacune d'elles.

2. Les sens de l'homme. — Organe de ces sens. — Soins hygiéniques qu'ils réclament.

3. Relations avec le monde extérieur. — A l'aide de quels organes communique-t-on avec le monde extérieur ? — Connaissez-vous des animaux qui ont des sens plus développés que nous ?   (C. E.)

4. Action de l'alcool sur le système nerveux. — Dangers produits par l'usage des liqueurs alcooliques sur le système nerveux.

Problème

1. — Le poids moyen de la masse du cerveau humain est de 1300 grammes. — 100 grammes de cerveau absorbent en 24 heures 45 cmc. d'oxygène et rejettent dans le même temps 42 cmc. d'acide carbonique. — Quel est le poids de ces deux éléments absorbés ou rejetés par un cerveau normal humain durant une semaine entière ?

EXPÉRIENCES A RÉALISER PAR LES ÉLÈVES

1. — Préparer le disque de Newton. — Le faire tourner : *sensation de blanc, durée des impressions sur la vue.*

2. — Suspendre des pincettes à une ficelle. — Mettre les extrémités de cette ficelle aux oreilles. — Faire vibrer celle-ci : *son renforcé perçu par l'oreille.*

3. — Mettre un flacon d'ammoniaque sous les narines d'un camarade : *perception par l'odorat.*

4. — Mettre quelques grains de sel sur la langue : *perception de la saveur par cet organe.*

5. — Mettre une bille entre le doigt du milieu et l'annulaire croisés : *sensation de deux billes perçues par le toucher.*

Associations agricoles — Caisses d'assurances

LEÇONS

Un Concours de Comice agricole

I. — 1. Les associations agricoles sont de diverses sortes ; on distingue les comices, les sociétés d'agriculture et d'horticulture, les syndicats agricoles. — **2.** Les comices, associations de cultivateurs et de propriétaires d'une même contrée, encouragent les progrès culturaux, les inventions agricoles, l'enseignement agricole et récompensent les ouvriers des champs. — **3.** Les sociétés d'agriculture poursuivent à peu près le même but tout en s'occupant plus spécialement des questions scientifiques se rattachant aux progrès agricoles. — **4.** Les syndicats agricoles sont des associations de cultivateurs qui achètent et vendent en commun. — **5.** L'assurance est un contrat par lequel un cultivateur se met à l'abri des pertes que peut lui faire éprouver un incendie, une grêle, une gelée, etc.

II. — 1. La somme annuelle et invariable que l'assuré paie à une compagnie d'assurances porte le nom de prime. — L'acte passé entre l'assurance et l'assuré se nomme police. — **2.** Les divers fléaux contre lesquels un cultivateur peut et doit s'assurer sont l'incendie, la grêle, la gelée, l'inondation et la mortalité du bétail. — **3.** Quelle que soit l'assurance que l'on contracte, il faut toujours donner la valeur réelle de la chose que l'on assure : assurer en moins peut occasionner une perte ; assurer en plus oblige à payer une prime plus forte pour ne percevoir néanmoins, en cas de sinistre, que la valeur exacte déterminée par les experts. — **4.** A ces diverses assurances s'ajoute celle des accidents du travail, imposable à tout agriculteur ou cultivateur possédant un moteur à vapeur ou électrique dans son exploitation.

Questionnaire

I. — 1. Qu'est-ce qu'une association agricole ? — **2.** D'une façon générale, quel est son but ? — **3.** Citez les différentes sortes d'associations agricoles que vous connaissez. — **4.** Qu'est-ce qu'un comice agricole ? — **5.** Qu'est-ce qu'une société d'agriculture ? d'horticulture ? agricole ? — **6.** De quoi s'occupent surtout les syndicats agricoles ? — **7.** Définir l'assurance.

II. — 1. Qu'est-ce qu'une prime d'assurance ? — **2.** Comment se nomme l'acte passé entre l'assureur et l'assuré ? — **3.** N'y a-t-il que les compagnies d'assurances qui assurent ? — **4.** Contre quels fléaux le cultivateur doit-il s'assurer ? — **5.** Pourquoi doit-on toujours s'assurer pour la valeur réelle des choses que l'on possède ? — **6.** Qu'est-ce qu'une caisse mutuelle d'assurances contre la mortalité du bétail ? — **7.** Ne peut-on en créer entre soi, dans une commune, dans un canton ? — **8.** Faites ressortir les avantages de cette association ? — **9.** Qu'a voulu la loi sur les accidents du travail ? — Est-ce juste ?

Rédactions

1. Utilité des syndicats agricoles. — Ecrivez au Secrétaire du syndicat agricole dont votre père fait partie pour commander les engrais chimiques dont vous avez besoin lors de vos semis de printemps.

2. — Bienfaits de l'assurance. — Un orage de grêle vient de détruire une partie des récoltes de votre commune. Parlez des dégâts, de l'aspect de la campagne, de la désolation des cultivateurs. Faites ressortir combien ont été sages ceux qui avaient contracté une assurance contre ce terrible fléau.

Problèmes

I. — 1. Achat d'un syndicat. — Un syndicat vient de recevoir 4 wagons de nitrate de soude de chacun 5.000 kg. au prix de 22 fr. 60 les 100 kg. ; 5 wagons du même poids de chlorure de potassium à 48 p. 0/0 de potasse, valant 0 fr. 415 l'unité et 10 wagons du même poids de superphosphate minéral à 15, 6 p. 0/0 d'acide phosphorique valant 0 fr. 41 l'unité. Etablissez la facture.

2. — Fourniture d'un syndicat ; avantage qui en résulte. — Un cultivateur faisant partie du syndicat dont il vient d'être parlé reprend aux prix ci-dessus 2 quintaux de nitrate, 3 quintaux de chlorure et 7 quintaux de superphosphate. En payant comptant, il bénéficie en outre d'un escompte de 1 1/2 p. 0/0 ; quelle somme devra-t-il verser ?

II. — 3. Assurance contre la mortalité du bétail. — Six cultivateurs s'associent pour supporter les pertes résultant de la mortalité de leurs bestiaux ; le 1er entre dans la société pour 7.400 fr. ; le 2me pour 5.600 fr. ; le 3me pour 2.760 fr. ; le 4me pour 1.584 fr. ; le 5me pour 6.840 fr. et le 6me pour 950 fr. La première année, le dernier cultivateur perd une vache estimée 340 francs ; combien recevra-t-il de chacun de ses coassociés ?

4. Assurances contre l'incendie. — Un cultivateur avait assuré contre l'incendie et pour une période de 10 ans, à raison de 0 fr. 80 par an pour 1.000 fr., une maison de culture et son contenu estimés 22.500 fr. Pendant cette période décennale une portion du mobilier agricole a été brûlée et l'assuré a reçu de la compagnie 345 fr. 75. Calculer : 1° le montant total des primes payées par l'assuré à la Compagnie ; 2° le bénéfice que sa prévoyance lui a procuré ?

1. — Préceptes d'hygiène

1. — L'usage du tabac est très mauvais, surtout pour les enfants et pour les jeunes gens chez lesquels le cerveau n'est pas encore complétement développé.

2. — La colère, comme la peur, exercent une action funeste sur le système nerveux.

3. — Ne frappez pas vos camarades sur la tête ou sur la colonne vertébrale, vous pourriez les rendre fous ou paralytiques.

4. — Ne lisez pas avec une lumière insuffisante ou avec une lumière trop vive.

5. — Il est bon d'enlever de temps à autre la matière jaunâtre qui se forme dans le conduit auditif, mais il ne faut jamais se servir d'allumettes ni d'épingles.

6. — Mettre les doigts dans le nez est malpropre et occasionne parfois des maux très difficiles à guérir.

Evitez de vous introduire, soit dans le nez, soit dans les oreilles, des noyaux de cerises, des pois, des haricots et autres corps semblables ; de graves accidents pourraient en résulter.

L'odorat ne conserve sa délicatesse qu'à la condition de ne pas se servir habituellement d'odeurs trop fortes.

7. — Habituez-vous à manger des aliments légèrement épicés si vous ne voulez pas émousser votre goût.

Ne buvez et ne mangez ni trop chaud, ni trop froid, afin de conserver la sensibilité de la langue et du palais.

8. — Evitez l'abus des liqueurs fortes qui causent de graves désordres dans le système nerveux et peuvent conduire à la folie, même à la mort.

2. — Merveilles du corps humain

Il n'y a genre de machine qu'on ne trouve dans le corps humain. Pour sucer quelque liqueur, les lèvres servent de tuyau, et la langue sert de piston. Au poumon est attachée la trachée-artère, comme une espèce de flûte douce d'une fabrique particulière qui, s'ouvrant plus ou moins, modifie l'air et diversifie les tons. La langue est un archet qui, battant sur les dents et sur le palais, en tire des sons exquis. L'œil a ses humeurs et son cristallin ; les réfractions s'y ménagent avec plus d'art que dans les verres les mieux taillés ; il a aussi sa prunelle qui se dilate et se resserre ; tout son globe s'allonge ou s'aplatit selon l'axe de la vision, pour s'ajuster aux distances, comme les lunettes à longue vue. L'oreille a son tambour, où une peau aussi délicate que bien tendue résonne au mouvement d'un petit marteau que le moindre bruit agite ; elle a, dans un os fort dur, des cavités pratiquées pour faire retentir la voix de la même sorte qu'elle retentit parmi les rochers et dans les échos.

BOSSUET.

3. — Le laboureur

Lorsque le laboureur regagnant sa chaumière
Trouve le soir son champ rasé par le tonnerre,
Il croit d'abord qu'un rêve a fasciné ses yeux,
Et, doutant de lui-même, interroge les cieux.
Partout la nuit est sombre, et la terre enflammée ;
Il cherche autour de lui la place accoutumée
Où sa femme l'attend sur le seuil entr'ouvert ;
Il voit un peu de cendre au milieu d'un désert.
Ses enfants demi-nus sortent de la bruyère,
Et viennent lui conter comme leur pauvre mère
Est morte sous le chaume avec des cris affreux ;
Mais maintenant au loin tout est silencieux.

Le misérable écoute et comprend sa ruine.
Il serre, désolé, ses fils sur sa poitrine ;
Il ne lui reste plus, s'il ne tend pas la main,
Que la faim pour ce soir et la mort pour demain.
Pas un sanglot ne sort de sa gorge oppressée ;
Muet et chancelant, sans force et sans pensée,
Il s'asseoit à l'écart, les yeux sur l'horizon ;
Et, regardant s'enfuir sa moisson consumée
Dans les noirs tourbillons de l'épaisse fumée,
L'ivresse du malheur emporte sa raison.

A. DE MUSSET.
Poésies nouvelles (Fasquelle, édit.)

4. — Nécessité et bienfaits de l'assurance

L'assurance s'applique à tous les risques, à l'incendie, aux accidents de toute nature ; elle s'applique surtout au risque fondamental, à l'accident suprême, à la mort.

Votre santé est parfaite, votre famille est nombreuse et vous suffisez à tous ses besoins ; vos champs vous donnent des récoltes abondantes, vos transactions réussissent ; vous êtes un homme heureux, tout le monde le pense, le dit et vous envie peut-être. Et voici qu'un jour tout ce bonheur s'effondre ; vous étiez parti le matin joyeux, de votre ferme et le dernier mot que vous aviez entendu avait été : Au revoir, à bientôt. Or ce souhait de l'affection familiale ne devait pas se réaliser : la mort vous attendait au coin de la route. Un accident, une imprudence fatale et la joie a fait place au deuil inconsolable dans cette maison qu'emplissait la veille l'abondance de votre vie. Et si vous n'avez pas prévu cette échéance inévitable, que de ruines après ce deuil ! Assurer ses champs contre la grêle, son bétail contre les maladies, ses locaux contre l'incendie, c'est bien ; s'assurer soi-même contre les conséquences de la mort, c'est mieux ; c'est nécessaire.

C'est nécessaire et rien n'est plus facile. A chaque instant vous y êtes sollicités par les agents de puissantes Compagnies offrant toutes les garanties désirables. Les contrats qui vous sont proposés sont peu onéreux et nullement compliqués ; au prix d'un sacrifice d'argent insignifiant, vous mettez votre famille à l'abri des suites de votre disparition subite, désastreuses pour elles si vous ne les avez pas prévues. Hésiter, ce serait de l'égoïsme. Il y a trois ans et demi, je décidai un de mes meilleurs amis à contracter une assurance en cas de décès pour une somme de vingt-cinq mille francs. D'une constitution très vigoureuse, il semblait appelé à fournir une longue carrière. Or, nous l'avons perdu, il y a quinze jours, à la suite d'un accident. Sa plus grande consolation, à son lit de mort, a été de savoir sa femme et ses deux enfants à l'abri du besoin, grâce aux 25.000 francs qu'il leur laissait en héritage. Et il me remerciait avec effusion du bon conseil donné. Avec 25.000 francs on peut continuer un commerce, une exploitation agricole, on peut envisager avec confiance toutes les éventualités d'une condition modeste.

Champagne agricole.

ENSEIGNEMENT EXPÉRIMENTAL
Collections — Syndicats agricoles

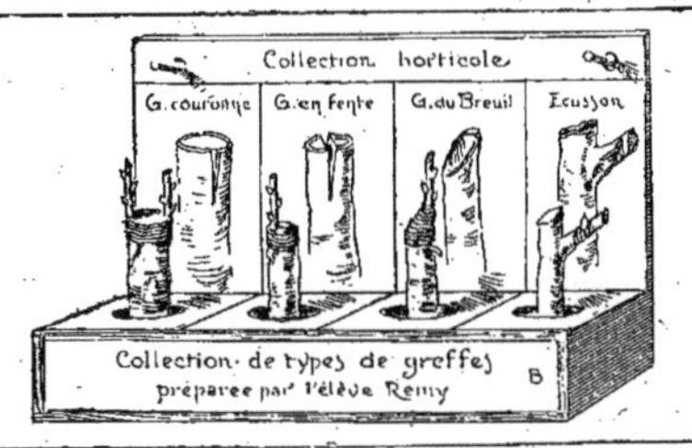

Boîtes murales à collections horticoles

La boîte sera construite d'après les données de la leçon de travail manuel.

Les échantillons seront préparés avec des fragments de tiges d'arbres du jardin de l'école recueillis à la taille d'hiver.

Dans les cases du cartonnage sont dressés les échantillons de greffages.

Sur le carton de fond on aperçoit, dessinés, les sujets préparés à recevoir les greffons.

Collections à faire

1° **Greffes** : en couronne - en fente - du Breuil - en écusson.

2° **Boutures** : simple - à talon - à crossette.

Tableau de Renseignements
Objet des syndicats agricoles (Loi du 21 mars 1884)

BUTS DIVERS A ATTEINDRE
1· — Recherche des mesures économiques et des réformes législatives que peut exiger l'intérêt de l'agriculture.
2· — Propagation de l'enseignement agricole et des notions professionnelles à l'aide de cours, conférences, brochures, bibliothèques;
3· — Provocation d'essais d'engrais, de cultures, de machines ;
4· — Réduction des prix de revient des engrais, des semences, des machines ;
5. — Augmentation de la production du sol ;
6. — Encouragement et création d'institutions économiques ; sociétés de crédit agricole, de caisses de secours mutuels contre les maladies, la grêle, la mortalité du bétail, les accidents ;
7· — Secours aux Membres atteints d'accidents graves ;
8· — Création d'offices de renseignements: entremise pour vente de produits, pour acquisition d'engrais, de semences, pour assurance.

Devoir d'agriculture locale : Syndicat agricole

Mon père fait partie du (1) de (2) dont le siège est à (3).
Il verse annuellement une cotisation de (4) ; en retour, il recueille
de nombreux avantages dont les principaux sont (5). Ce (1) date
de (6), il s'étend sur (7). Non seulement il rend des services
aux cultivateurs, mais il encourage aussi les élèves qui
s'appliquent à l'étude de l'Agriculture ; c'est ainsi qu'il distribue
chaque année des (8). Dès maintenant je m'efforcerai d'obtenir
une récompense (9) et plus tard, je me ferai inscrire comme
membre du (1) de (2).

(1) Comice, syndicat agricole, horticole. (2) du département, de l'arrondissement, du canton, de la commune. (3) Indiquer la localité. (4) Montant de la prime annuelle. (5) Diminution pour le prix des engrais, des semences, des instruments ; sécurité dans les achats ; encouragements en primes, médailles, objets d'art. (6) date de la création. (7) Communes qu'il englobe. (8) ouvrages, diplômes, médailles, bourses d'enseignement agricole. (9) agricole, horticole, viticole.

NOTIONS D'ANATOMIE

Digestion — Appareil digestif — Aliments

LEÇONS

Cours Moyen

1. — Les *aliments* sont des matières qui permettent de satisfaire à la faim de l'homme et des animaux.

2. — Aux aliments se rattachent les *boissons* qui apaisent la soif.

3. — La *digestion* transforme les boissons et les aliments en matières propres à entretenir et à renouveler l'organisme animal.

4. — Cette transformation a lieu dans *l'appareil digestif.*

5. — Cet appareil comprend : la *bouche*, les *dents*, et la *langue* ; *l'arrière-bouche*, *l'estomac* et *l'œsophage* ; *l'intestin grêle* et le *gros intestin*.

6. — Le travail de la digestion est facilité par certains sucs : la *salive* et le *suc gastrique*, en particulier.

7. — La salive se produit dans la bouche ; le suc gastrique se forme dans l'estomac.

8. — L'appareil digestif des mammifères offre peu de différence avec celui de l'homme.

9. — Néanmoins, le système dentaire varie, et l'estomac, chez les ruminants, présente quatre poches : panse, bonnet, feuillet et caillette.

10. — L'excès d'aliments liquides ou solides occasionne les indigestions.

Cours Supérieur

1. — On distingue des *aliments respiratoires* et des *aliments plastiques*.

2. — Les aliments respiratoires entretiennent la chaleur animale.

3. — Les aliments plastiques construisent, entretiennent et réparent les tissus animaux.

4. — Les premiers sont formés de *matières féculentes, sucrées et grasses* ; les seconds ne sont que des *matières azotées*.

5 — Les uns et les autres proviennent de *substances organiques*.

6. — La *substance minérale* nécessaire à l'alimentation provient de l'eau, du sel marin, des phosphates.

7. — Tout régime alimentaire rationnel comprend : 1o des aliments respiratoires *(féculents)* graines de céréales, légumineuses, pommes de terre ; *(sucrés)*, betteraves, oignons ; *(gras)* huile, graines, jaune d'œuf ; 2o des aliments azotés : chair, caséine du lait, blanc d'œuf ; 3o une boisson, l'eau, 4o quelques condiments : sel, poivre, moutarde, vinaigre.

8. — La nourriture des animaux de la ferme est essentiellement végétale avec addition de sel marin.

9. — La bile *(foie)*, le suc pancréatique *(pancréas)*, le suc intestinal *(intestin)* complètent le travail digestif.

Exercices d'observation

1. — Lorsqu'un mets vous donne envie, l'eau ne vous vient-elle pas à la bouche ? D'où provient ce liquide ? — 2. Pourquoi les petits ramoneurs et les charbonniers ont-ils généralement les dents blanches ? — 3. Qu'éprouvent les dents lorsque l'on boit trop chaud ou trop froid ? — 4. Pourquoi une dent gâtée occasionne-t-elle une douleur, et pourquoi le plombage arrête-t-il cette douleur ? — 5. Les aliments arrivés dans l'œsophage tombent-ils dans l'estomac en vertu de leur poids ? — 6. Un de vos camarades a pris un bain aussitôt après avoir mangé ; que lui est-il advenu ? — 7. Un alcoolique rend à peu près toute la nourriture qu'il absorbe ; comment expliquez-vous cette indigestion permanente ?

Rédactions

1. Appareil digestif de l'homme. — Description succinte.   C. E.

2. Trajet et transformations que subit une bouchée de pain depuis le moment où vous la portez à la bouche jusqu'à celui où elle régénère le sang.

3. Comment on doit manger. — Nécessité d'une complète mastication ; le rôle de la salive ; conséquence de la gloutonnerie pour l'estomac. C.E. Dordogne.

4. Les dents. — A quoi servent les dents ? — Différentes sortes de dents. — Soins qu'il faut avoir des dents.   C. E.

Problèmes

1. Un homme adulte consomme dans une journée 1 kg. 25 de pain dont la richesse en azote est de 1,35 0/0 ; 150 grammes de viande, renfermant 3,52 0/0 d'éléments azotés et 120 gr. de légumes secs dont la teneur en azote est de 3.50 0/0. Quel poids d'azote cet homme fournit-il à son organisme ?

2. — Une personne reçoit journellement 700 gr. de pain à 30 0/0 de carbone et 200 grammes de viande à 17 0/0 du même élément. Une nourriture rationnelle doit fournir 300 gr. de carbone par jour au corps humain. Quel poids de légumes secs donnant 43 0/0 de carbone faudra-t-il ajouter au pain et à la viande pour obtenir une nourriture normale en ce qui concerne le carbone seul ?

EXPÉRIENCES A RÉALISER PAR LES ÉLÈVES

1. — Mâcher longtemps de la mie de pain, elle finit par prendre un goût sucré. *(Action de la salive)*.

2. — Faire une pâte épaisse avec farine et eau. — Laver cette boulette dans un verre d'eau en la pétrissant avec les doigts. — L'eau devient blanche et laisse déposer l'amidon ; la boulette reste grise, élastique, c'est le gluten.

3. — Faites brûler du pain sur une pelle à feu portée au rouge — Perception d'une odeur désagréable — C'est le gluten qui se détruit — Il reste des cendres grises.

4. — Appuyer du pain frais sur une feuille de buvard. — Traces graisseuses.

Conclusion : *Le pain est un aliment complet.*

Classification — Elevage — Alimentation

LEÇONS

Elevage des animaux

Etat sauvage   Etat domestique

I. — **1.** On appelle animaux domestiques ceux qui habitent dans les dépendances de la ferme. — **2.** On classe parmi les animaux domestiques: les races chevaline, bovine, ovine, caprine et porcine, et les animaux de basse-cour. — **3.** Les uns donnent leur travail, d'autres leur lait, leur laine, leur chair, tous du fumier. — **4.** La quantité et la valeur des produits que l'on obtient des animaux domestiques varient avec l'élevage, la nourriture et l'hygiène auxquels on les soumet. — **5.** L'élevage a pour but de développer chez les animaux de la ferme toutes les qualités nécessaires au genre de produits que l'on veut obtenir d'eux. — **6.** L'alimentation des animaux est formée de matières nutritives telles que grains, plantes sarclées, fourrages, résidus industriels, et d'une seule boisson, l'eau pure, qu'ils absorbent journellement.

II. — **1.** Dans la pratique de l'élevage on s'occupe d'abord de l'allaitement et du sevrage des animaux en bas âge et ensuite de l'application de certaines méthodes appelées: gymnastique de digestion, de lactation ou de locomotion. — **2.** La quantité journalière d'aliments absorbés par un animal porte le nom de ration. Cette ration est simplement d'entretien si elle représente les aliments fournis à un animal auquel on ne demande ni produits, ni travail. La ration de production est le supplément de nourriture que reçoit un animal qui donne des produits. La ration totale comprend à la fois la ration de production et la ration d'entretien. Toute ration normale doit remplir, autant que possible, la capacité de l'estomac de l'animal. Des aliments destinés aux animaux, les uns n'ont subi aucune préparation spéciale, les autres sont préalablement cuits, hachés, broyés, concassés, aplatis, fermentés. L'animal peut prendre sa nourriture en stabulation ou au pâturage.

Questionnaire

I. — **1.** Qu'appelle-t-on animaux domestiques? — **2.** Citez les différentes races d'animaux domestiques. — **3.** Que donnent-ils à l'homme? — **4.** Avec quoi varie la valeur de leurs produits? — **5.** Qu'entendez-vous par élevage. — **6.** De quoi est formée l'alimentation des animaux de la ferme? — **7.** Quelle est leur boisson? quand doivent-ils la prendre?

II. — **1.** Qu'entendez-vous par allaitement? par sevrage? — **2.** Indiquez les différentes sortes de rations? — **3.** Définissez chacune d'elles? — **4.** Quelle condition doit remplir une ration normale au point de vue de son volume? — **5.** Citez les différents instruments qui peuvent être employés dans la préparation de la nourriture des bestiaux. — **6.** Qu'entendez-vous par méthode de stabulation? de pâturage?

Rédactions

1. Alimentation des animaux domestiques. — Composition des rations en hiver, en été.   C.E. Somme

2. Alimentation des bestiaux. — Rendez compte à un ami, qui habite un département voisin, de la méthode que l'on suit, chez vos parents, dans l'alimentation des bestiaux. — Composition des rations. — Nature des aliments.

3. Elevage des animaux domestiques. — Quels sont les résultats de la gymnastique de digestion? de la gymnastique de lactation? de la gymnastique de locomotion?

Problèmes

1. 1. Animaux: élevage, alimentation. — L'élevage d'un jeune veau a duré 9 semaines pendant lesquelles il a eu par jour, 12 litres de lait valant 0 fr. 15 le litre. Il a été vendu 1 fr. 20 le kilog. vivant, et il pesait 131 kg. Quel est le bénéfice de l'éleveur si ce veau valait 22 fr. à sa naissance?   C.E. Pas-de-Calais

2. Equivalence du foin en viande. — On estime qu'il faut environ 20 kg. de foin pour produire 1 kg. de viande. 1° Combien faudra-t-il de foin pour faire grossir de 110 kg. un bœuf quelconque? 2° Quel temps mettra cet animal à atteindre cette augmentation de poids, s'il grossit de 0 kg. 720 par jour?   Concours agricole, Sarthe

II. 3. Calcul de ration. — Un fermier a 35.800 kg. de foin pour nourrir 27 têtes de bétail pendant 168 jours d'hiver. Après 42 jours, son bétail s'accroît de 3 vaches. Combien doit-il acheter de kilogrammes de foin, s'il ne veut pas diminuer la ration de ses bêtes?   C.E. Ile-et-Vilaine

4. Rendement des bestiaux. — Un bœuf soumis à un élevage rationnel donne environ 55 p. % de son poids en viande de boucherie; un bœuf demi-gras n'en donne que 48 p. %; un bœuf maigre n'en fournit que 44 p. %. Calculer, à 1 fr. 40 le kg., la valeur totale de la viande fournie par un bœuf gras du poids vivant de 690 kilog., par un bœuf demi-gras pesant 1/5 en moins et par un bœuf maigre dont le poids n'équivalait qu'aux 2/3 du poids du premier bœuf.

1. — Préceptes d'Hygiène

Mange et bois exactement la quantité d'aliments nécessaire à ta subsistance en raison des services de ton esprit.

Ceux qui étudient beaucoup ne doivent pas manger autant que ceux qui font un travail manuel violent, parce que leur estomac ne digère pas aussi facilement.

Quand tu as trouvé la qualité et la quantité qui te conviennent, n'en change pas.

Evite les excès en toute chose.

La jeunesse, la vieillesse et la maladie exigent des quantités d'aliments différentes. Il en est de même pour les diverses constitutions. Ce qui est suffisant pour un tempérament sanguin ne l'est pas pour un tempérament lymphatique.

La quantité de nourriture doit être, autant que possible, proportionnée à la qualité et aux conditions de l'estomac, pour que celui-ci la digère.

Si cette quantité est raisonnable, l'estomac peut parfaitement se l'assimiler et elle suffit pour nourrir le corps.

La difficulté est de trouver la mesure ; mais tu dois manger par nécessité et non par plaisir. Car la gourmandise ne sait pas où le besoin finit.

Veux-tu jouir d'une longue vie, d'un corps sain et d'un esprit vigoureux ? Travaille d'abord à soumettre tes appétits à ta raison.

La sobriété, fort utile à tout le monde, est d'absolue nécessité pour les enfants. Il ne leur faut pas de longs repas et des cuisines savantes ; mais il est nécessaire qu'ils apprennent l'endurcissement à la fatigue et qu'ils chassent cette paresse qui vient de la mollesse des sens. Ils doivent s'habituer à considérer la douleur physique comme une des conditions de notre vie.

FRANKLIN.

Maximes antialcooliques : Méfiez-vous du petit verre : il tue le corps et l'âme. — La porte du cabaret conduit à l'hôpital. — Acheter de l'alcool, c'est acheter la mort. Prendre un apéritif avant le repas, c'est s'ouvrir l'estomac avec une fausse clef.

2. — L'empoisonnement alcoolique

L'alcool est un poison (comme l'arsenic ou toute autre substance dite *vénéneuse*) ; il est capable de causer la mort, soit lentement, s'il est ingéré souvent et en petites quantités, soit brusquement s'il est ingéré à dose plus considérable.

On a vu des hommes terrassés par l'absinthe tomber sur la table même du café où ils consommaient cette horrible boisson; ils s'abattent comme une masse inerte, on relève un mort, ou bien on porte à l'hôpital un moribond qui meurt après d'atroces souffrances.

Les vapeurs d'alcool, introduites dans les poumons par la respiration, agissent comme l'alcool absorbé par les voies digestives. Dans les débits, le surmenage et les émanations spiritueuses causent l'anémie, favorisent l'évolution de la tuberculose et peuvent amener la mort en 18 mois.

Les parties de l'organisme humain atteintes par l'alcool sont l'estomac, le foie, les reins, les muscles, le système nerveux et les organes des sens.

L'estomac des buveurs commence par se dilater puis, sous l'influence des liqueurs fortes, il se durcit, se racornit, se congestionne et devient incapable de digérer et même de supporter la présence des aliments. Les vaisseaux sanguins, qui forment un réseau à la face intérieure de ce viscère, se gonflent et quelquefois se rompent en causant des hémorragies dangereuses. L'appétit disparaît à mesure que l'estomac s'altère ; le malade ne se nourrit plus que d'alcool.

Le foie, grosse glande placée dans l'abdomen, est aussi rapidement détruit par l'abus des liqueurs ; il se charge de graisse pendant que le ventre grossit et que l'hydropisie s'accentue.

Le rein ne tarde pas à entrer, comme le foie, en dégénérescence graisseuse ; du reste, le corps est envahi par le tissu graisseux qui finit par remplacer les muscles.

Alors les forces s'éteignent pour toujours.

Du côté du système nerveux, les troubles sont encore plus graves.

L'alcool est un véritable poison du cerveau. Le goût, l'odorat, l'ouïe, la vue disparaissent graduellement ainsi que la sensibilité tactile; puis les hallucinations, les cauchemars, le délire permanent et la paralysie plongent l'alcoolique dans l'abrutissement final qui précède la mort.

LÉON GÉRARDIN.

L'alcoolisme et ses dangers, (Godchaux édit.)

3. — La nourriture

Qu'y a t-il de plus beau qu'une machine qui se répare et se renouvelle sans cesse elle-même ? L'animal, borné dans ses forces, s'épuise bientôt par le travail, mais plus il travaille, plus il se sent pressé de se dédommager de son travail par une abondante nourriture. Les aliments lui rendent chaque jour la force qu'il a perdue. Il met au dedans de son corps une substance étrangère, qui devient la sienne par une espèce de métamorphose. D'abord elle est broyée et se change en une espèce de liqueur; puis elle se purifie, comme si on la passait par un tamis pour en séparer tout ce qui est grossier ; ensuite elle devient du sang et parvient au cœur ; enfin elle coule et s'insinue par des rameaux innombrables pour arroser tous les membres ; elle se filtre dans les chairs ; elle devient chair elle-même ; et tant d'aliments, de figures et de couleurs si différentes, ne sont plus qu'une même chair. L'aliment, qui était un corps inanimé, entretient la vie de l'animal, et devient l'animal même.

Les parties qui le composaient autrefois se sont exhalées par une insensible et continuelle transpiration. Ce qui était, il y a quatre ans, un tel cheval n'est plus qu'air ou fumier. Ce qui était alors du foin ou de l'avoine est devenu ce même cheval, si fier et si vigoureux : du moins, il passe pour le même cheval, malgré ce changement insensible de sa substance.

FÉNELON.

ENSEIGNEMENT EXPÉRIMENTAL
Alimentation du bétail

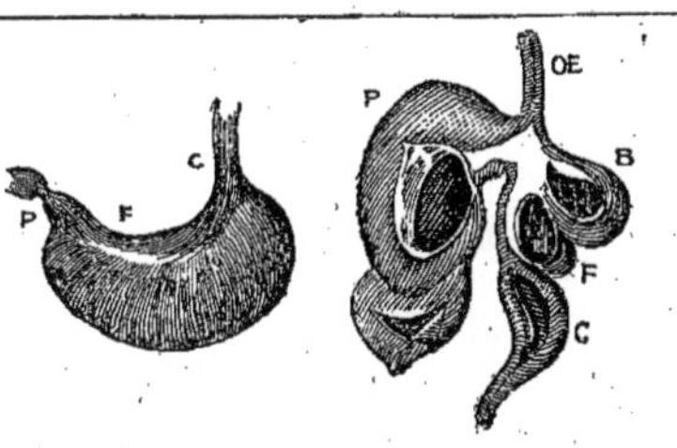

Estomac de cheval et estomac de bœuf

A gauche, estomac de cheval :

C — Ouverture supérieure, cardia.
F — Corps de l'estomac.
P — Ouverture inférieure, pylore.

A droite, estomac de bœuf :

Œ — Œsophage.
P — Panse.
B — Bonnet.
F — Feuillet.
C — Caillette.

Tableau de Renseignements : Composition moyenne 0/0 des aliments du bétail

DÉSIGNATION DES ALIMENTS	EAU	ÉLÉMENTS DIGESTIBLES			VALEUR NUTRITIVE
		Azotés	Hydro-carbonés	Gras	
Foin { qualité inférieure	14	4	35	0.5	Passable.
de { — moyenne.	15	5	40	1 »	Assez bonn.
rairie { — supér....	16	9	43	1.5	Bonne.
Trèfle qualité moyenne...	16	7	38	1.5	Bonne.
Luzerne — — ...	16	10	30	1 »	Très bonne.
Sainfoin — ⸺ ...	16	7	35	1.5	Bonne.
Paille — — ...	14	1	35	0.5	Très faible.
Foin en herbe............	70	2	14	0.5	Assez bonn.
Trèfle —	80	2	8	0.5	Très bonne.
Luzerne —	75	3	8	0.3	Très bonne.
Sainfoin —	80	2	7	0.3	Très bonne.
Sarrasin —	85	1	7	0.4	Bonne.
Pois, etc. —	80	2	7	0.3	Très bonne.
Pomme de terre.........	76	2	19	0.2	Passable.
Topinambour............	80	2	16	0.2	Passable.
Betterave fourragère.....	87	1	10	0.1	Passable.
— à sucre.........	80	1	17	0.1	Faible.
Carotte................	86	1	10	0.2	Passable.
Navet	86	1	7	0.1	Assez bonn.
Blé en grain............	14	12	64	1.2	Bonne.
Seigle —	14	10	65	1.6	Assez bonn.
Orge —	14	8	57	2.3	—
Avoine —	12	8	45	4.3	—
Maïs —	13	8	63	4 »	Passable.
Sarrasin —	14	7	47	1.2	Assez bonn.
Pois, etc., en grain.......	14	22	50	1.5	Très bonne.
Pulpes de sucrerie.......	80	1	15	0.2	Faible.
Drèche de brass. fraîche..	76	3	9	1.3	Très bonne.
— — sèche...	10	13	35	6.1	—
Son de blé..............	13	10	45	2.4	Bonne.
Tourteau de colza........	10	25	24	7.6	Excellente.
Lait écrémé.............	90	3	5	0.7	—
Petit-lait...............	93	1	5	0.1	Bonne.

Devoir d'Agriculture locale : Nourriture des animaux

Dans la ration des animaux domestiques, on fait entrer ici les produits suivants (1) ; ces rations pourraient être modifiées en y ajoutant des (2), de (3) provenant des usines de (4) ou d'achat par l'intermédiaire du (5), des (6) provenant des (7) ou des (8). Quant au poids de la ration journalière, on peut l' (9) et donner une ration (10) quand l'animal (11) ; ou le (12) et se contenter d'une ration (13) quand l'animal est au repos. On éviterait ainsi de gaspiller la nourriture.

(1) Foin, paille, avoine, seigle, orge, menue paille, pommes de terre, betteraves, son. — (2) Topinambours, rutabagas, lentilles, maïs, sarrasin, choux, carottes fourragères. — (3) Pulpes de betteraves, de pommes de terre, germes d'orge, tourteaux d'arachide, de colza. — (4) Noms des usines à proximité du village. — (5) Comice de — ou syndicat de — . Indiquer l'association dont les cultivateurs du pays font partie. — (6) Feuilles vertes, feuilles sèches, ramilles d'arbres ensilées, sarments de vignes broyés. — (7) Forêts. — (8) Vignes. — (9) Augmenter. — (10) Totale. — (11) Travailler fortement. — (12) Diminuer. — (13) D'entretien.

Sang: Circulation; Purification: Respiration

LEÇONS

Cours Moyen

1. — Le *sang* est un liquide rouge qui entretient la vie de l'homme et celle des animaux domestiques.

2. — La *circulation* est le trajet continuel du sang dans le corps ou mieux dans l'*appareil circulatoire*.

3. — Cet appareil comprend : une poche, le *cœur*; différents canaux, les *artères*, les *veines* et les *vaisseaux capillaires*.

4. — Le cœur se subdivise en deux *oreillettes* à la partie supérieure et en deux *ventricules* à la partie inférieure.

5. — La circulation est *générale* et *pulmonaire*.

6. — La circulation générale utilise le sang pur grâce aux artères qui le portent par tout le corps et aux veines qui le ramènent impur au cœur.

7. — La circulation pulmonaire purifie le sang grâce à l'appareil respiratoire : les artères conduisent alors le sang impur du cœur dans cet appareil, tandis que les veines le ramènent pur au cœur.

8. — L'appareil respiratoire comprend le *nez*, la *bouche*, l'*arrière-bouche*, la *trachée-artère*, les *bronches* et les *poumons*.

9. — C'est là que s'effectue la *respiration*, échange continuel de l'acide carbonique du sang contre l'oxygène de l'air.

Cours Supérieur

1. — L'oreillette droite et le ventricule droit forment le cœur droit ; l'oreillette gauche et le ventricule gauche forment le cœur gauche.

2. — Chez l'homme et chez les animaux domestiques, ces deux cœurs sont réunis sans communiquer intérieurement entre eux.

3. — Seul, le ventricule communique avec l'oreillette correspondante.

4. — Les vaisseaux capillaires établissent la communication entre les artères et les veines.

5. — Le cœur subit deux mouvements opposés : tantôt il se contracte, le sang en sort ; tantôt il se dilate, le sang y rentre.

6. — Ces mouvements déterminent le phénomène du pouls.

7. — Dans la circulation générale, le sang sort du ventricule gauche, chemine par tout le corps où il se charge d'acide carbonique, revient dans l'oreillette droite, puis au ventricule droit.

8. — Dans la circulation pulmonaire, le sang sort du ventricule droit, va aux poumons recevoir l'oxygène, revient à l'oreillette gauche, et de là au ventricule gauche.

9. — L'entrée de l'oxygène est due à l'*inspiration* ; la sortie de l'acide carbonique à l'*expiration*.

10. — Cet échange, qui a lieu aux poumons, est facilité par l'*aération* des appartements de l'homme et des habitations de l'animal.

Exercices d'observation

1. Est-il possible d'arrêter le cœur de battre ? Qu'adviendrait-il, durant le sommeil, si les mouvements du cœur étaient sous la dépendance de notre volonté ? — 2. Pourquoi ressent-on les pulsations du cœur, dans les vaisseaux sanguins du poignet, là où les docteurs tâtent le pouls ? — 3. Un écolier saignait du nez ; le maître lui a fait tenir la tête droite et les bras en l'air, pourquoi le saignement s'est-il arrêté ? — 4. Appuyez légèrement les deux mains sur vos côtés, aspirez l'air, vos mains ne se soulèvent-elles pas ? A quoi attribuez-vous cette poussée intérieure ? — 5. Vous avez vu soigner un asphyxié ; le docteur élevait et abaissait alternativement les bras du malade ; donnez les raisons de ce double mouvement. — 6. En mangeant vite, une parcelle d'aliment est tombée dans votre trachée-artère au lieu de tomber dans votre œsophage, qu'avez-vous ressenti ? Que serait-il advenu si elle était restée dans la trachée-artère ?

Rédactions

1. Dites ce que vous savez sur la respiration et sur la circulation du sang chez l'homme. (C. E., Oise.)

2. Dites ce que devient l'air introduit dans les poumons. (C. E., Gironde.)

3. **Proverbes à commenter.** — L'haleine de l'homme est mortelle à l'homme. L'air est l'aliment de la respiration. De même qu'on ne mange pas ce qui a été mangé, de même il ne faut pas respirer un air qui a déjà servi.

Problèmes

1. — Un litre de sang pèse 1.055 gr. et contient 87 0/0 de son poids de sérum et 13 0/0 de caillots. Calculer le poids de ces éléments contenus dans le sang d'un homme normal dont l'organisme renferme environ 5 litres de ce liquide.

2. — Une personne rejette environ 380 litres d'acide carbonique par jour. Un dortoir a 12 m. de long et 7 m. 20 de large : il contient 20 pensionnaires. Après une nuit allant de 9 h. du soir à 5 h. du matin, à quelle hauteur s'élève la couche d'acide carbonique au-dessus du plancher de ce dortoir ?

EXPÉRIENCES A RÉALISER PAR LES ÉLÈVES

1. — Mettre une partie du sang d'un lapin qu'on vient de tuer dans un verre ; laisser en repos ; constater ensuite deux parties : liquide jaune ou *sérum*; partie solide rouge qui surnage, *caillots*.

2. — Mettre l'autre partie dans un second verre : agiter immédiatement ; il n'y a pas coagulation. C'est la précaution prise pour conserver le sang destiné à un civet.

3. — Piquer légèrement avec une épingle un endroit quelconque du corps ; une gouttelette de sang perle : *ce liquide circule partout*.

4. — Placer la main gauche à plat sur le ventre, la main droite sur la poitrine, respirer normalement ; compter combien de fois l'air pénètre en une minute dans les poumons. — *L'inspiration a lieu quand les mains se sentent soulevées*.

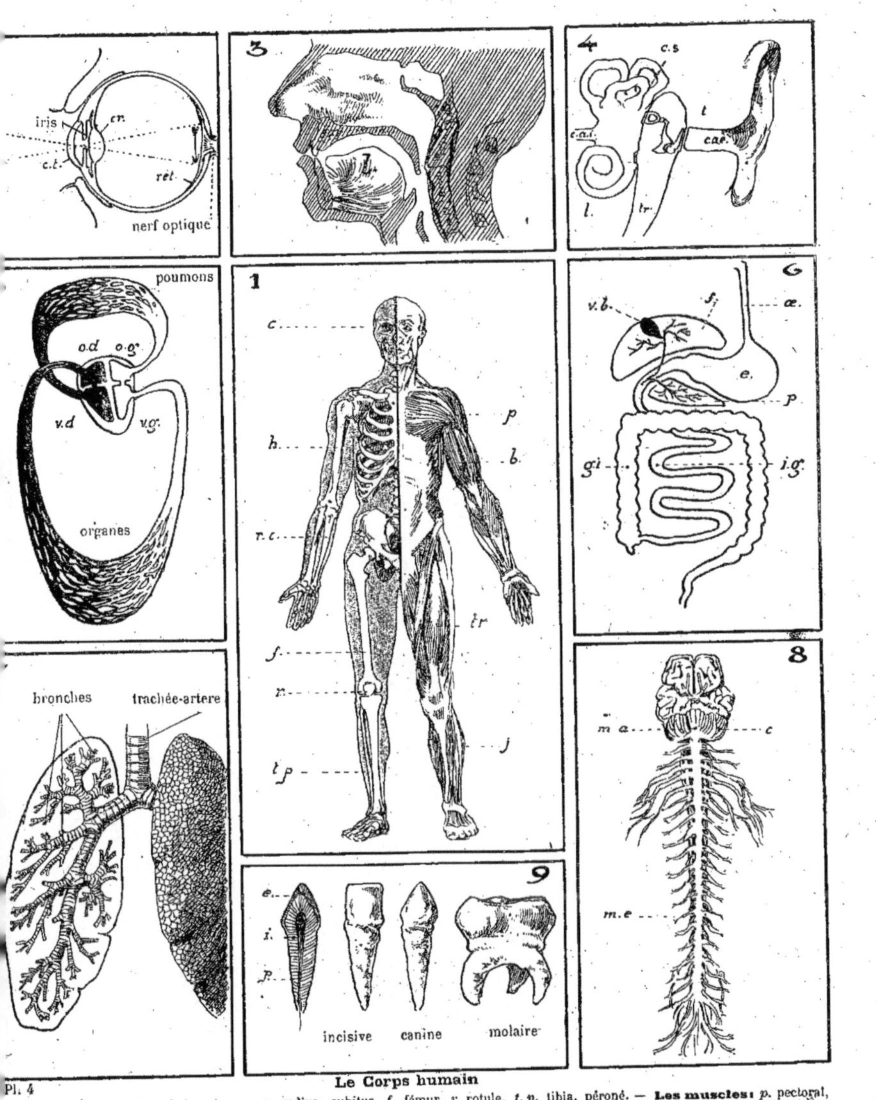

Le Corps humain

Le squelette : c. crâne, h. humérus, r.c. radius, cubitus, f. fémur, r. rotule, t.p. tibia, péroné. — **Les muscles :** p. pectoral, b. biceps, tr. muscle de la cuisse, j. muscle de la jambe. — 2. **Coupe de l'œil :** cr. cristallin, c.t. cornée transparente, rét. rétine. — 3. **Coupe du crâne :** l'odorat et le goût. — 4. **Coupe de l'oreille :** cae. conduit auditif externe, t. tympan, tr. trompe d'Eustache, l. limaçon, c.s. canaux semi-circulaires, cai. conduit auditif interne. — 5. **Schéma de la circulation :** o.d. oreillette droite, o.g. oreillette gauche, v.d. ventricule droit, v.g. ventricule gauche. — 6. **Schéma de la digestion :** œ. œsophage, e. estomac, i.g. intestin grêle, g.i. gros intestin, f. foie, v.b. vésicule biliaire, p. pancréas. — 7. **Les poumons.** — 8. **Le système nerveux :** c. cervelet, m.a. mœlle allongée, m.e. mœlle épinière. — 9. **Les dents.**

Soins des Animaux

Vaches à l'abreuvoir.—Etable.—Intérieur d'étable

ANIMAUX DOMESTIQUES

Hygiène; habitation; traitements

LEÇONS

Mauvaise hygiène   *Bonne hygiène*

I. — **1.** L'hygiène est l'ensemble des règles dont la pratique journalière assure une bonne santé, aussi bien à l'homme qu'aux animaux de la ferme. — **2.** Dans l'hygiène des animaux domestiques, il y a à se préoccuper de leur alimentation, de leur propreté, de leur habitation et du traitement. — **3.** L'animal est sensible comme nous; ne le frappons pas, ce serait être cruel; il nous rend service; ne le maltraitons pas, ce serait être ingrat. — **4.** Nourrissons-le et soignons-le convenablement, pour qu'il acquière de la valeur; agir autrement serait faire un faux calcul.

II. — **1.** Les animaux seront pansés régulièrement, et souvent on leur donnera des bains. — **2.** Leurs habitations devront être tenues dans un état constant de propreté; la litière sera renouvelée journellement; les mangeoires seront débarrassées des restes d'aliments; chaque année on blanchira à la chaux les murs et les planchers. — **3.** L'aération de ces habitations sera régularisée par l'établissement de vastes baies, placées au-dessus du bétail, d'un côté unique, et fermées par des fenêtres à bascule. — **4.** Pour éviter des accidents, on séparera les animaux par des cloisons fixes, ou mieux par des madriers mobiles, appelés bat-flancs, coussinés et suspendus par des cordes. — **5.** L'écoulement des urines sera assuré par le pavage du sol et par son inclinaison. — **6.** La loi Grammont, promulguée le 2 Juillet 1850, protége les animaux domestiques, en punissant d'amende ou de prison ceux qui les maltraitent publiquement et abusivement.

Questionnaire

I. — **1.** Qu'est-ce que l'hygiène? — **2.** Sur quoi doit porter l'hygiène des animaux domestiques? — **3.** L'animal est-il sensible? Que doit-il en résulter? — **4.** Nous rend-il service? Que lui devons-nous en retour? — **5.** Pourquoi est-ce faire un mauvais calcul que de négliger les animaux de la ferme?

II. — **1.** Comment observe-t-on la propreté: 1° sur le corps de l'animal? 2° dans son habitation? — **2.** Quelle est l'utilité de l'aération? Comment doit-on la pratiquer dans les écuries ou dans les étables? — **3.** Qu'appelle-t-on boxes? Bat-flancs? — **4.** Dites comment doit-être disposé un pavage pour assurer l'écoulement parfait des urines. — **5.** Donnez le texte de la loi Grammont. Quel est son but? — **6.** Qu'est-ce qu'une société protectrice d'animaux? — **7.** En existe-t-il une dans votre classe? En faites-vous partie?

Rédactions

1. Les animaux domestiques. — Qu'appelle-t-on animaux domestiques? Quels services nous rendent-ils? Quels sont nos devoirs à leur égard?   **C.E.**

2. Hygiène de la ferme. — Rendez compte d'une visite que vous avez faite dans une ferme en ce qui concerne simplement les locaux des animaux: exposition, disposition, aération, propreté, etc.

3. La loi Grammont. — But, légitimité, utilité, commentaire du texte.   **C.E.**

Problèmes

I. 1. Volume d'air d'une bergerie. — On veut faire construire une bergerie pour 145 brebis et 86 agneaux. Il faut 3 mc. 600 par brebis et 2 mc. 600 par agneau. Quel doit être le volume de la bergerie?

2. Conséquence de la fatigue. Un bœuf pesant 830 kg. a été conduit à pied de l'étable où il avait été élevé, d'abord à une foire située à 75 km. du domicile du propriétaire, ensuite à 50 km. du lieu de foire. Ce trajet a duré 17 jours au bout desquels le bœuf ne pesait plus que 740 kg. Quelle a été sa diminution en moyenne, par jour d'abord, par kilomètre ensuite?

II. 3. Conséquences des mauvais traitements. — Un voiturier a 3 chevaux qui lui ont coûté respectivement 930 fr., 850 fr. et 725 fr. Durant une année ils ont été brutalisés et mal nourris; le 1er est devenu rétif et ne vaut plus actuellement que les 2/3 de son prix d'achat; le 2me est estropié et vaut environ les 2/5 de ce qu'il valait à l'origine; le 3me est juste bon à revendre à un équarrisseur qui en donne à peine le 1/20 de sa valeur; quelle est la perte subie par le voiturier?

4. Avantages des bons traitements. — Un propriétaire possède 6 chevaux d'une valeur totale de 5100 fr.; grâce aux bons traitements qu'ils reçoivent, il estime qu'après 12 ans de service ils auront encore une valeur égale aux 2/5 du prix d'achat; autrement, s'ils avaient été maltraités, au bout de 3 ans ils auraient perdu les 2/3 de leur valeur; quelle est, par ce fait, la moyenne de la moins-value annuelle, dans le premier et dans le second cas? de combien la moins-value annuelle du 2me cas surpasse-t-elle celle du 1er cas?

1. — Préceptes d'hygiène

1. — Il est dangereux d'avoir le cou trop serré, car alors le sang qui monte à la tête ne peut plus descendre facilement : c'est une cause de congestion.

2. — Rester baissé trop longtemps, la tête placée très bas, souvent occasionne les mêmes accidents.

3. — Une hémorragie peu importante peut être arrêtée par l'application d'eau très fraîche. — En cas d'hémorragie grave, recourez immédiatement au médecin. — En attendant, pratiquez des ligatures ; au-dessus de la plaie, si c'est une coupure d'artère, quand le sang jaillit fortement ; au dessous de la plaie, si c'est une coupure de veine lorsque le sang suinte autour de la blessure.

4. — Où le soleil et l'air n'entrent pas le médecin entre.

Renouvelez l'air des appartements en ouvrant de préférence les fenêtres exposées au soleil.

Aérez surtout les chambres des malades, en prenant les précautions nécessaires pour qu'ils ne se refroidissent pas durant le temps que les fenêtres sont ouvertes.

Rappelez-vous qu'en hiver l'aération est plus nécessaire qu'en tout autre saison.

5. — Ne couchez pas en grand nombre dans la même chambre, surtout dans la pièce servant de cuisine.

6 — Evitez l'usage des chaufferettes et des poêles mobiles qui peuvent déterminer la mort, à cause de leur production d'oxyde de carbone.

7. — Rappelez-vous que l'alcool est l'engrais de la phtisie.

8. — Cracher à terre est aussi malsain que malséant.

9. — Fumer, c'est s'empoisonner lentement.

Le jeune homme fume par vanité et sot respect humain ; l'homme fait continue à fumer par habitude et le vieillard par besoin. Que d'argent s'en va ainsi en fumée !

2. — L'alcoolisme et la tuberculose

L'influence des boissons alcooliques sur la tuberculose repose sur deux ordres de preuves : les phénomènes de cette maladie chez les buveurs, et sa fréquence chez ces mêmes individus. La phtisie du buveur offre, en effet, des caractères propres, tant par sa localisation que par son évolution. Contrairement aux données classiques qui fixent cette localisation au sommet gauche et en avant, la tuberculose du buveur se fixe au sommet droit et en arrière, sous forme de granulations. Le mal se ralentit généralement à la suite d'une première poussée ; et si le buveur avait le bon esprit de cesser ses mauvaises habitudes et de s'alimenter d'une façon convenable, il guérirait le plus souvent. Par malheur, il en est rarement ainsi : une seconde, puis une troisième poussées, surviennent, et la maladie, d'abord peu inquiétante, prend tout à coup une gravité des plus grandes par la dissémination des tubercules. Chez quelques buveurs, la tuberculose envahit concurremment les poumons, le péritoine, les méninges, et tue avec rapidité principalement les porteurs aux Halles, les tonneliers et les camionneurs. Dans tous les cas, les alcools créent tout à la fois une prédisposition générale et une prédisposition locale qui fournissent au bacille de la tuberculose un terrain propre à son développement.

Docteur LANCEREAUX

(Bulletin de l'Académie de médecine)

3. — Pansage des animaux

Les animaux, comme l'homme, ont besoin, pour bien se porter, d'une toilette journalière au moins. Cette toilette prend le nom de *pansage*.

C'est une opération qui consiste en des frictions méthodiques opérées sur la surface du corps des animaux. Le but du pansage est de débarrasser la peau des poussières et des impuretés qui peuvent s'accumuler sous le poil, de nettoyer, par conséquent, cette enveloppe du corps et de lui permettre ainsi l'accomplissement de ses fonctions nécessaires, de lisser les poils, de démêler les crins et de donner de la vigueur, de la santé et de la beauté.

On sait combien ont l'air misérable et mal portants des animaux, chevaux, vaches ou autres, malpropres ou simplement mal tenus. On peut dire qu'après l'alimentation, le pansage est indispensable pour maintenir les animaux en santé et obtenir d'eux le maximum des produits qu'ils peuvent fournir.

Il n'est pas indifférent de faire le pansage à l'écurie et à l'étable ou au grand air. Pour qu'il soit fait avec profit, sauf dans des cas particuliers de mauvais temps ou de maladie, les animaux doivent être sortis. Sans cette précaution nécessaire, les malpropretés, qui sont enlevées sous forme de poussière, retombent sur le corps des animaux et salissent tous les objets qui peuvent se trouver dans l'habitation.

En pansant les animaux à l'écurie ou dans l'étable, on peut leur faire courir le risque de contracter des affections plus ou moins graves soit en souillant les fourrages, soit en envenimant les plaies dont quelques-uns ont parfois à souffrir.

Le pansage n'est pas seulement indispensable pour les chevaux, les ânes, et les mulets, il est au moins aussi nécessaire pour les bovins à l'engrais et pour la vache laitière ; et ajoutons qu'il est loin d'être inutile pour les porcs.

C'est particulièrement le matin, de bonne heure, que le pansage doit être exécuté, à moins, s'il s'agit d'un solipède, que l'animal n'ait été soumis au travail pendant la nuit ; dans ce cas, le pansage se fait un peu plus tard. Un bon pansage, opéré à fond, suffit d'ordinaire. Cependant quand les animaux rentrent mouillés du travail et souillés par la boue, il est bon de les nettoyer avant de les mettre à l'écurie. Dans tous les cas, que les animaux travaillent ou ne travaillent pas, qu'ils soient malades ou bien portants, le pansage quotidien ne doit jamais être négligé.

(Gazette du Village) EMILE THIERRY.

Hygiène et protection des animaux

Appareil respiratoire et cœur.

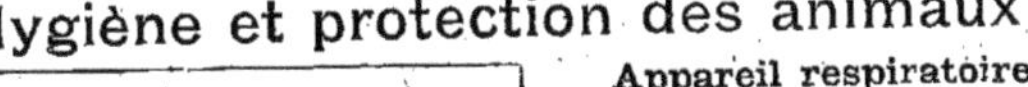

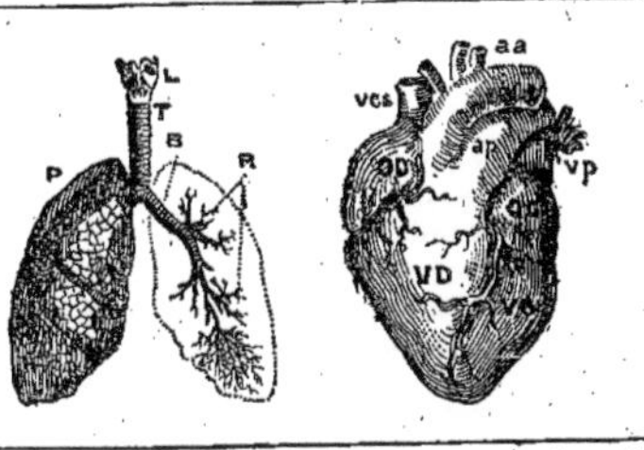

A gauche	*A droite*
APPAREIL RESPIRATOIRE	CŒUR
L. Larynx.	OD. Oreillette droite.
T. Trachée-artère.	OG. Oreillette gauche.
B. Bronches.	VD. Ventricule droit.
R. Ramifications des bronches.	VG. Ventricule gauche.
P. Poumon.	vcs. Veine cave supérieure
	vp. Veine pulmonaire.
	aa. Artère aorte.
	ap. Artère pulmonaire.

Tableaux de Renseignements

Hygiène des habitations.

Dimensions par tête d'animaux.

ANIMAUX	Largeur	Longueur	Surface	Hauteur
Cheval........	1ᵐ75	3ᵐ50	»	4 à 5ᵐ
Bœuf.........	1ᵐ50	3ᵐ	»	3ᵐ
Mouton.......	»	»	1 mq.	3ᵐ
Brebis........	»	»	2 mq.	3ᵐ
Porc	»	»	3 mq.	

Température par espèce d'animaux.

ANIMAUX	DEGRÉS CENTIGRADES
Cheval	12 à 17 degrés.
Bœuf de travail	12 à 17 id.
Vache à lait...............	15 à 21 id.
Mouton	12 à 18 id.
Porc	12 à 17 id.

Lois sur les vices et maladies.

Maladies contagieuses reconnues par la loi du 21/7 1881.

MALADIES	ANIMAUX	MALADIES	ANIMAUX
Peste bovine....	Ruminants.	Morve.	Race chevaline et asine.
Péripneumonie contagieuse.	R. ovine-caprine.	Farcin.	
Clavelée........	R. ovine-caprine.	Dourine.	
Gale	Id.	Rage.	Tous.
Fièvre aphteuse.	R. bovine-ovine caprine-porcine.	Charbon.	Tous.

Vices rhédibitoires reconnus par la loi du 22 août 1884.

VICES	ANIMAUX	VICES	ANIMAUX
Morve.	Chevaux.	Tic.	Chevaux.
Farcin.		Boîteries anciennes.	Anes.
Immobilité.		Fluxion pér. des yeux.	Mulets.
Emphysème pulmonaire.	Anes.		
Cornage chronique.	Mulets.	Clavelée....	Moutons.
		Ladrerie ...	Porcs.

Devoir d'Agriculture locale : Une Société scolaire protectrice d'animaux.

Nous avons créé en (1) une Société scolaire protectrice d'animaux. Nous ne devons pas maltraiter les animaux tels que (2); dénicher les petits oiseaux tels que (3); ni tuer les animaux utiles tels que (4); mais nous devons détruire les animaux nuisibles comme (5). Le bureau de la Société est formé actuellement de (6). Chaque année, il distribue des récompenses aux élèves protecteurs des animaux. Des blâmes sont infligés aux enfants cruels et aux dénicheurs.

(1) Date de fondation. — (2) Mammifères domestiques. — (3) Oiseaux utiles. — (4) Mammifères, batraciens, reptiles, insectes utiles communs dans la localité. — (5) Mammifères, reptiles, insectes, mollusques nuisibles communs dans la localité. — (6) Noms et qualités du président et des membres.

Classification. — Divisions du règne animal
LEÇONS

Cours Moyen

1. — Un animal considéré seul, un cheval, par exemple, est un *individu*.

2. — Différents animaux qui se ressemblent beaucoup, plusieurs chevaux, forment une espèce et sont désignés par le même nom.

3. — Des animaux d'une même espèce, présentant néanmoins quelques différences, comme le cheval normand et le cheval arabe, forment des *variétés*.

4. — On réunit les espèces qui se ressemblent en groupes appelés *genres*.

5. — Les genres présentant beaucoup de ressemblances forment à leur tour des *familles*.

6. — Plusieurs familles ayant des caractères communs, celles de l'âne, du zèbre, du cheval, par exemple, sont réunies en *ordres*.

7. — Dans le cas qui nous occupe, c'est l'ordre des jumentés.

8. — A leur tour, les ordres réunis donnent des *classes* : les jumentés, les ruminants, les carnivores, etc., forment la classe des mammifères.

9. — La réunion des classes se nomme *embranchement* ; tel est l'embranchement des vertébrés.

10. — L'ensemble des embranchements constitue le *règne animal*.

Cours Supérieur

1. — Le cheval a le corps soutenu par une charpente osseuse dont la pièce principale est la colonne vertébrale : c'est un *vertébré*.

2. — L'écrevisse a le corps mou, sans os, recouvert d'une enveloppe solide, divisé en segments placés au bout les uns des autres : c'est un *articulé*.

3. — Le ver de terre a le corps mou, sans os, divisé en anneaux plus ou moins résistants : c'est un *annelé*.

4. — L'escargot a le corps mou, non soutenu par des os, ne présentant pas d'anneaux : c'est un *mollusque*.

5. — L'étoile de mer n'a pas d'os ; son corps comprend un centre autour duquel viennent se disposer des parties symétriques : c'est un *rayonné*.

6. — Articulés, annelés, mollusques, rayonnés, forment l'embranchement des *invertébrés* ; on y rattache encore les *infusoires* ou infiniment petits.

7. — Vertébrés et invertébrés comprennent tous les animaux du globe, domestiques ou sauvages, utiles ou nuisibles.

8. — Ces groupements successifs sont le résultat de la *classification* qui permet de mettre de l'ordre dans l'étude des êtres.

Exercices d'observation

1. A quoi attribuez-vous la résistance que vous éprouvez lorsque vous marchez sur une taupe ? Et quand vous marchez sur un limaçon ? Pourquoi n'est-ce pas la même sensation dans les deux cas ? — 2. Le sang d'une taupe écrasée est-il de même couleur que celui du limaçon ? — 3. Lorsque vous faites du bruit à côté d'une souris, qu'advient-il ? Si vous faites le même bruit près d'une limace, que remarquez-vous ? Tirez une conclusion comparant le sens de l'ouïe, en particulier, et le système nerveux, en général, d'un vertébré et d'un invertébré. — 4. En réfléchissant un peu, pourriez-vous dire quelle est l'origine de ce mot : *vertébré* ?

Rédactions

1. **Utilité d'une classification pour l'étude des animaux.** — Indiquez en combien d'embranchements on subdivise les animaux du globe. — Donnez quelques exemples pour chacun des embranchements.

2. **Vertébrés et invertébrés.** — Etablissez les différences en choisissant et en comparant des animaux pris dans chacun de ces embranchements.

3. **Ressources du règne animal.** — Quelles sont les ressources que nous empruntons au règne animal ? Indiquez les produits que nous en tirons tous les jours. (C. E., Finistère.)

Problèmes

1. — La musaraigne peut consommer en une journée un poids d'insectes et de vers égal à deux fois le poids de son propre corps. Que consomme, de ces invertébrés nuisibles, du 1er avril au 1er octobre, une musaraigne dont le poids est de 42 gr. 25 cg. ?

2. — 1 kilogramme de matière constitutive de hanneton équivaut à 5 kg. 350 de bon fumier. — Durant une chasse matinale, des élèves ont ramassé 1.250 de ces invertébrés nuisibles. Si un hanneton pèse en moyenne 0 gr. 87 cg., à quel poids de fumier correspond le poids des hannetons recueillis par les écoliers ?

Collections zoologiques

Elles sont de deux sortes : les premières comprendront des types naturels, les secondes des gravures.

1° **Collections de types naturels.** — Les enfants ne collectionneront que des insectes et des coquillages.

(a) INSECTES. — Ils récolteront les insectes indiqués à la leçon **12**. Dans ce but, ils se muniront, lors des promenades scolaires, d'un flacon à large embouchure contenant de la sciure de bois imbibée de quelques goutes de benzine. Ils y introduiront les insectes, au fur et à mesure de la récolte, les papillons exceptés, et les piqueront par le milieu du corselet dans la boîte préparée à cet effet.

(b) COQUILLAGES. — Les coquilles récoltées par les élèves seront bien nettoyées, vernies avec un peu de gomme arabique dissoute dans de l'eau et collées séparément sur des petits cartons avec la disposition ci-jointe :

PLACE	ESCARGOT COMESTIBLE
réservée à	TRÈS NUISIBLE
LA COQUILLE	aux vignes et aux jardins

Chevaux; ânes; mulets; bardots

LEÇONS

Cheval anglais : effets de la gymnastique de locomotion

I. — **1.** La race chevaline comprend les chevaux, les ânes, les mulets et les bardots. — **2.** L'habitation des animaux de cette race porte le nom d'écurie. — **3.** Ces divers animaux tirent les instruments aratoires, traînent les véhicules, portent les cavaliers et donnent un fumier chaud; la chair du cheval et de l'âne est assez estimée. — **4.** Le mâle du cheval se nomme étalon; la femelle, jument; le petit, poulain. On distingue également les ânes, les ânesses et les ânons; les mulets et les mules. — **5.** Le bardot, en général plus petit que le mulet, a pour père un cheval, et comme mère, une ânesse. — **6·** Tous ces animaux se nourrissent, à l'état adulte, de grains, de fourrage, de paille, de racines, de son.

II. — **1.** L'élevage du cheval est difficile; il nécessite l'emploi de parcs attenant à la ferme. Le jeune poulain est nourri de lait jusqu'à l'âge de trois mois; puis on le traite avec de la farine d'orge délayée et du foin de 1re qualité; à deux ans, il prend la nourriture des adultes. On détermine l'âge d'un cheval d'après l'apparition et l'usure des dents incisives, des dents de lait et des dents permanentes. — **2.** Parmi les différentes races de chevaux, on distingue les percherons, les boulonnais, les normands, les ardennais, pour le trait; les arabes et les anglais, pour la selle, les anglo-normands pour les attelages de luxe. — **3.** Parmi les ânes se trouvent la grande race noire du Poitou et la race commune; les mulets les plus renommés sont ceux du Poitou et de la Gascogne. — **4.** L'écurie réclame une aération journalière et des nettoyages fréquents du sol, des mangeoires, des râteliers, des barres d'attache, et des crochets de suspension pour le harnachement. Les animaux de la race chevaline demandent à être étrillés chaque jour et à être lavés au moins une fois par semaine. — **5.** La colique rouge, la morve, la paralysie, le farcin et le cornage sont les maladies que craint le plus le cheval.

Questionnaire

I. — **1.** Que comprend la race chevaline? — **2.** Comment se nomme l'habitation des chevaux? — **3.** Citez les services rendus par les animaux de la race chevaline. — **4.** Quel genre de fumier donnent-ils? — **5.** Qu'est ce qu'un bardot? — **6.** De quoi peut se composer la ration d'un cheval?

II. — **1.** Donnez quelques détails sur l'élevage du cheval. — **2.** Dites ce que vous savez sur la manière de déterminer l'âge d'un cheval par l'examen de sa dentition. — **3.** Citez les différentes races de chevaux en les classant suivant leurs aptitudes particulières. — **4.** Quelle est la qualité spéciale des ânes et des mulets au point de vue de leur marche? — **5.** Que remarque-t-on dans une écurie bien tenue? — **6.** Quels soins réclament les animaux de la race chevaline? — **7.** A quelles maladies sont-ils sujets? — **8.** Citez quelques tares du cheval. — **9.** Qu'appelle-t-on vices rédhibitoires?

Rédactions

1. Le cheval. — Dites ce que vous savez du cheval, (mœurs, nature, nourriture). Insistez sur son utilité. L'aimez-vous? Pourquoi?
C.E. Lanmeur (Finistère) 1897

2. L'âne. — Indiquez les caractères de l'âne, ses aptitudes et les différents services qu'il nous rend.
C.E.

3. Courses de chevaux. — Vous assistez à une course de chevaux. Racontez ce que vous avez vu. Réflexions sur l'utilité de ces courses.

Problèmes

I. Poids de la nourriture de plusieurs chevaux. — Un cheval mange par jour 3 kg. 500 de foin et 5 lit. d'avoine; l'avoine pèse 65 kg. l'hectolitre. Combien de rottels de foin et d'avoine consommeront, en 3 semaines, les 250 chevaux d'un escadron? (Le rottel est le poids de 500 gr. usité par les Kroumirs)
C.E.

2. Coût de la nourriture d'un cheval. — Un cheval consomme en 25 jours 2 quintaux métriques de foin, 2 hectol. d'avoine et un quintal métrique de paille. Le foin valant 7 fr. le quintal, l'avoine 2 fr. 30 le double-décal. la paille 4 fr. les 100 kg., on demande combien coûtera la nourriture de ce cheval durant une année.
C.E., Charente

II. 3. Recherche des éléments azotés d'une ration journalière de cheval. — Un cheval qui travaille en moyenne 10 heures par jour et qui pèse 560 kg. reçoit par 500 kg. de poids vif : 6 kg. de paille de blé à 1 p. % d'azote, 3 kg. d'avoine en grains à 8 p. % d'azote, 2 kg. d'orge en grains à 8 p. % et 2 kg. de son de blé à 10 p. % d'azote. Dire la quantité d'éléments azotés que reçoit journellement ce cheval.

4. Equivalence de rations par rapport à un élément donné. — Pour un cheval au repos du poids de 500 kg. vif, on peut donner une ration n° 1, formée de 6 kg. de foin de pré à 40 p. o/o d'éléments hydrocarbonés et de 2 kg. 500 d'avoine à 45 p. o/o des mêmes éléments; ou une ration n° 2, formée de 6 kg. de paille hachée de blé à 35 p. o/o d'éléments hydrocarbonés, et 4 kg. d'avoine en grains de même richesse que dans la ration n° 1. Calculer si l'équivalence en éléments hydrocarbonés existe dans les deux rations.

1. — Caractère du cri des animaux

Le divers langage des hôtes du désert nous paraît calculé sur la grandeur ou le charme du lieu où ils vivent, et sur l'heure du jour à laquelle ils se montrent.

Le rugissement du lion est en harmonie avec les sables embrasés de l'immense désert. Le mugissement de nos bœufs charme les échos de nos vallées champêtres. La chèvre a quelque chose de tremblant et de sauvage, comme les ruines où on la voit grimper. Le hennissement du cheval belliqueux a un rapport avec les sons grêles du clairon. La nuit, tour à tour charmante et sinistre, a le rossignol et le hibou. L'épervier glapit comme le lapin et miaule comme les jeunes chats. Le chat a une espèce de murmure semblable à celui des petits oiseaux. Le loup hurle, bêle, mugit ou aboie. Le renard glousse ou crie. Le tigre imite le mugissement du taureau. L'ours marin a une sorte d'affreux râlement, tel que le bruit des récifs battus des vagues où il cherche sa proie.

Chateaubriand

2. — Ne maltraitons pas les animaux

Le pesant chariot porte une énorme pierre ;
Le limonier, suant du mors à la croupière,
Tire, et le roulier fouette, et le pavé glissant
Monte, et le cheval triste a le poitrail en sang.
Il tire, traîne, geint, tire encore et s'arrête ;
Le fouet noir tourbillonne au-dessus de sa tête ;
C'est lundi ; l'homme hier buvait aux Porcherons
Un vin plein de fureur, de cris et de jurons ;
Oh ! quelle est donc la loi formidable qui livre
L'être à l'être, et la bête effarée à l'homme ivre ?
L'animal éperdu ne peut plus faire un pas ;
Il sent l'ombre sur lui peser ; il ne sait pas,
Sous le bloc qui l'écrase et le fouet qui l'assomme,
Ce que lui veut la pierre et ce que lui veut l'homme.
Et le roulier n'est plus qu'un orage de coups
Tombant sur ce forçat qui traîne des licous,
Qui souffre et ne connaît ni repos ni dimanche.
Si la corde se casse, il frappe avec le manche,

Et, si le fouet se casse, il frappe avec le pied ;
Et le cheval, tremblant, hagard, estropié,
Baisse son cou lugubre et sa tête égarée ;
On entend, sous les coups de la botte ferrée,
Sonner le ventre nu du pauvre être muet !
Il râle ; tout à l'heure encore il remuait ;
Mais il ne bouge plus, et sa force est finie ;
Et les coups furieux pleuvent ; son agonie
Tente un dernier effort ; son pied fait un écart,
Il tombe, et le voilà brisé sous le brancard ;
Et, dans l'ombre, pendant que son bourreau redouble,
Il regarde Quelqu'un de sa prunelle trouble ;
Et l'on voit lentement s'éteindre, humble et terni,
Son œil plein des stupeurs sombres de l'infini,
Où lui vaguement l'âme effrayante des choses.
Hélas !

Victor Hugo (Contemplations.)
(Hetzel, éditeur.)

3. — L'âne

Il est de son naturel aussi humble, aussi patient, aussi tranquille, que le cheval est fier, ardent, impétueux ; il souffre avec constance, et peut-être avec courage, les châtiments et les coups ; il est sobre et sur la quantité et sur la qualité de la nourriture ; il se contente des herbes les plus dures, les plus désagréables, que le cheval et les animaux lui laissent et dédaignent, il est fort délicat sur l'eau ; il ne veut boire que de la plus claire, et aux ruisseaux qui lui sont connus ; il boit aussi sobrement qu'il mange, et n'enfonce point du tout son nez dans l'eau, par la peur que lui fait, dit-on, l'ombre de ses oreilles. Comme l'on ne prend pas la peine de l'étriller, il se roule souvent sur le gazon, sur les chardons, sur la fougère ; sans se soucier beaucoup de ce qu'on lui fait porter, il se couche pour se rouler toutes les fois qu'il le peut, et semble par là reprocher à son maître le peu de soin qu'on prend de lui, car il ne se vautre pas comme le cheval dans la fange et dans l'eau ; il craint même de se mouiller les pieds, et se détourne pour éviter la boue : aussi a-t-il la jambe plus sèche et plus nette que le cheval ; il est susceptible d'éducation, et l'on en a vu d'assez bien dressés pour faire curiosité de spectacle.

Buffon

4. — Les mulets

Les mulets, par leur tempérament, leurs aptitudes et leur longévité, tiennent beaucoup plus de l'âne que du cheval. Ils sont d'une sobriété qui les rend précieux, et leur rendement mécanique est très élevé. Ils portent ou traînent des charges auxquelles ne pourraient point suffire les chevaux du même poids, et ils trouvent l'énergie nécessaire au déploiement d'un tel travail dans des matières alimentaires que les chevaux ne digéreraient point : exemple, les roseaux dont vivent les mules travailleuses dans le sud-est de la France. Ils ont le pied sûr et le pas régulier des ânes, et, avec cela, souvent les allures vives aussi rapides que celles des chevaux les plus légers. Ces qualités les approprient surtout aux climats méridionaux où règne la sécheresse et où, en effet, ils sont surtout répandus et utilisés.

La voix des mulets n'est exactement ni celle de l'âne ni celle du cheval. On ne peut point dire qu'ils hennissent, non plus qu'ils braient. Cependant, pour l'ordinaire, elle se module plutôt de façon à rappeler le braiement que le hennissement, sur un registre bas et voilé.

A. Sanson
(Traité de Zootechnie)

ENSEIGNEMENT EXPÉRIMENTAL
Le cheval

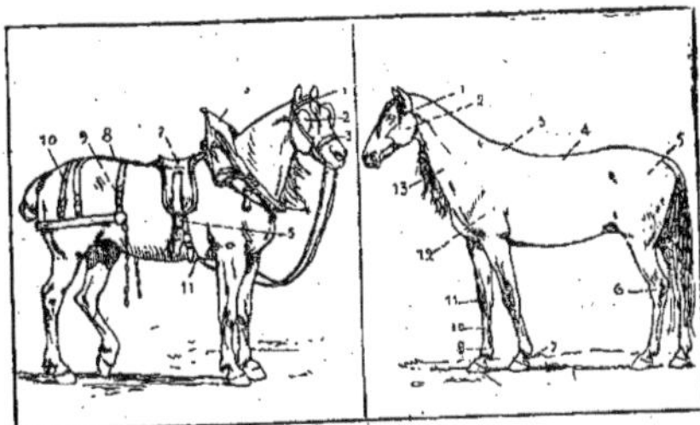

Le harnachement	Le corps du cheval
1. — Frontal	1. — Oreilles
2. — Oreillère	2. — Chanfrein
3. — Muserolle	3. — Garrot
4. — Crapaudine	4. — Dos
5. — Dossière	5. — Croupe
6. — Collier	6. — Jarret
7. — Sellette	7. — Couronne
8. — Corps de croupière	8. — Pied
9. — Carré à fourche de reculement	9. — Paturon
10. — Culeron	10. — Boulet
11. — Sous-ventrière	11. — Canon
	12. — Poitrail
	13. — Encolure

Tableau de Renseignements.

Rations calculées pour un poids de 500 kilog. de cheval vif.

RATION D'ENTRETIEN		
TYPES	ALIMENTS	POIDS
1	Foin de pré	6 Kg.
	Avoine en grains	2,500
	Feuilles vertes (orme-peuplier)	8
2	Paille hachée (blé)	1
	Avoine	1,500
	Son de blé	2
	Feuilles vertes (orme-peuplier)	8
3	Paille hachée (blé)	1
	Avoine en grains	1
	Orge en grains	1

RATION DE PRODUCTION		
TYPES	ALIMENTS	POIDS
1	Paille de blé	6 kg.
	Avoine en grains	7,500
	Paille de blé	6
2	Avoine en grains	3
	Orge en grains	2
	Son de blé	2
	Feuilles vertes ou feuilles sèches (4 kg. 5)	8
3	Son de blé	1
	Orge en grains	3

Devoir d'Agriculture locale : Le cheval.

Le cheval est utilisé ici pour (1); la race de culture est (2), la race de transport ou de course est (3); les uns et les autres proviennent (4). La nourriture ordinaire donnée à ces animaux consiste en (5), cette ration pourrait être modifiée et, pour un cheval d'un poids moyen de 500 kilogs, devrait comprendre (6) quand l'animal travaille, et (7) lorsque l'animal est au repos. Une hygiène mieux observée amènerait une diminution de ces maladies nommées (8) pour lesquelles on recourt bien souvent au vétérinaire de (9). Le nombre moyen des chevaux de la localité est de (10) représentant une valeur totale de (11).

(1) La culture, le transport, la course — (2) Indiquer la race qui convient le mieux pour les cultures du pays — (3) Indiquer les races dont on se sert pour les transports, pour les courses — (4) D'achat à X, ou d'élevage au pays même (5) Foin, paille, avoine, son de blé.— (6) Indiquer des types de rations totales faciles à composer dans la localité — (7) Indiquer également des rations d'entretien — (8) Colique rouge, morve, farcin, apoplexie, cornage chronique, etc. (9) Nom du pays où l'on trouve le plus facilement un vétérinaire — 10 et (11) renseignements à fournir d'après la statistique communale.

NOTIONS DE ZOOLOGIE

Les Vertébrés : Caractères — Classes

LEÇONS

Cours Moyen

1. — Outre la présence du squelette intérieur, tous les *vertébrés* possèdent des caractères communs.

2. — Ils ont un *cerveau*, une *moelle épinière* et des *nerfs*.

3. — Leur système digestif comprend au moins une *bouche*, un *estomac*, des *intestins*.

4. — Ce système est toujours placé au-dessous du système nerveux.

5. — Leur *sang rouge* part du *cœur* et circule dans des *artères*, des *veines* et des *vaisseaux capillaires*.

6. — Mais il y a également entre les vertébrés des différences frappantes.

7. — Elles se remarquent sur le mode de respiration, sur la nature du sang, sur l'aspect de la peau, sur le mode de naissance des petits.

8. — Il en résulte un groupement en plusieurs classes.

9. — On distingue : la classe des *mammifères*, comme le chien, le cheval, la baleine ; la classe des *oiseaux*, comme l'aigle, le moineau, le perroquet ; la classe des *reptiles*, comme le lézard, la vipère, la tortue ; la classe des *batraciens*, comme la grenouille, le crapaud ; la classe des *poissons*, comme le saumon, le brochet.

Cours Supérieur

1. — Les *mammifères* ont le corps couvert de poils, le sang chaud, un cœur à quatre cavités, une respiration pulmonaire ; leurs petits naissent vivants et sont allaités par leurs mères grâce au lait secrété par les *mamelles*.

2. — Les *oiseaux* ont le corps couvert de plumes, le sang chaud, un cœur à quatre cavités, une respiration pulmonaire ; les femelles pondent des œufs d'où naissent plus tard les jeunes oiseaux.

3. — Les *reptiles* ont le corps couvert de plaques, d'écailles, de saillies écailleuses, le sang froid, le cœur à trois cavités, la respiration pulmonaire ; les femelles pondent également des œufs.

4. — Les *batraciens* ont le corps nu et lisse, le sang froid, le cœur à trois cavités, la respiration aquatique d'abord, aérienne ensuite ; les femelles pondent des œufs ; les êtres qui en sortent subissent des *métamorphoses*.

5. — Les *poissons* ont le corps couvert d'écailles, le sang froid, le cœur à deux cavités, la respiration aquatique ou *branchiale* ; les femelles pondent aussi des œufs.

Exercices d'observation

1. Quelle sensation de température éprouve-t-on lorsque l'on touche un lapin, une poule ? — Lorsque l'on touche une grenouille, une carpe ? — 2. Que dit-on des 2 premiers animaux, des 2 seconds ? — 3. Pourquoi une chauve-souris n'est-elle pas un oiseau ? — 4. Pourquoi une baleine n'est-elle pas un poisson ? — 5. Dans une partie de pêche et de chasse, vous avez pris quelques lapins et une belle perche que vous déposez à côté de vous. La perche meurt bientôt ; à quoi attribuez-vous cette mort rapide ? Il n'en est pas de même des lapins. Qu'en concluez-vous au point de vue de la respiration de ces deux genres d'animaux ?

Rédactions

1. **Les vertébrés.** — Caractères communs à tous les vertébrés. — Caractères non communs. — Principales classes de vertébrés. (Exemples.)

2. **Animaux à sang chaud-Animaux à sang froid.** — Différences. — Animaux de chacune de ces catégories. — Sensation éprouvée lorsqu'on touche les uns ou les autres.

3. **Animaux utiles.** — Citez quelques animaux utiles au cultivateur ; surtout ceux auxquels précédemment on faisait la guerre par suite de préjugés. — Dites dans quelles classes on les range.

Problèmes

1. — Le pouls du cheval bat environ 38 fois par minute, celui de la vache 47 fois, celui du mouton 75 fois, et celui du chien 95 fois. Calculer le nombre moyen de pulsations que subissent chacun de ces animaux durant une journée de 24 heures.

2. — La longueur de l'intestin varie avec le genre de nourriture de l'animal. Chez le lion (carnassier) cet organe atteint 3 fois la longueur du corps ; chez le mouton (herbivore) il est de 28 fois cette longueur. — Un lion mesure 1 m. 85, un mouton 1 m. 20 ; dites la longueur de l'intestin de chaque animal.

Collections zoologiques
Collections de gravures

Ce genre de collections s'appliquera indistinctement à toute la zoologie — Les élèves devront collectionner toutes les gravures, couvertures de cahiers et bons points représentant des animaux.

Ensuite, ils les disposeront dans des cahiers-albums, conformément aux grandes règles de la classification, c'est-à-dire dans les catégories qui suivent. :

(A) *Vertébrés* : 1 Mammifères — 2 Oiseaux — 3 Reptiles — 4 Batraciens — 5 Poissons.

(B) *Invertébrés* : 1 Insectes — 2 Arachnides — 3 Crustacés — 4 Vers — 5 Mollusques — 6 Rayonnés — 7 Infusoires.

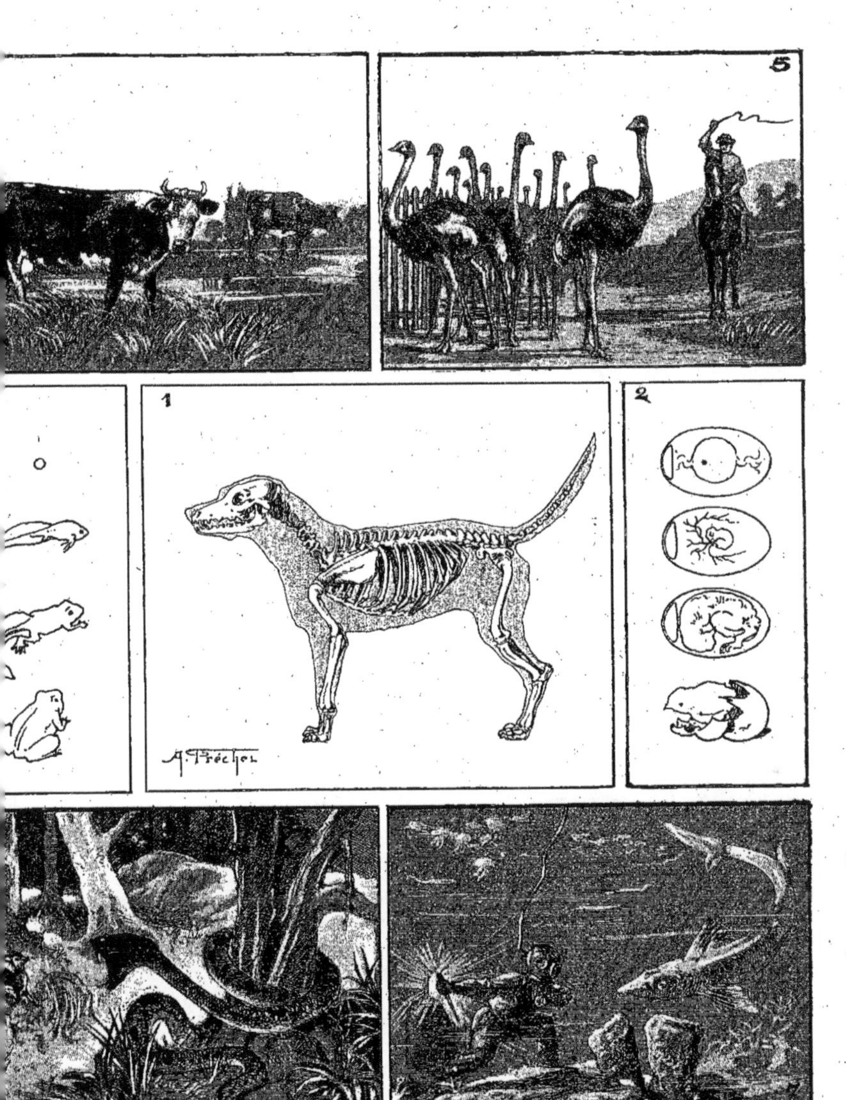

Les Vertébrés

1. Squelette du chien. — 2. Développement du poussin dans l'œuf. — 3. Métamorphoses de la grenouille. — 4. Mammifères. — 5. Oiseaux. — 6. Reptiles. — 7. Poissons.

La Race Bovine

1. Attelage de Bœufs. — 2. Vaches et veau au pâturage. — 3. Coupe de bœuf de boucherie.
4. Coupe de veau de boucherie. — 5. Estomac d'un ruminant.

Race bovine — Lait et laiterie
LEÇONS

Bonne vache laitière
Effets de la gymnastique de lactation

I. — 1. La race bovine comprend les bœufs et les vaches. — **2.** L'habitation de ces animaux porte le nom d'étable. — **3.** Les bœufs tirent les instruments aratoires, les vaches fournissent leur lait, tous produisent un fumier froid; après leur mort, on utilise la chair, la peau, les os, les cornes, les sabots. — **4.** Dans la race bovine, le mâle s'appelle taureau ou bœuf, la femelle se nomme vache, les petits, taurillons, génisses, ou, plus généralement, veaux. — **5.** Ces animaux mangent indifféremment des fourrages, de la paille, des racines, des tourteaux, du son et de l'herbe.

II. — 1. L'élevage des animaux de la race bovine est assez facile; les petits sont d'abord nourris de lait; aussitôt le sevrage on leur donne la même nourriture qu'aux adultes. — **2.** On distingue des bœufs de travail tels que les garonnais, les gascons, les parthenais, les nivernais; des bœufs de boucherie comme les durhams et les charollais; des vaches laitières telles que les hollandaises, les flamandes, les normandes et les bretonnes. L'étable demande les mêmes soins de propreté et d'aération que l'écurie. L'étrillage et les bains assurent une bonne santé aux différentes bêtes à cornes. La race bovine craint la fièvre aphteuse, le charbon, la péripneumonie, la tuberculose et la météorisation. — **3.** Le lait est un aliment de premier ordre secrété par les glandes mammaires renfermées dans le pis de la vache. On apprécie la valeur d'une vache laitière en examinant son pis, ses veines, son écusson, sa peau, sa tête et son bassin. Le lait, très altérable à cause de sa composition, exige de grands soins de propreté; on le conserve dans la laiterie, toujours située dans un endroit frais. Il se transforme en deux produits: la crème que l'on convertit en beurre par le barattage, et le caillé dont on fait des fromages; le petit-lait, résidu de la fabrication du fromage, sert de nourriture aux porcs ou aux veaux.

Questionnaire

I. — 1. Que comprend la race bovine? — **2.** Quelle est l'utilité des animaux de la race bovine? — **3.** De quoi peut-on former leur ration? — **4.** Où habitent-ils? **II. — 1.** L'élevage des veaux est-il difficile? — **2.** Citez des bœufs de travail, des bœufs de boucherie. — **3.** Enumérez les races de vaches laitières que vous connaissez. — **4.** L'étrillage et les bains conviennent-ils aux animaux de la race bovine? — **5.** Que produirait un courant d'air sur les vaches laitières? — **6.** A quelles maladies sont sujets ces animaux? — **7.** Quelle précaution faut-il prendre en cas d'épidémie de fièvre aphteuse? — **8.** Qu'est-ce que le lait? — **9.** Citez les points à examiner quand on veut juger des qualités d'une vache laitière. — **10.** Qu'est-ce que l'écusson? — **11.** Quels soins réclame le lait? Parlez de la laiterie. — **12.** Qu'entendez-vous par barattage?

Rédactions

1. La race bovine. — Utilité. Élevage. Conditions d'installation des étables. C.E. Sᵗ-Privat (Corrèze) 1898
2. La vache. — Ses produits. Sa nourriture. Soins à lui donner. (C.E.)
3. Le beurre. — Comment l'obtient-on? Quels soins exige sa préparation pour qu'il soit de bon goût et de bonne qualité? Conditions de bonne installation d'une laiterie. C.E. Meurthe-et-Moselle

Problèmes

I. 1. Bénéfice journalier réalisé avec une vache. — On estime qu'une vache consomme par jour 7 kg. 500 de foin à 7 fr. les 100 kg.; 25 kg. de betterave à 18 fr. les 1000 kg.; 4 kg. 500 de paille hachée à 5 fr. les 100 kilog. et 3 lit. de recoupe a 0 fr. 08 le litre, et qu'elle fournit 11 litres de lait à 0 fr. 20 le litre, 30 kg. de fumier à 10 fr. les 1000 kg.. Faites le compte des recettes et des dépenses, puis donnez le bénéfice.

2. Vérification du lait. Une personne achète 8 litres de lait. Rentrée chez elle, elle pèse ce lait et lui trouve un poids de 8 kg. 212. Dire quelle quantité d'eau on a ajouté au lait. La densité du lait est de 1, 03.

II. 3. Rapport entre le poids du lait produit et le poids de l'animal. — Une bonne vache laitière, du poids de 400 kg.. nourrie d'une manière rationnelle, a donné, dans une année, les quantités suivantes: 1re période, 500ˡ en 30 jours, 2me période, 800ˡ en 80 jours, dernière période, 636ˡ en 190 jours; sachant que la densité de ce lait est 1, 038, on demande de calculer le rapport approximatif qui existe entre le poids total du lait produit et le poids de l'animal.

4. Vérification d'une ration. — Une vache laitière du poids de 500 kg. reçoit comme ration journalière 74 kg. de paille d'avoine à 1 p. o/o d'éléments digestibles azotés; 2 kg. de son de blé à 10 p. o/o des mêmes éléments, enfin 2 kg. de tourteaux de colza à 25 p. o/o d'éléments digestibles azotés. Sachant que pour 100 kg. de poids vivant de vache laitière, une ration normale doit contenir 2 kg. 500 d'éléments digestibles azotés, calculer si la ration fournie est suffisamment riche en azote.

1. — Instinct des Animaux.

Les animaux ont ce qu'on nomme un instinct, pour s'approcher des objets utiles et pour fuir ceux qui peuvent leur nuire. Le petit agneau sent de loin sa mère, et court au devant d'elle. Le mouton est saisi d'horreur aux approches du loup, et s'enfuit avant que d'avoir pu le discerner. Le chien de chasse est presque infaillible pour découvrir par la seule odeur le chemin du cerf.

Il y a dans chaque animal un ressort impétuenx qui rassemble tout à coup les esprits, qui tend tous les nerfs, qui rend toutes les jointures plus souples, qui augmente d'une manière incroyable dans les périls soudains la force, l'agilité, la vitesse et les ruses pour fuir l'objet qui le menace de sa perte.

FÉNELON.

2. — Le Bœuf.

Le bœuf, le mouton et les autres animaux qui paissent l'herbe, non seulement sont les meilleurs, les plus utiles, les plus précieux pour l'homme, puisqu'ils le nourrissent, mais sont encore ceux qui consomment et dépensent le moins : le bœuf surtout est à cet égard l'animal par excellence : car il rend à la terre tout autant qu'il en tire, et même il améliore le fonds sur lequel il vit, il engraisse son pâturage ; au lieu que le cheval et la plupart des autres animaux amaigrissent en peu d'années les meilleures prairies.

Le bœuf ne convient pas autant que le cheval et l'âne pour porter des fardeaux : la forme de son dos et des reins le démontre ; mais la grosseur de son cou et la largeur de ses épaules indiquent assez qu'il est propre à tirer et à porter le joug. Il semble avoir été fait exprès pour la charrue. La masse de son corps, la lenteur de ses mouvements, le peu de hauteur de ses jambes, tout,

jusqu'à sa tranquillité et à sa patience dans le travail, semble concourir à le rendre propre à la culture des champs, et plus capable qu'aucun autre de vaincre la résistance constante et toujours nouvelle que la terre oppose à ses efforts.

Dans les espèces d'animaux dont l'homme a fait des troupeaux, et où la multiplication est l'objet principal, la femelle est nécessaire, plus utile que le mâle : le produit de la vache est un bien qui croît et qui se renouvelle à chaque instant : la chair du veau est une nourriture aussi abondante que saine et délicate ; le lait est l'aliment des enfants ; le beurre. l'assaisonnement de la plupart de nos mets ; le fromage, la nourriture la plus ordinaire des habitants de la campagne : que de pauvres familles sont aujourd'hui réduites à vivre de leur vache !

BUFFON.

3. — Une laiterie modèle.

Elle n'était point, comme cela se fait ailleurs, en communication directe avec l'étable ; les émanations fâcheuses et les mouches ne pouvaient y pénétrer. Le lait y arrivait par un entonnoir muni d'un grand filtre qui traversait la cloison. De petites fenêtres, garnies d'épais rideaux, donnaient juste assez de jour pour qu'on pût écrémer. Le sol carrelé, le plafond, les murs étaient luisants de propreté. Les terrines qui s'alignaient sur de lon-

gues tables étaient nettoyées en été avec des orties et du sable, en hiver avec du sable et du foin. Les planches de la table où l'on déposait les cuillers étaient souvent lavées avec de l'eau de lessive et une brosse de chiendent. Tous les produits de l'égouttage s'en allaient dans une citerne ouvrant sur la cour.

CHERBULIEZ.
C. E. (Montdidier) 1899.

4. — Le Barattage du beurre.

C'est une tradition dans les laiteries qu'il n'y a rien de plus capricieux que l'opération du barattage. L'âge de la crème, sa nature, la forme de la baratte, le niveau auquel on la remplit, la température surtout, celle de l'extérieur comme celle de la crème, y jouent un rôle quelquefois tellement actif que l'extraction du beurre devient tout à coup impossible.

Quand l'opération marche bien, on voit, au bout d'un quart d'heure ou vingt minutes, le lait devenir comme granuleux et se remplir d'une infinité de petites masses, à peine visibles à l'œil nu : c'est la matière grasse qui commence à s'agglomérer. A partir de ce moment, la séparation du beurre se précipite, et quelques minutes, deux ou trois, suffisent à la terminer.

Les petits granules se prennent en masse de la grosseur d'une tête d'épingle, puis d'un pois ; puis, presque subitement, en deux ou trois paquets volumineux nageant au milieu d'un liquide encore très blanc et appelé lait de beurre. En continuant à battre plus longtemps, on ne retire rien de plus de ce lait de beurre, et on risque de rendre visqueux et gluant le beurre obtenu. Il faut arrêter l'opération.

Le beurre qu'on retire de la baratte n'est pas compact et emporte avec lui une assez notable quantité de lait de beurre. Dans les pratiques actuellement en usage dans le nord de l'Europe, où existe un des centres de production beurrière les plus importants du monde entier, il n'est jamais mis au contact avec les mains ni avec l'eau ; il est pétri, malaxé, comprimé, jusqu'à ce qu'il ne cède plus rien, salé ensuite et empaqueté pour être expédié.

En Hollande, et surtout en France, les beurres les plus fins s'obtiennent en faisant écouler de la baratte le lait de beurre au moment où les globules butyreux ont la grosseur d'une tête d'épingle ; et on lave à grande eau le beurre dans la baratte elle-même, jusqu'au moment où le liquide sort à peu près limpide. On enlève alors les mottes de beurre, on les laisse se raffermir dans l'eau fraîche et, après un pétrissage exécuté généralement à la main, on leur donne la forme commerciale différente d'un lieu à l'autre.

DUCLAUX.
(Chimie biologique).

Bœufs, vaches et veaux

Le bœuf

1. Collier.
2. Paleron et macreuse.
3. Poitrine.
4. Plates côtes.
5. Côtes couvertes, faux-filet.
6. Aloyau et filet.
7. Tranche grasse.
8. Culotte.
9. Gite à la noix.
10. Quasi.
11. Gite de derrière.
12. Crosse.

Le veau

1. Tête et collet.
2. Epaule.
3. Poitrine.
4. Carré.
5. Rognon et longe.
6. Filet.
7. Quasi.
8. Rouelle.
9. Crosse.

Débit du bœuf et du veau à l'étal du boucher.

Tableau de Renseignements

Rations calculées pour un poids de 1.000 kil. — Bœufs adultes ou vaches laitières

BŒUFS ADULTES						VACHES LAITIÈRES		
RATIONS D'ENTRETIEN POUR BŒUFS ADULTES			RATIONS DE FORT TRAVAIL POUR BŒUFS ADULTES			Rations	Aliments	Poids
Types	Aliments	Poids	Types	Aliments	Poids			
1	Paille d'orge	10 k.	1	Foin de pré	14 k.	Ration d'hiver	Foin de pré	10 k.
	Menue paille de blé	5 —		Foin de trèfle	7 —		Foin de trèfle	5 —
	Betteraves	25 —		Paille d'avoine	9 —		Paille d'avoine	9 —
	Tourteau de colza	0 — 500		Tourteau de colza	2 —		Pulpe pressée	15 —
							Tourteau de colza	2 —
2	Foin de trèfle	1 — 500	2	Regain	10 —	Ration d'été	Herbe jeune	25 —
	Paille d'orge	13 —		Paille d'orge	12 —		Foin de pré	12 —
	Betteraves	25 —		Foin de trèfle	3 —		Menue paille de blé	5 —
	Tourteau de colza	0 — 500		Tourteau de colza	2 —		Paille d'avoine	5 —
				Betteraves	20 —		Tourteau de colza	1 k. 500

Devoir d'Agriculture locale : La vache

X. (1) est un pays où l'on élève spécialement les vaches pour la production (2) ; à cet effet, les races que l'on choisit sont (3) que l'on se procure par (4). La méthode de nourriture la plus ordinaire est (5) ; dans la méthode de stabulation la ration journalière pour une bête de 500 kil. élevée pour le lait est de (6), pour la chair de (7). La production annuelle du lait est de (8), vendu à (9) ou destiné à (10) ; celle de la viande, animaux adultes et veaux, s'élève à (11) ; le total des bêtes de la race bovine est de (12) réparti en (13).

(1) Nom du pays. — (2) Du lait, de la chair, du lait et de la chair. — (3) Indiquer les races laitières, les races pour la chair, les races mixtes. — (4) Achat à... ou élevage. — (5) De stabulation, de pâturage, mixte. — (6 et 7) Rations pouvant être composées. — (8) Production en hectolitres. — (9) Ville où l'on vend. — (10) La fromagerie de... — (11) Production en francs. — (12 et 13) Renseignements fournis par la statistique communale.

NOTIONS DE ZOOLOGIE
Les Mammifères
LEÇONS

Cours Moyen

1. — La plupart des *mammifères* marchent, quelques-uns volent, d'autres nagent.

2. — Suivant les services qu'ils rendent ou suivant les torts qu'ils causent, on les subdivise en mammifères domestiques, utiles, inoffensifs et nuisibles.

3. — Les *mammifères domestiques* habitent la ferme et comprennent : le cheval, le mulet, l'âne, le bœuf, le chameau, la vache, le mouton, la chèvre, le porc, l'éléphant, le chien, le chat.

4. — Les *mammifères utiles* vivent à l'état de liberté tout en détruisant les animaux nuisibles ; ce sont particulièrement le hérisson, la musaraigne, la taupe.

5. — Les *mammifères inoffensifs* vivent dans les plaines et dans les forêts ; on distingue surtout les singes, les lièvres, les castors, les cerfs, les chevreuils ; d'autres habitent les mers : otaries, morses, baleines.

6. — Les *mammifères nuisibles* s'attaquent à l'homme ou aux animaux utiles, tels sont : les souris, les rats, les loups, les renards, les ours, les chacals, les lions, les tigres, les jaguars, les panthères, les léopards, les martres, les loutres, le rhinocéros, les hippopotames.

Cours Supérieur

1. — Les mammifères se subdivisent également en ordres : bimanes, quadrumanes, rongeurs, insectivores, carnassiers, édentés, ruminants, pachydermes, amphibies, cétacés, marsupiaux.

2. — Les *bimanes* ont deux mains ; le seul représentant de cet ordre est l'homme.

3. — Les *quadrumanes* ont quatre mains ; cet ordre renferme les singes.

4. — Les *rongeurs* ont les dents disposées pour ronger les plantes, comme les lapins et les lièvres

5. — Les *insectivores* se nourrissent d'insectes ; tels sont le hérisson, la musaraigne.

6. — Les *carnassiers* ou *carnivores* se nourrissent de chair ; ils ont un système dentaire disposé à cet effet ainsi qu'on le voit chez l'ours, le chien, le chat.

7. — Les *édentés* sont entièrement ou partiellement privés de dents : tatous et fourmiliers.

8. — Les *ruminants* ont un estomac à quatre divisions, comme le bœuf, le mouton, la girafe, le chameau.

9. — Les *pachydermes* présentent une peau très épaisse : cheval, tapir, hippopotame.

10. — Les *amphibies* ont la partie postérieure du corps analogue à celle des poissons : morses, phoques ; ils vivent dans l'eau et sur terre ; on rattache à cet ordre les cétacés qui vivent toujours en mer : baleines et marsouins.

11. — Les *marsupiaux* abritent leurs petits dans une poche placée sous le ventre : tels sont le kangourou et la sarigue.

Exercices d'observation

1. — Pourquoi le chat a-t-il des canines aiguës ? — 2. Dans quel sens se meut la mâchoire d'un lapin qui mange ? — 3. Pourquoi est-il utile que les dents du lapin poussent constamment ? — 4. Lorsque vous examinez le bas des pattes d'un chien et d'un chat en marche, chez lequel de ces animaux apercevez-vous les griffes ? — 5. Pourquoi le chat marche-t-il sans bruit ? Quel avantage tire-t-il de cela ? — 6. D'où proviennent les aliments mâchés par une vache de retour du pâturage quand son râtelier est vide ? — 7. Un bœuf et un cheval, de même taille et donnant même travail, reçoivent des rations équivalentes en richesse, seulement la ration du bœuf est plus volumineuse que celle du cheval. Est-ce rationnel ? Pourquoi ?

Rédactions

1. **Les mammifères.** — Caractères généraux de chacun des principaux ordres des mammifères. Exemples dans chacun de ces ordres.

2. **Animaux domestiques.** — Services que nous rendent les animaux domestiques mammifères.

3. **Animaux utiles.** — Utilité de la musaraigne, du hérisson, de la chauve-souris, de la taupe. — Pourquoi ce dernier animal est-il aussi considéré comme nuisible ?

4. **Animaux ruminants.** — Leurs caractères. — Ruminants utiles.

(C. E. Paris)

Problèmes

1. — Une chauve-souris peut détruire dans une journée une quantité d'insectes d'un poids total égal au sien. Combien détruira d'insectes dans une période de 180 jours, une chauve-souris de 25 grammes si un insecte pèse en moyenne 25 milligrammes ?

2. — Un campagnol peut consommer en une journée 128 grains de blé. Un litre de blé contient environ 20.710 grains. D'après cela, dire, en litres, la perte causée en un mois par les dégâts de 50 campagnols.

Préceptes à appliquer

1. — Protège la chauve-souris, le hérisson, la musaraigne qui détruisent un grand nombre d'insectes, de vers, de limaces, de limaçons.

2. — Protège la taupe qui dévore force quantité d'insectes, de limaces et de vers blancs ; ne la détruis que quand elle creuse des galeries dans ton jardin.

3. — Détruis les souris et les rats fort désagréables dans les meubles et dans les maisons.

4. — Détruis le putois et la fouine qui, dans les fermes, dévorent les pigeons et les volailles.

5. — Détruis le campagnol et le mulot qui causent de grands dommages aux récoltes de céréales.

6. — Détruis l'écureuil et le loir qui rongent les bourgeons et les fruits.

Race ovine et race caprine

LEÇONS

Lavage des moutons

I. — **1.** Les animaux de la race ovine sont appelés vulgairement moutons; ceux de la race caprine portent le nom de chèvres. — **2.** Les moutons habitent la bergerie; les chèvres vivent à l'étable, les uns et les autres sont conduits au pâturage durant la belle saison. — **3.** Le mouton donne sa laine d'abord, sa chair ensuite; avec le lait des brebis on fabrique des fromages renommés; on utilise également leur suif, leurs os, leurs cornes. — **4.** La chèvre est surtout élevée pour son lait; la chair du chevreau est assez estimée. La chèvre est parfois attelée.

II. — **1.** La mortalité est assez grande, durant l'élevage des moutons, lorsque ces animaux tettent encore leurs mères. Plus tard, ces animaux vivent en stabulation à la bergerie, ou mieux, en pâturage dans des parcs spéciaux dont l'enceinte peut se déplacer à volonté. — **2.** Les races françaises se répartissent par régions : flamande, au nord, berrichonne, au centre, poitevine, à l'ouest; les races étrangères comprennent les races southdown et dishley, qui sont spécialement des races anglaises, et les mérinos de Champagne, importés d'Espagne. — **3.** La bergerie doit être tenue très proprement si on veut éviter le piétin; la litière doit être exempte d'humidité. — **4.** Les animaux de la race ovine craignent la météorisation, le charbon, la gale, le piétin, la fièvre aphteuse. — **5.** On trouve en France les chèvres du Poitou, des Alpes et des Pyrénées. — **6.** La toison est la fourrure de laine qui couvre le dos d'un mouton. La qualité d'une laine dépend de sa souplesse, de sa résistance et des ondulations qu'elle présente. Les laines à carder servent à faire le drap; les laines à peigner permettent de fabriquer les tricots et les étoffes rases.

Questionnaire

I. — **1.** Quels sont les animaux de la race ovine? — **2.** A quelle race appartiennent les chèvres? — **3.** Indiquez les produits donnés par le mouton. — **4.** Parlez de l'utilité de la chèvre.

II. — **1.** L'élevage du mouton est-il facile? — **2.** Quel est l'avantage des parcs à moutons? — **3.** Citez: 1° les races françaises de moutons; 2° les races étrangères. — **4.** Quelles sont celles qui fournissent spécialement la laine? la chair? — **5.** Parlez de l'hygiène de la bergerie. — **6.** Indiquez les maladies auxquelles sont sujets les moutons. — **7.** Dites quelques mots du traitement du piétin. — **8.** Quelles races de chèvres possédons-nous? — **9.** Qu'appelle-t-on toison? laine lavée? laine en suint? — **10.** Sur quoi reposent les qualités d'une bonne laine? — **11.** Qu'est-ce que le cardage? le peignage?

Rédactions

1. Le mouton. — La semaine dernière, votre instituteur a fait entrer dans la classe un petit mouton, et il vous a expliqué les divers usages auxquels peuvent servir la chair, la graisse et la laine de cet animal. Dans une lettre à un ami, vous lui résumerez la leçon qui vous a été faite à ce sujet. *C.E., Charente-Inférieure*

2. La laine. — Epoque de la tonte. Différentes sortes de laine. Industrie du lainage. Les vêtements de laine.

3. La chèvre. — Description de son corps. Ses qualités et ses défauts. Différentes races de chèvres. Les fromages de chèvre.

Problèmes

I. 1. Production de laine. Dans la tonte des moutons d'une ferme, chaque mouton a fourni en moyenne 2^k.75 de laine qui ont été vendus 3 fr. 40 le kilog. Le produit de la vente s'élève à 420 fr. 75. Combien y a-t-il eu de moutons tondus? *C.E., Ile-et-Vilaine*

2. Vente de moutons. — Un cultivateur possède 588 moutons qu'il veut vendre 12.594 fr. Il en vend 245 à 18 fr. la pièce. Combien doit-il vendre chacun de ceux qui lui restent? *C.E.*

II. 3. Provision de matières alimentaires pour moutons. — Un propriétaire possède un troupeau de 285 moutons du poids moyen de 40 kg.; il veut leur faire passer 150 jours d'hiver avec la ration d'entretien journalière suivante : par 1000 kg. de poids vif: 15 kg. de paille d'orge, 7 kg. de menue paille de blé, 13 kg. de pommes de terre et 3 kg. de tourteaux de colza; de quel poids de ces matières devra-t-il se prémunir?

4. Substitution d'aliments dans une ration. — Un cultivateur ayant 52 moutons à l'engrais se proposait de leur donner journellement 12 kg. de foin de pré, 58 kg. de betteraves, 5 kg. de vesces et orge égrugé et 3 kg. de tourteaux de colza par 1000 kg. de poids vif, mais il s'aperçoit qu'il ne pourra donner que 6 kg. de foin; de combien devra-t-il augmenter le poids des tourteaux de colza pour le troupeau entier, et cela par ration journalière, sachant, d'une part que le poids moyen d'un mouton est de 45 kg., et que 50 kg. de tourteaux de colza équivalent à un quintal de foin?

1. — Le chien

Gardant du bienfait seul le doux ressentiment,
Le chien lèche ma main après le châtiment ;
Souvent il me regarde : humide de tendresse,
Son œil affectueux implore une caresse.
J'ordonne, il vient à moi ; je menace, il me fuit ;
Je l'appelle, il revient ; je fais signe, il me suit ;
Je m'éloigne, quels pleurs ! je reviens, quelle joie !
Chasseur sans intérêt, il m'apporte sa proie.

Point de trêve à ses soins, de borne à son amour ;
Il me garde la nuit, m'accompagne le jour.
Dans la foule étonnée on l'a vu reconnaître,
Saisir et dénoncer l'assassin de son maître ;
Et, quand son amitié n'a pu le secourir,
Quelquefois sur sa tombe, il s'obstine à mourir !

DELILLE.

2. — Le berger et le troupeau

Quand vous voyez quelquefois un nombreux troupeau qui, répandu sur une colline, vers le déclin d'un beau jour, paît tranquillement le thym et le serpolet, ou qui broute dans une prairie une herbe menue et tendre qui a échappé à la faux du moissonneur, le berger, soigneux et attentif, est debout auprès de ses brebis ; il ne les perd pas de vue, il les suit, il les conduit, il les change de pâturage ; si elles se dispersent, il les rassemble ; si un loup avide paraît, il lâche son chien qui le met en fuite ; il les nourrit, il les défend ; l'aurore le trouve déjà en pleine campagne d'où il ne se retire qu'avec le soleil. Quels soins ! Quelle vigilance ! Quelle servitude !

LA BRUYÈRE.

3. — La chèvre

La chèvre a, de sa nature, plus de sentiment et de ressources que la brebis ; elle vient à l'homme volontiers, elle se familiarise aisément, elle est sensible aux caresses et capable d'attachement ; elle est aussi plus forte, plus légère, plus agile et moins timide que la brebis ; elle est vive, capricieuse et vagabonde. Ce n'est qu'avec peine qu'on la conduit et qu'on peut la réduire en troupeau : elle aime à s'écarter dans les solitudes, à grimper sur les lieux escarpés, à se placer et même à dormir sur la pointe des rochers et sur le bord des précipices. Elle est robuste, aisée à nourrir ; presque toutes les herbes lui sont bonnes, et il y en a peu qui l'incommodent. Elle ne craint pas, comme la brebis, la trop grande chaleur ; elle dort au soleil, s'expose volontiers à ses rayons les plus vifs, sans que cette ardeur lui cause ni étourdissements, ni vertiges ; elle ne s'effraie point des orages, ne s'impatiente pas à la pluie, mais elle paraît être sensible à la rigueur du froid. L'inconstance de son naturel se marque par l'irrégularité de ses actions : elle marche, elle s'arrête, elle court, elle bondit, elle saute, s'approche, s'éloigne, se montre, se cache ou fuit, comme par caprice ; et toute la souplesse des organes, tout le nerf du corps suffisent à peine à la pétulance et à la rapidité de ces mouvements, qui lui sont naturels.

BUFFON.

4. — La rentrée des troupeaux

En Provence, c'est l'usage, quand viennent les chaleurs, d'envoyer le bétail dans les Alpes. Bêtes et gens passent cinq ou six mois là-haut, logés à la belle étoile, dans l'herbe jusqu'au ventre ; puis, au premier frisson de l'automne, on redescend, et l'on revient brouter les petites collines grises que parfume le romarin... Donc, hier soir, les troupeaux rentraient. Depuis le matin, le portail attendait, ouvert à deux battants ; les bergeries étaient pleines de paille fraîche. Tout à coup, vers le soir, un grand cri : « Les voilà ! » Et là-bas, au lointain, nous voyons le troupeau s'avancer dans la poussière. Toute la route semble marcher avec lui. Les vieux béliers viennent d'abord, la corne en avant, l'air sauvage ; derrière eux, le gros des moutons, les mères un peu lasses, leurs nourrissons dans les pattes, puis les chiens tout suants, avec des langues jusqu'à terre, et deux grands coquins de bergers drapés dans des manteaux roux qui leur tombent sur les talons. Tout cela défile devant nous joyeusement et s'engouffre sous le portail en piétinant avec un bruit d'averse. Il faut voir quel émoi dans la maison ! Le poulailler qui s'endormait, se réveille en sursaut. Tout le monde est sur pied, pigeons, canards, dindons, pintades. La basse-cour est comme folle ; les poules parlent de passer la nuit ! On dirait que chaque mouton a rapporté dans sa laine, avec un parfum d'Alpe sauvage, un peu de cet air vif des montagnes qui grise et qui fait danser.

A. DAUDET.

Epreuve d'orthographe. — (Bourses d'enseignement
primaire supérieur.) -- (Haute-Garonne) 1889.

5. — Un troupeau de chèvres dans les Pyrénées

Souvent, pendant une demi-heure, on entend derrière la montagne un tintement de clochettes : ce sont des troupeaux de chèvres qui changent de pâturage. Il y en a quelquefois plus de mille. Au passage des ponts, on se trouve arrêté jusqu'à ce que toute la caravane ait défilé. Elles ont de longs poils pendants qui leur font une fourrure ; avec leur manteau noir et leur grande barbe, on dirait qu'elles sont habillées pour une mascarade. Leurs yeux jaunes regardent vaguement avec une expression de curiosité et de douceur. Elles sont étonnées de marcher ainsi en ordre sur un terrain uni. A voir cette jambe sèche et ces pieds de corne, on sent qu'elles sont faites pour errer au hasard et pour sauter sur les roches. De temps en temps, les moins disciplinées s'arrêtent, posent leurs pattes de devant contre la montagne et broutent une ronce ou la fleur d'une lavande. Les autres arrivent et les poussent ; elles repartent la bouche pleine d'herbe et mangent en marchant.

Toutes leurs physionomies sont intelligentes, résignées et tristes, avec des éclairs de caprice et d'originalité. On voit la forêt de cornes s'agiter au-dessus de la masse noire et les fourrures lisses luire au soleil. Des chiens énormes, à poil laineux, tachés de blanc, marchent gravement sur les côtés, grondent lorsqu'on approche. Le pâtre vient derrière, dans sa cape brune, avec le regard immobile, brillant, vide de pensées qu'ont ses bêtes ; et toute la bande disparaît dans un nuage de poussière d'où sort un bruit de bêlements grêles.

H. TAINE.

Epreuve d'orthographe. -- (Bourses d'enseignement
primaire supérieur.) -- (Constantine) 1888.

Les moutons

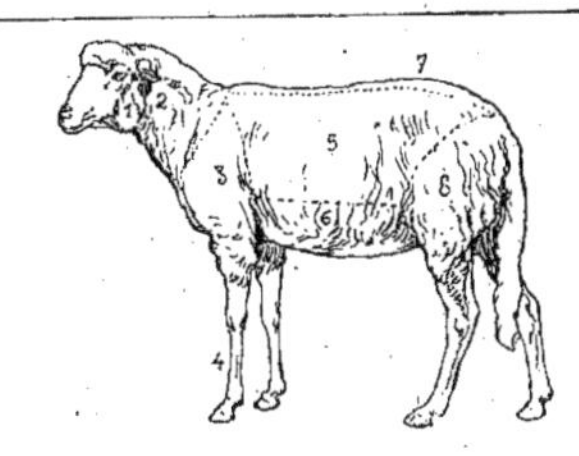

Débit du mouton à l'étal du boucher.

1. Tête
2. Collet
3. Epaule
4. Pied
5. Carré
6. Poitrine
7. Filets
8. Gigot

Dans une visite à la boucherie, prendre note sur le carnet agricole, des divers morceaux, du bœuf, du veau, du mouton; comme qualité et comme prix.

Tableau de Renseignements
Rations calculées pour un poids de 1.000 kilog. de mouton vif.

RATIONS D'ENTRETIEN			RATIONS DE MOUTONS A L'ENGRAIS		
TYPES	ALIMENTS	POIDS	TYPES	ALIMENTS	POIDS
1	Paille d'orge	15 Kg.	1	Regain	6 Kg.
	Menue paille de blé	7		Foin de trèfle	4
	Pomme de terre	13		Pulpe pressée	25
	Colza	3		Mélasse	8
2	Paille d'orge	19		Tourteau de colza	3,500
	Foin de trèfle	5		Farine de fèves	2
	Betteraves	40		Maïs égrugé	8
	Tourteau de colza	1	2	Foin de pré	12
3	Foin de pré	12		Betteraves	58
	Paille de seigle	10		Tourteau de colza	3
	Pulpe pressée	20		Graine de lin	1
	Tourteau de colza	1.500		Vesce et orge égrugés	5

Devoir d'Agriculture locale : Les moutons.

L'élevage des moutons est en honneur à (1); les cultivateurs cherchent surtout à obtenir un fort rendement en (2); à cet effet, les races qu'ils choisissent sont (3) pour la laine et (4) pour la chair. Pour une production mixte, chair et laine, ils prennent les races de (5). Durant l'hiver, les moutons sont nourris à la bergerie et reçoivent, comme ration journalière, par poids vif de 50 kilogrammes (6); durant l'été, les moutons sont (7). Le total des bêtes bovines de (1) est de (8) représentant une fortune moyenne de (9); la production annuelle en laine s'élève à (10) valant (11) et celle en chair à (12) valant (13).

(1) Nom du pays — (2) Chair ou en laine — (3) Nom des races élevées à X pour la laine — (4) Nom des races élevées pour la chair — (5) Nom des races élevées à X pour la chair et la laine — (6) Faire le détail de la ration habituelle — (7) Parqués ou conduits au pâturage — (8) Total d'après la statistique communale — (9) Valeur d'après le cours moyen de l'année — (10) Total en quintaux d'après la statistique (11)-(13) Valeur d'après le cours moyen de l'année — (12) Total en kilog. d'après la statistique.

NOTIONS DE ZOÖLOGIE

Batraciens. — Reptiles

LEÇONS

Cours Moyen

1. — Les *batraciens* nagent, marchent ou sautent.

2. — Après leur sortie de l'œuf, les petits subissent des métamorphoses ou changements de forme extérieure.

3. — Ils sont d'abord têtards, avec branchies, puis ils deviennent animaux parfaits, avec poumons.

4. — Certains batraciens sont utiles, tels sont le crapaud qui détruit insectes et limaces, la grenouille que l'on consomme.

5. — D'autres sont inoffensifs : rainettes, tritons, salamandres, protées.

6. — Il n'y en a pas de nuisibles.

7. — Les *reptiles* rampent, marchent ou nagent.

3. — Certains ont des membres : d'autres en sont privés.

9. — Quelques-uns possèdent des crochets fixés à leurs mâchoires supérieures, correspondant à deux glandes secrétant un venin pouvant entraîner la mort de l'homme et des animaux.

10. — Quelques reptiles sont utiles : couleuvres, lézards, orvets, tortues, en détruisant insectes, limaces et larves.

11. — Certains sont inoffensifs : caméléons.

12. — Beaucoup sont nuisibles : crocodiles, boas, pythons, vipères, serpents à sonnettes.

Cours Supérieur

1. — On classe les batraciens en trois ordres.

2. — Le premier comprend des animaux sans queue, grenouilles et crapauds ; ces derniers secrètent du venin par la peau.

3. — Le second ordre comprend les brataciens avec queue, tritons ou salamandres; tous secrètent du venin comme les crapauds.

4. — Les batraciens du troisième ordre, comme les protées, offrent la particularité d'avoir à la fois des branchies et des poumons.

5. — On subdivise les reptiles en quatre ordres.

6. — Ce sont d'abord les lézards, de taille généralement petite, possédant quatre membres, et les caméléons.

7. — Puis les crocodiles, de même forme que les lézards, mais de très grande taille ; on les dénomme suivant les régions où ils vivent : crocodiles, alligators, gavials.

8. — Après viennent les tortues, au corps recouvert d'une carapace ; les unes sont terrestres, les autres fluviatiles ou marines.

9. — Ce sont enfin les *ophidiens*, communément appelés serpents, privés absolument de membres ; les uns sans venin : couleuvres, boas, pythons ; les autres *venimeux* : vipères, cobras, serpent à sonnettes.

Exercices d'observation

1. Une grenouille pourrait-elle respirer dans l'eau comme une carpe ? Justifiez votre réponse. — 2. En est-il de même des têtards ? — 3. Examinez les pattes d'une rainette (grenouille verte) et dites pourquoi cet animal peut grimper sur les arbustes. — 4. N'avez-vous pas rencontré des lézards de même espèce ayant, les uns, une grande queue, les autres une queue rudimentaire ? Est-ce naturel ou est-ce le résultat d'une cause quelconque ? — 5. Dans une ménagerie, on vous a montré des vipères inoffensives, quelle opération ont subie ces reptiles ? — 6. Qu'éprouveriez-vous si, après avoir pris un crapaud dans vos mains vous vous frottiez les yeux avec les doigts ?

Rédactions

1. Les batraciens. — Animaux que contient cette classe. — Les batraciens utiles : services qu'ils nous rendent.

2. Les reptiles. — Vous écrivez à un de vos camarades pour lui parler des reptiles : à quels caractères les distingue-t-on ? Citez quelques reptiles parmi les plus gros ; insistez surtout sur ceux de nos pays. Sont-ils utiles ou nuisibles ? Comment ? (C. E. Isère)

3. La grenouille. — Ses métamorphoses. — Son utilité pour l'agriculture. (C. E. Yonne)

Problèmes

1. — Un maraîcher a mis dans son jardin 36 crapauds qui lui ont coûté 2 fr. 50 la douzaine. Il a soustrait ainsi aux ravages des insectes pour 45 fr. 50 de légumes divers — A quel taux a-t-il placé son argent tout en protégeant des animaux utiles ?

2. — Un couple de vipères peut produire en une année 18 vipereaux. Calculer ce qu'a détruit, en une période de 5 ans, un bûcheron qui tue, bon an mal an, une vingtaine de couples de ces animaux nuisibles.

Préceptes à appliquer

Protège le crapaud commun, la grenouille verte, la rainette ou grenouille d'arbre, la salamandre terrestre, le triton, qui se nourrissent d'insectes, de larves ou de limaçons.

Protège les lézards et les orvets qui mangent beaucoup d'insectes.

Protège les couleuvres qui dévorent en quantité les mulots et autres petits animaux nuisibles.

Détruis la vipère, dont la morsure, très dangereuse, peut occasionner la mort.

ANIMAUX DOMESTIQUES
Porcs — Lapins — Chiens

LEÇONS

Tonneaux loges pour lapins

I. — 1. Les porcs forment la race porcine; ils sont élevés pour leur chair et pour leur graisse; on utilise également leurs soies; leur fumier est froid. — **2.** Le lapin fournit sa chair et sa fourrure. — **3.** Le chien garde la ferme et les troupeaux et prête son assistance au chasseur. — **4.** Le chat donne la chasse aux souris et aux rats. — **6.** Le porc vit dans la porcherie; le lapin habite le clapier; le chien loge dans sa niche; le chat n'a pas de domicile fixe.

II. — 1. L'élevage des porcs n'est pas toujours facile et souvent la mortalité est assez grande; les petits porcs ou porcelets sont nourris de lait; plus tard, à l'état adulte, ils mangent des grains, des racines, des tubercules cuits; ils absorbent également les eaux grasses de la ferme et le petit-lait; on peut les nourrir en stabulation ou en pâturage. Les races de porcs les plus communes sont les normandes, les craonnaises, les béarnaises, les limousines, comme françaises; les yorkshire et les berkshire comme étrangères. La porcherie demande des lavages multiples, une litière fréquemment renouvelée; les porcs aiment les bains répétés. Ces animaux craignent la trichine, qui se communique à l'homme, la ladrerie qui engendre le ver solitaire dans la race humaine, le rouget et la fièvre aphteuse. — **2.** On élève trois races de lapins: le lapin commun, le lapin argenté et le lapin angora; elles diffèrent surtout par leur poids, leur couleur et leur poil. — **3.** La meilleure race indigène de chiens de berger est celle de la Brie; son dressage, toujours très délicat, demande souvent beaucoup de patience. — **4.** Comme races de chats on cite les chats domestiques à pelage court et les angoras, à pelage soyeux, long et touffu.

Questionnaire

I. — 1. Quelle race forment les porcs? — 2. Quelle est leur utilité? — 3. Que nous fournissent les lapins? — 4. Quels services nous rend le chien? — 5. Citez un autre carnivore domestique. — 6. Indiquez les noms des habitations de ces différents animaux.

II. — 1. De quoi se compose la nourriture du porc: 1° avant le sevrage; 2° à l'état adulte? — 2. Quelles sont les principales races de porcs? — 3. Parlez de l'hygiène de la porcherie. — 4. Indiquez les maladies auxquelles sont sujets ces animaux. — 5. Quelles races de lapins connaissez-vous? — 6. Est-ce facile d'obtenir un bon chien de berger? Quelle race doit-on particulièrement choisir? — 7. Citez quelques races de chats.

Rédactions

1. Le porc. — Nourriture et engraissement du porc. — Salaison de viande — Ladrerie.   C E. 1899

2. Le chien. — Les diverses races; de la fidélité du chien envers son maître. — Rôle du chien en agriculture: garde de la ferme et du troupeau.—Les chiens de chasse. Les chiens du Saint-Bernard.

3. Le lapin. — Différentes races. — Elevage. — Utilité.

Problèmes

I. 1. **Ce que rapporte l'élevage des lapins.** — Un ouvrier a pu vendre, dans une année, 12 lapins d'un poids moyen de 3 kg. 200 gr.; la viande représentant les 58/100 du poids vif, a été vendue 1 fr. 75 le kg.; les peaux ont été cédées à un prix moyen de 0 fr. 15 pièce. Quel revenu supplémentaire l'ouvrier s'est-il acquis de cette façon?

2. **Coût de la nourriture des porcs.** — Un cultivateur donne journellement à chacun de ses 4 porcs: 4 kg. de pommes de terre, valant 8 fr. le quintal; 0 kg. 500 de farine d'orge à 0 fr. 22 le kilog.; 0 kg. 100 de tourteaux à 0 fr. 17 le kilog., et 0 kg. 160 de son à 0 fr. 12 le kilog; il y ajoute 5 kg. d'eaux grasses de la ferme. Combien lui coûte la nourriture mensuelle de ses porcs?

II. 3. **Propreté des porcs.** — Un propriétaire a fait construire, à proximité de son étable à porcs, un paddock, c'est-à-dire un enclos fermé, de 8m de long. sur 4m 50 de large et dont la hauteur de clôture est de 1m40; la pose et l'achat du bois nécessaire reviennent à 4 fr. 25 le mètre linéaire, le goudronnage du bois sur les deux faces coûte 0 fr. 30 le mètre carré: dites combien aura dépensé ce propriétaire pour une construction très utile qui rendra ses animaux plus propres, plus calmes et mieux portants.

4. **Ce que contient la dépouille d'un lapin.** — Un lapin de 6 mois, pesant 3 kg. 050, a fourni: viande nette désossée 1 kg. 560; os seuls 290 gr.; cœur, poumons, foie, 190 gr.; peau, 435 gr.; entrailles, 530 gr.; déchets, 45 gr. A combien s'élèvent approximativement ces différents produits pour cent du poids vif?

1. — Le lézard gris

Le lézard gris paraît être le plus doux et le plus innocent des lézards. Ce joli petit animal avec lequel tant de personnes ont joué dans leur enfance, n'a pas reçu de la nature un vêtement aussi éclatant que plusieurs autres; mais elle lui a donné une parure élégante: sa petite taille est svelte, son mouvement agile, sa course si prompte, qu'il échappe à l'œil aussi rapidement que l'oiseau qui vole. Il aime à recevoir la chaleur du soleil; ayant besoin d'une température douce, il cherche les abris; et, lorsque dans un beau jour de printemps une lumière pure éclaire vivement un gazon en pente ou une muraille, on le voit s'étendre sur ce mur ou sur l'herbe nouvelle, avec une espèce de volupté. Il se pénètre avec délices de cette chaleur bienfaisante, il fait briller ses yeux vifs et animés, il se précipite comme un trait pour saisir une petite proie, ou pour trouver un abri plus commode. Bien loin de s'enfuir à l'approche de l'homme, il paraît le regarder avec complaisance; mais au moindre bruit qui l'effraye, à la chute seule d'une feuille, il se roule, tombe et demeure pendant quelques instants comme étourdi par sa chute.

LACÉPÈDE.

2. — Le serpent

Ses mouvements diffèrent de ceux de tous les autres animaux: on ne saurait dire où gît le principe de ses déplacements; car il n'a ni nageoires, ni pieds, ni ailes, et cependant il fuit comme une ombre, il s'évanouit magiquement; il reparaît, disparaît encore, semblable à une petite fumée d'azur, ou aux éclairs d'un glaive dans les ténèbres. Tantôt il se forme en cercle, et darde une langue de feu; tantôt, debout sur l'extrémité de sa queue, il marche dans une attitude perpendiculaire, comme par enchantement. Il se jette en orbe, monte et s'abaisse en spirale, roule ses anneaux comme une onde, circule sous les branches des arbres, glisse sous l'herbe des prairies ou à la surface des eaux. Le labyrinthe avait moins de sinuosités que les méandres tracés par ce reptile. Ses couleurs sont aussi peu déterminées que sa marche; elles changent à tous les aspects de la lumière; et, comme ses mouvements, elles ont le faux brillant et les variétés trompeuses de la séduction.

CHATEAUBRIAND.

3. — La vipère

Le serpent venimeux le plus commun et le plus dangereux de l'Europe est la vipère commune; quelle que soit la petitesse de ce reptile, sa morsure est complètement mortelle pour les petits animaux; mais en général la quantité de venin qu'il peut verser dans la plaie n'est pas assez grande pour tuer les animaux de la taille d'un cheval ou même d'un homme. La personne mordue par une vipère ressent d'abord une douleur aiguë dans la partie blessée; puis celle-ci se gonfle, devient luisante, chaude, rouge et violette; ensuite livide, froide et insensible; la douleur et l'inflammation se propagent au loin et semblent suivre le trajet des vaisseaux lymphatiques; bientôt le malade éprouve des syncopes, des nausées, des vomissements, des tranchées aiguës et une foule d'autres symptômes effrayants; enfin, si ces accidents ne se calment pas, la gangrène s'empare de la partie blessée, le malade est tourmenté par une soif inextinguible, un mal de tête violent, une faiblesse extrême, une terreur accablante, symptômes qui sont les précurseurs de la mort.

Concours d'admission aux écoles pratiques de commerce et d'industrie. — Haute-Vienne, 1900.)

4. — Le porc

Tandis que l'âne broute les chardons et que la chèvre dévore quantité de plantes vénéneuses, le porc convertit en graisse mille débris d'aspect repoussant. Cet animal, qui n'est autre que le sanglier apprivoisé, vit partout et s'accommode de tout. Avec son nez, il creuse le sol et y trouve une multitude de vers et de racines que son estomac vigoureux digère, malgré la terre qui y est mêlée. D'autres fois, il pâture comme la brebis, et mange des herbes très courtes. Au temps des moissons, il ramasse les épis et les grains tombés. Dans les bois, il cherche les glands, les châtaignes et toute espèce de fruit. Il suce avec délice les résidus de la laiterie et les eaux de cuisine, croque les os et mange la chair aussi goulûment que les carnassiers. Doué d'un odorat très fin, il trouve avec un merveilleux instinct tout ce qui peut lui servir de victuaille. Aussi sa gourmandise est mise à profit pour la recherche des truffes. Dès que, par un coup de boutoir, il montre qu'il a senti le précieux tubercule, on lui jette quelques grains de maïs, tandis qu'on s'empare du cryptogame succulent.

L. GOSSIN.

Maxime

Propre ou non, tout engraisse le cochon.

ENSEIGNEMENT EXPÉRIMENTAL
Les porcs

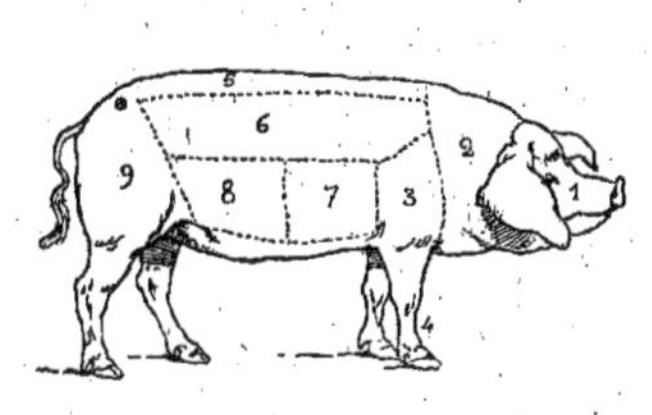

Débit du porc à l'étal du charcutier.

Prendre note sur le carnet agricole des divers morceaux du porc, comme qualité et comme prix.

1. Tête.
2. Collet.
3. Epaule.
4. Pied.
5. Filet.
6. Côtelette.
7. Poitrine.
8. Flanchet.
9. Jambon.

Tableau de Renseignements

	RACES	ESPÈCES
PORCS	Race celtique	Porc normand. Porc craonnais. Porc lorrain. Porc périgourdin. Porc bressan.
	Race napolitaine	Porc de Malte. Porc espagnol.
	Race asiatique	Porc chinois. Porc tonkinois. Porc siamois.
	Race anglaise	Porc de Yorkshire. Porc de Berkshire.

	RACES	ESPÈCES
CHIENS	Chiens de chasse	Chiens de Saint-Hubert. Chiens courants vendéens. Braques. — Epagneuls.
	Chiens de garde	Mâtins. — Terre-Neuve. Chiens de bergers. — Dogues
CHATS	Chats domestiques	Chartreux. — du Mans. d'Espagne. — d'Angora.
LAPINS	Race commune	Lapin commun. Lapin rouennais.
	Race riche	Lapin argenté. Lapin russe.
	Race angora	Lapin angora.

Devoir d'Agriculture locale : Les porcs

Le commerce des porcs est (1) ; on s'occupe de l'élevage pour (2). Les races qui réussissent le mieux sont (3). Les porcelets sont vendus par l'intermédiaire des marchands de (4) sur les marchés de (5) et dans les différentes localités de (6). Les porcs gras approvisionnent surtout la ville de (7), où se débitent (8). La nourriture habituelle des porcs adultes comprend (9) ; on pourrait la modifier l'hiver par une ration (10), et l'été, par une autre ration (11). La vente des porcs produit un revenu moyen de (12) ; on compte à (13) environ (14) têtes porcines, représentant une valeur de (15).

(1) Assez important, important, très important. — (2) La vente des porcelets ou la vente des porcs gras. — (3) Indication des races qui réussissent le mieux à X. — (4) Dire l'endroit d'où proviennent les acheteurs commerçants. — (5) Enumérer les villes où l'on vend le plus. — (6) Indiquer les régions où l'on écoule les petits porcs. — (7) Nom de la ville. — (8) Des jambons, des saucisses, etc. — (9) Citer la nourriture habituelle. — (10) Rations d'hiver de X. — (11) Rations d'été de X. — (12), (14), (15) Renseignements donnés par la statistique communale. — (13) Nom du pays où l'on habite.

NOTIONS DE ZOOLOGIE
Les Oiseaux

LEÇONS

Cours Moyen

1. — La plupart des *oiseaux* volent ; quelques-uns marchent, courent, nagent, tout en possédant la faculté de voler, mais d'une façon imparfaite.

2. — Sous l'action de la chaleur, l'œuf de l'oiseau se transforme en petit.

3. — Tout œuf comprend trois parties principales : la coquille, le blanc et le jaune.

4. — C'est le jaune qui renferme la cicatricule ou germe, point de départ du petit poussin.

5. — On distingue des oiseaux domestiques, utiles, d'agrément et nuisibles.

6. — Les *oiseaux domestiques* habitent la basse-cour : coqs, poules, dindons, faisans, pintades, paons, oies, canards, pigeons.

7. — Les *oiseaux utiles* détruisent les insectes : merle, rouge-gorge, hirondelle, mésange, etc. ; ou font la guerre aux rongeurs : hiboux et chats-huants.

8. — Les *oiseaux d'agrément* peuplent nos volières : colibris ou oiseaux-mouches, serins ou bengalis, perruches, perroquets, etc.

9. — Les *oiseaux nuisibles* s'attaquent aux poissons : poule d'eau, martin-pêcheur, plongeon ; ou aux petits animaux utiles : buse, milan, épervier, aigle ; ou bien aux récoltes : corbeau, pie.

Cours Supérieur

1. — Les oiseaux se subdivisent également en ordres : rapaces, passereaux, grimpeurs, gallinacés, échassiers, palmipèdes.

2. — Les *rapaces* ont le bec crochu, de forts ongles aux pattes ; ce sont des carnivores ; les uns sortent le jour (*diurnes*) : aigle, vautour ; les autres chassent la nuit (*nocturnes*) : hibou, chouette.

4. — Les *passereaux*, généralement petits, ont des caractères divers ; citons parmi eux : le merle, l'hirondelle, le chardonneret, le martin-pêcheur.

4. — Les *grimpeurs* ont deux doigts en avant et deux doigts en arrière ; tels sont le coucou, le pic, le perroquet.

5. — Les *gallinacés*, comme le coq, le paon, la caille, ont les ailes courtes, le vol très lourd, les pattes disposées pour la marche ; on rattache à cet ordre les pigeons qui volent très bien.

6. — Les *échassiers* ont de longues pattes : grue, cigogne ; les autruches se rapprochent des échassiers.

7. — Les *palmipèdes* ont une membrane entre les doigts, cela leur permet de nager ; ils sont aquatiques. Parmi les palmipèdes, on distingue le canard, l'oie, le cygne, la mouette, l'albatros, le pélican, etc.

Exercices d'observation

1. — Est-il nécessaire qu'un oiseau ait des dents ? — 2. Comparez le bec d'une buse et celui d'une poule et dites, d'après cela, quel peut être le genre de nourriture de ces oiseaux. — 3. Pourquoi les oiseaux avalent-ils de temps à autre de petits cailloux, voire même des morceaux de fer, des vieux clous ? — 4. Un canard plonge et revient à la surface ; l'eau séjourne-t-elle sur ses plumes ? Justifiez votre réponse. — 5. La structure des nids de pinsons varie-t-elle chaque année ? Qu'en concluez-vous au point de vue du degré d'intelligence des oiseaux ? — 6. Comment, dans la basse-cour, une poule manifeste-t-elle son désir de couver ?

Rédactions

1. L'oiseau. — Faites la description d'un oiseau à votre choix ; dites s'il est utile ou nuisible et pourquoi vous le croyez tel. (C. E. Cher 1899.)

2. Utilité des oiseaux. — Expliquez à un de vos camarades l'utilité des oiseaux en général, donnez-lui des détails et des exemples prouvant la vérité de vos assertions — Conclusions à tirer. (C. E. Calvados.)

3. Les palmipèdes. — Écrivez à un de vos camarades pour lui dire à quoi on reconnaît un palmipède. — Parlez-lui des palmipèdes domestiques, des services qu'ils rendent. (C. E. Isère.)

Problèmes

1. — Un couple de moineaux porte à sa couvée 40 chenilles par heure. Combien ce couple en porte-t-il dans une semaine à une couvée de 5 petits, en supposant que ceux-ci mangent journellement pendant 12 heures ?

2. — Une seule chouette (rapace nocturne peut détruire en un jour, pour sa nourriture, 17 souris. Dans le même temps, une souris consomme 170 grains de blé ; un litre de blé contient environ 20.710 grains. Quelle économie de grains peut procurer une chouette restée 60 jours dans une grange ?

Préceptes à appliquer

1. — Évite de tuer et de clouer sur la porte de ta ferme l'effraie, ou chouette des clochers, qui mange force hannetons, papillons de nuit, mulots et campagnols.

2. — Protège de même l'engoulevent, ou crapaud-volant, grand destructeur de papillons nocturnes.

3. — Protège particulièrement le pic, le coucou, l'hirondelle, le merle, le rouge-gorge, le rossignol, la fauvette à tête noire, la fauvette des jardins, la fauvette babillarde, la fauvette des roseaux, le roitelet, le grimpereau ordinaire, la mésange bleue, la bergeronnette, l'alouette, le loriot, qui consomment en quantité larves, chenilles et vermisseaux.

4. — Détruis l'épervier et l'émouchet, nuisibles aux basses-cours.

5. — Détruis le grèbe huppé qui mange le frai de poisson.

6. — Détruis l'abeillerolle, très nuisible aux abeilles dans le midi de la France.

ANIMAUX DE LA FERME
La Basse-Cour
LEÇONS

La basse-cour

I. —**1.** La basse-cour est la partie de la ferme réservée à la volaille, c'est-à-dire à l'ensemble des oiseaux que l'homme élève en liberté. — **2.** La volaille peut être classée en volaille terrestre et en volaille aquatique. — **3.** La volaille terrestre comprend les poules, les pintades, les dindons, les paons et les pigeons; la volaille aquatique comprend les canards et les oies. — **4.** Les pigeons habitent le colombier; les autres oiseaux de basse-cour vivent au poulailler. — **5.** L'aviculture est l'art d'élever ces divers oiseaux.

II. — **1.** La poule est l'oiseau de basse-cour par excellence; on l'élève pour sa chair et pour ses œufs. On distingue les races de Crévecœur, de la Flèche, de la Bresse, de Houdan. — **2.** La pintade donne une chair excellente; elle a à peu près les mêmes habitudes que la poule. — **3.** Le dindon est le plus gros des oiseaux de basse-cour; sa chair est délicieuse, mais son élevage est difficile. — **4.** Le paon fait l'ornement de la basse-cour. — **5.** On distingue le pigeon domestique et le voyageur; le premier est élevé pour sa chair, le second en vue du transport rapide des dépêches en temps de guerre. — **6.** Les canards et les oies fournissent leur chair, leur duvet et leurs œufs. On cite l'oie commune et l'oie de Toulouse; le canard commun, le canard de Rouen et le canard de Barbarie. — **7.** Les oiseaux de basse-cour soumis à l'engraissement sont nourris de grains, de bouillie de farine d'orge, de son et de pommes de terre cuites. Le poulailler et le colombier doivent être secs, propres et bien aérés.

Questionnaire

I. 1. Qu'est-ce que la basse-cour? — **2.** Comment peut-on classer la volaille? — **3.** Que comprend la volaille terrestre? — **4.** Où habitent ces oiseaux? — **5.** Définir les mots: aviculture, aviculteur.

II. 1. Que fournit la poule? — **2.** Quelles races de poules connaissez-vous? — **3.** Dites ce que vous savez des pintades, des dindons et des paons. — **4.** Comment utilise-t-on le pigeon? — **5.** Que nous fournissent les canards et les oies? Citez quelques races d'oies et de canards? — **6.** Quelles matières entrent dans la nourriture des oiseaux de basse-cour? — **7.** Parlez de leur hygiène.

Rédactions

1. La basse-cour. — Ce qu'on entend par basse-cour dans une ferme. — Les principaux oiseaux domestiques qu'on y élève. — Soins divers qu'exige l'entretien d'une basse-cour.   C.E.

2. La poule et ses poussins. — Sollicitude de la première pour les seconds. — Elle les abrite de ses ailes. — Elle les protège contre les animaux. — Elle recherche leur nourriture.

3. Les volailles autres que les poules. — Dindon, pigeon, canard, oie, cygne, pintade, paon. — Parlez succinctement des produits donnés par ces oiseaux.

Problèmes

I. 1. Production d'œufs. Bénéfice net. Une ménagère a tiré d'un poulailler 1038 œufs qu'elle a vendus: les 2/3 à 0 fr.95 la douzaine et le reste à 6 fr.25 le cent. Pour la nourriture des volailles, elle a employé 17 Dl 4 de grain qu'elle a payé 0 fr. 15 le litre, et 11 fr. 45 de son. Dire quel est son bénéfice: 1º sur un œuf; 2º sur le tout.
                C.E. Aveyron 1890

2. Produits échangés. Une fermière achète 25ᵐ50 de toile à 1 fr. 50 le mètre et 3ᵐ60 de drap à 16 fr.50 le mètre. Elle donne en payement 25 volailles à 3 fr, 40 la paire et 8 k 50 de beurre à 1 fr. 40 le 1/2 kg. — Combien doit-elle encore?   C.E.

II 3. Élevage des canards. Un cultivateur qui possède un étang a fait couver dans une année 54 douzaines d'œufs de canes dont les 3/4 ont réussi. Il a vendu ses canards: la moitié à 2 fr. 25, le 1/3 à 2 fr. 40 et le reste pour 202 fr.50. Combien a-t-il vendu chaque canard du dernier groupe, et quelle somme a-t-il retirée en tout?

4. Composition des œufs de poule. Un œuf de poule comprend, pour 100 parties, 14 parties d'albumine (substance azotée, partie la plus nutritive), 10 parties de matière grasse, 73 d'eau et 3 de sels. On demande quel est le poids de chacun de ces éléments dans un œuf moyen pesant 60 grammes.

1. — L'oiseau

L'oiseau est l'être supérieur dans la création; son organisation est admirable. Son vol le place matériellement au-dessus de l'homme, et lui crée une puissance vitale que notre génie n'a pu nous faire acquérir. Son bec et ses pattes possèdent une adresse inouïe. Il a des instincts d'amour conjugal, de prévision et d'industrie domestique ; son nid est un chef-d'œuvre d'habileté, de sollicitude et de luxe délicat. C'est la principale espèce où le mâle aide la femelle dans les devoirs de la famille et où le père s'occupe, comme l'homme, de construire l'habitation, de préserver et de nourrir les enfants. L'oiseau est chanteur ; il est beau, il a la grâce, la souplesse, la vivacité, l'attachement, la morale, et c'est bien à tort qu'on en fait souvent le type de l'inconstance. En tant que l'instinct de fidélité est départi à la bête, il est le plus fidèle des animaux.

GEORGES SAND.
C. E. Francescas
(Lot-et-Garonne) 1899.

2. — La nuit du petit oiseau

Perché sur une petite branche, il croyait pouvoir dormir sans crainte, la tête ensevelie sous ses plumes, quand, à la lueur d'une étoile, il a vu se glisser dans les arbres la chouette silencieuse. La fouine est venue du fond de la vallée, l'hermine est descendue du rocher, la marte des sapins a quitté son nid, le renard rôde dans les broussailles.

Qu'elles sont longues ces heures où, n'osant bouger, il n'a pour protection que les jeunes feuilles qui le cachent ! Quelle sera sa joie au lever du soleil, de pouvoir s'élancer à tire-d'aile, protégé, défendu par la lumière.

TSCHUDI.

3. — Migrations des oiseaux

A peine l'hirondelle a-t-elle disparu, qu'on voit s'avancer sur les vents du Nord une colonie qui vient remplacer les voyageurs du Midi, afin qu'il ne reste aucun vide dans nos campagnes. Par un temps grisâtre d'automne, lorsque la bise souffle sur les champs, que les bois perdent leurs dernières feuilles, une troupe de canards sauvages, tous rangés à la file, traversent en silence un ciel mélancolique. S'ils aperçoivent du haut des airs quelque manoir gothique environné d'étangs et de forêts, c'est là qu'ils se préparent à descendre : ils attendent la nuit et font des évolutions au-dessus des bois. Aussitôt que la vapeur du soir enveloppe la vallée, le cou tendu et l'aile sifflante, ils s'abattent tout à coup sur les eaux, qui retentissent. Un cri général, suivi d'un profond silence, s'élève dans les marais. Guidés par une petite lumière qui peut-être brille à l'étroite fenêtre d'une tour, les voyageurs s'approchent des murs, à la faveur des roseaux et des ombres. Là, battant des ailes et poussant des cris par intervalles, au milieu du murmure des vents et des pluies, ils saluent l'habitation des hommes.

Il est remarquable que les sarcelles, les canards, les oies, les bécasses, les pluviers, les vanneaux, qui servent à notre nourriture, arrivent quand la terre est dépouillée ; tandis que les oiseaux étrangers qui nous viennent dans la saison des fruits n'ont avec nous que des relations de plaisir : ce sont des musiciens envoyés pour charmer nos banquets. Il en faut excepter quelques-uns, tels que la caille et le ramier, dont toutefois la chasse n'a lieu qu'après la récolte, et qui s'engraissent dans nos blés pour servir à notre table. Ainsi les oiseaux du Nord sont la manne des aquilons, comme les rossignols sont les dons des zéphirs.

CHATEAUBRIAND.

4. — La poule et ses poussins

Cette mère qui a montré tant d'ardeur pour couver, qui a couvé avec tant d'assiduité, qui a soigné avec tant d'intérêt des êtres qui n'existaient point encore pour elle, ne se refroidit pas lorsque ses poussins sont éclos ; son attachement, fortifié par la vue de ces petits êtres qui lui doivent la naissance, s'accroît encore tous les jours par les nouveaux soins qu'exige leur faiblesse : sans cesse occupée d'eux, elle ne cherche de la nourriture que pour eux ; si elle n'en trouve point, elle gratte la terre avec ses ongles pour lui arracher les aliments qu'elle recèle et elle s'en prive en leur faveur. Elle les rappelle lorsqu'ils s'égarent, les met sous ses ailes à l'abri des intempéries, et les couve une seconde fois. Elle se livre à ces tendres soins avec tant d'ardeur et de soucis, que sa constitution en est sensiblement altérée, et qu'il est facile de distinguer de toute autre poule une mère qui mène ses petits, soit à ses plumes hérissées et à ses ailes traînantes, soit au son enroué de sa voix et à ses différentes inflexions toutes expressives, et ayant toutes une forte empreinte de sollicitude et d'affection maternelle.

Mais si elle s'oublie elle-même pour conserver ses petits, elle s'expose à tout pour les défendre : paraît-il un épervier dans l'air, cette mère si faible, si timide, et qui, en toute autre circonstance, chercherait son salut dans la fuite, devient intrépide par tendresse ; elle s'élance au-devant de la serre redoutable, et, par ses cris, ses battements d'ailes et son audace, elle impose souvent à l'oiseau carnassier, qui, rebuté d'une résistance imprévue, s'éloigne et va chercher une proie plus facile. Elle paraît avoir toutes les qualités du bon cœur ; mais ce qui ne fait pas autant d'honneur au surplus de son instinct, c'est que, si par hasard on lui a donné à couver des œufs de cane ou de tout autre oiseau de rivière, son affection n'est pas moindre pour ces étrangers qu'elle le serait pour ses propres poussins : elle ne voit pas qu'elle n'est que leur nourrice ou leur *bonne*, et non pas leur mère ; et lorsqu'ils vont, guidés par la nature, s'ébattre ou se plonger dans la rivière voisine, c'est un spectacle singulier de voir la surprise, les inquiétudes, les transes de cette pauvre nourrice, qui se croit encore mère, et qui, pressée du désir de les suivre au milieu des eaux, mais retenue par une répugnance invincible pour cet élément, s'agite, incertaine, sur le rivage, tremble et se désole, voyant toute sa couvée dans un péril évident, sans oser lui donner du secours.

GUÉNEAU DE MONTBÉLIARD.

ENSEIGNEMENT EXPÉRIMENTAL
La Basse-cour

Couveuse artificielle.

R. Robinet correspondant au récipient d'eau chaude.
T. Tiroir à œufs.

Visite d'une ferme.

LE POULAILLER.

Prendre note des diverses parties d'une couveuse artificielle — de la température nécessaire à l'éclosion — du temps nécessaire à cette éclosion. — Si cela est possible, faire vérifier la température à l'aide d'un thermomètre.

Tableaux de Renseignements

Notice sur les Poules

RACES	développement	CHAIR	PONTE annuelle	Qualité de couveuse
Crévecœur	Rapide	Exquise	122 œufs	Nulle
Houdan	Très rapide	Fine	125	Nulle
Bresse noire	Rapide	Exquise	160	Bonne
Bresse grise	Rapide	T. bonne	150	Nulle
Barbezieux	Lent	Fine	150	Bonne
La Flèche	Lent	T. fine	140	Nulle
Le Mans	Rapide	Fine	111	Rare
Gournay	Assez rapide	Bonne	140	Rare
Brahma	Lent	A. bonne	120	Excel"
Campine argentée	Moyen	Bonne	225	Nulle
Cochinchine fauve	Très lent	Filandreuse	115	Excel"
Dorking	Très rapide	T. fine	130	Bonne

Autres oiseaux de basse-cour

RACES	ESPÈCES	RACES	ESPÈCES
Dindons	Dindon noir / id blanc / id gris / id rouge	Paons	paon domestique
Pintades	pintade com" / — huppée	Oies	oie commune / oie de Rouen
Faisans	faisan commun / id blanc / id panaché	Cygnes	cygne commun / id noir
Canards	canard commun / id de Rouen / id de Barbarie	Pigeons de colomb"	biset / id volant / id culbutant / id mondain
		Pigeons	de volière
		Pigeons	voyageurs

Devoir d'Agriculture locale

L'élevage des poules est en honneur à (1). Les races les plus répandues sont celles de (2) ; les premières sont choisies à cause de leur chair (3), les autres pour leur production d'œufs pouvant s'élever annuellement à (4) ; les dernières à cause de leur qualité de couveuse qui est (5). On expédie généralement les produits de la basse-cour au marché de (6). On vend, en moyenne, annuellement (7) volailles et (8) œufs pour un capital de (9). On voit qu'il n'y a pas de petits profits.

(1) Localité --- (2) d'après le tableau 21 - col. 1. -- (3) d'après le tableau 21 - col. 3. --- (4) d'après le tableau 21 - col. 4. --- (5) d'après le tableau 21 - col. 5. -- (6) bourg et ville les plus proches --- (7) nombre de têtes de volailles, d'après la statistique agricole annuelle -- (8) nombre d'œufs vendus, d'après la statistique agricole annuelle (9) valeur moyenne des volailles et des œufs.

NOTIONS DE ZOOLOGIE

Les Poissons

LEÇONS

Cours Moyen

1.- Les *poissons* vivent essentiellement dans l'eau.

2. — En conséquence, leurs membres sont des nageoires et leur appareil respiratoire a une disposition particulière.

3. — Cet appareil comprend les ouïes et les branchies ; c'est ce dernier organe qui s'empare de l'oxygène dissous dans l'eau, pour la purification du sang veineux.

4. — Les poissons n'ont pas tous un même nombre de nageoires ; on en trouve disposées sur le dos, sous le ventre ; la queue elle-même forme un véritable gouvernail.

5. — A l'intérieur de leur corps, existe également une vessie natatoire, remplie d'air, qui rend l'animal plus léger.

6. — Il y a des *poissons d'eau douce* et des *poissons de mer.*

7. — Les premiers habitent nos cours d'eau, nos étangs et sont tous utiles au point de vue alimentaire ; tels sont : la perche, la tanche, l'ablette, la carpe, la truite, le brochet.

8. — Les seconds peuplent les mers et les océans ; la plupart entrent également dans l'alimentation de l'homme : sardine, hareng, maquereau, thon, morue ; quelques-uns sont nuisibles et s'attaquent à l'homme, comme le requin.

Cours Supérieur

1. — La disposition du corps des poissons est parfaitement adaptée à leur genre de vie aquatique.

2. — Leur masse en forme de fuseau comprimé, leurs écailles imbriquées d'avant en arrière, leurs membres transformés en nageoires, l'absence d'étranglement entre la tête et le tronc, sont autant de conditions favorables à la natation.

3. — Leur bouche est en général susceptible de s'ouvrir largement pour assurer à la fois la préhension des aliments et l'accès de l'eau nécessaire à la respiration.

4. — Les parois de la bouche portent des dents variant de forme et de disposition avec les espèces.

5. — Les poissons ont été classés en deux groupes : les poissons osseux et les poissons cartilagineux.

6. — Les *poissons osseux* ont un squelette résistant, comme la perche, le thon.

7. — Les *poissons cartilagineux* ont un squelette mou, comme l'esturgeon, la raie.

8. — Certains poissons offrent la particularité de dégager une quantité notable d'électricité ; ils s'en servent pour foudroyer leurs ennemis ou pour arrêter leur proie ; tels sont les torpilles, les gymnotes.

Exercices d'observation

1. A quoi attribuez-vous la couleur rouge que présentent les branchies des poissons ? — 2. Pourquoi les poissons absorbent-ils constamment de l'eau par la bouche pour la rejeter ensuite par les opercules des ouïes ? — 3. Votre maman vous a donné la vessie natatoire d'une carpe qu'elle vient de vider ; vous avez mis le pied sur cette vessie ; un bruit s'est produit. Pourquoi ? — 4. Si l'on coupait les nageoires formant la queue d'un poisson rouge élevé en bocal, cet animal pourrait-il encore se diriger dans l'eau ? — 5. Avec quoi se nourrissent les carpes et les tanches que l'on a jetées dans un étang ? — 6. A votre déjeuner vous avez mangé des harengs ; votre frère avait un *laité* et vous un *hareng à œufs* ; quel est celui des deux poissons qui aurait donné naissance à de jeunes harengs ?

Rédactions

1. **Les poissons.** — Caractères généraux — Qu'entend-on par poissons d'eau douce et par poissons de mer — Principaux poissons de chacun de ces groupes.

2. **Différence entre un batracien et un poisson.** — Comparez et décrivez la grenouille et la carpe.

3. **La Pêche.** -- Racontez à un ami les incidents d'une pêche à laquelle vous avez pris part.

Problèmes

1. — Un étang a 2 hectares 1/2 de superficie. On l'empoissonne en mettant par hectare 160 carpes à 0 fr. 12 l'une, 100 tanches à 0 fr. 10 l'une et 10 brochets pesant chacun 1 hectogramme, à 1 fr. le kilogramme. Combien coûte cet empoissonnement ?

2. — En France, la pêche aux poissons de mer constitue l'occupation de 80.000 personnes et rapporte 70 millions de francs — Quel est le revenu moyen par personne ?

Préceptes à appliquer

1. — Lorsque tu élèves du poisson en étangs, ne mêle pas le brochet aux autres espèces, car il les détruirait fatalement.

2. — Évite de mettre rouir le chanvre et le lin dans les étangs contenant du poisson.

3. — Ne pêche jamais en temps de frai, c'est-à-dire au moment où les poissons pondent leurs œufs.

4. — Chasse les grenouilles des pièces d'eau où tu te livres à la pisciculture, car elles se nourrissent du frai des poissons.

5. — Détruis impitoyablement le dytique bordé qui s'attaque au frai du poisson.

Poissons, Mollusques, Crustacés
LEÇONS

La fécondation artificielle

I. — **1.** Parmi les animaux que l'homme utilise pour sa nourriture il faut citer encore: les poissons d'eau douce ou de mer, dont la pêche est fructueuse, les huîtres, récoltées particulièrement sur les côtes d'Angleterre, de France, de Hollande, des Etats-Unis, les moules, que l'on pêche surtout aux environs de La Rochelle, les écrevisses, crustacés d'eau douce, les crabes, crevettes, homards, langoustes, crustacés de mer, enfin un mollusque terrestre, l'escargot, qui entre de plus en plus dans l'alimentation. — **2.** Tous les cultivateurs, riverains des étangs, des cours d'eau ou de la mer, peuvent trouver, dans la pêche ou l'élevage de ces animaux, le moyen d'augmenter leurs revenus.

II. — **1.** L'art de faire éclore artificiellement les poissons, de les multiplier et de les élever, porte le nom de pisciculture. Le pisciculteur, qui veut conserver son poisson, n'utilisera que les étangs. Avec peu de frais d'installation il élèvera facilement la carpe, la tanche et l'anguille. Les brochets, les grenouilles, le chanvre et le lin mis à rouir dans une pièce d'eau où l'on s'occupe de pisciculture, nuisent complétement à la réussite de l'opération. — **2.** L'élevage des huîtres, ou ostréiculture, se pratique en France dans les baies d'Arcachon, de Cancale, de Marennes. Dans ces baies, de véritables parcs, à fond empierré, et muni de pieux et de fascines, permettent de recueillir, au fur et à mesure des besoins, les huîtres qui s'y sont développées. — **3.** On crée de même, à proximité des fermes, des parcs terrestres, entourés de murs dont le sommet est garni de pointes acérées ou de treillage-ronce, pour avoir constamment des escargots à sa disposition.

Questionnaire

I. **1.** Qu'appelle-t-on poissons d'eau douce? poissons de mer? — **2.** Citez quelques poissons de l'une et de l'autre de ces deux catégories. — **3.** Qu'appelle-t-on mollusques? Citez quelques mollusques comestibles. — **4.** Qu'appelle-t-on crustacés? Citez quelques crustacés dont on consomme la chair.

II. **1.** Quels poissons réussissent particulièrement dans les étangs? — **2.** Dites ce qui peut nuire à la réussite de la pisciculture. — **3.** Qu'est-ce que la fécondation artificielle? Comment se pratique-t-elle? — **4.** Qu'est-ce que l'ostréiculture? — **5.** Où se pratique-t-elle en France? — **6.** Donnez quelques détails sur un parc à huîtres. — **7.** Donnez également quelques détails sur un parc d'escargots.

Rédactions

1. Une partie de pêche. — Vous avez assisté à la pêche d'un étang. Racontez ce que vous avez vu: pêche au filet, à la raquette, pesée du poisson; mise en tonne, etc. — Ce qu'il vous a été possible de vous procurer. Excursion très agréable.

2. L'huître. — Description. — Le parc à huîtres. — La récolte de ces mollusques. — L'expédition. — La consommation. — Source de revenus pour les populations des côtes. — L'élevage des huîtres en France.

3. Une chasse aux escargots. — Départ matinal. — Parcours le long des haies et des chemins creux. — Exclamations à chaque trouvaille. — Récolte abondante. — Retour à la maison; la réserve des escargots; leur jeûne. Espoir d'en faire bientôt un repas agréable.

Problèmes

1. 1. Rendement d'un étang. Lors de la pêche d'un étang on a trouvé 250 carpes d'un poids moyen de 2 kg. 25, valant environ 1 fr. 50 le kilog; 200 tanches pesant ensemble 195 kg., estimées 1 fr. 10 le kg.; 120 anguilles estimées 1 fr. 40 pièce. Trouver la valeur totale de cette pêche.

2. Rendement d'un parc à escargots. Un propriétaire a créé un parc à escargots qui lui permet d'expédier chaque année 80.000 de ces mollusques au prix de 12 fr. le mille. Au bout de combien de temps pourra-t-il, avec le revenu de ce parc, acheter un terrain rectangulaire, long de 120m et large de 80m, estimé 10 fr. l'are?

II. 3. Ne pêchez pas au moment du frai. Au moment du frai un pêcheur a pris une truite de 0 kg. 540 qu'il a vendue 1 fr. 90 le kg. En supposant que les œufs pondus par ce poisson eussent produit plus tard 200 truites d'un poids moyen de 350 gr. pouvant être vendues 2 fr. 50 le kg., on demande quelle perte a ainsi causé le pêcheur en prenant des poissons à l'époque du frai.

4. Consommation d'huîtres. Un restaurateur a reçu, durant une saison, 50 bourriches d'huîtres contenant chacune 108 mollusques; chaque bourriche lui revient en moyenne à 5 fr. 60. Il revend ses huîtres aux consommateurs 1 fr. 20 la douzaine. Quel bénéfice a-t-il réalisé s'il éprouve un déchet de 2,5 p. 0/0 sur les envois qui lui sont faits?

L'Apiculture
1. *Essaimage.* — 2. *Rayon.* — 3. *Types d'Abeilles.* — 4. *Rucher.* — 5. *Ruche à rayons mobiles.*

ENSEIGNEMENT EXPÉRIMENTAL
La Pêche.

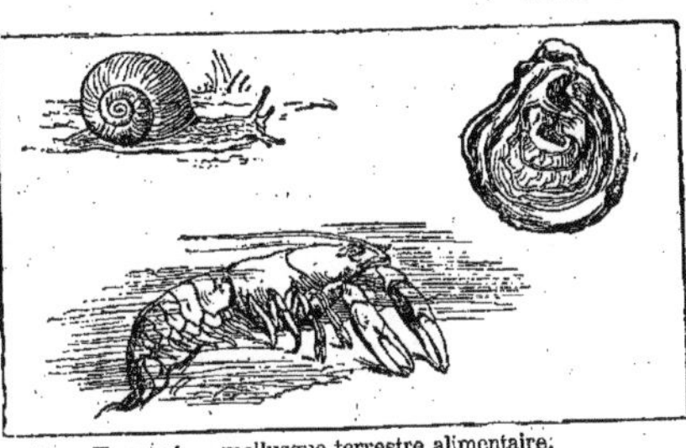

1. — Escargot — mollusque terrestre alimentaire.
2. — Huître — id. id.
3. — Ecrevisse — crustacé alimentaire d'eau douce.

Collections à faire.

Recueillir et collectionner des couvertures de cahiers et des images chromos représentant divers types d'animaux.

Faire au moins une collection pour chaque leçon de zoologie (*Voir le détail des Collections au Cours de Sciences. Leçon 18*).

Tableau de Renseignements : Principaux produits de la pêche.

PÊCHE MARITIME		PÊCHE D'EAU DOUCE	
POISSONS	LIEUX DE PÊCHE	POISSONS	LIEUX DE PÊCHE
Morue	Océan Atlantique	Carpe	Étangs et cours d'eau
Hareng	Depuis le Pôle Nord jusqu'à la Loire	Tanche	id. id.
Maquereau	id. id.	Brochet	Rivières et fleuves
Sardines	Océan Atlantique — Méditerranée	Saumon	Fleuves
Anchois	Méditerranée	Truite	Eaux courantes limpides
Thon	Méditerranée — golfe de Gascogne	Anguille	Rivières et fleuves
Sole	Méditerranée — Baltique	Perche	id. id.
Congre	Océan Atlantique — Méditerranée	Brème	id. id.
Raie	Océan Atlantique	Ablette	id. id.
Turbot	Mers du Nord	Goujon	id. id.

Devoir d'Agriculture locale : La pêche maritime.

(1) est un port de pêche situé sur la (2) les pêcheurs s'occupent surtout de la pêche à (3) on compte ici environ (4) barques et bateaux de pêche, montés par (5) pêcheurs; il y a en plus, sur la plage, une (6) d'emplacements occupés par des filets de pêche. Bon ou mal an, les produits de ce travail donnent (7) quintaux de (8); (7) quintaux de (8). On expédie ces poissons sur différents points de la France, particulièrement à (9); cette vente fait rentrer ici des sommes variant entre (10), faisant vivre la laborieuse population de (1).

(1) localité — (2) mer — (3) indiquer quels poissons du tableau 22 col. 1. — (4) nombre connu — (5) nombre connu — (6) nombre connu — (7) poids — (8) espèces de poissons — (9) lieu où l'on envoie — (10) produit moyen annuel.

NOTIONS DE ZOOLOGIE

Articulés : Insectes, Arachnides, Crustacés

LEÇONS

Cours Moyen

1. — Les *insectes* volent, marchent, sautent ou nagent.

2. — Leur corps comprend la tête, le corselet, l'abdomen.

3. — Ils sont pourvus de deux antennes, de quatre ailes, de six pattes et parfois d'un aiguillon.

4. — Beaucoup subissent des métamorphoses et sont successivement : œuf, larve ou chenille, nymphe ou chrysalide, insecte parfait.

5. — Certains sont utiles par leurs produits : abeille, bombyx du mûrier.

6. — D'autres sont auxiliaires du cultivateur : carabe, cicindèle, coccinelle, nécrophore.

7. — Les plus nombreux sont nuisibles : hanneton, calandre du blé, phylloxera, puceron.

8. — Les *arachnides* marchent ou courent ; leur corps ne présente que deux parties distinctes : tête et corselet d'une part, abdomen, d'autre part ; ils ont huit pattes, des glandes à venin.

9. — L'un est inoffensif, le faucheur ; les autres sont nuisibles : araignée, scorpion, sarcopte.

10. — La plupart des *crustacés* nagent car ils sont aquatiques ; la tête et le corselet forment une carapace ; la queue présente des anneaux très apparents ; ils ont cinq paires de membres dont deux pinces.

11. — La plupart sont alimentaires : écrevisse, crabe, crevette.

Cours Supérieur

1. — Les insectes forment un certain nombre d'ordres.

2. — Les *coléoptères*, à quatre ailes dont deux dures, comme le hanneton, la cicindèle.

3. — Les *orthoptères*, à quatre ailes moins dures ; tels sont les sauterelles et les grillons.

4. — Les *névroptères*, à quatre ailes membraneuses, comme la libellule ou demoiselle.

5 — Les *lépidoptères* ou papillons à quatre ailes membraneuses saupoudrées d'une poussière colorée.

6. — On distingue encore les insectes broyeurs et suceurs, abeilles et guêpes ; les insectes aux ailes supérieures presque nulles, cigales et cochenilles, les insectes ne présentant que deux ailes, mouches et cousins.

7. — Parmi les arachnides nuisibles, les araignées piquent avec leurs mandibules, les scorpions avec un aiguillon qui termine leur queue ; les sarcoptes communiquent la gale aux hommes et aux animaux.

8. — L'écrevisse est le type du premier ordre des *crustacés*; le cloporte, généralement très petit est le type du second ordre.

9. — Aux *articulés* se rattachent les *myriapodes*, animaux aux pattes très nombreuses ; tels sont l'iule, le scolopendre.

Exercices d'observation

1. — Pourquoi les mouches vont-elles pondre sur la viande ou sur les cadavres d'animaux ? 2. — Comment vous expliquez-vous la présence d'une larve dans un fruit qui paraît fermé de toute part ? 3. — Vous observez une abeille sur la corolle d'une fleur ; où passe le suc qu'elle absorbe ? — Comment reviendra-t-il dans le rayon de cire ? — 4. D'autres abeilles, chargées de pollen, voltigent d'arbre en arbre ; qu'en résulte-t-il au point de vue de la production fruitière ? 5. — Vous avez vu une araignée filer sa toile ; d'où sort ce fil ? A quoi peut servir la toile ainsi tissée ? 6. — Dans quel sens nage l'écrevisse ? 7. — Ce crustacé est-il de même couleur lorsqu'il est vivant ou lorsqu'il est cuit ? A quoi attribuez-vous ce changement de couleur ?

Rédactions

1. **Les Insectes et les Araignées.** — Dites en quoi les araignées diffèrent des insectes.

2. **Métamorphoses des Insectes.** — Dites ce que vous en savez.
C. E. Ardennes.

3. **Insectes utiles ou nuisibles.** — Dites ce que vous savez sur les insectes. — Citez des insectes nuisibles et des insectes utiles, et dites pourquoi ils sont utiles ou nuisibles.
C. E.

4. **Des Crustacés.** — Caractères généraux. — Indiquez quelques crustacés utilisés dans l'alimentation.

Problèmes

1 — Un charançon, à l'état de larve, dévore 1 grain de blé en un an. 20.710 grains de blé forment 1 litre de cette céréale. — Par suite de générations successives dans la même période annuelle, un couple de charançons peut produire 23,642 individus. Calculer la valeur du blé dévoré en 1 an par les descendants d'un seul couple de ces insectes nuisibles si le blé vaut 18 fr. 50 l'hectolitre.

2. — On a mis dans un ruisseau 20 femelles d'écrevisses fécondées. Chacune d'elles peut pondre 36 œufs. Au bout d'un an, quel sera le nombre total d'écrevisses contenu dans ce ruisseau, en supposant que la mortalité annuelle atteigne le 1/10 des animaux et que l'éclosion des œufs ne s'élève qu'aux 5/6 de la ponte ?

Préceptes à appliquer

Protège les cicindèles et les carabes, qui vivent d'insectes vivants.

Protège les calosonnes et les staphylins, qui détruisent beaucoup de chenilles.

Protège les bousiers et les nécrophores, qui font disparaître les excréments ou les cadavres d'animaux.

Poursuis impitoyablement le hanneton et sa larve.

Apprends à connaître et détruis : le cerf-volant, la vrillette, le scolyte destructeur, nuisibles aux troncs d'arbres ou au bois ; le ver de la farine, la bruche des pois, le calandre du blé, le taupin des moissons, l'atomaire linéaire de la betterave, les courtillières, les piérides des choux, les phalènes des eaux.

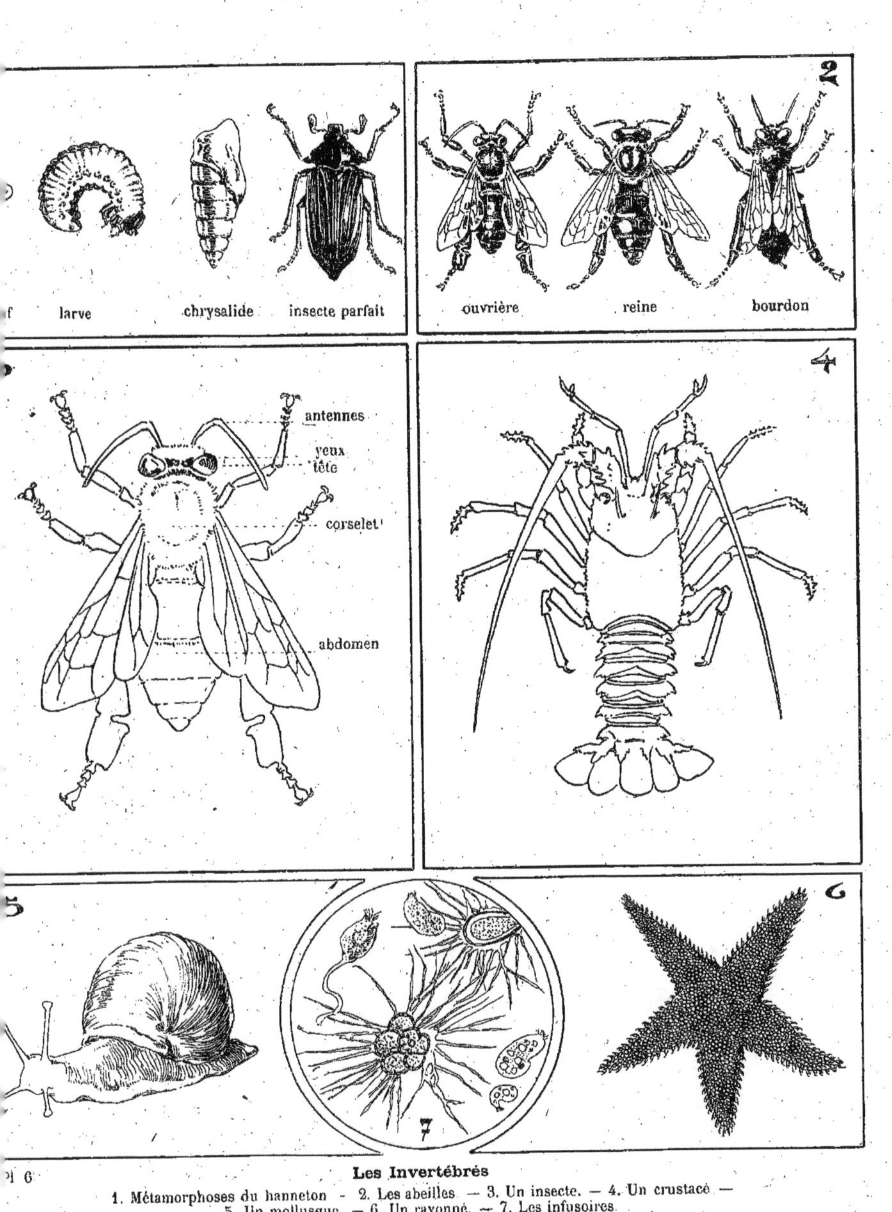

Les Invertébrés

1. Métamorphoses du hanneton — 2. Les abeilles. — 3. Un insecte. — 4. Un crustacé —
5. Un mollusque. — 6. Un rayonné. — 7. Les infusoires.

La Sériciculture

INSECTES UTILES
Abeilles — Vers-à-soie

LEÇONS

I. — 1. L'homme a domestiqué deux insectes dont il utilise les produits: ce sont l'abeille et le ver-à-soie. — **2.** L'élevage des abeilles porte le nom d'apiculture; l'apiculteur tire parti des essaims, du miel et de la cire. — **3.** Les abeilles habitent la ruche: toute ruche comprend une reine, des ouvrières et des faux-bourdons ou soldats. **4.** — Le ver-à-soie est la chenille d'un papillon appelé bombyx du mûrier; l'élevage de ce ver porte le nom de sériciculture. — **5.** Le sériciculteur tire parti de la soie. — **6.** Les vers-à-soie habitent la magnanerie; on les nourrit de feuilles de mûrier.

Rucher — Ruches fixes et ruches à cadres

II — 1. Dans une ruche, la reine pond des œufs, les ouvrières récoltent le pollen et secrètent la cire; les faux-bourdons n'ont qu'une vie éphémère. Chaque année, la vieille reine et ses ouvrières quittent la ruche pour laisser la place aux jeunes; c'est ce qu'on appelle l'essaimage. Les ruches sont fixes ou à cadres mobiles; les secondes sont préférables aux premières. La récolte du miel se fait, à la fin de l'été, sur claies, ou, artificiellement, à l'aide de l'extracteur; le reste du gâteau fournit la cire. Il faut pourvoir à la nourriture des abeilles durant l'hiver et les abriter contre le froid. Ces insectes craignent la dysenterie et la constipation. — **2.** La température des chambres où l'on élève le ver-à-soie doit être de 20 à 25 degrés. Après leur sortie de l'œuf on place les vers sur des claies et on les nourrit de feuilles de mûrier. Cette vie dure 32 jours. Pendant cette période le ver change 4 fois de peau, après quoi il se met en mouvement, s'installe sur des branchages et file son cocon. Quand les cocons sont achevés, on les expose à la vapeur d'eau bouillante afin de tuer l'insecte; quelques cocons sont conservés pour avoir des graines ou œufs. Les vers-à-soie craignent la pébrine, la flacherie, la grasserie.

Questionnaire

I. 1. Faites la description du corps de l'abeille. — **2.** Dites ce que c'est qu'un essaim, que le miel, que la cire. — **3.** Parlez des usages de ces deux derniers produits. — **4.** Quelles espèces d'abeilles remarque-t-on dans une ruche? — **5.** Parlez des métamorphoses du bombyx du mûrier.

II. 1. Parlez du rôle de chacun des habitants d'une ruche. — **2.** Qu'est-ce que l'essaimage? — **3.** Faites la description d'une ruche fixe, d'une ruche à cadres mobiles. — **4.** Quels soins un apiculteur doit-il donner à ses abeilles? — **5.** Montrez l'influence bienfaisante des abeilles sur les récoltes. — **6.** Qu'est-ce qu'une magnanerie? — **7.** Qu'est-ce que le mûrier? — **8.** A quelle période de son existence le ver-à-soie file-t-il son cocon? — **9.** Pourquoi expose-t-on les cocons à la vapeur d'eau bouillante? — **10.** Citez les maladies des abeilles et des vers-à-soie.

Rédactions

1. Le ver-à-soie. — Éclosion. — Nourriture. — Mues. — Cocons. — Métamorphoses. — État parfait. — La graine. — Maladies. — Usage de la soie. — Région où l'on élève le ver-à-soie. Rogliano (Corse) 1898.

2. Les abeilles. — Leurs mœurs et leurs travaux. Les ruches et leur installation. — Avantages que l'apiculteur tire d'un rucher bien situé et bien soigné.

Problèmes

I. 1. Élevage des abeilles. Une ruche produit 8 kg. 5 de miel et 1 kg. 450 de cire. Le miel vaut 1 fr. 60 le kilog. et la cire 2 fr. 10. Quelle somme nette 16 ruches produiront-elles, les frais de nourriture s'élevant à 8 fr. 70 en tout?   *C.E. Somme*

2. Prime à la sériciculture. Un sériciculteur a reçu 82 fr. 50 de prime de l'État, à raison de 0 fr. 50 par kilog. de cocons. Quelle somme totale a-t-il retirée de ses cocons, s'il les a vendus 3 fr. 15 le kilog?   *C.E.*

II. 3. Revenu d'un rucher. Un rucher comprend 25 ruches en panier. 5 ruches donnent en moyenne 4 essaims par an estimés 8 fr. 50 l'un; une ruche fournit en outre 8 kg. de miel à 1 fr. 60 le kilog. et 1 kg. 400 de cire à 2 fr. 10 le kilog. Sachant que les frais d'entretien sont évalués à 0 fr. 75 par ruche, on demande le revenu net du propriétaire.

4. Valeur des cocons. Un kilogramme de cocons fournit 10 p. 0/0 de soie grège estimée 80 fr. le kilog. et 3 p. 0/0 de soie inférieure estimée 25 fr. le kilog. Quelle sera la valeur de la soie fournie par 200.000 cocons sachant qu'il en faut en moyenne 450 pour former un poids de 1 kilogramme?

1. — Les insectes

Pour se faire une idée du nombre immense des insectes, il suffit d'observer un instant les joyeux essaims de ces baladins aériens et de ces élégants acrobates. Partout ils s'agitent. Des punaises bondissent à la surface des mares et plongent dans les flaques d'eau, ou courent, ornées de leurs brillantes élytres, au milieu des pierres. Des milliers de pucerons couvrent les feuilles et les chaumes. Les prairies fourmillent de joyeuses sauterelles et de petites cigales sautillantes; le fourmi-lion épie, du fond de son entonnoir, l'insecte qui passe, et le couvre d'un jet de sable; les cigales se balancent aux tiges flexibles; les prairies et les coteaux retentissent du bruit strident que les grillons et les criquets produisent en frottant leurs élytres. Des millions de mouches, de cousins et de taons tourbillonnent dans l'air et s'attroupent au-dessus des fleurs et des buissons. Près des ruisseaux les libellules aux yeux énormes passent et repassent en bruissant dans leur vol égaré, tandis que, plus légères, les demoiselles aux ailes bleu d'acier se posent sur les plantes aquatiques.

C'est par essaims que des abeilles et des guêpes de toute espèce sortent des fentes du terrain, de dessous les pierres, des fissures des planches qui garnissent les huttes et les étables; d'autres se dégagent des vieux troncs pourris ou des rugosités de l'écorce des arbres, et à peine sont-elles délivrées que déjà elles se livrent des combats acharnés dans lesquels se distinguent les guêpes ichneumones et les espèces qui déposent leurs œufs dans le corps d'autres insectes. Des bourdons de toute espèce traversent en tous sens les forêts et les monts, à la recherche du suc des fleurs récemment épanouies. Les guêpes et les frelons poursuivent leur proie de leur dangereux aiguillon; les fourmis construisent leurs demeures, en transportent les matériaux, et courent sans s'arrêter le long de leurs petits sentiers ou de leurs grandes routes militaires. D'innombrables scarabées montent aux arbres, courent à terre sous les buissons et les pierres, se rassemblent autour des animaux morts ou dans les excréments des vaches, nagent dans les étangs, les ruisseaux et les mares, ou traversent l'espace de leur vol pesant. Fleurs vivantes, des papillons aux mille couleurs, les plus charmants entre tous les insectes, voltigent de calice en calice, se balancent en planant au-dessus des lacs et des prairies, tournoient autour des rochers et des arbres, et animent encore le crépuscule.

TSCHUDI,

2. — Les Abeilles de J.-J. Rousseau

J'avais une autre petite famille au bout du jardin; c'étaient des abeilles. Je ne manquais guère d'aller leur rendre visite. Je m'intéressais beaucoup à leur ouvrage; je m'amusais infiniment à les voir revenir de la picorée, leurs petites cuisses quelquefois si chargées, qu'elles avaient peine à marcher. Les premiers jours la curiosité me rendit indiscret, et elles me piquèrent deux ou trois fois; mais ensuite nous fîmes si bien connaissance que, quelque près que je vinsse, elles me laissaient faire, et, quelque pleines que fussent les ruches prêtes à jeter leur essaim, j'en étais quelquefois entouré, j'en avais sur les mains, sur le visage, sans qu'aucune me piquât jamais.

Tous les animaux se défient de l'homme et n'ont point tort; mais sont-ils sûrs une fois qu'il ne veut pas leur nuire, leur confiance devient si grande, qu'il faut être plus que barbare pour en abuser.

J.-J. ROUSSEAU.

3. — Les écrevisses

D'une manière générale, on peut dire que l'écrevisse préfère les eaux relativement froides, limpides et courantes. Ce crustacé fuit les endroits découverts susceptibles d'être frappés par les rayons du soleil. Il recherche les lieux sombres, bien abrités, surtout le côté sud des ruisseaux orientés de l'est à l'ouest, principalement les talus à l'abri du soleil.

A ce point de vue, les obstacles naturels, pierres, souches d'arbres, plantations, ont une grande importance. Les plantes telles que la charague, la berle, contenant dans leur tissu du calcaire, sont aussi très utiles. Un grand nombre de mollusques et de petits crustacés les broutent, les sucent dans toutes leurs parties et s'en assimilent la chaux. Plus tard, quand ces petits animaux sont morts, leurs coquilles tombent au fond de l'eau et sont très recherchées par les écrevisses.

Si la vase qui garnit le fond de votre ruisseau est trop considérable, vous pourrez le curer en respectant toutefois, le plus possible, la végétation des plantes. Cette opération dérangera évidemment un peu vos écrevisses, qui pourront par le fait se déplacer, sans aller trop loin; aussi est-il nécessaire de ne pas entreprendre le curage sur toute la longueur du ruisseau à la fois.

Vous pourriez favoriser le repeuplement de votre ruisseau en y ajoutant quelques sujets reproducteurs.

Les écrevisses sont très voraces et consomment surtout des matières animales. On peut les nourrir facilement avec des débris de viande de toute sorte. Les plantations sur les bords du ruisseau rendent à ce point de vue de grands services. Elles attirent les insectes qui tombent dans l'eau, et deviennent ainsi la proie très recherchée des écrevisses.

(Champagne agricole).

ENSEIGNEMENT EXPÉRIMENTAL
Abeille & Ver-à-soie

Métamorphoses du Ver-à-soie
1. Chenille — 2. Chrysalide — 3. Cocons. — 4. Papillon (Bombyx du mûrier.)

Collections à faire

Recueillir pour le musée scolaire : 1º abeille reine, ouvrières, bourdons ; rayon de miel, cire ; gravures représentant les différents types de ruches.

2º Si possible : chenille du ver-à-soie, chrysalide, cocon, bombyx du mûrier ; gravures représentant le mûrier, sa feuille, l'intérieur d'une magnanerie, le dévidage de la soie.

Tableau de Renseignements : Produits de l'Abeille & du Ver-à-soie

	Production de miel et cire (1890-1894)						Production des cocons (1892-96)		
	MIEL		Prix moyen du kg.	CIRE		Prix moyen du kg.			Prix moyen du kg.
ANNÉES	Production	Valeur		Production	Valeur		ANNÉES	POIDS EN kg	
1890	6629000 k.	9302000 f.	1fr.40	2061000 k.	4675000 f.	2fr.27	1892	7680000	3fr.25
1891	6753000	9468000	1fr.52	2097000	4570000	2fr.24	1893	9987000	4fr.34
1892	7448000	11167000	1fr.49	2251000	4942000	2fr.19	1894	10584000	2fr.60
1893	7453000	10619000	1fr.42	2008000	4420000	2fr.20	1895	9300000	2fr.82
1894	6912000	9747000	1fr.41	2103000	4379000	2fr.12	1896	9318000	2fr.56

Devoir d'Agriculture locale : Les Abeilles

La méthode d'apiculture employée ici est celle dite du (1) ; on utilise particulièrement les ruches (2) ; celles-ci sont disposées en ruchers dans (3) ; grâce aux cultures de (4), à la proximité des (5), les abeilles trouvent d'abondantes moissons ; chaque ruche compte en moyenne (6) qui fournissent généralement (7) de miel et (7) de cire écoulés à (8). Le miel entre dans (9), la cire sert (10). Le prix ordinaire du kgr. de miel est de (11) ; celui du kgr. de cire de (11).

(1) Fixisme --- du mobilisme ; (2) indiquer les ruches fixes --- ou les ruches à cadres mobiles ; (3) les jardins, les vergers, les champs, les vignes ; (4) trèfle, sainfoin, sarrasin, colza, etc. ; (5) des prairies de   , des forêts de   ; (6) indiquer le nombre moyen d'abeilles que compte une ruche ; (7) production annuelle d'une ruche en miel et en cire ; (8) lieu où l'on expédie ; (9) la consommation --- ou dans la fabrication de l'hydromel, du pain d'épice, de la confiserie, des produits pharmaceutiques, etc. ; (10) à fabriquer les cierges, l'encaustique, les toiles cirées, etc. ; (11) prix moyen du miel et de la cire.

NOTIONS DE ZOOLOGIE
Vers — Mollusques — Rayonnés — Infusoires
LEÇONS

Cours Moyen

1. — Les *vers* rampent ou nagent ; leur corps n'offre aucune division ; ils n'ont pas de membres.

2. — Ils se reproduisent par des œufs ou par les anneaux de leur corps.

3. — Un seul est utile, la sangsue ; les autres sont nuisibles : ver de terre, ver solitaire, trichine.

4. — Les *mollusques* rampent et nagent ; certains sont terrestres, d'autres aquatiques ; parmi ces derniers, beaucoup vivent dans la mer, quelques-uns dans les eaux douces.

5. — Les mollusques alimentaires comprennent spécialement l'escargot terrestre, les huîtres et les moules marines.

6. — Comme mollusques nuisibles, on cite les limaces et les limaçons.

7. — Les *rayonnés* vivent dans les mers ; ils offrent certaines ressemblances avec les plantes, d'où le nom d'animaux-plantes sous lequel on les désigne quelquefois.

8. — Le corail, utilisé dans la bijouterie, l'éponge dont on se sert journellement pour les soins de la propreté, sont des rayonnés.

9. — Les *infusoires* ou infiniment petits, visibles seulement au microscope, forment le dernier embranchement du règne animal.

Cours Supérieur

1. — Parmi les *vers* on distingue : les vers de terre, nuisibles aux semis du jardin, et les sangsues utilisées en médecine ; les douves, parasites du foie de l'homme et des animaux ; les vers solitaires, ou ténias, vivant dans notre estomac et dans celui de certains mammifères ; la trichine qui infeste la chair du porc et parfois celle de l'homme.

2. — Certains *mollusques* sont complètement dépourvus de coquilles : limaces des jardins et poulpes des mers.

3. — D'autres ont simplement une coquille intérieure : seiches et calmars.

4. — Les mollusques à coquille extérieure la présentent, soit d'une seule pièce, comme l'escargot, la porcelaine ; soit de deux pièces ou valves, comme les huîtres, les moules.

5. — Aux *rayonnés* utiles, corail et éponge, se rattachent encore des rayonnés inoffensifs : étoile de mer, anémone de mer, oursins et méduses.

6. — Les *infusoires* vivent spécialement dans les liquides où ils pullulent ; ils naissent de germes répandus dans l'atmosphère.

Exercices d'observation

1. — Qu'arrive-t-il lorsque vous cassez un ver de terre en deux ou trois morceaux ? — Comment alors peut-il se multiplier ? — 2. Les vers absorbent uniquement de la terre ; pensez-vous que cette substance renferme quelque nourriture nutritive assimilable par les animaux ? — 3. Qui fabrique la coquille de l'escargot ? — 4. On vous remet deux huîtres ; l'une s'ouvre d'elle-même, l'autre très difficilement ; laquelle faudra-t-il rejeter comme non alimentaire, et pourquoi ? — 5. Dites ce qu'a été autrefois l'éponge employée à votre service ? — 6. Que remarquez-vous en examinant au microscope l'eau dans laquelle ont baigné 2 ou 3 brins de vieux foin ? D'où proviennent ces animaux ? Remuaient-ils sur le foin ? Quelle curieuse particularité présentent-ils ?

Rédactions

1. Des vers. — Ce qu'on entend par vers. — Vers parasites de l'homme. — Dangers qu'ils peuvent nous faire courir.

2. — Racontez une chasse matinale aux escargots

3. Les Rayonnés. — Pourquoi les rayonnés s'appellent-ils encore zoophytes ou animaux-plantes ? — Rayonnés utiles ; éponge et corail. — Emplois les plus fréquents.

4. Les Infusoires. — Rappelez une leçon de choses, au cours de laquelle votre Maître vous a exposé sur place comment la masse crayeuse formant le sous-sol de votre village est due à une multitude d'infusoires fossiles.

Problèmes

1. — 204 bateaux coralleurs ont recueilli dans une campagne 29.881 kilog. de corail estimé à 48 fr.50 le kilog. Sachant que les engins de pêche et l'armement d'un bateau reviennent à 6.000 francs, on demande le bénéfice brut réalisé par chaque bâtiment durant cette saison de pêche en supposant que le produit ait été réparti uniformément entre tous les bateaux pêcheurs.

2. — Un millimètre cube d'eau vaseuse, d'après Ehremberg, peut renfermer jusqu'à 2500 millions d'infusoires. D'après ces données, exprimer en millions ce que contiendrait d'êtres vivants un litre de cette eau

PRÉCEPTES A APPLIQUER

1. — Détruis l'escargot comestible, l'escargot tacheté ou chagriné, très nuisibles aux jardins, aux vignes et aux vergers.

2. — Écrase les limaces et les limaçons qui s'attaquent aux légumes et aux plantes basses.

3. — Ne mange jamais de viande de porc crue, autrement tu t'exposerais à contracter la terrible maladie de la trichine ou du ver solitaire.

4. — Évite de boire l'eau des mares et des marais que rendent impure les infiniments petits ou microbes qui la peuplent.

Auxiliaires et Ennemis du Cultivateur

LEÇONS

Animaux utiles

I. — 1. Un grand nombre d'animaux, vivant à l'état de liberté, causent de grands dégâts dans nos champs et dans nos jardins. — **2.** Parmi ces ennemis du cultivateur, on remarque des mammifères, quelques oiseaux, beaucoup d'insectes, quelques myriapodes, arachnides et mollusques. — **3.** Certains autres, vivant aussi en liberté, font au contraire la chasse aux espèces nuisibles. — **4.** Parmi ces auxiliaires du cultivateur on trouve des mammifères, des oiseaux, des reptiles, des batraciens, des insectes, des myriapodes et des arachnides. — **5.** Nous devons détruire les animaux nuisibles et protéger les espèces utiles. L'histoire naturelle nous apprend à connaître les uns et les autres.

II. — 1. Détruisons : 1° parmi les mammifères, le campagnol, le loir, le lérot, le mulot, le rat et la souris qui s'attaquent à nos récoltes en grains et en fruits; 2° parmi les oiseaux, le milan, l'épervier, la buse, grands destructeurs de petits oiseaux; 3° une foule de petits insectes, taupins, hannetons, charançons, criocères, altises, perce-oreilles, courtillières, pucerons, fourmis, guêpes, chenilles, pour lesquels il faut être impitoyable; 4° parmi les myriapodes, les iules; parmi les arachnides, les ixodes et les acariens; et enfin, parmi les mollusques, les limaces et les escargots, dont les dégâts, dans les jardins, sont toujours considérables. — **2.** Protégeons : 1° parmi les mammifères, la chauve-souris, la musaraigne et le hérisson qui se nourrissent de vers, de limaces et d'insectes; 2° presque tous les oiseaux, seuls capables de s'opposer à la rapide multiplication des insectes; 3° parmi les reptiles, les lézards et les orvets; parmi les batraciens, les grenouilles, les crapauds, les salamandres et les tritons, grands destructeurs de vers, larves, limaces et insectes; 4° parmi les insectes, les carabes, les coccinelles, les mantes, les ichneumons; parmi les myriapodes, les scolopendres; parmi les arachnides, les araignées et les faucheurs, qui s'attaquent tous aux insectes nuisibles ou à leurs larves.

Questionnaire

I. 1. Qu'est-ce qu'un animal nuisible? — 2. Doit-on le faire souffrir? -- 3. Que faut-il simplement faire? — 4. Qu'est-ce qu'un animal auxiliaire du cultivateur? — 5. Que lui doit-on? — 6. L'étude de l'histoire naturelle est-elle utile au cultivateur? pourquoi?
II. 1. Nommez, parmi les diverses classes d'animaux, ceux qui peuvent nuire à l'homme, aux autres animaux, aux différentes cultures. — 2. Citez, avec les services qu'ils rendent: 1° les mammifères utiles, 2° les oiseaux utiles; 3° les reptiles et les batraciens utiles; 4° les insectes utiles. — 3. Qu'est-ce qu'une société protectrice d'animaux? — 4. En avez-vous formé une dans votre classe? — 5. Comment fonctionne-t-elle? — 6. S'il n'en existe pas, est-il nécessaire d'en créer une?

Rédactions

1. Les hannetons. — Il y a eu cette année beaucoup de hannetons. Dites ce que vous savez de ces insectes : description du corps, changements d'état; dégâts qu'ils causent.   C.E. Ville-en-Tardenois(Marne) 1895.

2. Les oiseaux sont des auxiliaires. — Quels conseils un enfant de votre âge, qui voit l'un de ses camarades dénicher des nids, doit-il lui donner? A quoi servent les oiseaux? De qui sont-ils les auxiliaires? Quelle loi les protège?
    C.E. canton de Rennes, 1885.

3. Préjugés contre certains animaux. — Citez parmi les animaux ceux que l'on poursuit injustement. Dites les services qu'ils rendent.

Problèmes

1. Services rendus par les crapauds. Un maraîcher a mis dans son jardin 30 crapauds achetés 2 fr. 50 la douz. Ces animaux, comme destructeurs de limaces et de larves, ont pu empêcher le ravage de 25 fr. de légumes divers, de 150 pieds de laitue à 0, 06 le pied et de 36 kg. de légumes secs à 0 fr.40 le kg. Calculer le bénéfice du maraîcher.

2. Sociétés scolaires protectrices d'animaux. Un écolier a surveillé avec succès 17 nids contenant 3 nids, chacun 4 oiseaux; 6 nids, chacun 5 oiseaux; le reste, 6 oiseaux par nid. On estime que chacun de ces oiseaux détruira des insectes qui causeraient à l'agriculture un préjudice annuel de 0 fr. 55. Quels seraient les avantages d'une semblable protection exercée dans une année par 15000 écoliers.   C.E.

3. Dégâts causés par les hannetons. Une femelle de hanneton pond 320 œufs par an. En supposant que le 1/8 de ces œufs se transforme en vers blancs pouvant vivre 3 ou 4 ans en terre, on demande quelle quantité de plantes seront détruites par les larves provenant de 250 hannetons femelles si chaque larve dévore environ 150 plantes.

4. Dégâts causés par les campagnols. Un campagnol consomme en moyenne, par jour, 125 grains de blé. Combien d'Hectolitres de blé pourraient consommer, en une semaine, 10000 campagnols, si l'on compte 20710 grains de blé dans un litre de cette céréale?

L'escargot

C'est un ravageur taciturne et sournois ; il est gauche, il est lourd, il est défiant, il est peut-être sourd. Mais quelle délicatesse, quel instinct, j'allais dire quelle intelligence, dans le toucher ! Il s'allonge et se retire, il rentre et il sort à la moindre impression de plaisir ou de danger, de crainte ou de désir. Mais l'escargot a beau enfoncer ses cornes dans sa tête, sa tête dans son cou, son cou dans son manteau, son manteau dans sa coquille, il ne saurait se dérober longtemps à la juste condamnation suspendue à ses méfaits. Malgré ses mœurs pacifiques et humbles, l'escargot est un malfaiteur. Au printemps, il s'attaque aux jeunes pousses ; à l'automne, il s'attaque à nos fruits ; il pullule à ce point qu'on peut le ramasser comme des pierres. C'est un gourmet convaincu et vorace qui choisit toujours les bourgeons les plus tendres, les fruits les plus savoureux. Il maraude de préférence la nuit, comme du reste la plupart des malfaiteurs.

C. E. Charente-Inférieure 1885.

1. — La Chouette

L'homme est un singulier soldat ; il passe la moitié de sa vie à lutter contre les divers fléaux qui sont ses ennemis naturels, et le reste du temps à tirer sur les alliés que la nature lui donne. Ce n'est pas méchanceté pure, parti pris de faire le mal pour le mal ; non, c'est simplement parce qu'il ne sait pas. Nos paysans, qui se croient éclairés, crucifient les chouettes et les chauves-souris sur la porte de leurs granges. « C'est pour l'exemple, disent-ils, le supplice de quelques scélérats à poil ou à plumes doit forcément intimider les autres. » Tandis que ces cadavres innocents se putréfient au profit des mouches charbonneuses, les souris mangent le grain de l'infortuné paysan, les moucherons lui piquent les mains et la figure.

About.

C. E. Basses-Alpes

2. — Éponges et coraux

Oh ! que celui qui pourrait fouiller en tous sens la vaste mer y verrait de merveilles ! Voici une éponge : savez-vous d'où elle vient ? De la Méditerranée. — Ce qu'elle a été ? Elle a appartenu au règne animal. Oui, cette éponge a été vivante, on l'a trouvée en compagnie de beaucoup d'éponges, ses voisines ; elles étaient ensemble fixées soit aux rochers, soit au fond de la mer, tenant l'une à l'autre, sans pouvoir remuer ni ressentir rien peut-être. Mais comment se nourrissaient-elles, direz-vous ? En absorbant par des trous ou pores la nourriture contenue dans l'eau qui les entourait.

Voyez le corail, cette petite pierre rouge que les femmes portent en bagues, en bracelets, en colliers ; il a vécu lui aussi. Il était autrefois dans la Méditerranée, il ressemblait alors à une tige qui serait garnie de rameaux. De place en place, on voyait sur ces rameaux, tantôt de petits tubes terminés par une rosette à huit branches, tantôt par de petits points blancs qui marquaient seuls la place des fleurettes.

Épreuve d'orthographe — Concours d'admission à l'École Normale (Meuse) 1900.

3. — Épargnez les nids

Mes enfants, ne faites pas la guerre aux petits oiseaux. Ils sont les gardiens de nos récoltes et le dommage qu'ils peuvent faire aux grains et aux fruits est insignifiant auprès des services qu'ils rendent. Ils détruisent les insectes nuisibles, les vers, les larves, les chenilles. Ils égayent les campagnes par leurs chants variés. Quelques-uns d'entre eux indiquent aux laboureurs l'approche des premiers froids qui semblaient encore éloignés. Respectez ces nids suspendus au sommet des arbres. Pensez que ces petits êtres sont inoffensifs. Hier encore, vous étiez persuadés peut-être, que chercher des nids, briser les branches qui les soutiennent, était chose permise. Aujourd'hui, soyez convaincus qu'en agissant ainsi, vous feriez une mauvaise action. Si le cultivateur comprenait bien ses véritables intérêts, il protègerait de tout son pouvoir les nids d'oiseaux.

C. E. Nord 1898.

4. — L'invasion des sauterelles

Les sauterelles en Algérie forment de véritables armées. Nées dans le Sahara, comme la nourriture leur manque dans le désert, elles viennent par bandes affamées se jeter sur les plantations de l'Algérie, sur les champs de blé, sur les vignes. Elles rappellent ces invasions de peuples barbares qui, au commencement de l'ère chrétienne, ne se trouvant pas bien dans leur pays inculte et sauvage, émigraient en hordes vers l'Europe civilisée de l'Occident.

Quand les sauterelles s'abattent en masse sur une route elles empêchent la circulation, et l'on a vu des trains de chemins de fer arrêtés par elles. Elles viennent en rangs serrés, capables de soutenir leur vol pendant de longues distances. Malheur aux champs de culture où elles se posent. En quelques heures tout est dévoré. Il ne reste pas une feuille sur les arbres, pas un brin d'herbe dans les pâturages, pas une tige dans les vastes étendues ensemencées de céréales. Les ennemis de notre blé français, les charançons, par exemple, qui mangent le grain dans le grenier, la carie aux épis dans les champs, ne sont rien à côté de ces effroyables ravageurs.

C. E. Doubs 1901.

Les Animaux Nuisibles

1. *Loup.*—2. *Renard.*—3. *Belette.*—4. *Loutre.*—5. *Lapin.*—6. *Rat.*—7. *Campagnol.*
8. *Mulot.*—9. *Loir et Lérot.*—10. *Rat nain.*

Les Auxiliaires de l'Agriculteur

ENSEIGNEMENT EXPÉRIMENTAL
Auxiliaires et ennemis du cultivateur

TABLEAU DES ANIMAUX UTILES

1° MAMMIFÈRES

ESPÈCES	DÉTRUISENT
Chauve-souris, Hérisson, Musaraigne et Taupe.	Insectes et Larves nuisibles à l'Agriculture

2° OISEAUX

Hirondelle — Mésange — Fauvette, Rossignol, Bergeronnette, Linotte — Roitelet — Rouge-gorge — Moineau — Pinson, Bouvreuil — Merle — Coucou, Sansonnet — Engoulevent. etc.	Les Chenilles et une foule d'insectes nuisibles à l'Agriculture

Collections à faire

Liste des invertébrés utiles.
— vertébrés nuisibles:
— invertébrés nuisibles.
— promenades agricoles et horticoles.

Copie des statuts de Société scolaire protectrice d'animaux.

Tableau de Renseignements : Auxiliaires et ennemis du cultivateur

ANIMAUX UTILES			ANIMAUX NUISIBLES		
CLASSES	ANIMAUX	CONCOURS	CLASSES	ANIMAUX	DÉGATS
MAMMIFÈRES	Chauve-souris, hérisson, musaraigne, taupe…	Détruisent insectes et larves.	MAMMIFÈRES	Rats, souris, mulots, campagnols…	Dévorent récoltes.
OISEAUX	Hibou, chouette, chat-huant…	Détruisent rats, souris.		Martre, fouine, putois…	Détruisent fruits, oiseaux.
	Hirondelle, mésange, linotte, fauvette, rossignol, merle, moineau, rouge-gorge, pinson, bouvreuil, chardonneret, etc…	Détruisent chenilles et insectes.		Loups, renards…	Dévorent moutons, oiseaux.
BATRACIENS ET REPTILES	Lézards, couleuvres, grenouilles, crapauds…	Détruisent limaces, escargots, insectes.	OISEAUX	Buse, épervier, milan, émerillon…	Mangent les petits oiseaux.
INSECTES	Carabe, staphylin, fourmi-lion, coccinelle, libellule, grillon, nécrophore…	Détruisent pucerons, fourmis, larves, cadavres de petits animaux.		Pie, geai…	Dévorent œufs d'oiseaux.
			INSECTES	Hanneton et sa larve…	Dévorent feuilles et racines.
				Courtilière…	Coupe les racines.
				Charançons, bruches…	Dévorent grains de blé, pois.
				Chenilles de papillons, pucerons…	Feuilles, sève des végétaux.
				Phylloxera…	Vigne.
			MOLLUSQUES	Limaces, escargots…	Feuilles et fruits.

Devoir d'Agriculture locale : Animaux utiles et nuisibles

Au cours de mes promenades scolaires, j'ai appris à connaître les divers insectes utiles ou nuisibles aux récoltes. Comme insectes utiles j'ai recueilli (1) et comme insectes nuisibles (2) ; j'ai également appris à protéger les petits oiseaux et je me garde bien de dénicher les nids de (3). Nous ne tuons plus également certains petits mammifères (4), quelques batraciens (5), plusieurs reptiles (5), depuis que nous les considérons comme auxiliaires du cultivateur ; en retour, nous sommes impitoyables pour les mollusques (6) trop répandus dans la campagne.

(1) Insectes utiles de X. — (2) Insectes nuisibles de X. — (3) Oiseaux utiles de X. — (4) Mammifères utiles de X.
(5) Batraciens et reptiles utiles de X. — (6) Mollusques nuisibles de X.

Pesanteur. — Pression des liquides
LEÇONS

Cours Moyen

1. — Tous les corps tombent : la force qui les oblige à tomber se nomme *pesanteur*.

2. — Les corps tombent suivant une ligne droite nommée *verticale*.

3. — La direction de cette ligne est donnée par le fil à plomb.

4. — Le *fil à plomb* est la partie essentielle du niveau de maçon, instrument employé pour vérifier si une surface est horizontale.

5. — La pesanteur permet de déterminer le *poids* des corps que l'on évalue à l'aide de *balances* ou de *bascules*.

6. — La partie essentielle de ces appareils est un *levier*.

7. — La balance et la bascule sont utilisées pour les diverses pesées de la ferme.

8. — La pesanteur exerce son influence sur les gaz, les liquides, les solides.

9. — Les liquides exercent des *pressions* sur les parois des vases qui les contiennent.

10. — De même, tout liquide exerce une *poussée* sur un corps plongé dans son sein.

11. — Lorsque plusieurs vases communiquent par leur base (*vases communiquants*), les liquides qu'ils contiennent tendent à s'y mettre au même niveau : jets d'eau, sources jaillissantes.

Cours Supérieur

1. — Dans l'air, les corps tombent d'autant plus vite qu'ils sont plus lourds.

2. — La *vitesse* d'un corps qui tombe augmente avec la hauteur de la chute.

3. — On appelle *poids* la pression qu'un corps exerce sur ce qui s'oppose à sa chute.

4. — Tout *levier* est une barre rigide qui peut tourner autour d'un de ses points.

5. — Le levier d'une balance a deux bras égaux ; il repose sur le couteau et supporte deux plateaux.

6. — Le levier d'une bascule a deux bras inégaux : l'un est dix fois plus long que l'autre ; le plus petit supporte le grand plateau, le plus grand, le petit plateau.

7. — La pression d'un liquide sur les parois des vases augmente avec la quantité : la *presse hydraulique*, qui sert à comprimer la paille, le foin, est une application de cette propriété.

8. — Toute poussée exercée sur un corps immergé dans un liquide est égal au poids du liquide déplacé : c'est ce qui détermine la flottaison.

9. — La construction des *aéromètres*, pèse-vin, pèse-lait, celle des bateaux, des navires, des vaisseaux, reposent sur ce principe.

Exercices d'observation

1. Pourquoi une même petite pierre tombant de deux hauteurs différentes produit-elle des chocs différents ? Quand le choc sera-t-il plus violent ? — 2. Pourquoi un fardeau placé sur une brouette, successivement à l'extrémité du brancard le plus près de vous, au milieu et à l'extrémité la plus éloignée, vous paraît-il différemment lourd dans les 3 positions ? Justifiez votre réponse. — 3. Qu'advient-il lorsque vous vous balancez aux extrémités d'une planche, reposant par son milieu sur une poutre, avec un camarade bien plus lourd que vous ? De quel côté reculez-vous la planche pour rétablir l'équilibre ? — 4. Pourquoi, lorsque vous achetez de l'huile au poids, l'épicier met-il des poids faisant équilibre à votre litre avant de l'emplir de liquide ? — 5. Pourquoi un vaisseau tout cuirassé d'acier n'enfonce-t-il pas dans la mer tandis qu'un simple clou jeté sur l'eau enfonce immédiatement ?

Rédactions

1. **Les leviers.** — A quoi servent-ils ? Ont-ils tous la même disposition ? Donnez des exemples de l'utilisation de chacun d'eux.

2. **La balance.** — Ecrivez à un camarade pour lui expliquer ce que c'est qu'une balance et comment on pèse les corps avec cet instrument. (C. E.)

3. **Le jet d'eau.** — On vient d'établir un jet d'eau sur la place de la Mairie ; indiquez les travaux que cela a nécessités, et dites comment et pourquoi le jet d'eau fonctionne. (C. E.)

Problèmes

1. — On déplace, à l'aide d'un levier, un bloc de marbre ayant 0ᵐ,80 de long, 0ᵐ,65 de large et 0ᵐ,42 d'épaisseur. Sachant que la densité du marbre est 2,8, calculer le poids du bloc ainsi déplacé.

2. — On place un sac de 78 kilogrammes sur le grand plateau d'une bascule. Quel poids devra-t-on mettre sur le petit plateau ?

3. — Un vase cylindrique rempli d'eau a un diamètre intérieur de 0ᵐ,15 sur une hauteur de 0ᵐ,50. Quelle est la pression exercée sur le fond de ce vase ?

EXPÉRIENCES A RÉALISER PAR LES ÉLÈVES

1. — Faire tomber une feuille de papier à l'état normal, puis roulée en boule. *Constater la différence de chute dans les 2 cas.*

2. — Découper une rondelle de papier de diamètre égal à celui d'un décime : 1° Abandonner les 2 corps de la même hauteur ; le *décime arrive à terre avant le papier* ; 2° placer la rondelle de papier sur le décime ; *les 2 corps arrivent en même temps à terre.*

3. — Mettre dans un verre : eau, huile, alcool, et constater la superposition des liquides.

4. — Mettre un œuf : 1° dans de l'eau pure ; 2° dans de l'eau salée ; 3° dans de l'eau très salée. Constater sa position dans les 3 cas.

5. — Construire un fil à plomb et s'en servir pour vérifier la verticalité des meubles de la maison.

6. — Avec une règle, du fil et du carton, construire une balance simple.

7. — Faire un jet d'eau avec un arrosoir plein d'eau, placé sur un tonneau, un tuyau partant de cet arrosoir et arrivant à terre.

Semis et plantations diverses

LEÇONS

I. — 1. Les plantes herbacées se reproduisent, naturellement, par semis de graines et, artificiellement, par plantations de tubercules, bulbes, éclats, œilletons, griffes, coulants et boutures. — **2.** Le semis de la graine a lieu à la volée, en lignes ou en poquets. — **3.** On plante les tubercules et les bulbes en poquets. — **4.** La griffe est placée sur le sommet d'une petite butte de terre, élevée dans une tranchée, destinée à cette plantation. — **5.** L'éclat, l'œilleton, le coulant, la bouture sont des parties de végétal détachées du pied-mère pour être repiquées en terre où elles prendront racine. — **6.** Les semis

et les plantations sont effectués en place ou en pépinière; la culture qui s'y rapporte est naturelle ou forcée.

II. — 1. La réussite d'un semis dépend de la qualité de la graine, de sa faculté germinative, de l'époque où il est effectué et de la préparation du sol. — **2.** Une bonne graine provient d'un porte-graines sain, vigoureux et résistant. On choisit les porte-graines par la sélection. La faculté germinative varie avec l'âge des graines; en général, plus elles sont jeunes, mieux elles valent. — **3.** Les semis ont lieu au printemps ou en automne; les semis d'automne demandent à être effectués de bonne heure. Une terre bien préparée doit être humide, aérée, bien égouttée, assez consistante et un peu tassée. Suivant les plantes que l'on cultive on sème dru ou clair. La profondeur moyenne d'un semis varie entre 5 et 8 fois le diamètre moyen de la graine. — **4.** Le terreautage des semis est recommandé, au printemps, quand il s'agit d'horticulture. — **5.** La graine germe sous l'influence de l'air, de l'eau et de la chaleur.

Questionnaire

I. — 1. Comment se reproduisent naturellement les plantes herbacées? — **2.** Citez leurs modes de reproduction artificielle. — **3.** Qu'est-ce qu'un semis en ligne? en poquet? à la volée? — **4.** Définir les mots: tubercules, bulbes, éclats, œilletons, griffes, coulants, boutures. — **5.** Qu'appelle-t-on pied-mère? — **6.** Qu'est-ce que semer en place? en pépinière? — **7.** Qu'appelle-t-on culture naturelle? culture forcée?

II. — 1. De quoi dépend la réussite d'un semis? — **2.** Qu'appelle-t-on faculté germinative d'une graine? — **3.** Qu'appelle-t-on porte-graines? — **4.** Définir le mot sélection. — **5.** Comment pratique-t-on cette opération? — **6.** L'âge des graines est-il à considérer lorsque l'on sème? pourquoi? — **7.** Quel est l'effet d'un semis clair? d'un semis dru? d'un semis profond? d'un semis hâtif? d'un semis tardif? — **8.** Quelles sont les conditions nécessaires à une bonne germination?

Rédactions

1. Reproduction des végétaux. — Faites connaître, en donnant quelques détails sur chacun d'eux, les divers procédés pour la reproduction des végétaux. **C.E.**

2. La graine. — Ses parties, leur rôle, qualités d'une bonne graine. Quels soins donne-t-on à certaines graines avant de les semer? **C.E. Oise**

3. De la sélection des graines. — Est-il possible d'augmenter le rendement du blé et de l'avoine par la sélection des grains de semence? Comment peut se faire cette sélection?

Problèmes

I. 1. Largeur d'un ensemencement. — Un cultivateur possède 45 kg. de graine de trèfle qu'il désire ensemencer, à raison de 20 kg. par hectare, dans un terrain de 175^m de longueur. Sur quelle largeur doit-il faire l'ensemencement pour employer la graine? **C.E. Tours**

2. Plantation de tubercules. L'hectolitre de pommes de terre pèse en moyenne 80 kg.; à combien revient la plantation de 2 carrés d'un jardin, ayant chacun 2^a 25^{ca} de superficie, si l'on emploie environ 25 litres de pommes de terre par are et si le kg. de tubercules est payé 0f.12.

II. 3. Chaulage du blé. — La préparation du blé de semence, par le chaulage, augmente le volume de la semence d'environ 16^l,5 par hectolitre. Si l'on désire semer par hectare 180^l de blé naturel, combien devra-t-on employer de blé chaulé?

4. Avantage du semoir. — Quand on se sert du semoir, il faut, par hectare 1 h^l 1/2 de blé, tandis qu'à la volée on emploie 200 litres. Quelle économie réalisera-t-on, par l'emploi du semoir, pour un terrain de 75 ares, sachant que le blé de semence coûte 50 fr. les 100 kg. et que l'hectolitre pèse 80 kg.?

1. — Équilibre des bateaux

Tout corps plongé dans un liquide y perd une partie de son poids égale au poids du liquide déplacé.

Ainsi une masse de liège de 1 kilog. déplace toujours un litre d'eau ; un bateau de 100 tonneaux ou de 100.000 kilog. déplace toujours 100 mètres cubes d'eau ; et un vaisseau de 1.000 tonnes ou 1.000 tonneaux déplace toujours 1.000 mètres cubes d'eau, c'est-à-dire que la portion de son volume qui est au-dessous de la flottaison est de 1.000 mètres cubes.

S'il est allégé, par exemple, de 10 hommes pesant chacun 100 kilog., bagages compris, son poids est diminué de 1.000 kilog. et la nouvelle surface de flottaison est au-dessous de la première, à une distance telle que le volume qui s'est élevé au-dessus de l'eau soit de 1 mètre cube. Chaque 1.000 kilog., que l'on ajoute ou que l'on ôte à son chargement, lui fait déplacer 1 mètre cube d'eau de plus ou de moins. Donc, dans une barque, chaque passager qui entre ou qui sort fait qu'elle s'enfonce ou se relève d'autant de décimètres cubes qu'il pèse de kilogrammes.

2. — Pesée exacte des corps

Peu de balances satisfont complètement aux conditions de justesse ; aussi n'obtient-on que le poids approché d'un corps en le plaçant dans l'un des bassins et en lui faisant équilibre par des poids marqués placés dans l'autre. C'est cependant ainsi qu'on opère d'habitude, parce qu'on n'a pas toujours besoin d'exprimer les poids avec une grande précision. Quand on veut obtenir le poids exact d'un corps, il faut recourir à la double pesée : on place le corps dans l'un des plateaux ; on lui fait équilibre avec de la grenaille de plomb ou tout autre objet placé dans l'autre plateau : c'est ce qu'on appelle faire la tare ; on enlève le corps et on met à sa place des poids marqués jusqu'à ramener l'équilibre ; ces poids marqués représentent rigoureusement le poids du corps, puisque dans la même circonstance, ils produisent le même effet que lui.

3. — Moyens d'obtenir de bonnes semences

Parmi les perfectionnements que la plupart des cultivateurs peuvent introduire dans la production de leur blé, celui qui donnera le plus de profit, celui qui en abaissera le prix de revient de la manière la plus certaine, parce qu'il permet d'en augmenter, à peu de frais, le produit brut dans une proportion souvent considérable, c'est le choix de variétés bien appropriées au climat et aux terres de leur ferme.

Avant d'importer dans sa ferme de nouvelles variétés, il faut commencer par tirer le meilleur parti possible de celles que l'on a l'habitude d'y cultiver. Il faut chercher à les améliorer par la sélection, en choisissant non pas seulement les plus beaux grains, mais les grains provenant des plus beaux épis et des plantes qui ont à la fois le plus de beaux épis et une paille assez forte pour les porter, sans être exposée à la verse. C'est la méthode la plus sûre et la plus économique pour se procurer de bonnes semences.

Ce qu'il y a de mieux, c'est de faire son choix sur les plantes, encore debout, avant la moisson, et de donner la préférence à celles qui sont bien saines, avec deux ou trois tiges aussi égales que possible, à paille forte, surmontées d'épis longs et bien remplis. Sinon, on peut encore arriver à d'excellents résultats en faisant couper, sur le blé en javelles ou déjà lié en gerbes, par des femmes ou des enfants intelligents, les plus beaux épis, puis en les faisant battre ou égrener à part et semer dans un bon coin de terre. En choisissant ainsi chaque année de quoi faire une dizaine de litres, on en aura l'année suivante assez pour ensemencer un hectare, et, en continuant avec persévérance cette méthode de sélection, on sera certain d'obtenir les blés les mieux adaptés au sol et au climat de l'ensemble de la ferme.

E. RISLER
Physiologie et culture du blé

4. — Moyen de reconnaître la faculté germinative des plantes

Au moment de faire les semailles de printemps, il est important de s'assurer si les semences que l'on se propose de confier à la terre offrent les qualités germinatives que l'on doit en attendre. Voici un moyen très commode de le reconnaître, moyen dont les résultats sont certains.

On garnit le fond d'une soucoupe de deux morceaux de drap un peu épais, que l'on a humectés à l'avance et que l'on place l'un sur l'autre. On répand par dessus un certain nombre de graines en les espaçant de manière à ce qu'elles ne se touchent pas. On les recouvre d'une troisième pièce de drap humectée comme les premières. On place la soucoupe dans un lieu modérément chauffé, comme sur la tablette d'une cheminée ou dans le voisinage d'un poêle. Quand l'étoffe supérieure commence à se dessécher, on verse un peu d'eau pour humecter les trois morceaux de drap, mais pas assez pour que les graines plongent dans l'eau. On s'en assure facilement en inclinant la soucoupe pour faire écouler le liquide en excès.

En soulevant l'étoffe supérieure, on observe chaque jour la marche que suivent les graines en se gonflant, en poussant leurs germes au dehors, ou se couvrant de moisissures, comme cela arrive au bout de peu de jours pour celles qui ont perdu leur faculté germinatrice. On voit très bien s'il y a de la graine vieille mélangée avec de la nouvelle, celle-ci germant plus promptement. De cette façon, on peut juger si la semence germe à moitié ou aux trois quarts, et augmenter dans la même proportion la quantité à semer. Certaines semences, comme celles de luzerne, de trèfle, de laitue, montrent leur germe dès le troisième jour, si elles sont nouvelles. D'autres mettent quelques jours de plus ; mais tant qu'on ne voit pas de moisissures se déclarer sur l'enveloppe des semences, on ne doit pas désespérer de leur germination.

Champagne agricole

La profondeur du semis influe sur la végétation des plantes

Influence de la profondeur du semis :

1-2. Bonne végétation. — 3. Végétation assez bonne. — 4. Végétation passable. — 5. Végétation médiocre. — 6. Végétation faible.

Reproduction de l'expérience

Matériel : Une caisse en bois. — Une planche percée de trous régulièrement espacés.
Milieu : Terre riche.
Graines : Maïs.
Conseils : Placer la planche obliquement; inclinaison de la figure ; déposer un grain de maïs dans chaque trou ; arroser en temps opportun.

Note à consigner sur le carnet agricole

Profondeur du semis	DATES		DATES		RÉSULTATS OBTENUS
	Semis	Levée	Étiolement	Maturité	
1. 2. 3., etc.					

Tableau de Renseignements
Composition moyenne d'une bonne semence *(sur cent graines fournies)*

ESPÈCES	Sont de la nature demandée	Peuvent germer	ESPÈCES	Sont de la nature demandée	Peuvent germer
Blé	93	95	Vesce	98	95
Seigle	98	95	Ray grass anglais	95	90
Orge	98	95	Fléole des prés	97	60
Avoine	98	95	Fétuque des prés	90	90
Maïs	93	85	Flouve odorante	85	25
Betteraves	97	80	Pâturin des prés	85	40
Carottes	90	75	Avoine jaunâtre	45	35
Trèfle hybride	98	75	Fromental	70	70
— incarnat	98	75	Dactyle	75	65
Luzerne commerce	93	90	Agrostis	70	75
Sainfoin	98	85	Chanvre	98	85
Pois	98	65	Lin	98	85

Devoir d'Agriculture locale : Préparation des semences et modes de semis.

On (1) régulièrement les semences à (2) ; d'où disparition presque complète de (3) dans les céréales. La quantité moyenne de lait de chaux utilisée par hectolitre de grain est de (4), celle de solution de sulfate de cuivre est de (5). Un autre progrès (6) quant aux modes de semis ; c'est l'emploi des semoirs ; on en compte maintenant (7) ici ; d'où une économie de semence évaluée au (8) de ce qu'on employait auparavant et une augmentation de récolte égale au (9) d'une récolte ordinaire. Les systèmes de semoirs les plus employés sont (10).

(1) Chaule ou sulfate. — (2) Nom du pays. — (3) De la carie ou du charbon. — (4) Moyenne, 5 à 6 litres, indiquer néanmoins la quantité employée à X. — (5) Moyenne, 6 litres. Même observation qu'en (4). — (6) Est réalisé, ou, est à réaliser. — (7) Indiquer le nombre connu à X. — (8) L'économie moyenne est de moitié ; dire celle réalisée à X. — (9) Indiquer l'augmentation réalisée par les cultivateurs de X. — (10) Nommer les systèmes vus en cours d'excursion.

NOTIONS DE PHYSIQUE

Pression atmosphérique. — Baromètre. — Pompes

LEÇONS

Cours Moyen

1. — L'air exerce une pression sur les corps : c'est la *pression atmosphérique*.

2. — Cette pression varie avec le lieu, la température, le degré d'humidité de l'air.

3. — On la mesure avec un *baromètre*.

4. — Cet instrument donne des indications sur les changements de temps.

5. — Il permet également de déterminer la hauteur d'une montagne.

6. — On distingue le *baromètre à mercure* et le *baromètre à cadran*.

7. — La pression atmosphérique fait monter les liquides dans les tubes plus ou moins complètement privés d'air.

8. — Les *pompes*, appareils destinés à élever principalement l'eau, sont des applications de ce principe.

9. — La plus employée est la pompe aspirante, mais on distingue encore des pompes foulantes, des pompes aspirantes et foulantes.

10. — Le *siphon* est un simple tube recourbé qui permet de transvaser un liquide sans déplacer le vase qui le contient.

11. — Les *ballons* montent dans l'air à cause de leur poids moins considérable que celui de l'air qu'ils déplacent.

Cours Supérieur

1. — La pression atmosphérique fait équilibre à une colonne de mercure ayant à peu près 76 centimètres de haut.

2. — Le *baromètre à mercure* repose sur cette loi.

3. — Tout baromètre à mercure comprend un tube fermé par le haut et une cuvette remplie de mercure.

4. — Le tube, dans lequel on a fait le vide, repose par sa base ouverte dans la cuvette ; il est gradué ou attaché à une planchette graduée.

5. — Sur cette planchette on remarque les inscriptions, de bas en haut : tempête, pluie, vent, variable, beau, beau fixe, très sec.

6. — Le mercure de la cuvette, monté dans le tube, s'arrête chaque jour en face d'une de ces indications et renseigne, de cette façon, sur le temps qu'il fera probablement.

7. — Dans le *baromètre métallique*, la pression s'exerce sur un tube de laiton évidé contenu dans une boîte métallique.

8. — L'extrémité de ce tube fait mouvoir une aiguille sur un cadran extérieur portant les mêmes indications que la planchette du baromètre à tube.

9. — Les parties essentielles d'une *pompe* sont : le tuyau d'aspiration, le corps de pompe, le piston, le balancier, le tuyau d'écoulement, les soupapes.

Exercices d'observation

1. Pourquoi le mercure du baromètre monte-t-il dans le beau temps et baisse-t-il dans le mauvais ? — 2. Doit-on croire l'aéronaute lorsqu'il dit que le baromètre baisse au fur et à mesure que le ballon s'élève dans l'atmosphère ? Sur quoi repose la véracité de l'affirmation ? — 3. La pompe de la maison vous parait-elle aussi difficile à manœuvrer lorsque l'eau se met à couler qu'au premier coup de balancier ? Justifiez votre réponse. — 4. Pourquoi le vin contenu dans une pipette ne tombe-t-il que si l'on retire le doigt de l'ouverture supérieure de la pipette ? — 5. Comment peut-on emplir un baril avec du vin contenu dans un gros fût sans l'intermédiaire de robinets, brocs, entonnoirs, en utilisant simplement les 2 trous de bonde des fûts et sans déplacement des tonneaux ?

Rédactions

1. La pompe. — Faites la description de la pompe de la maison ou de l'école et dites pourquoi l'eau s'élève et se maintient dans cet appareil.

2. Le siphon. — Votre maître a construit un siphon. A l'aide de ce siphon, il fait communiquer 2 vases dont l'un était plein d'eau et l'autre n'en contenait que très peu. Que s'est-il produit ?

3. Le baromètre. — Vous écrivez à un ami pour lui dire ce que vous savez du baromètre, de son principe, de son utilité. (C. E., Corse.)

Problèmes

1. — Une colonne d'eau de 1 cmq. de base sur 10 m. 33 de hauteur est soutenue par la pression atmosphérique. Quel est le poids de cette colonne d'eau ? La densité du mercure étant de 13,6, dire la hauteur d'une colonne de mercure de 1 cmq. de base correspondant à cette colonne d'eau ?

2. — En vertu de la pression atmosphérique et de la densité de l'eau, une pompe aspirante simple ne peut élever ce liquide qu'à 10 m. de hauteur. Quel est le poids d'eau contenue dans le tuyau d'aspiration d'une pompe de 10 m. de hauteur sur 5 cm. de diamètre ? Pourrait-on, en prolongeant ce tuyau de 1 m. 75, extraire le pétrole d'une nappe sise à 11 m. 75 du niveau du sol, si la densité de ce liquide est 0,85 ?

3. — La masse d'air qui nous entoure exerce sur chaque centimètre carré de terre, d'eau, ou d'êtres vivants, une pression de 1 k.033, c'est ce qu'on nomme un atmosphère. Calculer la pression exercée sur 1 mq. 50, surface d'un homme de taille moyenne.

EXPÉRIENCES A RÉALISER PAR LES ÉLÈVES

1. — Faire tenir un décime contre son front.

2. — Faire tenir l'eau dans un verre renversé sur l'ouverture duquel on a placé préalablement une feuille de papier.

3. — Faire entrer un œuf dur, débarrassé de sa coquille, dans une carafe où l'on brûle vivement un peu de papier.

4. — Construire une seringue, avec deux tiges de sureau évidées, une baguette de noisetier et un peu d'étoupe : *idée de la pompe.*

5. — Construire un siphon avec 2 tiges de sureau bien évidées et un marron troué qui sert de raccord.

Semis, marcottage, bouturage, greffage, plantation à demeure

LEÇONS

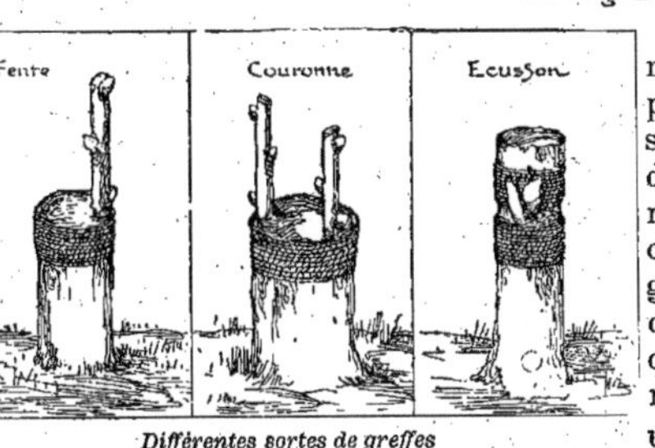

Différentes sortes de greffes

1ᵉ en fente   2ᵉ en couronne   3ᵉ en écusson

I. — **1.** Les plantes ligneuses se reproduisent, naturellement, par semis et, artificiellement, par marcottage, bouturage et greffage. — **2.** Le semis, effectué après stratification des graines, donne des arbres vigoureux mais aux fruits de médiocre qualité. — **3.** Marcotter ou provigner, c'est faire prendre racine à une branche du végétal non séparé du pied-mère. — **4.** Bouturer, c'est détacher de l'arbre un simple rameau qu'on met en terre pour lui faire prendre racine. — **5.** Greffer, c'est transporter un œil ou un rameau d'un végétal de bonne variété sur un autre végétal désigné sous le nom de sujet. — **6.** Planter à demeure, c'est mettre en place définitive un végétal modifié par la greffe.

II. — **1.** La stratification favorise la germination des graines à enveloppes dures. — **2.** On marcotte en l'air ou en terre; le marcottage est suivi du sevrage. — **3.** La bouture est dite simple, à talon ou à crossette. — **4.** Les greffes les plus employées sont la greffe en fente et la greffe en écusson, puis encore la greffe en couronne et la greffe par approche. La greffe en fente est une greffe par rameau; la greffe en écusson est une greffe par bourgeon. On écussonne à œil dormant ou à œil poussant. La réussite du greffage repose : 1º sur l'analogie du sujet et du greffon; 2º sur l'époque où elle est pratiquée; 3º sur le procédé employé pour assurer le contact des couches d'aubier et de liber du sujet et du greffon. On greffe sur franc, sur doucin, sur sainte-Lucie, sur cognassier. — **5.** La plantation à demeure comprend quatre opérations principales: le creusage du trou, la déplantation du sujet, l'habillage et la mise en place. On plante de mi-octobre à mi-mars. La réussite de la plantation repose : sur le choix de l'arbre, sur le volume du trou, sur la nature de la terre rapportée, sur le peu de profondeur auquel on enterre les racines.

Questionnaire

I. — **1.** Comment reproduit-on les plantes ligneuses? — **2.** Qu'appelle-t-on stratification des graines? — **3.** Qu'est-ce que marcotter? bouturer? — **4.** Comment sèvre-t-on une marcotte? — **5.** Quelle est l'utilité du greffage? — **6.** Qu'appelle-t-on plantation à demeure?

II. — **1.** Citez les différents modes de marcottage, de bouturage. — **2.** Qu'est-ce que le greffon? le sujet? l'écusson? — **3.** Quels sont les modes de greffe par rameaux? — **4.** Qu'est-ce que greffer sur franc? — **5.** Citer les autres porte-greffes. — **6.** Quelle différence y a-t-il entre l'écussonnage à œil poussant et celui à œil dormant? — **7.** Sur quoi repose la réussite d'un greffage? — **8.** Quelles sont les quatre opérations de la transplantation? — **9.** Sur quoi repose la réussite d'une plantation? — **10.** A quelle époque greffe-t-on? plante-t-on?

Rédactions

1. Plantation des arbres fruitiers. — Époque de la plantation. — 2. Précautions à prendre pour planter les arbres. — 3. Soins à donner aux plantations. — 4. Observations à propos des arbres élevés en pépinière.

2. Du greffage. — Ses avantages. — Que savez-vous sur les greffes, quels sont les principaux procédés du greffage?   C.E.

3. — **Bouturage et marcottage.** — Qu'entend-on par bouture et marcotte? Nommez des plantes qu'on peut reproduire par ces moyens.

Problèmes

I. 1. Coût d'une plantation d'arbres.— Un propriétaire fait planter des arbres fruitiers sur une longueur totale de 378 mètres; ces arbres sont espacés de 4ᵐ50 et coûtent 2fr. 50 pièce; la main d'œuvre atteint les 3/5 du prix d'achat des arbres. A combien revient la plantation?

2. Semis de noyaux; résultats. — Un écolier avait semé 276 noyaux de cerise; les 3/4 de ceux-ci ont germé et donné des levures que l'enfant a repiquées dans un coin du jardin paternel; il a greffé ces levures et, maintenant que 3 ans se sont écoulés, les 2/3 des sujets repiqués et greffés ont une valeur moyenne de 0fr.80. Quel petit capital s'est ainsi formé cet enfant?

II. 3. Ce que rapporte le greffage. — En greffant, dans ses loisirs, les sujets des propriétaires de la localité qu'il habite, un ouvrier s'est procuré, dans l'année, un gain supplémentaire de 52fr.30; en supposant que cette somme représente la moyenne de ce que ce travailleur peut gagner en plus annuellement, on demande au bout de combien d'années il pourrait acheter 18 fr. de rente 3 p. 0/0 au cours de 104fr.60.

4. Affaissement de la terre d'une plantation. — Pour planter un arbre on a creusé un trou à ouverture carrée de 1ᵐ40 de côté et de 0ᵐ90 de profondeur. Sachant que la terre en se tassant s'affaissera de 0ᵐ10 par mètre, on demande de calculer le volume de terre à apporter autour du pied de l'arbre, au-dessus du niveau du sol, pour que, après l'affaissement, il n'y ait plus aucun remblai à proximité du sujet.

1. — Le Baromètre.

Vous entendez tous les jours que l'on consulte le baromètre pour savoir s'il fera beau ou mauvais temps ; la pression de l'air varie en effet, suivant que cet air est humide ou sec, calme ou agité. On a observé ces variations sur le mercure du baromètre, et l'on a reconnu qu'elles étaient effectivement de nature à présager les changements qui pourraient arriver dans l'état de l'atmosphère.

Il ne faut pas croire, cependant, que le baromètre soit toujours un oracle, et vous avez sûrement entendu dire qu'il trompait quelquefois. En général, lorsque ces variations sont lentes, on ne peut guère en tirer de conséquence ; mais lorsqu'il passe subitement d'un état à un autre, il est rare que ces indications soient fausses. Lorsqu'il baisse, il annonce le vent et la pluie, quelquefois assez longtemps d'avance : et lorsqu'il monte rapidement, on peut, avec assez de certitude, compter sur le beau temps. Cette propriété en fait un instrument d'une grande utilité, soit pour les agriculteurs, lorsqu'il s'agit de retarder ou de hâter les travaux de la campagne, soit pour les voyageurs qui ont un grand intérêt à le consulter.

DE JUSSIEU.

2. — Le noyau de pêche.

Un écolier qui venait de manger une pêche en jeta le noyau sur le chemin. Un vieillard prit la peine de le ramasser et de l'enfouir dans un champ voisin. L'enfant le regarda faire et se mit à rire. Quelques années plus tard, notre écolier, devenu grand garçon, passait au même endroit. Il trouva, au lieu où le noyau avait été enfoui, un arbuste déjà feuillu et vigoureux. Le vieillard, encore à son poste, le taillait, l'échenillait, le soignait avec sollicitude.

Que de peine perdue, pensa l'adolescent, et il se remit en marche. Quelques années plus tard, l'adolescent, devenu homme, passait sur la même route. Il retrouva à la même place un arbre couvert de fruits. Le vieillard n'était pas là, mais son œuvre lui avait survécu. Le voyageur cueillit quelques pêches et, tout en calmant sa soif ardente, il rendit grâce à la prévoyance de celui qui d'un noyau avait fait un arbre.

ASSOLANT
C. E. Morbihan.

3. — Plantation d'arbres fruitiers

Chaque fois que la déplantation d'un arbre ne sera pas suivie immédiatement de sa replantation, supprimez le chevelu, voici pourquoi : l'inspection de ces filets qui garnissent une partie de l'étendue des racines principales fait voir qu'ils sont composés seulement d'un canal pour la sève et d'une écorce très fine. Après une heure d'exposition à l'air, ces organes capillaires sont complètement desséchés, et l'écorce détruite s'en détache au moindre contact. Si on les ouvre, l'aspect bruni de l'intérieur prouve avec la dernière évidence que l'organisation en est détruite. Ne pouvant plus fonctionner, leur présence est parfaitement inutile ; mais, de plus, si l'on veut y réfléchir, on verra qu'elle constitue un danger ; en effet, la grande abondance de chevelu fournie par certains arbres empêche la terre d'adhérer complètement à la racine, condition essentielle d'une bonne reprise, et par suite retarde le moment où, excitée par un léger mouvement de végétation, cette racine émettra un nouveau chevelu destiné à pomper la sève dont l'arbre a besoin pour végéter.

Bulletin de l'arrondissement de Reims.

4. — Avantages de la Greffe

Il est une manière de multiplier les végétaux qui, par les avantages singuliers qu'elle procure aux hommes, mérite bien que nous nous arrêtions à la considérer : c'est la greffe dont la première idée est due, peut-être, à l'union accidentelle de deux branches ou de deux fruits.

La greffe unit une portion de plante à une autre plante avec laquelle la première fait corps et continue de vivre. Quel que soit le mode employé, toutes ces opérations viennent pour le fond à la même chose, savoir, à transporter les sucs du sujet à la greffe, dans les vaisseaux de laquelle ils prennent des modifications différentes. Par cet art ingénieux, le jardinier change les fruits aigres, petits, mal venus, en fruits d'une grande beauté et d'un goût délicieux ; il rajeunit les arbres. Sur l'amandier, il cueille la pêche, la poire sur l'aubépine, et perfectionne sans cesse la nature dans les plantes qui par l'excellence de leurs fruits et de leurs fleurs, méritent le plus l'attention des hommes. Par la greffe, on voit un mauvais arbre se convertir en un bon, et un bon arbre se transformer en un plus parfait. Une plante tirée du fond des bois corrige son humeur sauvage et se défait quelquefois de ses épines dans la société d'une plante domestique. Celle-ci se perfectionne par le commerce qu'elle entretient avec une autre plus douce, entée sur elle ; peut-être même cette troisième acquiert-elle un nouveau degré de bonté lorsqu'on lui retranche son feuillage et qu'on la greffe sur elle-même. Il est agréable de voir l'horticulteur au milieu des plantes d'un jardin spacieux, occupé à réformer des naturels agrestes et revêches et n'y donner le droit de citoyens qu'à des sujets utiles : on le prendrait volontiers pour un législateur qui entreprend de civiliser tout un peuple sauvage.

COUSIN-DESPRÉAUX.

Multiplication des arbres fruitiers

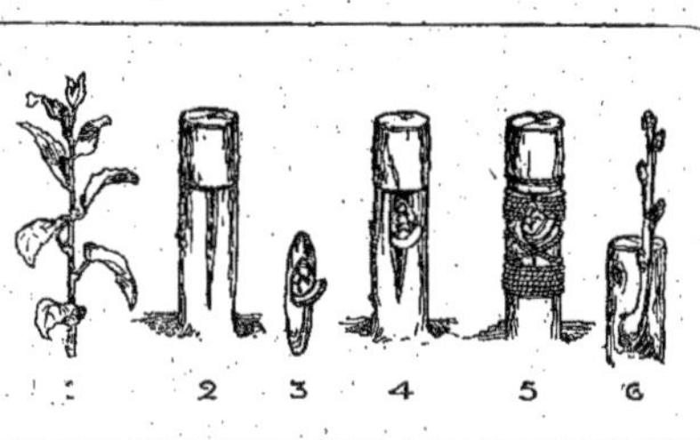

Greffe en écusson :
1. Tige pour prendre écusson. — 2. Sujet préparé. — 3. Écusson préparé. — 4. Écusson en place. — 5. Sujet ligaturé. — 6. Écusson développé.

Autres travaux arboricoles à exécuter :
Différents modes de greffage, de bouturage, de marcottage.

Reproduction de l'expérience

Matériel : Greffoir. — Onguent ou mastic. — Laine ou coton. — Fragment de tige avec bourgeons. — Sujet à greffer.

Conseils : Fendre l'écorce du sujet. — Préparer l'écusson. — L'introduire dans la fente. — Ligaturer légèrement. — Enduire de mastic la partie à vif.

Note à consigner sur le carnet agricole

Genre de sujet	Variété de greffe	Date de greffage	Date de reprise	Date des premiers fruits

Tableau de Renseignements
Modes de greffages, marcottages et bouturages

GREFFAGE				MARCOTTAGE		BOUTURAGE
SECTIONS	GROUPES	GENRES	ÉPOQUES	MODES	ESPÈCES	MODES
Par approche.	Groupe unique	Sylvain. Anglaise.	Commencement du printemps.	1° Simple...	Par drageons. En butte ou cépée. En archet. En serpenteaux.	Par rameaux. Par rameaux avec talon. Par crossettes. Par plançons.
Par rameaux.	1° En fente...	Simple. Double.	Printemps et septembre.			
	2° En couronne	Varin. Du Breuil.	Mars et avril.	2° Composé.	Par incision annulaire — double. — en Y. En l'air.	Par étranglement. Par ramées. Bouture semée (yeux). Par fragments de racines.
Par yeux.	En écusson ...	A œil dormant. A œil poussant.	Août. Mai-Juin.			

Maxime : La nature ne refuse rien au travailleur.

Devoir d'Agriculture locale : Les arbres fruitiers : multiplication

Dans la localité que j'habite on s'occupe particulièrement de la culture des (1) dont les produits sont (2). Chacun (3) sa pépinière. On multiplie et on améliore les diverses variétés par les méthodes de greffages dites en (4), en (4), etc. La première méthode se pratique au mois de (5), la seconde au mois de (5). Plus rarement, on multiplie les sujets par le marcottage dit par (6).

(1) Pommiers, poiriers, pruniers, cerisiers, pêchers, abricotiers, noyers, amandiers, orangers, oliviers. — (2) Vendus à l'état brut, transformés en cidre, poiré, eau-de-vie, huile. — (3) A ou devrait avoir. — (4). A l'aide du tableau et des renseignements locaux, indiquer les principales greffes pratiquées au pays. — (5) A l'aide du même tableau et de renseignements pris sur les lieux, dire les dates de chacun des modes de greffage pratiqués dans la localité. — (6) Couchage, cépée.

NOTIONS DE PHYSIQUE

Chaleur - Thermomètre
LEÇONS

Cours Moyen

1. — La *chaleur* cause les impressions de chaud et de froid.

2. — Un corps nous paraît chaud lorsque sa *température* est supérieure à la nôtre; il nous paraît froid dans le cas contraire.

3. — Généralement la chaleur est le résultat d'une *combustion*.

4. — La chaleur *dilate* les corps solides, liquides et gazeux; le refroidissement les *contracte*.

5. — Ces propriétés sont mises en pratique dans le cerclage des roues de voitures, dans la pose des rails de chemins de fer.

6. — C'est sur la *dilatation* des liquides que repose la construction du *thermomètre*.

7. — Cet appareil permet d'évaluer exactement la température des corps.

8. — Il est utilisé par les jardiniers et les horticulteurs qui le consultent en temps froid; les médecins s'en servent pour évaluer les degrés de fièvre d'un malade; il permet à chacun de régler la température des appartements.

9. La chaleur est indispensable à la germination et au développement des plantes; elle est donnée naturellement par le soleil, artificiellement par les couchés, les calorifères des serres.

Cours Supérieur

1. — Tout *thermomètre* est formé d'un seul tube fermé aux deux extrémités.

2. — La partie inférieure est élargie et porte le nom de réservoir; la partie supérieure, tube très étroit, est divisée en degrés.

3. — Ceux au-dessus du zéro indiquent la chaleur et se marquent par le signe (plus); les degrés au-dessous du zéro indiquent le froid et se marquent par le signe (moins).

4. — Le réservoir est rempli d'alcool ou de mercure.

5. — Ces liquides montent sous l'action de la chaleur et descendent sous l'action du froid.

6. — Quand on consulte le thermomètre il suffit de prendre note du degré correspondant au niveau supérieur du liquide.

7. — La chaleur est *absorbée* par les corps noirs : d'où l'application du terreautage sur les semis de printemps.

8. — La chaleur est renvoyée par les corps blancs: d'où les gelées fréquentes dans les terres blanchâtres.

9. — La chaleur lumineuse du soleil traverse le verre, devient chaleur obscure en pénétrant dans le sol et par suite ne peut plus se perdre par le chemin qu'elle a suivi en arrivant: l'application pratique de ce principe se trouve réalisée dans l'emploi des cloches en verre et châssis vitrés.

Exercices d'observation

1. — Pourquoi le maréchal chauffe-t-il le cercle d'une roue avant de le placer autour de la charpente en bois? — **2.** Qu'arriverait-il en été si les rails d'une voie de chemin de fer étaient posés exactement bout à bout?

Économie domestique. — Pourquoi une cave paraît-elle chaude en hiver et froide en été?

2. — Vous avez très froid aux mains et vous les lavez dans l'eau à la température ordinaire; dites quelle sensation vous produit ce liquide.

3. — Comment s'y prend-on pour ouvrir des flacons munis de bouchons de verre quand ils ne peuvent être ouverts à la main?

4. — Quels sont les avantages des doubles portes et des doubles fenêtres dans une maison?

5. — Pourquoi les étoffes de coton sont-elles préférées en été et celles de laine en hiver?

6. — Comment peut-on maintenir chaud pendant plusieurs heures le liquide bouillant d'une théière?

7. — Comment peut-on conserver de la glace en été?

Rédactions

1. Dilatation et Contraction. — Montrez par plusieurs exemples que les corps se dilatent sous l'influence de la chaleur et qu'ils se contractent par le froid.

C. E. (Calvados)

2. *Le thermomètre*: principe, construction, usages.

3. Votre ami Paul confond le thermomètre avec le baromètre. Dans une lettre que vous lui écrivez, vous lui expliquez la différence qui existe entre ces deux instruments, tant au point de vue de la construction qu'au point de vue des usages.

C. E. (Basses-Pyrénées).

Problèmes

1. — Une ligne de chemin de fer a 120 kilom. de long. Durant une journée d'été, la température a été supérieure de 10 degrés à celle du jour précédent. Calculer de quelle longueur les rails se seront allongés si une chaleur de 10 degrés allonge de 1mm. un rail de 8 mètres.

2. — En hiver, le thermomètre de la cour a marqué (moins) 13°. En été, il a marqué au soleil (plus) 37°. Quelle différence en degrés y a-t-il entre ces deux températures?

3. — 80° du thermomètre Réaumur équivalent à 100° du thermomètre centigrade. Quel nombre de degrés marque le thermomètre Réaumur quand le thermomètre centigrade marque 50° - 25° - 10°?

EXPÉRIENCES A RÉALISER PAR LES ÉLÈVES

1. — Frotter un bouton de cuivre, un porte-plume métallique — mettre la partie frottée dans le creux de la main. — *Chaleur ressentie.*

2. — Fabriquer un anneau en fil de fer de diamètre égal à celui d'un décime. — Essayer de faire passer le décime dans l'anneau : impossibilité. Faire chauffer l'anneau; le décime passe. — *Dilatation par la chaleur.*

3. — Tenir de la main droite un bâton, de la main gauche une règle en fer de même longueur. Placer les extrémités libres dans le même foyer : objet que l'on lâchera le premier. — *Conductibilité.*

Soins du Sol — Soins de la Plante — Arrosements
LEÇONS

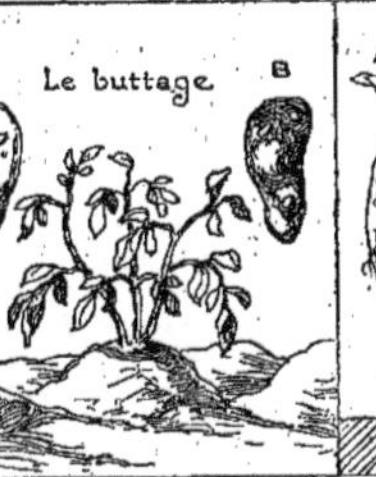

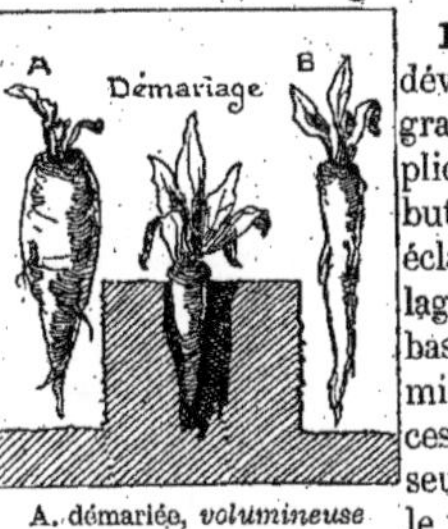

buttée B. non buttés (*verdie*)   A. démariée, *volumineuse*
B. non démariée, *frêle*

I. — **1.** Les soins d'entretien favorisent le développement et la maturité des plantes de grande et de petite culture. — **2.** Certains s'appliquent au sol : binage, sarclage, hersage et buttage. — **3.** D'autres s'appliquent aux plantes : éclaircissage, démariage, écimage, nouage, effeuillage. — **4.** Une troisième catégorie d'opérations : bassinage, mouillage, arrosement, donne l'humidité nécessaire au sol et aux plantes. — **5.** A ces divers travaux, mais pour l'horticulture seulement, s'ajoute la mise du paillis qui évite le tassement du sol et qui conserve la terre dans un état constant de fraîcheur.

I. — **1.** Les binages, sarclages et hersages brisent la croûte superficielle du sol, ce qui empêche la perdition de l'humidité de la terre et facilite la pénétration de l'air; ils détruisent en outre les plantes nuisibles. Le buttage excite la formation des racines adventives qui ajoutent leur action à celle des racines ordinaires. — **2.** Les éclaircissages et les démariages favorisent le développement normal des plantes-racines. L'écimage, le nouage, l'effeuillage activent la maturité des grains, des bulbes et des fruits. — **3.** Le bassinage épand l'eau sur les feuilles des plantes, enlève la poussière et régularise ainsi la respiration en empêchant la fermeture des bouches ou stomates. Le mouillage donne l'eau aux plants qui viennent d'être mis en place et assure leur reprise. L'arrosage entretient l'humidité du sol en temps de sécheresse; il fournit l'eau nécessaire à la constitution des plantes; il dissout les engrais. — **4.** Aux soins d'entretien des végétaux herbacés se rattachent: l'emploi d'engrais en dissolution, l'application des mesures préventives contre les insectes et les maladies parasitaires et l'usage des abris contre les effets du froid ou de la gelée.

Questionnaire

I. — **1.** Quel est l'effet des soins d'entretien donnés aux plantes herbacées? — **2.** Définir les mots: binage, sarclage, buttage. — **3.** Quels instruments nécessitent ces travaux? — **4.** Définir les mots: éclaircissage, démariage, écimage, nouage, effeuillage. — **5.** Comment donne-t-on de l'humidité au sol et à la plante? — Qu'est-ce que le paillis?

II. — **1.** Qu'arrive-t-il lorsque la croûte superficielle du sol se trouve ameublie? — **2.** Quel est l'effet particulier du buttage? des éclaircissages? du démariage? — Comment active-t-on la maturité de certaines plantes? — **4.** Quels sont les résultats: 1° du bassinage; 2° du mouillage; 3° de l'arrosage? — **6.** Qu'appelle-t-on engrais en dissolution? — **7.** Dites ce que vous entendez par traitements préventifs. Citez-en quelques-uns.

Rédactions

1. Un bon conseil. — Ernest a toujours aimé l'agriculture et l'a bien étudiée; aussi son jardin est-il très beau. Émile, au contraire, a un vilain jardin où il ne récolte presque rien. Il se plaint à Ernest de son peu de réussite et lui demande conseil sur ce qu'il aurait à faire. — Racontez leur conversation, tout en énumérant particulièrement les bons conseils donnés par Ernest.

2. Destruction des plantes nuisibles. — Comment peut-on détruire les mousses dans les prairies? — Le sulfate de fer peut-il être employé pour détruire les végétations cryptogamiques qui recouvrent certains arbres? A quel état et dans quelle proportion l'emploie-t-on? — Par quel moyen peut-on détruire la cuscute qui envahit les trèfles et les luzernes?

Rédactions (suite)

3. Craintes de l'agriculteur. — 1° On est au printemps. La saison est belle mais sèche (description de la campagne) — 2° Les agriculteurs souhaitent qu'il pleuve. Pourquoi? — 3° Effets désastreux que pourrait avoir la sécheresse sur la fortune publique.

Problèmes

I. 1. Prix de revient d'un sarclage. — Le sarclage d'un H^are de carottes coûte 65 fr. Que doit-on à des ouvriers qui ont sarclé un champ rectangulaire de 147 mètres de long et dont la largeur est égale aux 2/3 de la longueur?

2. Coût d'un arrosage. — Que donnera-t-on à un ouvrier payé à raison de 0 fr.60 par are de terrain, s'il devait utiliser l'eau d'un bassin de 3^mc 69^dim de capacité et si le mètre carré de terrain devait recevoir 6 litres 2 décilitres d'eau?   C. E. (Ille-et-Vilaine)

II. 3. Toilette d'un jardin. — Un jardin a 48^m de longueur sur 28^m de largeur. On établit, sur chaque côté, une allée de 1^m50 de largeur que l'on recouvre d'une couche de sable de 4 cent. d'épaisseur. Quel sera le prix du sable ainsi répandu, si le mètre cube se paye 5 fr.25?

4. L'échardonnage. — En négligeant d'échardonner un champ d'avoine de 2 H^ares 8 ^ares le père l'Endormi a fait, sur sa récolte, une perte qu'il évalue, par hectare, à 3^Hl 50 de grain, du prix de 9 fr.75 l'hectolitre et à 450 kg. de paille, du prix de 5 fr. le quintal. De plus, les chardons coupés lorsqu'ils étaient encore tendres pouvaient fournir, par H^are, 290 kg. d'un fourrage capable de remplacer moitié de son poids de foin estimé à 7 fr.20 le quintal. — On demande combien le père l'Endormi aurait gagné par heure, en se livrant à un travail qui n'aurait exigé que 15 heures, s'il avait eu soin d'échardonner son champ.   C. E. (Orne)

Bons et mauvais conducteurs de la chaleur

La chaleur pénètre facilement dans certains corps et les échauffe loin des points qui sont directement chauffés, ce sont alors des *corps bons conducteurs* de la chaleur.

D'autres substances ne permettent pas à la chaleur de sortir des points que l'on échauffe directement. Ce sont les *corps mauvais conducteurs.*

Sont bons conducteurs tous les métaux : l'argent, le cuivre, l'or, le zinc, l'étain, le fer, le plomb, le platine. Les corps non métalliques, comme le verre, le marbre, la porcelaine, la poterie, le charbon, le bois, les substances pulvérulentes ou filamenteuses, les liquides et les gaz, sont, au contraire, mauvais conducteurs.

D'une façon générale, *tous les corps placés dans un même milieu accusent au thermomètre la même température,* bien que les uns nous semblent chauds et les autres froids : les différences d'impression résultent d'une différence dans la conductibilité.

Nous avons, en effet, devant nous une plaque de fer, un morceau de marbre, une planche, un chiffon de drap. La planche, le drap nous paraissent chauds, le marbre et le métal, au contraire, nous donnent une sensation de froid. Et, cependant, si bizarre que cela paraisse, métal, marbre, étoffe, bois, ont la même température, celle même de l'air de la salle. C'est que la planche et le drap ne prennent presque pas de chaleur à la main qui les touche, la partie touchée seule s'échauffe, tandis que le marbre et surtout le fer absor-

bent immédiatement beaucoup de calorique et tendent à s'échauffer dans toute leur masse aux dépens de notre main. Affaire de conductibilité et rien de plus. Aussi se gardera-t-on, pendant les grands froids, de saisir sans précaution un objet en métal. La perte de chaleur serait si vive que la peau se désorganiserait comme par l'effet d'une brûlure.

Un corps qui nous refroidit rapidement quand il est plus froid que nous, nous échauffe vite quand il est plus chaud ; il cède la chaleur avec la même facilité qu'il la prend ; et, par contre, *un corps qui, par sa faible conductibilité, ne peut soustraire de la chaleur et refroidir, ne peut non plus céder de la chaleur et réchauffer.*

Ainsi, la planche et le morceau de fer étant exposés l'un et l'autre aux mêmes rayons solaires, acquièrent la même température, et cependant, si nous les touchons, le bois ne nous fait éprouver rien de bien marqué, il cède peu de chaleur à la main ; le métal nous paraît brûlant, car il en cède beaucoup.

Les substances mauvaises conductrices empêchent les corps qu'elles enveloppent de perdre leur chaleur propre, et en même temps protègent contre la chaleur extérieure et s'opposent à l'échauffement.

Le burnous de laine de l'Arabe le garantit pendant le jour des rayons torrides du soleil africain, et, pendant la nuit, du refroidissement très grand, conséquence d'un ciel sans nuages.

Harmonie des plantes et des animaux

La nature a donné aux arbres du Midi un large feuillage pour servir aux animaux d'abri contre la chaleur. Elle s'est encore empressée de venir au secours de ces mêmes animaux ; elle les a recouverts d'une robe à poils ras, et de cette façon les a vêtus à la légère ; elle a, en outre, tapissé la terre qu'ils ont reçue pour habitation de fougères et de lianes vertes et les a ainsi tenus fraîchement.

Quant aux animaux du Nord, elle ne les a pas oubliés ; elle leur a donné pour toit les sapins toujours verts, dont les pyramides hautes et touffues écartent les neiges de leurs pieds, et dont les branches sont garnies de mousse ; pour litière, les mousses mêmes de la terre, qui ont en maints endroits plus d'un demi-pied d'épaisseur, et les feuilles molles et sèches d'un

grand nombre d'arbres, feuilles qui tombent précisément quand arrivent les jours froids ; enfin, pour provisions, les fruits qui sont tombés de ces mêmes arbres. Elle y a ajouté çà et là les grappes rouges des sorbiers, qui, brillant au loin sur la blancheur éblouissante des neiges, invitent les oiseaux à recourir à ces asiles ; en sorte que les perdrix, les coqs de bruyère, les lièvres, les écureuils se sont souvent abrités sous le même sapin, s'y sont logés, nourris et tenus chaudement. Mais un des plus grands bienfaits que la nature ait accordés aux animaux du Nord, c'est de les avoir vêtus d'une robe fourrée de poils longs et épais, qu'elle précisément fait croître en hiver et tomber l'été.

BERNARDIN DE SAINT-PIERRE.

L'enseignement agricole à la maison

Au besoin, on enseignerait l'agriculture sur sa fenêtre, rien qu'avec un pot de fleur. Il faut que le pot soit drainé, et il l'est au moyen d'un trou. Il faut que le fonctionnement du trou soit bien assuré ; on l'assure en le recouvrant de tessons ou morceaux de pots cassés. On y met ensuite la terre qui recouvre la plante ou la graine, et l'on a bien soin de l'émietter, de la diviser le plus possible, comme fait le cultivateur avec sa charrue et sa herse avant d'ensemencer ses champs. A la terre du pot, on ajoute de l'engrais, comme on en ajoute à la terre des champs. Avons-nous semé de la graine, nous l'enterrons avec les dents d'une fourchette en fer recourbée qui nous sert de

herse ; puis nous tassons la terre remuée en appuyant la main en guise de rouleau. La terre du pot se dessèche-t-elle au soleil et à l'air ? Nous l'arrosons. Pousse-t-il dans le pot des herbes inutiles et gourmandes ? Nous les enlevons comme on les enlève dans les champs par le sarclage. La terre du pot se durcit-elle à la surface ? Nous la remuons avec un morceau de bois ou une lame de couteau, comme on la remue au jardin avec le sarcloir, ou aux champs avec la herse à cheval.

JOIGNEAUX.

C. E. Fouesnant (Finistère) 1888.

Le Buttage — Maladies des Plantes

EXPÉRIENCE SUR L'INFLUENCE DU BUTTAGE

Tiges de maïs, *à gauche* : buttées.
Tiges de maïs, *à droite* : non buttées.

Reproduction de l'expérience

Milieu : 2 carrés du jardin.
Graines : maïs ou haricots.
Conseils : pratiquer le buttage sur un carré quand les tiges ont acquis 15 ou 20 centimètres. Ne pas pratiquer de buttage sur l'autre carré.

Notes à consigner sur le carnet agricole

PARCELLES	DATES			OBSERVATIONS	RENDEMENT :	
et surface	Semis	Levée	Buttage	sur la végétation	Graines	Tiges
1.						
2.						

Tableau de Renseignements : Traitements des maladies des plantes de grande culture

GROUPES	PLANTES	MALADIES	REMÈDES
1° Céréales	Blé ou	Carie..................	Chaulage ou sulfatage des graines
	Froment	Charbon..............	id.
	Seigle	Ergot	Triage parfait des semences
	Céréales diverses	Rouille	Destruction de l'épine-vinette
2° Plantes fourragères	Trèfle	Rhizoctone............	Creuser un fossé autour du carré atteint
	et	Cuscute..............	Fauchage ; incinération ; injection de sulfate de fer
3° Plantes sarclées	Luzerne	Orobanche............	Défrichement de la parcelle
	Pommes de	Frisolée	Injection avec dissolution de sulfate de cuivre
	terre	Peronospora infestans..	id.
4° Plantes industrielles	Lin	Cuscute	(comme trèfle et luzerne)
	et chanvre	Orobanche rameuse.....	id.

Devoir d'Agriculture locale : Maladies des plantes

Au cours des promenades agricoles faites, nous avons noté les remarques suivantes relatives à quelques maladies des plantes.

1° Le (1), vu un champ de (2) dont les épis étaient atteints de (3). — 2° A la date du (1), traversé un champ de (4) atteint de (5). — 3° En (1), cueilli des tiges de pommes de terre atteintes de (6). — 4° Enfin le (1), examiné une plantation de (7) dont les tiges dépérissaient sous les atteintes de (8).

(1) Dates des promenades qui ont dû être consignées sur un carnet de poche spécial -- (2) Blé, seigle, orge, avoine -- 3 Carie, charbon, rouille, ergot -- 4 Trèfle ou une luzerne -- 5 De cuscute ou d'orobanche -- 6 Frisolée ou de peronospora infestans -- (7) Lin ou de chanvre -- (8) La cuscute ou de l'orobanche rameuse.

NOTIONS DE PHYSIQUE

Vapeur d'eau. — Machine à vapeur. — Météorologie

LEÇONS

Cours Moyen

1. — Sous l'influence de la chaleur, un liquide passe à l'état gazeux : on dit alors qu'il y a *ébullition*.

2. — C'est ainsi que l'eau peut être transformée en *vapeur d'eau*.

3. — La vapeur d'eau a une très grande force.

4. — Cette force est utilisée dans les *machines à vapeur*.

5. — Ces machines sont fixes ou mobiles : elles entraînent les wagons, elles font avancer les navires, elles meuvent les charrues, les batteuses, l'outillage entier des établissements industriels.

6. — Les liquides exposés à l'air se transforment aussi en vapeur : on dit alors qu'il y a *évaporation*.

7. — L'évaporation augmente avec la sécheresse et la température de l'air ; elle est favorisée par les vents.

8. — Elle a lieu au-dessus des cours d'eau, des étangs, des lacs, des mers, des océans.

9. — Il y a alors production de vapeur d'eau, ce qui détermine les *brouillards* et les *nuages*.

10. — Sous l'influence du froid, les brouillards forment la *rosée*, la *gelée blanche* ; les nuages se résolvent en *pluie, neige* ou *grêle*.

Cours Supérieur

1. — L'*ébullition* transforme en vapeur toute la masse du liquide, d'une façon très rapide.

2. — L'eau bout à 100 degrés.

3. — L'*évaporation* transforme en vapeur la masse d'un liquide, d'une façon excessivement lente ; encore faut-il que cette masse soit peu profonde.

4. — Les parties essentielles d'une *machine à vapeur* sont : le foyer, la chaudière, le cylindre, le piston, les soupapes, les appareils changeant le mouvement de va-et-vient du piston en mouvement circulaire, les courroies de transmission.

5. — Les brouillards touchent le sol ; les nuages flottent dans l'atmosphère.

6. — Les uns et les autres se composent d'une infinité de gouttelettes très fines.

7. — Lorsque les gouttelettes des brouillards perlent sur les herbes, il y a rosée ; lorsque ces gouttelettes se solidifient sous l'action du froid, il y a gelée blanche.

8. — Lorsqu'un nuage se refroidit, ses gouttelettes grossissent et tombent : c'est la pluie.

9. — La neige se produit lorsque la température des nuages s'abaisse au moins à zéro.

10. — La grêle est due tout à la fois à l'abaissement de température et à l'électricité atmosphérique.

Exercices d'observation

1. Le pot-au-feu bout ; le couvercle de la marmite remue ; d'où provient la force qui produit ce mouvement ? — 2. Pourquoi la pluie tombe-t-elle en gouttelettes et non en masse ? — 3. Pourquoi les rayons du soleil font-ils disparaître le brouillard ? — 4. Pourquoi l'air que vous respirez paraît-il visible en hiver et non en été ? — 5. Essayez d'expliquer pourquoi les vents d'ouest amènent souvent la pluie.

Économie domestique. — Le café est servi très chaud dans une tasse. On le verse dans une soucoupe afin de le refroidir. A quoi attribuez-vous ce refroidissement plus rapide ? — Pourquoi le vent sèche-t-il les linges humides ? — Pourquoi ne ferme-t-on qu'avec des jalousies les séchoirs des blanchisseries ? — Pourquoi les personnes qui portent des vêtements imperméables trouvent-elles souvent tout trempés les vêtements qui sont en dessous ? — Pourquoi le pain devient-il dur lorsqu'il est conservé plusieurs jours ?

Rédactions

1. **La machine à vapeur.** — Parties essentielles d'une machine à vapeur. — Applications agricoles et industrielles des machines à vapeur.

2. **La rosée et la gelée blanche.** — Expliquer la formation de la rosée et de la gelée blanche, et en déduire que les deux phénomènes ont la même origine et ne diffèrent qu'à cause du degré de température. (C. E., Var.)

3. **La pluie.** — Sa formation, son utilité au point de vue de l'agriculture et de l'hygiène. — Désastres qu'elle cause parfois. (C. E.)

Problèmes

1. — 1 litre d'eau bouillante produit 1.630 litres de vapeur. — Quel volume de vapeur produirait l'eau bouillante d'une marmite cylindrique de 0 m. 32 de profondeur et de 0 m. 20 de diamètre intérieur ?

2. — A la température normale, une nappe d'eau laisse évaporer environ 1 litre d'eau par mq. Evaluer en litres d'eau l'évaporation d'un étang de 2 hectares 75 ares de superficie.

3. — 20 gouttes de pluie ordinaire donnent 1 cmc. d'eau. — Combien a-t-il fallu de gouttes de pluie pour emplir au cinquième un seau de 8 litres de capacité ?

4. — Une machine à vapeur dépense 43.200 kg. de houille en 60 jours. Par suite d'une amélioration apportée à la machine, la dépense en charbon se trouve réduite à 18 tonnes en 30 jours. Le quintal de houille coûtant 3 fr. 20, quelle est l'économie pour 305 jours de travail ?

EXPÉRIENCES A RÉALISER PAR LES ÉLÈVES

1. — Mettre de la sciure de bois dans une casserolle d'eau. Faire bouillir le liquide. Remarquer les courants montants et descendants dans un liquide en ébullition : *transformation en vapeur par ébullition*.

2. — Mettre de l'eau salée dans une assiette au soleil ou à l'air : le sel reste : *transformation en vapeur par évaporation*.

3. — Mettre une assiette froide au-dessus de la vapeur d'eau bouillante : *idée de la rosée*.

4. — Apporter dans la classe une bouteille remplie d'eau froide : elle se couvre de buée : *liquéfaction de la vapeur d'eau* de la classe, *idée du brouillard* qui rend les vêtements humides.

Taille. — Traitements préventifs.

LEÇONS

Pincement — Ébourgeonnage

I. — **1.** Tailler un arbre c'est supprimer un certain nombre de bourgeons pour régulariser la production en bois et en fruits, et hâter la maturité de ces derniers. — **2.** La taille modifie le mouvement de la sève. — **3.** La pratique rationnelle de la taille nécessite la connaissance des bourgeons et des productions fruitières. — **4.** On distingue des bourgeons à bois et des bourgeons à fruits; les premiers sont durs, étroits, de forme aiguë; les seconds sont souples, gros, renflés, ovoïdes. — **5.** Les productions fruitières comprennent : le dard, la lambourde, la bourse, la brindille pour les arbres à fruits à pépins; le bouquet de mai, la branche mixte, la branche chiffonne, la coursonne pour les arbres à fruits à noyaux. — **7.** On taille généralement deux fois : en été et en hiver. — **8.** Les traitements préventifs préservent les végétaux ligneux des insectes et des maladies parasitaires.

II. — **1.** Tout arbre fruitier soumis à la taille est dit en plein vent, en contre-espalier ou en espalier. Il peut affecter la forme de pyramide, de cône, de palmette, de cordon. — **2.** La taille d'hiver s'applique aux rameaux aoûtés et se pratique, quand la sève ne circule pas, à l'aide d'instruments tranchants. La taille d'été s'applique aux rameaux herbacés et se pratique le plus souvent avec les ongles ou avec les doigts. Les multiples opérations de la taille comprennent : l'ébourgeonnage, le pincement, le rognage, le palissage; le cran, la courbure, la torsion, le cassement; l'incision annulaire et l'effeuillage. — **3.** Les traitements préventifs les plus employés sont : le badigeonnage, le soufrage et le sulfatage. — Le badigeonnage s'applique sur les troncs et sur les branches pour détruire la mousse et les insectes. — Le soufrage et le sulfatage se pratiquent sur les feuilles et sur les rameaux herbacés contre le mildiou et l'oïdium. — **4.** Aux soins d'entretien des végétaux ligneux se rattache l'emploi des différents modes d'abris contre les intempéries.

Questionnaire

I. — 1. Qu'appelle-t-on bourgeons? — 2. Qu'est-ce que tailler un arbre? — 3. Quels sont les résultats de la taille? — 4. Faites la description : 1° d'un bourgeon à bois; 2° d'un bourgeon à fruits. — 5. Définir et décrire succinctement les productions fruitières. — 6. Combien connaissez-vous de sortes de tailles? — 7. Qu'appelle-t-on maladies parasitaires?

II. — 1. Qu'est-ce qu'un arbre en plein vent? en espalier? en contre-espalier? — 2. Quelles formes peuvent affecter les arbres taillés? — 3. Qu'est-ce qu'un rameau aoûté? — 4. Citez les instruments qui servent à la taille d'hiver? — 5. Qu'est-ce qu'un rameau herbacé? — 6. Citez toutes les opérations de la taille d'été et définissez chacune d'elles. — 7. Quels traitements préventifs connaissez-vous? — 8. Où et contre quoi se pratiquent-ils? — 9. Quels modes d'abris connaissez-vous? — 10. Pourquoi la taille modifie-t-elle le mouvement de la sève.

Rédactions

1. **Les bourgeons et la sève.** — Décrivez les canaux dans lesquels circule la sève. — Qu'est-ce que la sève? Comment circule-t-elle dans les plantes? — Où sont situés les bourgeons? — Comment sont-ils constitués?

2. **La taille des arbres fruitiers.** — Du but de la taille. — Époque à laquelle on taille les arbres fruitiers. — Les principaux éléments fructifères; des soins à leur donner. — Le pinçage et la taille en vert.

3. **L'échenillage.** — Le moment de l'échenillage approche. — Comment on procède pour écheniller les arbres à haute tige. — Sur les arbres de petite di-

Rédactions (Suite)

mension l'échenillage se fait au moment de la taille d'hiver. — Œufs des papillons. — L'échenillage est obligatoire. — Pourquoi les cultivateurs doivent protéger les oiseaux?

Problèmes

I. — **1. Gain dû au rognage de la vigne.** — Une famille est employée durant une semaine, dimanche excepté, au rognage de la vigne; le père reçoit 4 fr. 50 par jour, la mère les 4/5 du gain journalier de son mari et deux jeunes filles, chacune les 2/3 de ce que gagne leur père. Calculer le gain hebdomadaire de cette famille.

2. Calcul d'une surface à palisser d'espaliers. — Les murs d'un jardin rectangulaire ont, pour les grands côtés, 42ᵐ de long sur 3ᵐ de haut, et pour les petits côtés, 25ᵐ de long sur la même hauteur; quelle surface pourrait-on palisser en espalier, si l'on admet que le palissage ne couvrira que les 5/6 de la superficie totale des murs?

II. — **3. Taillez vos arbres.** — Un pépiniériste a vendu, avec 25 p. 0/0 de perte, 36 abricotiers qu'il devait disposer en palmettes dont il aurait dû tirer 2 fr. 75 pièce et qu'il a omis de tailler régulièrement, et avec 20 p. 0/0 de perte, 40 poiriers, forme pyramide, qu'il aurait dû également vendre 3 fr. 50 pièce et dont la taille a été peu soignée. Dites : 1° Quelle est la perte totale causée par sa négligence? 2° Quelle est la perte moyenne pour cent?

4. Ce que gagne un élagueur. — Un élagueur en forêt reçoit en moyenne 0 fr. 05 pour faire l'élagage d'un arbre; sachant que dans la même semaine il a élagué 390 chênes, les 2/3 de ce nombre de bouleaux, la 1/2 du nombre des chênes en hêtres et 39 charmes, on demande, en ne considérant la semaine que de 6 jours, de calculer : 1° son gain journalier; 2° ce que rapporterait à 3 p. 0/0 le gain de 5 semaines correspondant à celle-ci.

1. — La machine à vapeur

Regardez sans terreur, sous ses noires écailles,
Du monstre obéissant palpiter les entrailles !
Son cœur est un brasier, béant comme l'enfer,
Et l'onde qui l'abreuve, en vapeur dilatée,
    D'une haleine précipitée
    Soulève ses poumons de fer.

Quel coursier chimérique et dévorant l'espace,
Quel dragon dans son vol, quel aigle le dépasse ?
Soit que des longs railways il suive les réseaux,
Ou qu'ébréchant les flancs des larges promontoires,
    Il fasse, au coup de ses nageoires,
    Une tempête sur les eaux.

Quand l'hydre aux mille anneaux, dans les plaines, ram-
Roule d'énormes chars un convoi qui serpente, [pante,
Lorsque au loin, dans le ciel, sa tête rouge a lui,
A sa masse, à son bruit de lave souterraine
    On dirait un volcan qui traîne
    La chaîne des monts après lui.

Et le monstre, docile aux caprices de l'homme
Se plie aux vils travaux de la bête de somme :
Naguère il poursuivait le mobile horizon ;
Il va, bientôt, aveugle et le mors dans la gueule,
    Tourner une incessante meule
    Dans l'atelier morne prison ;

Ou bien, près du cratère où la fonte s'allume
De son bras de cyclope il fait sur une enclume
Bondir, à temps égal, les noirs et lourds marteaux ;
Ou puisant au milieu de la lave qui coule,
    Il sait dans les contours du moule
    Pétrir du doigt les durs métaux.

Il a tourné la roue et mû l'agile rame ;
Sur le métier soyeux où l'écharpe se trame
Il conduit la navette, et des fibres du lin
La vierge aux doigts légers, qu'à sa lèvre elle mouille,
    Sur le fuseau de sa quenouille
    Forme un fil moins souple et moins fin.

Victor de LAPRADE. (Hetzel, édit.)

2. — Brouillards et nuages

Tant que l'eau, réduite à l'état de vapeur, se trouve mêlée à l'air de l'atmosphère, elle ne trouble point la transparence de ce fluide, et y est, par conséquent, imperceptible. Elle y séjourne ainsi jusqu'à ce que, de nouvelles causes venant à agir, elle reprenne son premier état. Alors cette vapeur, redevenant liquide, commence par former de petits globules d'eau, creux dans leur intérieur, et qui sont assez légers pour pouvoir se soutenir dans l'air, comme s'y soutient quelquefois une bulle de savon. Ces globules, en se formant, se rapprochent, se rassemblent en masses visibles et mobiles, qui troublent la transparence de l'air, et qu'on voit se mouvoir, changer de figure et suivre l'impulsion du vent. Ces masses, lorsqu'elles sont près de terre, sont ce qu'on nomme les *brouillards*, et elles présentent quelquefois un assez beau spectacle dans les pays de montagnes. Dans ces pays, il arrive souvent qu'en gravissant un lieu escarpé on se trouve au-dessus de la région des brouillards ; on retrouve alors sur sa tête un ciel pur et un soleil brillant, tandis qu'on voit au-dessous de soi les brouillards se promener dans les vallées, ou bien les remplir entièrement, comme une mer au-dessus de laquelle s'élèvent, semblables à des îles, les sommets des montagnes.

Lorsque ces mêmes globules d'eau, qui se séparent ainsi de l'air, sont assez légers pour pouvoir se soutenir à une certaine hauteur dans l'atmosphère, ils y forment ce qu'on appelle des *nuages*.

DE JUSSIEU.

3. — Influences diverses sur la fructification

Les arbres à fruits, pour produire, ont besoin d'espace, d'air et de soleil ; trop rapprochés les uns des autres, ils ne donnent que des récoltes peu abondantes. Soit que les racines dans le sol se disputent les principes utiles à la fructification, soit par d'autres causes que nous ignorons, les arbres, surtout ceux des espèces vigoureuses, poussent du bois, mais en général produisent peu de fruits, lorsque leurs branches ou leurs racines se rencontrent dans l'air ou dans le sol.

Les branches d'un même arbre ont aussi besoin de pouvoir se développer librement dans l'atmosphère sans se trouver contrariées par le contact immédiat des branches voisines ; les arbres fruitiers trop touffus restent à peu près stériles.

Si l'air est indispensable à l'abondance des récoltes, le libre accès du soleil n'est pas moins nécessaire. A l'ombre, les arbres poussent du bois, mais donnent très peu de fruits ; à mi-ombre, le même inconvénient reste proportionnel et se manifeste surtout sur les bourgeons fructifères intérieurs

(*Bulletin de la Société d'Horticulture de Reims.*)

Maxime

Le défaut de soin fait plus de tort que le défaut de savoir.

Taille des arbres. — Leur traitement

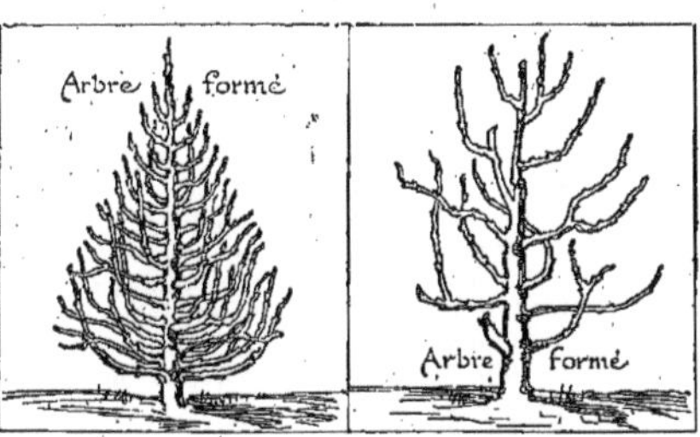

Résultat de bonne taille. Résultat de mauvaise taille.

Travaux arboricoles. — Taille des arbres.

Matériel : Sécateur, serpette, scie, onguent ou mastic, raphia ou brins d'osier.

Conseils : Faire couper à l'aide d'instruments (taille d'hiver), des ongles (taille d'été), faire casser, courber, ligaturer, palisser, recouvrir d'onguent, etc.

Tableau de Renseignements

Composition des solutions destinées à injecter les végétaux ligneux

DISSOLUTIONS	COMPOSITION MOYENNE	PRÉPARATION
Bouillie bordelaise	Sulfate de cuivre, 2 ou 3 kg..... Chaux en pierre, 1 ou 1 kg. 5.. Eau, 100¹	1. Dissoudre le sulfate de cuivre avec l'eau chaude. 2. Préparer un lait de chaux. 3. Verser le lait de chaux dans la dissolution cuprique.
Bouillie sucrée	Sulfate de cuivre, 2 kg........ Chaux en pierre, 1 kg......... Mélasse, 0 kg. 500........... Eau, 100¹	1. Dissoudre le sulfate de cuivre dans l'eau. 2. Dissoudre dans 5 ou 6 l. d'eau et ajouter la mélasse. 3. Verser dans la dissolution cuprique.
Eau céleste	Sulfate de cuivre, 1 kg........ Ammoniaque ordinaire, 1 l. 1/2. Eau, 100¹	1. Dissoudre le sulfate de cuivre dans l'eau chaude. 2. Verser l'ammoniaque dans la dissolution cuprique refroidie. 3. Ajouter de l'eau.
Bouillie bourguignonne	Sulfate de cuivre, 2 kg........ Carbonate de soude, 1 kg. 1/2.. Eau, 100¹	1. Dissoudre le sulfate de cuivre dans l'eau bouillante. 2. Dissoudre le carbonate de soude dans l'eau. 3. Ajouter lentement à dissolution cuprique en agitant avec bois.
Verdet	Verdet gris, 1 kg............. Eau, 100¹	1. Faire macérer le verdet dans 15 l. d'eau, 48 heures. 2. Ajouter complément d'eau, 85 l.

Maxime : *Le défaut de soin fait plus de tort que le défaut de savoir.* — (Franklin)

Devoir d'Horticulture locale : La taille et la forme des arbres

A (1) on pratique la taille d'hiver à partir du (2) ; elle s'applique aux diverses essences fruitières (3), cultivées ici à (4). C'est grâce à cette taille, complétée par celle d'été, que l'on donne aux pommiers les formes de (5), aux poiriers celles de (6), aux pêchers les formes de (7), aux abricotiers celles de (8), aux cerisiers les formes de (9), et enfin aux pruniers celles de (10).

(1) Nom du pays. — (2) Indiquer la date habituelle à laquelle on commence à tailler à X. — (3) Pommiers, poiriers, pêchers, abricotiers, pruniers, cerisiers, etc. — (4) A basse tige, en espalier, en contre-espalier. — (5) Gobelet, cordon horizontal. — (6) Cône, pyramide, vase, cordon vertical, cordon horizontal, palmette Verrier. — (7) Cordon oblique simple, cordon vertical, palmette Verrier. — (8) Comme le pêcher. — (9) et (10) Arbres à haute tige.

NOTIONS DE PHYSIQUE

La lumière
LEÇONS

Cours Moyen

1. — La *lumière* rend les objets sensibles à la vue.

2. — Elle provient des corps lumineux : soleil, bougie, lampe, etc.

3. — La lumière se *propage* en ligne droite avec la plus grande vitesse ; elle forme des *rayons lumineux*.

4. — Les rayons lumineux se *réfléchissent* lorsqu'ils rencontrent une surface polie : c'est le principe des *miroirs*.

5. — Les rayons lumineux changent de direction lorsqu'ils passent d'un corps transparent dans un autre : c'est le principe de la *réfraction*.

6. — Les *lentilles* concentrent au même point les rayons lumineux : c'est sur ce principe que repose la construction des *loupes, lunettes, microscopes*.

7. — La lumière est une des premières conditions de la vie pour les plantes.

8. — Lorsque les végétaux en sont privés, ils perdent leur matière verte et s'étiolent.

9. — La lumière n'est pas moins importante pour les animaux domestiques.

10. — Ils sont faibles, maladifs, anémiques, lorsqu'ils habitent des locaux privés de lumière solaire.

Cours Supérieur

1. — La *réfraction* décompose la lumière blanche.

2. — Il en résulte les sept couleurs suivantes : violet, indigo, bleu, vert, jaune, orangé, rouge.

3. — La réfraction de la lumière solaire à travers les gouttes de pluie forme *l'arc-en-ciel*.

4. — Les *lentilles* sont de deux sortes : les unes, bombées, qui grossissent les objets ; les autres, creusées, qui les rapetissent.

5. — La *loupe* grossit les objets rapprochés ; il en est de même du *microscope* ; la *lunette d'approche* grossit les objets éloignés ; tous ces instruments sont formés de lentilles bombées.

6. — Il y a des lunettes destinées à corriger les défauts de la vue ; les myopes en portent dont les verres sont creusés ; les presbytes en portent dont les verres sont bombés.

7. — Les appareils photographiques, les lanternes magiques, les appareils à projections sont d'autres applications de la lumière et des lentilles.

8. — La croissance d'un végétal est en rapport avec la lumière qu'il reçoit.

9. — Semer dru, planter touffu, empêchent le développement en diamètre des tiges et des troncs et excitent trop fortement le développement en hauteur.

Exercices d'observation

1. — Pourquoi votre grand-père éloigne-t-il son livre de ses yeux lorsqu'il lit sans lunettes ? — 2. De quelles espèces de lunettes ont besoin les myopes ? les presbytes ? — 3. Vous placez le doigt près de l'œil gauche et vous vous regardez dans une glace. De quel coté paraît votre doigt dans l'image de la glace ? — 4. Comment vous paraissent les arbres de la rive dans l'image reflétée par l'eau d'un étang ? — 5. Pourquoi une cuiller placée dans un verre rempli d'eau paraît-elle rompue et raccourcie ? — 6. Dites la raison pour laquelle les tiges de pommes de terre blanchissent dans une cave. — 7. Les fruits du contour d'un poirier sont très colorés, ceux de l'intérieur de l'arbre le sont moins ; pourquoi ? — 8. Pourquoi les fenêtres des maisons d'habitation doivent-elles être aussi grandes que possible ?

Rédactions

1. La loupe. — Dites ce que c'est qu'une loupe formée par une lentille de verre. — A quoi sert cet instrument et quelles expériences on peut faire avec la loupe?

C. E.

2, Action de la lumière sur les plantes. — Sous l'influence de la lumière, comment se comportent les parties vertes des plantes?

(C. E. Nord)

Problèmes

1. — La lumière franchit 75.000 lieues en une seconde. Elle nous vient du soleil en 8 minutes 16 secondes. Calculer la distance de la terre à cet astre.

2. — D'après M. Bouant, la végétation complète du blé à Paris dure 122 jours et demande une somme de température moyenne de 1970°. A Linden, cap Nord, cette végétation ne dure que 72 jours et n'exige que 675°. Cette différence est attribuée à la différence de lumière, attendu qu'à Linden, le soleil ne se couche presque pas. Calculer combien de degrés de chaleur sont nécessaires en moyenne par jour à Linden et à Paris.

EXPÉRIENCES A RÉALISER PAR LES ÉLÈVES

1. — Faire arriver un rayon de soleil sur une petite glace — Le renvoyer dans différentes directions : *idée de la réflexion.*

2. — Mettre une pièce de monnaie dans une cuvette. - S'éloigner jusqu'à ce qu'on ne voit plus la pièce. — Dire à un camarade de remplir la cuvette d'eau — La pièce réapparaît et l'on n'a pas bougé : *idée de la réfraction.*

3. — Concentrer les rayons de soleil à l'aide d'une loupe sur la partie supérieure de la main : *sensation de brûlure.*

4. — Coller un carré de papier vert, de 3 cm. de côté, au centre d'un carré de papier blanc — ce dernier débordant de 2 cm. autour du premier. — Le papier blanc paraît vert : *idée de l'illusion des couleurs.*

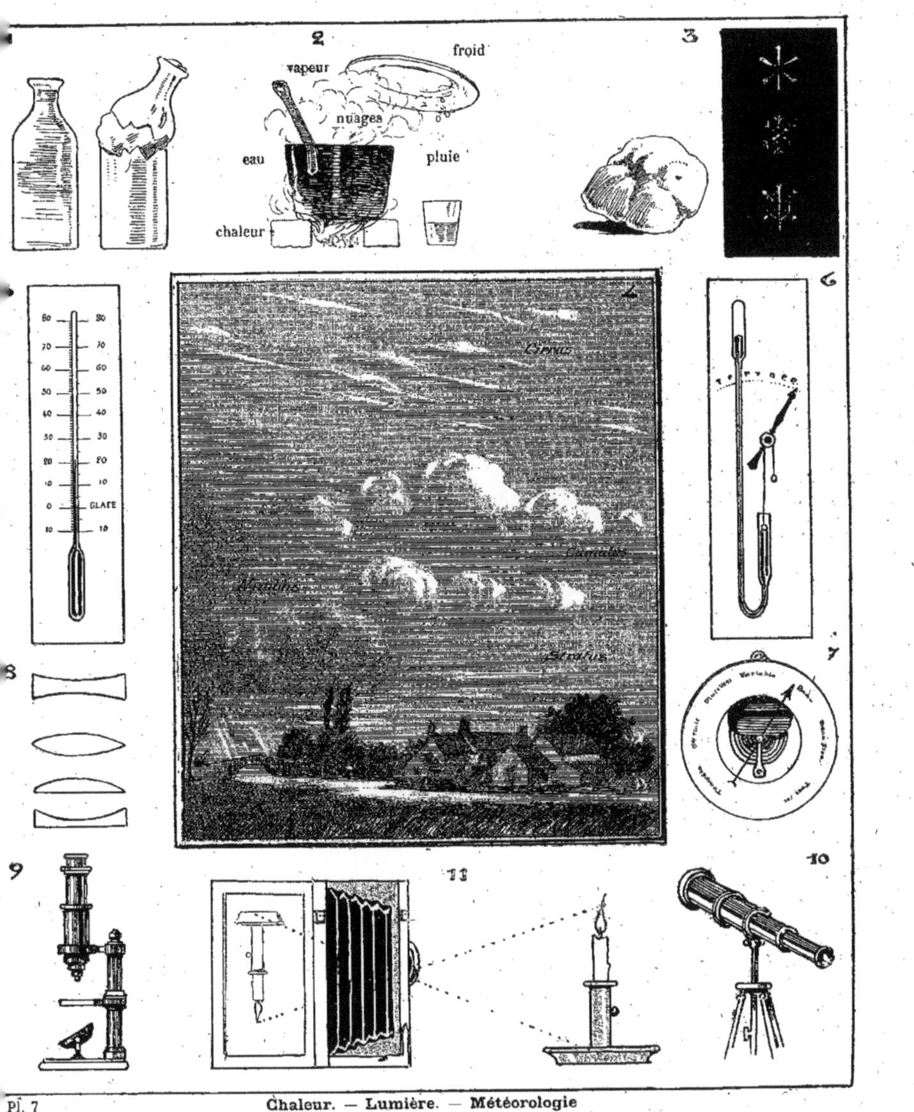

Chaleur. — Lumière. — Météorologie

1. Dilatation. — 2. Condensation. — 3. Grêlon et cristaux de neige. — 4. Les nuages. — 5. Thermomètre. —
6 et 7 Baromètres. — 8. Lentilles : biconcave, biconvexe, convexe, concave. — 9. Microscope. —
10. Télescope. — 11. Chambre noire d'appareil photographique.

Moisson; Fenaison. — Meules, Silos.

LEÇONS

La Moisson

Hier — Aujourd'hui

I. — **1.** Récolter, c'est transporter à la ferme les produits de la terre et des arbres. — **2.** Les récoltes des champs comprennent : la moisson pour les céréales, la fenaison pour les plantes fourragères, l'arrachage pour les plantes sarclées, l'arrachage et la cueillette pour les plantes industrielles. — **3.** Les récoltes du jardin comprennent : l'arrachage pour les légumes-racines, bulbes et tubercules, la cueillette pour les légumes-feuilles, graines et fruits. — **4.** La récolte des fruits s'effectue par cueillette et par gaulage. — **5.** La cueillette des fruits charnus doit être faite par une belle journée, exempte d'humidité.

II. — **1.** La moisson comprend le fauchage, la mise en javelles, en gerbes, en moyettes et en meules. **2.** La fenaison comprend le fauchage et le fanage. — **3.** Aussitôt récoltées, certaines plantes subissent des soins immédiats : égrenage pour maïs, brassage pour l'orge et autres grains, rouissage et teillage pour chanvre et lin, épluchage pour safran, desséchage pour tabac. — **4.** On conserve les récoltes en différents endroits : les céréales non battues, la paille qui en provient, le foin et le regain, sont remisés en granges ou en meules; le grain est conservé au grenier; les plantes fourragères vertes sont ensilées; il en est de même des racines et des tubercules que l'on conserve aussi en cave et au cellier. Les légumes sont remisés au cellier, en cave, en silo; certains passent l'hiver sur place; d'autres sont enfouis en jauge, dans le jardin. On conserve les fruits au grenier, au cellier et mieux dans les locaux appelés fruitiers. — **5.** Tout produit végétal conservé est sujet à la fermentation qui le décompose. On empêche cette fermentation en le mettant à l'abri d'un au moins des trois agents suivants : air humidité et chaleur.

Questionnaire

I. — **1.** Qu'entendez-vous par récolte ? **2.** Comment classe-t-on les récoltes ? — **3.** Que comprennent les récoltes des champs ? les récoltes du jardin ? les récoltes du verger ? — **4.** Quand doit-on faire la récolte des fruits charnus ? — **5.** Pourquoi le gaulage est-il un mauvais procédé de récolte ? — **6.** Quels instruments utilise-t-on pour récolter ?

II. — **1.** Indiquez les soins que subissent certaines plantes aussitôt récoltées. — **2.** Où conserve-t-on les plantes des champs ? des jardins ? des vergers ? — **3.** Qu'est-ce que la fermentation ? A quoi est-elle due ? — **4.** Comment peut-on empêcher, durant un certain temps, la fermentation des produits agricoles ?

Rédactions

1. Les Récoltes de l'année. — Dites si, dans le pays que vous habitez, le temps a été généralement favorable ou contraire aux cultures. — Pourquoi ? — Quelles sont les récoltes qui ont donné le plus de satisfaction ? — Quelles ont été les plus mauvaises et en quoi l'ont-elles été ?

2. Les Fruitiers. — Vous avez visité un fruitier; parlez de sa disposition générale, des différents modes de conservation que vous avez remarqués; indiquez les variétés de fruits que vous y avez encore vues au moment de votre visite.

Problèmes

I. — **1. Durée d'un Fauchage.** — Le fauchage d'un pré revient en moyenne à 6 fr. 75 par hectare et un bon faucheur peut abattre en une journée de travail l'herbe de 52 ares. Le fauchage d'un pré a coûté 14 fr. 04. Quelle est l'étendue de ce pré et combien de journées ont été employées pour le fauchage ? (C.E. Ille-et-Vilaine, 1887.)

2. Récolte trop hâtive ou trop tardive. — Des pommes trop mûres perdent le 1/3 de la quantité de sucre qu'elles contenaient à maturité; des pommes trop vertes ne contiennent que les 3/4 de la quantité de sucre que contiennent des pommes trop mûres; sachant qu'un propriétaire a récolté 180 hectolitres de pommes dont la moitié à maturité parfaite, le 1/3 trop vertes et le reste trop mûres, on demande à combien d'hectolitres de pommes parfaitement mûres correspond sa récolte ?

3. Blé négligé au grenier. — Un cultivateur a un tas de blé mesurant $3^m,20$ de long, $1^m,40$ de large et $0^m,80$ de hauteur; il néglige de le remuer en temps opportun et les charançons lui font perdre le 1/5 de la valeur de son tas. — Évaluer le montant de cette perte au cours de 21 fr. 50 l'hectolitre.

4. Conservation du foin; perte résultant d'un long séjour au fenil. — Un propriétaire avait 250 quintaux de foin qu'il aurait pu vendre 5 fr. 40 le quintal; il préfère attendre; un mois après on lui offre 6 fr. du quintal, et son foin a déjà perdu le 1/20 de son poids; il ne cède son foin qu'après l'hiver au prix de 6 fr. 20 le quintal, le poids du fourrage n'est plus que les 20/21 de ce qu'il était lorsqu'on lui en offrait 6 fr. les 100^{kos}; dites quel aurait été le marché le plus avantageux.

1. — Les miroirs

En renvoyant la lumière des objets placés devant elle, une surface polie donne l'image de ces objets. Sur cette propriété sont fondés les miroirs et les glaces. Les miroirs des temps antiques étaient des plaques de métal polies avec beaucoup de soin ; les plus communs étaient en bronze ; d'autres, réservés aux grandes fortunes, étaient en argent ou en or. Ces plaques de métal, lourdes, coûteuses, et d'ailleurs de peu d'étendue, sont aujourd'hui remplacées par des lames de verre dont l'ampleur atteint jusqu'à plusieurs mètres.

Mais, comme par lui-même le verre, malgré tout son poli, ne donnerait pas une image nette, il faut toujours recourir aux métaux, ceux de tous les corps qui renvoient, qui réfléchissent le mieux la lumière. Un miroir se compose donc d'une lame de verre et d'une très mince feuille métallique accolées l'une à l'autre. Le verre sert d'appui, de support-protecteur à la délicate couche de métal et celle-ci, toujours brillante, toujours polie sous son abri, donne seule l'image.

C. E. (1897.)

2. — Les lunettes

A votre âge, mes enfants, les yeux sont un instrument toujours prêt ; mais l'homme est déjà obligé de ménager ce trésor ; qu'est-ce donc quand arrive la vieillesse ? Jour à jour, l'espace qu'embrasse nos regards se rétrécit ; ce caractère est trop fin, impossible de le lire ; ce travail est trop délicat, impossible de le faire. Adieu tes veilles fécondes, pauvre ouvrier, tes organes font défaut à ton courage ! Pleurez vous tous, le cécité s'avance, la nuit vous envahit ! Heureusement, une fée bienfaisante vous apporte un talisman capable de réparer l'ouvrage détruit de la nature et de vous rendre la lumière... ce sont les lunettes !

Et comme il est commode ce talisman, comme il se plie à toutes les circonstances, à tous les besoins. Aux myopes, à ceux qui n'aperçoivent distinctement que les objets placés à une distance de quelques centimètres, les lunettes, à l'aide de verres *divergents* (à bords plus épais que le milieu) permettent de voir les objets éloignés.

Aux presbytes, à ceux qui ne distinguent nettement que les choses assez lointaines, elles font voir, avec leurs verres *convergents* (plus épais au milieu que sur les bords) celles qui sont plus rapprochées.

Pauvres chères lunettes, comme tous prennent soin d'elles !

3. — La chanson des foins

Prends ta faux, ton bidon pour boire,
Prends ton marteau, ta pierre noire,
Faucheur ! car c'est en juin
Que l'on fauche le foin.
L'étoile du berger dispute
Un coin du ciel au matin blanc :
Le faucheur a quitté sa hutte,
Il arrive au pré d'un pas lent,
Il monte sa faux amincie
Par les coups du marteau carré ;
Il l'aiguise afin qu'elle scie
Ras terre les herbes du pré.
L'herbe au soleil levant moutonne,
Peinte de toutes les couleurs,
Dans les fleurs l'insecte bourdonne :
De la rosée il boit les pleurs.
Les épis sèment leur poussière
Dans le feu de la floraison ;
On sent une odeur printanière
Monter des foins à l'horizon
La faux s'en va de droite à gauche,
Avec un rythme cadencé ;
L'herbe, à mesure qu'on la fauche,
Tombe et s'aligne en rang pressé.
Des mulots une bande folle
Est interrompue en ses jeux ;
Oiseaux, abeilles, tout s'envole.

La couleuvre est coupée en deux.
Courbé le faucheur se démène,
Inondé de larges sueurs ;
Sur ses pas, la mort se promène,
Elle tranche le fil des fleurs.
De temps en temps il fait sa pause
Pour mouiller son gosier en feu ;
A midi, son front lourd se pose
Sur l'herbe sèche ; il dort un peu.
Pendant ce chaud sommeil il rêve
D'éclatante prospérité :
Deux fois les arbres ont la sève,
Deux fois les brebis ont porté.
Le fenil, le grenier, la grange
Par les récoltes sont rompus ;
On chante, on danse, on boit, on mange ;
Tous les affamés sont repus
Réveille-toi de ce beau songe
Travaille encore jusqu'au soir :
Seulement que vers toi s'allonge
Le rayon lointain de l'espoir.
L'herbe est coupée et les faneuses
Viennent avec leurs longs râteaux
En chantant des chansons joyeuses....
Faucheur, laisse dormir ta faux !

PIERRE DUPONT
(Plon, Nourrit et Cie, édit.)

Conservation des récoltes. — Influence de la lumière

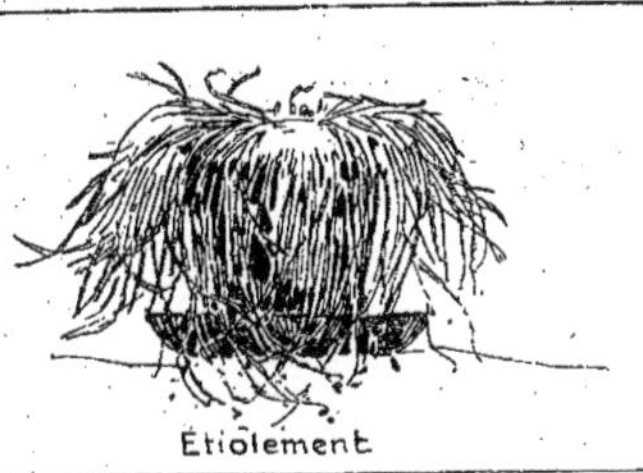

Reproduction de l'expérience

Matériel : 2 pots à fleur.
Milieu : Bonne terre du jardin.
Graines : Graminées fourragères.
Conseils : Après une bonne germination, mettre l'un des pots dans le bas de l'armoire de l'école, l'arroser de temps en temps. Laisser l'autre à l'air.
Résultats : Étiolement, perte de la couleur verte.

Note à consigner sur le carnet agricole

POTS	GRAINE semée	DATES			RÉSULTATS constatés
		SEMIS	LEVÉE	PRIVATION de lumière	
1					
2					

Tableau de Renseignements

Récolte — Conservation

PLANTES	MODES DE RÉCOLTES	SURFACES récoltées journellement	PLANTES	ÉTAT	MODES DE CONSERVATION
1° Céréales	Ouvrier à la faucille..........	18 à 20 ares.	Céréales	Gerbes.	Granges et meules.
	— à la sape............	30 à 35 —.		Paille.	—
	— à la faux............	45 à 60 —		Grains.	Greniers.
	Moissonneuse à un cheval....	2 hec. 1/2 à 8 hec.		Secs.	Fenil et meules.
	— à deux chevaux.	3 à 6 hectares.	Fourrages		Ensilage en terre, excavation.
	Moissonneuse-lieuse..........	3 à 5 —		Verts.	— superficiellement.
2° Plantes fourragères	Ouvrier, fauchage pr. naturelles	30 à 40 ares.			Ensilage en silos maçonnés.
	— — pr. artificiel.	50 à 60 —			— à air libre.
	Faucheuse à deux chevaux...	3 à 5 hectares.	Racines et tubercules	Sans feuilles	Celliers et caves.
3° Pommes de terre	Ouvrier, arrachage à la main.	2 à 3 ares.		—	Ensilage en terre, excavation.
	Arracheur de tubercules......	1 à 2 hectares.		—	— au niveau du sol.
4° Betteraves ou carottes	Ouvrier, arrachage à la main.	5 à 8 ares.	Légumes	Bruts.	Celliers, caves, silos.
	Arracheurs 3 rangs, 6 bœufs..	1 hectare 1/2.	Fruits	...	Fruitiers.

Maxime : *Ne remets pas au lendemain ce que tu peux faire le jour même.*

Devoir d'Agriculture locale : Conservation des récoltes

Les principales plantes de grande culture qui font la richesse de (1) sont (2). On récolte successivement les (3). Les céréales non battues, leur paille, les (4) sont remisés en (5) et assurés contre l'incendie à (6). On conserve les plantes sarclées en (7) et en silos disposés (8). L'habitude (9) également d'ensiler les (10) ; cet ensilage se fait de différentes façons, soit (11) ; mais le système le plus répandu est (12).

(1) Nom du pays. — (2) Les céréales, les plantes fourragères, les plantes sarclées, les plantes industrielles. — (3) Indiquer ici les plantes cultivées à X., en commençant par la première récoltée et en terminant par la dernière récoltée. — (4) Fourrages secs. — (5) Granges ou en meules. — (6) Indiquer la Compagnie d'assurances à laquelle on s'adresse le plus communément. — (7) Caves, en celliers. — (8) En excavation dans la terre ou construits au niveau du sol. — (9) Se généralise ou s'est généralisée. — (10) Fourrages verts, le maïs, fourrage. — (11) Indiquer les systèmes employés. — (12) Dire quel serait le système à appliquer à X., et cela d'après les plantes à ensiler, d'après les ressources des cultivateurs et d'après la nature du sol.

NOTIONS DE PHYSIQUE
Le son - L'électricité
LEÇONS

Cours Moyen

1 — Le *son* est un bruit perçu par l'oreille : il est produit par les *vibrations* des corps.

2. — Le son se transmet par les gaz, les liquides et les solides.

3. — La combinaison des sons est la base de la *musique*.

4. — L'*électricité* est une force.

5. — Elle se produit naturellement dans les nuages ; elle se manifeste alors par l'*éclair* et par la *foudre*.

6. — Le *tonnerre* n'est que le bruit qui accompagne l'éclair ou la foudre.

7. — L'éclair jaillit entre deux nuages, la foudre entre un nuage et la terre.

8. — La foudre brise les végétaux, incendie les habitations, tue les êtres vivants.

9. — Le *paratonnerre*, inventé par Franklin, préserve les édifices de la foudre.

10. — L'électricité existe aussi à l'état naturel dans les pierres d'aimant.

11. — Elle se produit artificiellement à l'aide des *machines électriques* et des *piles*.

12. — L'électricité artificielle se transmet au loin par des fils.

13. — Elle reçoit des applications pratiques dans les *télégraphes*, les *téléphones*, la *galvanoplastie*, l'*éclairage* et la production de la *force motrice*.

Cours Supérieur

1. — Le son parcourt dans l'air 340 mètres par seconde.

2. — Lorsqu'il est renvoyé par un obstacle, il forme *l'écho*.

3. — En *musique*, on distingue la hauteur, l'intensité et le timbre des sons.

4. — Le transport des vibrations sonores à longues distances a été rendu pratique, grâce à l'électricité, dans les *téléphones*.

5. — Les *machines électriques* donnent l'électricité par frottement.

6. — Certains corps, le verre, la résine, conservent cette électricité ; ils sont dits *mauvais conducteurs*.

7. — D'autres, les métaux surtout, la perdent ; ils sont dits *bons conducteurs*.

8. — On distingue encore *l'électricité positive*, comme celle du verre, et *l'électricité négative*, comme celle de la cire.

9. — Une *pile* simple comprend ordinairement divers éléments : métaux, acide, charbon.

10. — L'électricité qu'elle fournit est à la fois négative et positive ; on la recueille dans deux fils distincts ce qui forme le courant.

11. — Les *aimants naturels* communiquent leur propriété aux barreaux d'acier qui deviennent alors des *aimants artificiels*.

12. — Un *électro-aimant* est un morceau de fer doux pouvant être électrisé temporairement par le courant d'une pile.

Exercices d'observation

1. — Pourquoi voit-on la fumée d'un coup de fusil avant d'en entendre le son ? — 2. Comment peut-on se servir de la vitesse du son pour mesurer approximativement les distances ? — 3. Pourquoi un plongeur peut-il entendre le bruit des galets qui se choquent au fond de l'eau ? — 4. Pourquoi entend-on arriver des soldats en marche lorsque l'on place l'oreille sur la route ? — 5. Quels sont les endroits les plus propices à la production d'un écho ? — 6. Pourquoi les carreaux vibrent-ils quand le tonnerre gronde ? — 7. A quoi attribuez-vous les légers crépitements que vous percevez en passant la main à rebrousse-poils sur le dos d'un chat ? — 8. Pourquoi les fils télégraphiques sont-ils isolés des poteaux qui les soutiennent par des supports en porcelaine ? — 9. Comment, sans introduire quoi que ce soit dans un verre d'eau, pourrait-on retirer une épingle qui vient d'y tomber ? — 10. — Pourquoi ne doit-on pas avoir peur de ce que désigne le mot tonnerre ?

Rédactions

1. **Les aimants.** — Que savez-vous sur les aimants ? — Aimants naturels. — Aimants artificiels. — Parlez d'une de leurs applications : la boussole.

2. **L'Orage.** — Faites la description d'un orage. — Dites si vous avez peur ou non des orages. — Est-ce le tonnerre ou l'éclair qui vous impressionne le plus ? — Pourquoi ? (C. E. Aube).

3. **Le paratonnerre.** — Dites ce que vous en savez ? (C. E. Creuse).

Problèmes

1. — En France, de 1835 à 1863, 4576 personnes ont péri par la foudre. Le quart de ces victimes sont mortes pour s'être imprudemment abritées sous les arbres. Calculer ce quart.

2. — Un enfant, dont le pouls bat 90 fois à la minute, compte 45 pulsations entre le moment où il perçoit l'éclair et celui où il entend le tonnerre. Sachant que l'apparition de l'éclair est instantanée et que le son parcourt 340 m. par seconde, dire à quelle distance du nuage orageux se trouve l'enfant.

EXPÉRIENCES A RÉALISER PAR LES ÉLÈVES

1. — Faire vibrer un verre de cristal en le frappant du doigt.

2. — Arrêter les vibrations.

3. — Placer une montre entre ses dents ; *constater le tic-tac régulier*.

4. — Placer une montre à l'extrémité d'une table et l'oreille à l'autre bout ; *percevoir le tic-tac*.

5. — Construire un téléphone avec une ficelle longue et deux couvertures de boîte.

6. — Frotter un morceau de verre, attirer des balles de sureau ; *idée de l'électricité par frottement*.

7. — Approcher un aimant d'une plume ; *celle-ci s'attache à l'aimant*. Faire attirer à cette plume une autre plume : *aimantation par influence*.

8. — Passer, légèrement, patiemment et toujours dans le même sens un aimant sur une aiguille à tricoter : *celle-ci s'aimante*.

9. — Construire une pile avec des sous, des rondelles de zinc et de drap, ces dernières imbibées d'acide sulfurique. Placer dans cet ordre : sou, zinc, drap, etc., et terminer par le sou ; réunir par un fil métallique les 2 sous extrêmes.

10. — Construire un petit canard en sureau. Mettre dans le corps une aiguille. Placer le canard sur une terrine d'eau. Lui présenter un aimant : *le canard nage*.

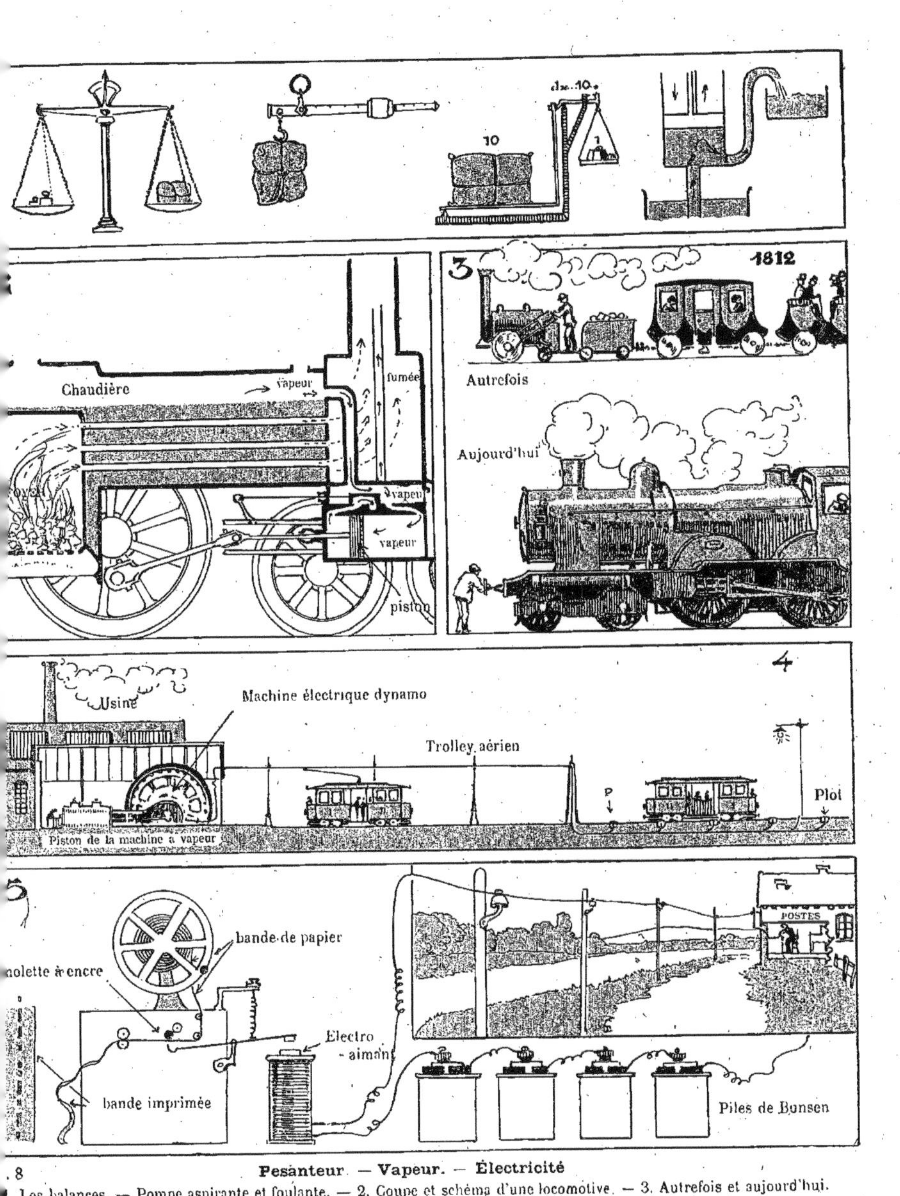

Pesanteur. — Vapeur. — Électricité

1. Les balances. — Pompe aspirante et foulante. — 2. Coupe et schéma d'une locomotive. — 3. Autrefois et aujourd'hui. — 4. Tramways électriques. — 5. Télégraphe Morse.

UTILISATION DES RÉCOLTES
Emplois immédiats & Industries agricoles
LEÇONS

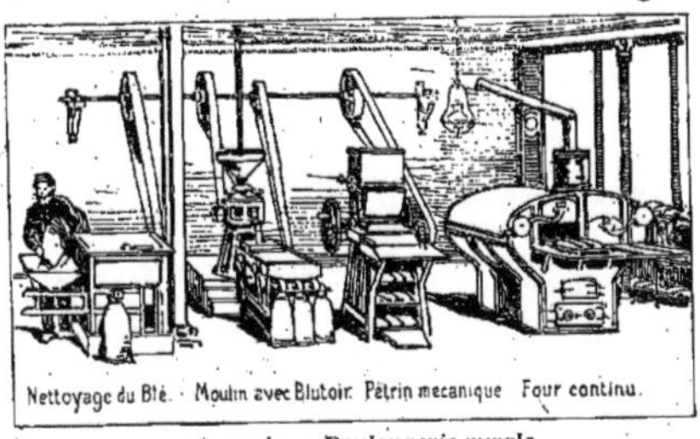

Nettoyage du Blé. · Moulin avec Blutoir. Pétrin mécanique. Four continu.

Meunerie — Boulangerie rurale

I. — **1.** — Certains produits végétaux sont utilisés directement et à l'état brut pour la nourriture de l'homme et des animaux. — **2.** D'autres sont employés comme litières. — **3.** Ces produits sont soumis à la ferme, au battage, au vannage, au broyage, au concassage, à l'aplatissage, à l'égrenage, à la cuisson, à la fermentation. — **4.** Beaucoup de produits végétaux subissent des transformations industrielles avant d'être utilisés par les hommes. — **5.** Il en est de même de certains produits animaux. — **6.** C'est l'origine des industries agricoles dont la prospérité dépend complètement de celle de l'agriculture.

II. — **1.** La meunerie, la féculerie, l'amidonnerie transforment les grains en farine, fécule et amidon. — **2.** Les brasseries fabriquent la bière avec l'orge et le houblon. — **3.** Les sucreries extraient le sucre des betteraves. — **4.** Les huileries retirent l'huile des plantes oléagineuses et de certains fruits. — **5.** Les plantes textiles et les plantes tinctoriales alimentent les filatures, les tissages, les teintureries. — **6.** Les pressoirs transforment le raisin en vin, les pommes en cidre, les poires en poiré. — **7.** Les distilleries extraient l'alcool des fruits, des graines et des racines. — **8.** L'industrie des conserves et la confiserie préparent nos réserves de légumes et de fruits. — **9.** La parfumerie utilise les essences odoriférantes de nos fleurs. — **10.** Les manufactures nationales des tabacs convertissent les feuilles du tabac en cigares, cigarettes et autres produits similaires. — **11.** Aux industries agricoles se rattachent la boucherie, la charcuterie, la fromagerie, la tannerie, la pelleterie, la soierie, etc... qui utilisent les produits animaux.

Questionnaire

I. — **1.** Comment utilise-t-on les produits végétaux ? **2.** Quelles opérations subissent-ils à la ferme même ? — **3.** A l'aide de quels instruments ? — **4.** Qu'appelle-t-on industries agricoles ? — **5.** Sur quoi repose la prospérité des industries agricoles ? — **6.** Les industries agricoles utilisent-elles seulement les produits végétaux ?

II. — **1.** Que produisent la meunerie, la féculerie, l'amidonnerie ? — **2.** Que fabriquent les brasseries ? — **3.** En quoi transforme-t-on les betteraves à sucre ? — **4.** Quel est le but des huileries ? — **5.** Où utilise-t-on les plantes textiles et les plantes tinctoriales ? — **6.** A quoi servent les pressoirs ? les distilleries ? — **7.** De quoi s'occupe l'industrie des conserves ? celle de la parfumerie ? — **8.** Comment utilise-t-on le tabac ? — **9.** Quelles industries agricoles transforment les produits animaux ?

Rédactions

1. Le sucre. — A quoi il sert ? — Qu'est-ce que la canne à sucre ? — Comment fait-on le sucre de canne ? — Décrivez la betterave à sucre ? — Comment en retire-t-on du sucre ? — En quoi consiste l'opération du raffinage ?

2. — Le pain. — Vous avez déjà vu faire du pain. Dites avec quoi on le fait et indiquez les diverses transformations qu'a subies le froment avant de devenir du pain. — *C.E. Ardennes.*

3. — L'alcool. — Parlez de l'industrie de l'alcool. — Matières premières. — Fabrication : appareils distillatoires. — Usages industriels. — Boisson redoutable : l'alcoolisme.

Problèmes

1. — **1. Durée d'une mouture de grain.** — Un meunier a deux moulins qui fournissent, l'un 320 kg. de farine en 5 heures et l'autre 450 kg. en 9 heures. En combien de temps ce meunier pourra-t-il moudre 5280 kg. de blé, sachant que 100 kg. de blé produisent 85 kg. de farine ? — *C.E. Loiret*

2. — Production de sucre. — Un are ensemencé en betteraves en donne 400 kg. environ par an. La betterave contient 11 p. 0/0 de son poids de sucre. Combien pourra-t-on faire de kilogrammes de sucre avec la récolte d'un champ qui a 240ᵐ de longueur et 175ᵐ de largeur ? — *C.E. Haute-Loire.*

3. — Production d'huile. — Un hectolitre de noix en coques pèse 67 kg. 5 en moyenne et donne 30 kg. d'amandes épluchées qui rendent les 31/60 de leur poids d'huile. Or le litre d'huile de noix pèse 928 grammes. Combien faut-il de litres de noix en coques pour fournir un litre d'huile ? — *C.E. Isère.*

4. — Production de bière. — Pour faire de la bière un brasseur achète 28 quintaux d'orge à raison de 22 fr. 50 le sac de 128 kg. et il en emploie 6 litres 1/2 par hectolitre de bière. Combien pourrait-il, avec cette quantité, fabriquer de tonnes de 2 hectolitres, sachant qu'un décalitre d'orge pèse 11 kg. 9 ? Quel sera le prix de l'orge employée ? — *C.E. Finistère.*

1. — Le Phonographe.

La voix est reproduite merveilleusement, avec toutes ses intonations, avec son accent... On dirait que l'on vous parle dans le tuyau de l'oreille en enflant un peu la voix... La musique est reproduite aussi bien. Nous avons entendu la *Marseillaise* jouée par la musique militaire des gardes de la reine d'Angleterre, la marche du régiment, l'*Ave Maria* chanté la veille par Gounod et accompagné au piano par lui-même, etc... une sonnerie de cors de chasse vraiment parfaite de reproduction.

Et tout cela sortant d'un tout petit appareil à peine gros comme un accordéon, inscrit sur de petits cylindres de cire de dix centimètres de long, pouvant renfermer plus de mille mots. C'est à confondre l'entendement humain. Il faut une loupe pour bien voir les traces imperceptibles qui sont marquées sur la cire, et, malgré cette finesse et cette délicatesse d'inscription, le même rouleau peut servir jusqu'à cinq mille auditions. Quand il est usé, on rabote un peu la surface, et il peut recevoir une nouvelle empreinte. On peut faire répéter la même phrase autant qu'on le désire, faire varier la vitesse de marche et transposer la musique...

Les applications se devinent : transmission postale des messages phonographiques : enregistrement préalable des discours des hommes d'Etat, avocats, prédicateurs, orateurs ; répétition de rôles par les acteurs et les chanteurs en vue de corriger l'articulation et la prononciation, car l'appareil redit le bon comme le mauvais ; conversation et répétition infinie de la voix des hommes célèbres, des adieux d'une personne chère, des conseils d'un parent aimé ; impression des livres et lecture à haute voix sans lecteur, etc.

Il n'y a rien de singulier comme la reproduction de sa propre voix. On ne se connaît guère soi-même, et l'on éprouve certaine surprise à s'entendre parler par l'entremise du phonographe.

H. DE PARVILLE. (*Annales*.)

2. — Les effets de la foudre.

Les effets de la foudre sont très nombreux et très variés. Quand elle tombe sur le sol, elle y marque son passage par un ou plusieurs trous plus ou moins profonds ; la terre est remuée, fouillée dans tous les sens. Quand elle atteint des corps combustibles, elle les réduit quelquefois en éclats et en carbonise la surface ; le plus souvent elle les enflamme et détermine ainsi des incendies. Quand elle rencontre des métaux, elle les échauffe au point de les fondre et même de les réduire en particules impalpables. Enfin quand elle agit sur les hommes ou les animaux, tantôt elle les tue net sur place, tantôt, au contraire, elle se contente de les frapper d'un étourdissement et d'une paralysie momentanés.

C. E. Saint-Albon (Lozère, 1900.)

3. — Le filage.

A l'exception de la soie, que la nature donne toute filée, les matières textiles se présentent sous forme de fibres ou filaments d'une grosseur et d'une longueur très limitées. Pour les rendre propres à la fabrication des tissus et autres usages de l'industrie, il est indispensable de les convertir en fils, c'est-à-dire en cylindres flexibles, d'un diamètre uniforme, d'une longueur indéfinie, d'une homogénéité parfaite, ayant, par conséquent, la même résistance et la même élasticité partout. A cet effet, on assemble un certain nombre de fibres, autant qu'il en faut pour obtenir une longueur et une finesse déterminées d'avance ; on les superpose parallèlement, puis on les étire progressivement de manière à les échelonner, en les faisant glisser l'une sur l'autre ; enfin, on les réunit par une torsion pour que le frottement qu'elles exercent mutuellement soit tel qu'elles rompent par l'effet de la tension plutôt que par celui du glissement. Les opérations qui servent à obtenir ce résultat constituent le filage.

MAIGNE (*Arts et Manufactures*,)
E. Belin (éditeur.)

4. — Le broiement du chanvre.

Quand le chanvre est arrivé à point, c'est-à-dire suffisamment trempé dans les eaux courantes et à demi séché à la rive, on le rapporte dans la cour des habitations ; on le place debout par petites gerbes qui, avec leurs tiges écartées du bas et leurs têtes liées en boucle, ressemblent déjà passablement, le soir, à une procession de petits fantômes blancs, plantés sur leurs jambes grêles et marchant sans bruit le long des murs. C'est à la fin de septembre, quand les nuits sont encore tièdes, qu'à la pâle clarté de la lune on commence à broyer. Dans la journée, le chanvre a été chauffé au four ; on l'en retire le soir pour le broyer chaud. On se sert pour cela d'une sorte de chevalet surmonté d'un levier en bois qui, retombant sur des rainures, hache la plante sans la couper. C'est alors qu'on entend, la nuit, dans les campagnes, ce bruit sec et saccadé de trois coups frappés rapidement. Puis un silence se fait ; c'est le mouvement qui retire la poignée de chanvre pour le broyer sur une autre partie de sa longueur. Et les trois coups recommencent ; c'est l'autre bras qui agit sur le levier ; et toujours ainsi jusqu'à ce que la lune soit voilée par les premières lueurs de l'aube. Comme ce travail ne dure que quelques jours dans l'année, les chiens ne s'y habituent pas et poussent des hurlements plaintifs vers tous les points de l'horizon.

G. SAND.

Dictée donnée au Concours pour l'obtention de bourses d'enseignement primaire supérieur. Filles (Indre, 1899.)

Collections — Industries agricoles.

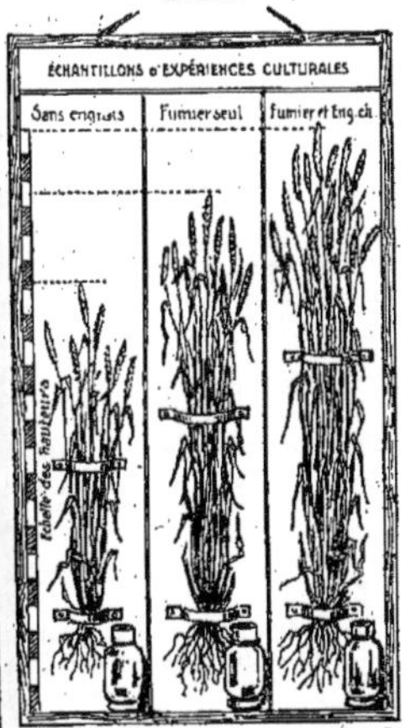

Collections scolaires murales.

Matériel : Toile. — Papier fort à coller sur cette toile. — Flacons.

Conseils : Préparer des toiles murales en rapport, comme hauteur, avec les échantillons récoltés au jardin ou au champ d'expériences.

Après avoir fait déssécher les échantillons entiers, les fixer sur la toile.

Mettre en regard de chacun la graine du type — Indiquer les titres.

Dessiner une échelle de hauteur sur la gauche du tableau.

Collections à faire.

1º Tiges et grains de céréales.

2º Tiges et grains de graminées.

3º Tiges et grains de légumineuses.

4º Tiges et grains de lin et de chanvre.

5º Produits industriels obtenus avec les plantes et les animaux du pays.

Tableau de Renseignements :
Principales industries agricoles.

Utilisation des produits végétaux.

INDUSTRIES	MATIÈRES PREMIÈRES
Amidonneries.........	Farines de blé, de maïs, de riz.
Brasseries	Grains d'orges - cônes de houblon.
Boissons ordinaires...	Raisins, pommes, poires.
Confiseries...........	Tous les fruits.
Conserves alimentaires	Légumes divers.
Distilleries...........	Marcs divers ; grains ; racines ; tubercules.
Essences aromatiques	Fleurs diverses.
Féculeries...........	Céréales - légumes secs - pommes de terre.
Glucoseries..........	Fécules diverses.
Huileries	Colza, - navette - lin - œillette - olives - noix.
Meuneries...........	Grains de céréales.
Tissages et filatures..	Chanvre et lin.
Teintureries	Garance - gaude - pastel - safran.
Sucreries	Betteraves - cannes à sucre.

Utilisation des produits animaux.

INDUSTRIES	MATIÈRES PREMIÈRES
Boucheries	Bœufs - moutons - vaches - chevaux.
Charcuteries........	Porcs.
Chamoiseries	Peaux (moutons, agneaux, chèvres).
Corroieries	Cuirs (bœufs, vaches, veaux).
Filatures-tissages	Laine et soie.
Huileries	Morues - baleines - phoques.
Ivoires	Eléphants - hippopotame.
Laiteries - beurres et fromages	Lait et crème - vaches, brebis chèvres.
Mégisseries..........	Peaux (moutons, chevreaux, agneaux)
Maroquineries	id. (chèvres, boucs, moutons).
Parchemineries......	id. (moutons, agneaux, veaux).
Pelleteries..........	Animaux sauvages.
Tanneries	Peaux (bœufs-vaches, veaux, chevaux)

Devoir d'Agriculture locale : Industries agricoles de la région.

J'habite dans une région (1) riche en établissements d'industrie agricole. Ainsi à (2) même, il y a (3) et dans les localités voisines on voit en plus des (4). Cela permet d'écouler dans de bonnes condiions les (5), les (6), plantes cultivées à (2) et produits animaux provenant du pays, qui entrent de cette façon dans la fabrication des (7).

(1) Particulièrement, assez, peu -- (2) Nom du pays -- (3 Etablissements locaux d'industries agricoles -- (4) Industries agricoles des localités voisines avec lesquelles on se trouve en relation pour l'écoulement des produits -- (5) Plantes cultivées à X et pouvant être utilisées dans les établissements industriels de la région -- (6) Produits animaux de X. -- (7) Produits industriels obtenus avec les plantes et les produit animaux de X.

La Germination

LEÇONS

Cours Moyen

1. — La graine provient du fruit ; elle comprend trois parties essentielles : une enveloppe, le germe de la plante, une réserve de nourriture.

2. — Sous l'influence de l'air, de l'eau et de la chaleur la graine germe, c'est-à-dire qu'elle donne naissance à un végétal : c'est le phénomène de la germination.

3. — L'eau gonfle la graine, l'enveloppe se fend, la racine apparaît d'abord et descend en terre.

4. — La tige se montre ensuite et s'élève dans l'air.

5. — Peu à peu la racine prend du développement, se recouvre de poils, s'enfonce, se fixe dans le sol et y puise la nourriture du végétal.

6. — De son côté, la tige s'accroît et produit des bourgeons d'où sortent des feuilles.

7. — D'autres bourgeons se transforment en fleurs, celles-ci en fruits dans lesquels on retrouve des graines identiques à celles qui ont été semées.

8. — La transformation est ainsi complète.

Cours Supérieur

1. — L'enveloppe d'une graine se nomme encore tégument, le germe, embryon et la nourriture, albumen.

2. — Certains embryons offrent deux parties ou cotylédons, celui du haricot, par exemple : d'autres n'en ont qu'un comme celui du grain de blé.

3. — Ces cotylédons sont les premiers nourriciers de la plante.

4. — La jeune racine porte le nom de radicule ; la jeune tige le nom de tigelle.

5. — Dans la première période de son existence, le végétal, encore dépourvu de feuilles, absorbe de l'oxygène et produit de l'acide carbonique.

6. — De là la nécessité de l'air pour mener à bien la germination des graines.

7. — Il faut à la graine un peu d'eau pour germer, mais l'excès de ce liquide amènerait la pourriture.

8. — L'absence d'humidité suspend la faculté germinative de la graine ; une chaleur trop considérable peut la détruire.

9. — La température la plus favorable à la germination varie entre 10 et 20 degrés.

Exercices d'observation

1. — Pourquoi de très vieilles graines, mises en terre, ne germent-elles généralement pas ? — 2. Pourquoi un semis fait en décembre ne réussit-il pas ? — 3. Donnez la raison pour laquelle des pois plantés à 12 ou 15 cm de profondeur n'ont pas germé ? — 4. Vous avez placé des haricots en bonne saison dans un pot de sable sec. Vous avez omis d'arroser. Ont-ils germé ? — 5. Des différentes réponses aux questions précédentes, tirez les conditions indispensables d'une bonne germination. — 6. On dit, avec juste raison, que les graines lourdes et bien remplies sont les meilleures, quel moyen pratique peut-on employer pour enlever les graines vides et légères d'une semence incomplètement pure ? — Comment vous expliquez-vous la présence de pommiers ou de poiriers sauvages, en pleine forêt, là où il n'y a jamais eu d'arbres fruitiers ?

Rédactions

1. De la plante. — Qu'est-ce qu'une plante ? Quels en sont les principaux organes. Comment vit-elle ?

2. De la germination. — Quelles sont les conditions indispensables pour qu'une graine germe ? Tirez-en des conclusions pratiques sur le choix des graines, l'époque et la manière de faire des semis. — Comment se nourrit et se développe la jeune plante au début de son existence, pendant la germination ? (C. E. Haute-Marne).

Problèmes

1. — 690 grammes de graines de lin contiennent environ 102.120 graines. — Sachant que la faculté germinative de ces graines égale les 85/100 du nombre total, on demande combien de graines de lin pourront germer dans 1 hectogramme de cette semence.

3. — On achète 2 litres de graines de chanvre dont la pureté garantie sur facture est égale aux 98/100 du nombre de graines achetées. Sachant qu'un centilitre de cette semence renferme environ 195 graines, on demande le nombre de graines pures contenues dans les 2 litres achetés.

EXPÉRIENCES A RÉALISER PAR LES ÉLÈVES

1. — Mettre séjourner plusieurs jours des haricots dans un linge mouillé ou dans de la mousse humide — La graine gonfle et s'ouvre en 2 parties : *graine dicotylédonée.*

2. — Pendre cette graine gonflée et en séparer successivement les diverses parties : *tégument* ou peau, 2 *cotylédons* ou albumen, *germe* ou embryon.

3. — Mettre séjourner plusieurs jours quelques grains de blé dans une éponge mouillée : la graine gonfle et ne s'ouvre pas : *graine monocotylédonée.*

4. — En retirer successivement : tégument, 1 cotylédon, embryon.

5. — Mettre 100 graines de radis entre des feuilles de papier dont on entretient chaque jour l'humidité. Compter au bout de quelques jours le nombre de graines qui ont germé. *Le tant pour cent ainsi trouvé donne la faculté germinative de la graine expérimentée.*

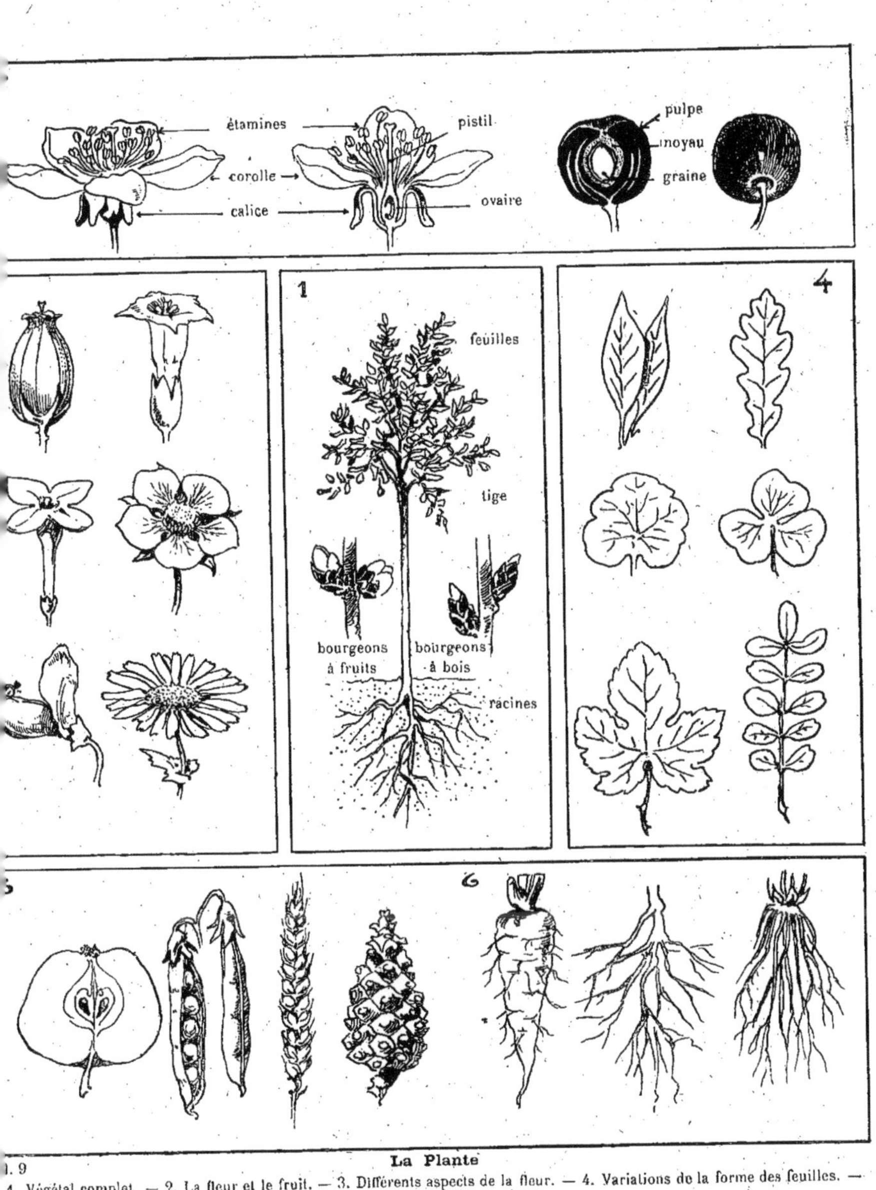

La Plante

1. Végétal complet. — 2. La fleur et le fruit. — 3. Différents aspects de la fleur. — 4. Variations de la forme des feuilles. — 5. Les fruits. — 6. Les racines.

Rotation — Jachères — Cultures dérobées

LEÇONS

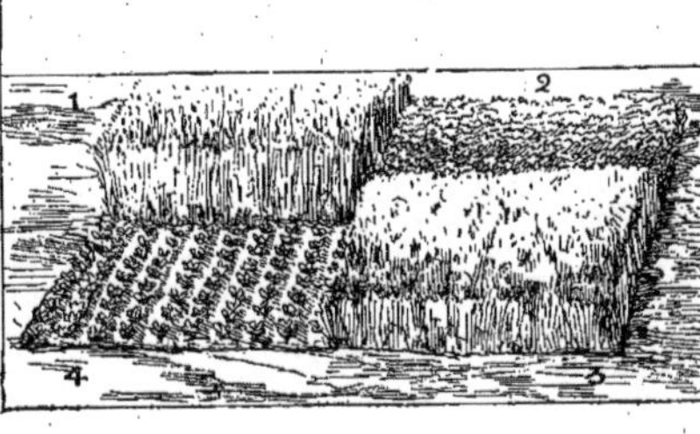

Assolement quadriennal
1. Céréales — 2. Plantes fourragères — 3. Céréales
4. Plantes sarclées.

I. — 1. L'assolement est une culture raisonnée de plantes de diverses natures sur les terres d'une exploitation rurale. — **2.** On nomme sole la surface affectée annuellement à chacune des plantes cultivées. — L'ordre de succession de ces plantes porte le nom de rotation. — **4.** Suivant sa durée l'assolement porte différents noms : il peut-être biennal, triennal, quadriennal, quinquennal, sexennal. — **5.** La jachère est la période annuelle de repos donné à une terre. — **6.** Une culture dérobée donne une seconde récolte la même année sur un terrain qui vient déjà de produire. — **7.** L'assolement s'applique à la grande et à la petite culture.

II. — 1. Un assolement bien compris assure les avantages suivants : 1º nettoyage du sol ; 2º utilisation de tous les éléments fertilisants des engrais ; 3º cultures alternatives de plantes améliorantes et de plantes épuisantes ; 4º diminution de la jachère. — Le choix d'un bon assolement dépend : 1º des aptitudes du cultivateur ; 2º des qualités du sol ; 3º des ressources en engrais ; 4º des plantes cultivées précédemment ; 5º des débouchés pour les produits récoltés. — Le meilleur assolement est celui qui donne le maximum de produits en employant le minimum d'engrais. — Les plantes de grande culture qui se succèdent de façon variable dans les divers assolements sont : les céréales, les plantes sarclées, les plantes fourragères et les plantes industrielles. — **2.** Celles que l'on récolte particulièrement en cultures dérobées sont : les navets, les vesces, le sarrazin. — **3.** La jachère appauvrit la terre car elle laisse perdre l'azote nitrifié et la chaux, entraînés l'un et l'autre par les pluies dans les profondeurs du sous-sol.

Questionnaire

I. — 1. Qu'est-ce que l'assolement? — **2.** Définir les mots : sole, rotation. — **3.** Donner un exemple d'assolements, biennal, quadriennal, sexennal. — **4.** Qu'est-ce qu'une terre en jachère ? — **5.** Qu'appelle-t-on culture dérobée ? — **6.** Où pratique-t-on l'assolement ?

II. — 2. Pourquoi l'assolement nettoie-t-il le sol ? — Utilise-t-il tous les éléments des engrais ? — Permet-il une culture alternative de plantes épuisantes et de plantes améliorantes ? — **2.** Qu'appelle-t-on plantes épuisantes? améliorantes? — **3.** Sur quoi repose le choix d'un bon assolement ? — **4.** Quel est le meilleur assolement ? — **5.** Quelles plantes sème-t-on en cultures dérobées ? — **6.** Pourquoi la jachère appauvrit-elle le sol. — **7.** Qu'entendez-vous par azote nitrique ? Quelle propriété a-t-il ?

Rédactions

1. Assolement. — Qu'est-ce qu'un assolement ? — Pourquoi faut-il alterner les cultures ? — Donner un exemple d'assolement triennal et d'assolement quadriennal ; faites connaître celui qu'on suit dans votre village.

2. But de l'assolement. — Pourquoi fait-on succéder la culture des plantes sarclées à la culture d'une céréale ? — Pourquoi fait-on succéder la culture d'une plante à racines profondes à la culture d'une plante à racines superficielles.

3. — La jachère. — Ce qu'on entend par jachère. Pourquoi doit-on faire un usage aussi restreint que possible de la jachère ?

Problèmes

I. — 1. Superficie de soles. — On a planté les 2/5 d'une sole en pommes de terres ; le 1/6 en betteraves, les 2/7 en choux, et le reste qui est de 6 ares 36 en navets. On demande : 1º la surface totale du terrain ; 2º la surface partielle affectée à chaque culture.
C.E. Nord. 1887.

2. — Revenu d'un assolement. — Dans un assolement, la 1/2 d'une propriété est ensemencée en blé, le 1/3 en pommes de terre, et le reste, soit 1 hare 52, en trèfle. Quel est le revenu brut de cette propriété sachant que la récolte par are vaut pour le blé 3 fr. 40, pour les pommes de terre 4 fr. 60 et pour le trèfle 2 fr. 50 ?

11. — 3. — Assolement et culture dérobée. — Dans un assolement quadriennal, un fermier qui possède 16 hares 12 de terre en a ensemencé le 1/4 en blé ; la récolte est évaluée à 17 hl. de blé à l'hectare et le blé vaut 18 fr. 50 l'hectolitre, cette récolte a de plus été suivie immédiatement d'une culture dérobée en navets ayant produit, sans addition d'engrais, 22000 kg. de racines à l'hectare ; calculer le revenu total de cette sole, les navets valant 3 fr. 20 la tonne métrique.

4. — Prix de revient de l'engrais nécessaire à une sole. — La première année d'un assolement quadriennal, un fermier emploie comme engrais du fumier de ferme à raison de 400 quintaux à l'hectare. Le mètre cube de ce fumier vaut 5 fr. et pèse 800 kg. Dans ces conditions que coûtera le fumier de la 1re sole dont la surface est de 4 hectares 45 ares ?

1. — Attrait de la botanique

Les plantes semblent avoir été semées avec profusion sur la terre comme les étoiles dans le ciel, pour inviter l'homme, par l'attrait du plaisir et de la curiosité, à l'étude de la nature.

La botanique est l'étude d'un oisif et paresseux solitaire; une pointe et une loupe sont tout l'appareil dont il a besoin pour les observer.

Il se promène, il erre librement d'un objet à l'autre; il fait la revue de chaque fleur avec intérêt et curiosité; et, sitôt qu'il commence à saisir les lois de leur structure, il goûte, à les observer, un plaisir sans peine, aussi vif que s'il lui en coûtait beaucoup.

J.-J. Rousseau.

2. — La botanique

La botanique, science à la fois d'un ordre élevé et d'une utilité vraiment pratique, est presque complètement étrangère à la majeure partie de la population de nos campagnes où, pourtant, elle trouverait chaque jour ses applications. On aime cependant les fleurs, on les cultive partout, et souvent avec une véritable sollicitude.

Quel intérêt n'y aurait-il pas cependant pour le cultivateur à connaître les principaux végétaux qui, à toute heure, frappent ses yeux! Il pourrait entretenir autour de ses ruchers des herbes choi-sies, assurant en toute saison la nourriture de ses abeilles; il éloignerait, en connaissance de cause, du voisinage de son habitation, les herbes vénéneuses, source d'accidents si fréquents pour les enfants, ou nuisibles aux animaux; il arracherait, en temps utile, les plantes parasites qui dévorent ses récoltes; il remplacerait par des espèces de choix les herbes peu nutritives de ses prairies, et il protégerait les plantes dont il peut tirer parti pour ses besoins ou même pour son agrément.

C. E. Argelès (1888).

3. — Reproduction des végétaux

Tout se fait, dit-on, à propos dans les animaux; mais tout se fait peut-être encore plus à propos dans les plantes. Leurs fleurs tendres et délicates, et durant l'hiver enveloppées comme dans un petit coton, se déploient dans la saison la plus bénigne; les feuilles les environnent comme pour les garder; elles se tournent en fruits dans leur saison, et ces fruits servent d'enveloppes aux graines, d'où doivent sortir de nouvelles plantes. Chaque arbre porte des semences propres à engendrer son semblable: en sorte que d'un orme il vient toujours un orme, et d'un chêne toujours un chêne. La nature agit en cela comme sûre de son effet. Ces semences, tant qu'elles sont vertes et crues, demeurent attachées à l'arbre pour prendre leur maturité: elles se détachent d'elles-mêmes quand elles sont mûres; elles tombent au pied de leurs arbres, et les feuilles tombent dessus. Les pluies viennent; les feuilles pourrissent, et se mêlent avec la terre, qui, ramollie par les eaux, ouvre son sein aux semences, que la chaleur du soleil, jointe à l'humidité, fera germer en son temps. Certains arbres, comme les ormeaux et une infinité d'autres, renferment leurs semences dans des matières légères que le vent emporte; la race s'étend bien loin par ce moyen, et peuple les montagnes voisines.

Bossuet.

4. — La suppression des jachères

De toutes les innovations de l'agriculture progressive, la suppression de la jachère est celle que certains cultivateurs repoussent encore avec opiniâtreté. Bien que depuis quelques années, les jachères soient déjà bien moins nombreuses, elles subsistent encore dans un trop grand nombre de nos provinces. Le paysan aurait raison de conserver cette pratique et de repousser la production continue du champ, si le même champ devait toujours porter le même genre de produits, car la terre s'épuiserait bientôt et elle demeurerait frappée de stérilité; aussi n'est-ce point là ce dont il est question. Au lieu de frapper la terre d'une oisiveté improductive, on la repose d'un travail par un autre genre de travail, en lui faisant produire tour à tour des plantes qui exigent d'elle des éléments différents.

Mme Romieu.

5. — Nécessité des assolements

Comme les animaux, les plantes réclament, au sol et à l'air qui les contiennent, des aliments divers.

Certaines d'entre elles se nourrissent surtout par leurs racines et, comme le blé et le seigle, prennent beaucoup au sol.

La culture continuelle de ces plantes *épuisantes*, dans les mêmes champs, rendrait vite la terre stérile.

D'autres, au contraire, comme la luzerne et le trèfle, empruntent, par leurs feuilles, principalement à l'air; celles-ci sont donc *améliorantes*.

Il est nécessaire, si l'on veut que toutes ces plantes prospèrent, de remplacer, dans le même terrain, une plante épuisante par une plante améliorante, une plante qui demande certains éléments nutritifs par une autre qui exige des aliments différents.

Cette succession de cultures bien choisies porte le nom d'*assolement*.

Les assolements

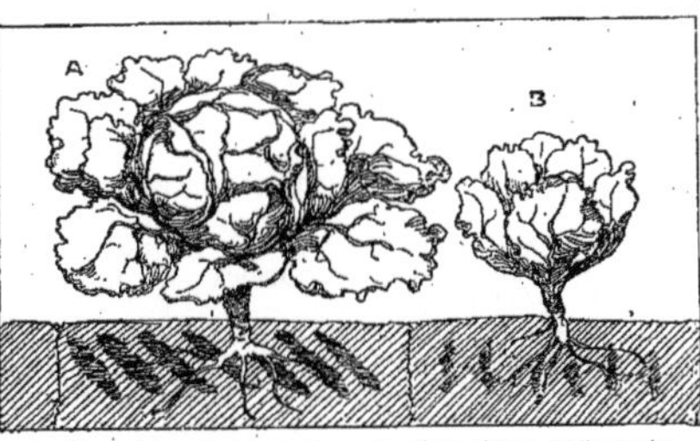

A. Chou obtenu la 1re année. — B. Chou obtenu la 5e année.

Reproduction de l'expérience

Milieu : Même planche du jardin.
Légumes : Chou ou salade.
Engrais : Fumure ordinaire.
Conseils : Cultiver, au moins cinq années de suite,
les mêmes légumes aux mêmes endroits.

Note à consigner sur le carnet agricole

Légumes cultivés	RÉSULATS. — POIDS DE LA RÉCOLTE				
	1re Année	2e année	3e année	4e année	5e année

Tableau de Renseignements

Différents modes d'assolements

DÉSIGNATION	ANNÉES	PLANTES CULTIVÉES	DÉSIGNATION	ANNÉES	PLANTES CULTIVÉES
ASSOLEMENT BIENNAL	1re année.. 2e — ..	Plantes sarclées. Céréales.	ASSOLEMENT QUINQUENNAL	1re année.. 2e — .. 3e — .. 4e — .. 5e — ..	Pommes de terre ou betteraves. Froment. Trèfle. Avoine. Plantes sarclées.
ASSOLEMENT TRIENNAL	1re année.. 2e — .. 3e — ..	Plantes sarclées. Céréales. Trèfle.	ASSOLEMENT SEXENNAL	1re année.. 2e — .. 3e — .. 4e — .. 5e — .. 6e — ..	Maïs. Froment. Plantes sarclées. Trèfle. Avoine. Plantes sarclées.
ASSOLEMENT QUADRIENNAL	1re année.. 2e — .. 3e — .. 4e — ..	Plantes sarclées. Céréales. Trèfle seul ou avec ray-gras. Froment.			

Maxime : *La terre se délecte en la mutation des semences.* — (Olivier de Serres.)

Devoir d'Agriculture locale : L'assolement en usage à X.

L'assolement en honneur à (1) est l'assolement (2). Ainsi, quand on parcourt la plaine en été, avant l'époque des récoltes, on remarque les (3) dans une région, les (4) dans une autre, etc. La superficie moyenne occupée par chaque sole est de (5) pour les (3), de (5) pour les (4), etc. Il y a des progrès (6) : l'emploi des engrais chimiques (7), la suppression partielle de la jachère et (8) la culture intensive.

(1) Nom du pays. — (2) Indiquer l'assolement d'après le tableau 31. — (3) Céréales. — (4) Plantes sarclées, etc. Continuer l'énumération des plantes cultivées dans les autres soles, s'il y a lieu. — (5) Superficie en céréales, etc. — (6) De réaliser ou à réaliser. — (7) A permis ou permettra. — (8) Facilite ou facilitera.

NOTIONS DE BOTANIQUE
La Racine
LEÇONS

Cours Moyen

1. — La *racine* est un organe chargé de puiser dans le sol la nourriture des végétaux.

2. — Elle sert en outre à fixer les plantes au sol.

3. — Toutes les racines ont une tendance à se diriger vers le centre de la terre.

4. — De même, elles fuient la lumière.

5. — Toute racine comprend une partie principale, ou corps de la racine, et des parties secondaires, appelées radicelles.

6. — La racine peut affecter différentes formes.

7. — Elle est dite *pivotante* lorsqu'elle présente une partie centrale très développée, comme dans la carotte, la betterave.

8. — Elle est dite *fasciculée* lorsqu'elle est formée d'un groupe de radicelles partant immédiatement de la base de la tige, comme dans le blé, le haricot.

9. — Certaines racines naissent sur la tige ; on les appelle *racines adventives*; telles sont celles qui apparaissent sur les coulants du fraisier.

10. — Il en résulte un mode particulier de multiplication de ces plantes.

Cours Supérieur

1. — L'extrémité des racines est recouverte d'une sorte de capuchon appelé coiffe.

2. — La coiffe est l'organe de pénétration dans la terre.

3. — Au-dessus de la coiffe, la racine se couvre d'une infinité de poils appelés poils radicaux ou *poils absorbants*.

4. — Ce sont eux, et eux seuls, qui prennent la nourriture liquide ou solide du végétal.

5. — Cette nourriture devra donc toujours se trouver en contact avec la région des poils absorbants.

6. — Les aliments solubles deviennent liquides et traversent facilement les membranes des poils absorbants : il en est ainsi des matières azotées ayant subi la nitrification.

7. — Les aliments insolubles dans l'eau, qui se trouvent en contact avec les poils absorbants, deviennent solubles, grâce au liquide acide des racines et peuvent alors pénétrer dans leurs membranes : il en est ainsi pour les éléments phosphatés, potassiques et calcaires.

8. — Les racines absorbent l'oxygène et dégagent l'acide carbonique, d'où la nécessité des labours profonds pour le développement normal des racines.

Exercices d'observation

1. — Pourquoi un arbre planté dans un sol calcaire, peu profond, et défoncé légèrement périt-il, au bout de quelques années ? — 2. Pourquoi les plantes racinées donnent-elles une production plus abondante dans un terrain ameubli profondément que dans un terrain ameubli superficiellement ? — 3. Pourquoi le phylloxera, en s'attaquant aux radicelles, détruit-il les vignobles ? — 4. Pourquoi bêcher ou labourer profond autour des arbres est-il une cause de dépérissement, parfois de mort ? — 5. Pour quelle raison creuse-t-on des espèces de cuvettes au pied des troncs d'arbres, en été et au moment des arrosages ? — 6. A quoi sert la masse de nourriture contenue dans une racine pivotante de betterave ? — 7. On dit que la racine fixe le végétal au sol ; n'y a-t-il pas des régions maritimes françaises où le contraire se produit, c'est-à-dire où les racines des végétaux fixent le sol sablonneux ? — 7. On vient de rempoter dans un grand pot une plante d'appartement qui végétait dans un petit. Quel aspect présentaient les racines de la plante lorsqu'on a fait cette opération ; qu'en concluez-vous ?

Rédactions

1. **Les racines.** — Leurs fonctions. — Principales racines dont nous tirons parti dans l'alimentation et dans l'industrie (C. E. Orne)

2. **Dangers du déracinement.** — Que devient un jeune arbre déraciné par la tempête ? - Comment peut-on l'empêcher de mourir et assurer sa reprise ?

3. **Bouturage.** — Vous avez envoyé à un de vos camarades une branche de rosier avec des racines, et vous lui faites, dans une lettre, toutes sortes de recommandations pour que la branche devienne, elle aussi, un joli rosier. (C. E. Vienne).

Problèmes

1. D'après M. Muntz, une couche de terre arable de 0 m. 25 d'épaisseur renferme 27 kg. 05 de radicelles, ou chevelu, par are, à l'état sec, d'herbe de prairie — Calculer, d'après ces données, le poids des radicelles à l'état sec que contient la terre arable d'une prairie longue de 212 m. 50, large de 46 m. 80.

2. 1 kg. de racines de betteraves a la même valeur que 450 gr. de foin. Un quintal de ce fourrage est estimé 5 fr. 25. Que vaut alors la récolte des racines d'un champ de betteraves dont la pesée indique 247 quintaux ?

EXPÉRIENCES A RÉALISER PAR LES ÉLÈVES

1. — Prendre une fiole à pilules vide — L'emplir d'eau — La fermer avec un liège présentant : 1° une petite cavité conique percée à sa base ; 2° un trou circulaire. Déposer une graine germée dans la cavité conique ; introduire un tube courbé pour aération dans le trou circulaire — Le végétal se développe — *Les racines avec les poils radicaux ou absorbants, apparaissent dans l'eau.*

2. — Remplir un verre d'eau sucrée — Préparer un verre de lampe comme suit : attacher à sa partie inférieure une rondelle de vessie d'un porc qu'on vient de tuer ; verser dans le vase ainsi obtenu quelques centimètres d'eau pure. — Plonger le tout dans le verre d'eau sucrée ; l'y laisser quelque temps. — Goûter l'eau du verre de lampe — elle est sucrée : *Idée de l'absorption des liquides nourriciers de la plante au travers des membranes des racines.*

3. — Prendre un coulant de fraisier, en détacher un nœud ; le repiquer en un milieu fertile — l'arroser en temps et en lieu — On obtient un nouveau fraisier : *reproduction par racines adventives.*

CÉRÉALES

Blé, Seigle, Orge, Avoine, etc...

LEÇONS

I. — 1. Les céréales sont des plantes herbacées à tiges creuses et noueuses dont les grains peuvent être transformés en farine. — **2.** On cultive le blé, le seigle, l'orge, l'avoine, le maïs, le millet, le sorgho et le sarrazin. — **3.** Ces plantes demandent un sol parfaitement ameubli et fumé quelque temps auparavant. — **4.** La reproduction a lieu par semis de graines préalablement sélectionnées, chaulées ou sulfatées. — **5.** On sème à la volée et en lignes, en automne et au printemps. — **6.** La récolte se nomme moisson. — **7.** Les céréales non battues sont conservées en granges ou en meules. — **8.** On utilise le grain pour la nourriture de l'homme et des animaux, et aussi dans certaines industries. — **9.** La paille sert de litière et de nourriture aux bestiaux.

II. — 1. La nature du sol qui convient aux céréales varie avec les espèces. — **2.** Les travaux de préparation de la terre consistent en labours, hersages et roulages. — **3.** Comme engrais, on emploie des matières riches en azote et en acide phosphorique, du fumier seul, ou, mieux encore, du fumier complété soit par des engrais minéraux, soit par d'autres engrais organiques. — **4.** En rotation, les céréales suivent les plantes fourragères et les plantes sarclées. — **5.** Durant leur végétation, elles réclament des roulages, des hersages, des binages, des sarclages, des buttages (maïs) et des semis de nitrate en couverture. — **6.** Les céréales redoutent : 1° certaines plantes nuisibles : chardon, ivraie, pavot, nielle; 2° certains champignons parasites : carie, charbon, rouille, ergot; 3° certains mammifères : souris, rats, mulots, campagnols; 4° certains insectes : charançon, taupin, noctuelle; 5° certaines intempéries : gelée, grêle, grande pluie.

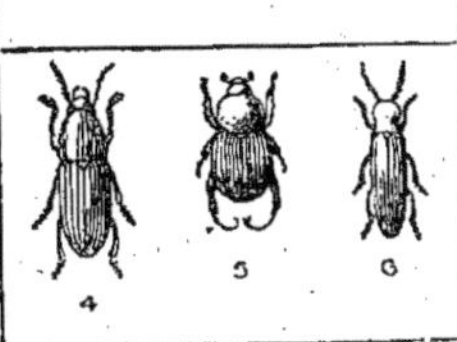

Les Ennemis des Céréales.

Le Charançon. — Grains de blé attaqués par l'alucite. — Zabre bossu. — Anisoplie. — Elater du blé.

Questionnaire

I. — 1. Qu'appelle-t-on céréales ? — **2.** Citez les céréales cultivées en France. — **3.** Quel sol leur convient ? — **4.** Pourquoi chaule-t-on ou sulfate-t-on la semence des céréales? — **5.** Lequel des divers modes de semis doit-on préférer ? — **6.** Parlez de l'utilisation particulière de chacune des céréales.

II. — 1. Dites le sol qui convient le mieux à chaque nature de céréales. — **2.** Quel est l'effet : 1° de l'azote; 2° de l'acide phosphorique sur les céréales ? 3. Indiquez une formule d'engrais propre à la culture d'une céréale, à votre choix. — **4.** Pourquoi roule-t-on les céréales? — **5.** Citez les effets particuliers des autres soins d'entretien: hersage, binage, etc...

Rédactions

1. Utilité du Blé. — Supériorité du blé (matière azotée, matière grasse, alimentation). — Supériorité du pain sur les autres aliments. — Tous les habitants de France mangent-ils du pain blanc ? — Production du blé en France, pays qui nous en fournissent (Russie, Amérique). C.E. Canton de Bains (Ille-et-Villaine). 1897.

2. Culture du Blé. — Indiquez les diverses sortes de blé. — Terres qui conviennent à cette plante. — Choix, quantité et préparation de la semence de blé. Quand et comment sème-t-on le blé ? — Comment en favorise-t-on la végétation? Quel est le rendement ordinaire ? Indiquez les usages de blé.

3. Les maladies du blé. — Dites comment on les évite. C.E.

Problèmes

I. — 1. Évaluation d'une récolte de céréales. — Un terrain de 5 hares 32 a été ensemencé en seigle et a rapporté 17 hl. de grain par hectare. L'hectolitre de seigle pèse 72 kg. et le poids de la paille récoltée égale deux fois et demie celui du grain. On demande combien on a récolté d'hectolitres de seigle et de quintaux métriques de paille sur cette terre. C. E. Aube.

2. Coût d'un engrais pour Maïs. — On veut cultiver du maïs dans un champ dont la longueur est de 184ᵐ et la largeur de 62ᵐ. Pour cela, on répand 500 kilogs. d'engrais par hectare. Cet engrais coûte 28 fr. le quintal. On demande la dépense de cette fumure.

3. Ce qu'une récolte de blé enlève au sol. — On a calculé qu'un hectolitre de blé enlève au sol 2 kg. 1/3 d'azote, 1 kg. d'acide phosphorique et 1 kg. 2/3 de potasse avec d'autres éléments. En supposant qu'on obtienne 30 hectolitres de blé dans un terrain, évaluer quel poids de chacun des éléments : azote, acide phosphorique et potasse, cette récolte aurait enlevé au sol.

4. Restitution d'un élément. — Une récolte de 30 hectolitres de blé a enlevé au sol 30 kgs. d'acide phosphorique, en ne considérant que cet élément. Pour restituer à la terre ce qui lui a été pris on a enfoui d'abord une fumure de 10 tonnes métriques de fumier dosant 2 p. 0/0 d'acide phosphorique; quelle quantité de superphosphate à 20 p. 0/0 d'acide phosphorique doit-on ajouter à cette fumure pour que la restitution soit complète ?

1. — Utilité de connaître la profondeur des Racines.

Il est du plus grand intérêt pour le cultivateur de se rendre compte de la profondeur à laquelle parviennent les racines d'une plante, s'il tient à adapter cette plante à la nature du sol dont il dispose.

Tandis, en effet, que des plantes à racines traçantes prospèreraient parfaitement dans un terrain où une faible couche de terre végétale recouvrirait un épais banc de sable, au contraire, des plantes à racines profondes et ayant besoin d'une forte nourriture ne pourraient s'y développer convenablement.

Il se gardera donc, ainsi qu'on le fait trop souvent, de semer dans un sol de peu d'épaisseur, avec des céréales qui cherchent leur nourriture dans la partie supérieure de ce sol, des plantes, comme le trèfle et la luzerne, dont les racines atteignent une profondeur plus considérable.

2. — Le Blé.

Le blé est une plante que l'homme a changée au point qu'elle n'existe plus nulle part à l'état de nature : on voit bien qu'elle a quelque rapport avec l'ivraie et quelques autres herbes des prairies, mais on ignore à laquelle on doit la rapporter ; et, comme il se renouvelle tous les ans, comme servant de nourriture à l'homme, il est de toutes les plantes celle qu'il a le plus travaillée, il est aussi, de toutes, celle dont la nature est le plus altérée. L'homme peut donc, non seulement faire servir à ses besoins tous les individus de l'univers ; mais, avec le temps, changer, modifier et perfectionner les espèces : c'est le plus beau droit qu'il ait sur la nature. Avoir transformé une herbe stérile en blé est une espèce de création dont cependant il ne doit pas s'enorgueillir.

BUFFON.
(*C. E. Yonne*)

3. — Usages du Seigle.

Si l'usage du pain de seigle est en décroissance dans les campagnes, celui du pain de méteil (seigle et froment mélangés) reste très fréquent, et le pain de seigle de luxe est de plus en plus demandé dans les villes.

On peut ajouter que nous ne sommes pas en France les seuls consommateurs de nos récoltes de seigle ; et ce grain est, avec quelques orges de brasserie, celui que nous exportons le plus fréquemment.

En outre, le seigle est très propre à entretenir l'embonpoint des animaux qui ne travaillent pas et qui ont besoin d'être fortement nourris, comme ceux que l'on veut engraisser. On lui reproche cependant d'être laxatif. Mais est-ce bien un défaut ? On sait que sa farine est donnée en barbottage aux chevaux et aux porcs que l'on veut rafraîchir.

Quant à ses usages en distillerie, nous croyons inutile d'y insister. Chacun sait que le seigle est la céréale la plus communément employée pour l'extraction de l'alcool de grain ; et si, pour l'usage interne, « l'eau de mort » n'a pas nos sympathies, l'emploi industriel de l'alcool donnera un débouché nouveau à la culture du seigle.

Mais que dire des usages de la paille de seigle.

Elle constitue un article d'échange aussi important, à peu de chose près, que le grain lui-même. A tel point que, dans une culture de seigle bien réussie, la paille présente parfois une valeur vénale sensiblement équivalente à celle du grain.

Il en est ainsi surtout dans le voisinage des villes où la paille est recherchée pour des usages industriels : fabrication de papier, de paillassons, d'étuis à bouteilles, empaillage des chaises, couverture des meules et des chaumières, palissage des arbres fruitiers, accolage des sarments de la vigne, etc.

On l'emploie pour remplir les paillasses de nos lits, pour la confection des ruches d'abeilles, et pour la fabrication des chapeaux de paille. Elle sert à faire des liens pour la moisson des blés, des avoines et des orges.

Ces usages sont tellement rémunérateurs que parfois la paille paie les frais de culture de la sole de seigle, et le grain constitue un bénéfice net.

Enfin, comme nourriture verte, le seigle rend d'immenses services au cultivateur à cause de sa rusticité et de sa grande précocité.

A. JOUON.
(*Champagne agricole.*)

Maxime

Si tu veux du blé, fais des prés.

Les céréales

Reproduction de l'expérience

Milieu : Carrés d'un champ de chacun 10 mq.
Graines : Céréale quelconque.
Engrais : Parcelle 1. — Néant.
   Parcelle 2. — Fumier, dose calculée suivant l'habitude du pays.
   Parcelle 3. — Fumée à la même dose avec engrais complémentaires (100 gr. par mètre carré du mélange.
   (Voir NOTA. — *Leçon 1, page 7.)*

Note à consigner sur le carnet agricole

Parcelles Nos	Graines (nature)	ENGRAIS		DATES		RÉSULTATS	
		nature	poids	semis	récolte	paille	grain
1							
2							
3							

Application rationnelle des engrais. — Expérience Grandeau :
1. Hauteur de paille, 1 m. — 2. Hauteur de paille, 1 m. 10. —
3. Hauteur de paille, 1 m. 30.

Tableau de Renseignements. — Les céréales

NATURE	DATES DES SEMIS	QUANTITÉ A L'HECTARE	FACULTÉ GERMINATIVE	DURÉE DE VÉGÉTATION	RENDEMENT MOYEN A L'HECTARE		POIDS de l'hectolitre
					Grains	Paille	
Blé (A)......	Sept.-Nov.	175 kg.	3 à 5 ans.	40 à 50 semaines	15 à 30 hectol.	25 à 50 qx.	75 à 80 kg.
Blé (P)......	Février - Mars.	175 —	2 à 3 —	18 à 20 —	15 à 25 —	15 à 25 —	72 à 76 —
Seigle........	Sept.-Octobre.	150 à 220 kg.	2 à 3 —	40 à 46 —	12 à 25 —	20 à 35 —	72 à 75 —
Orge (A)......	Août-Septemb.	120 à 140 —	2 à 3 —	40 à 44 —	25 à 30 —	20 à 30 —	68 à 72 —
Orge (P)......	Mars-Avril.	150 à 200 —	2 à 8 —	12 à 20 —	25 à 30 —	15 à 25 —	68 à 72 —
Avoine.......	Février - Avril.	125 à 175 —	2 à 3 —	16 à 20 —	20 à 40 —	25 à 40 —	45 à 50 —
Maïs	Avril-Mai.	120 à 125 —	2 à 3 —	18 à 25 —	25 à 35 —	30 à 40 —	68 à 72 —
Sarrazin.....	Mai-Juillet.	50 à 100 —	2 à 3 —	12 à 14 —	10 à 20 —	10 à 20 —	60 à 65 —

(A) *Automne.* — (P) *Printemps.*

Devoir d'Agriculture locale : Culture du blé

Le blé est semé après (1). La préparation du sol comprend (2). L'engrais employé est formé de (3). La semence provient de (4) ; elle est (5). On sème particulièrement (6) les variétés suivantes (7) pour l'automne vers (8), et les variétés suivantes (7) pour le printemps vers (8). Les soins d'entretien consistent en (9) ; la récolte a lieu vers (10) ; le rendement moyen à l'hectare est de (11) ; la superficie communale est de (12) ; elle (13) ; le blé est utilisé dans la région (14).

(1) Plantes dont la culture a précédé le blé. — (2) Indiquer le nombre de labours, hersages et roulages. — (3) Indiquer les formules d'engrais. — (4) De la récolte précédente ou d'achat. — (5) Triée, chaulée ou sulfatée. — (6) A la volée ou en ligne. — (7) Indiquer les variétés d'automne et de printemps cultivées au pays. — (8) Dates ordinaires des semis, automne et printemps. — (9) Roulage, hersage, sarclage, semis de nitrate. — (10) Date ordinaire du pays. — (11) Rendement moyen d'après la statistique communale. — (12) Surface moyenne après la statistique communale. — (13) Suffisante ou pourrait être augmentée. — (14) Usages locaux du blé, consommation, industrie, vente.

Autres devoirs. — 1° *Culture du seigle ;* 2° *Culture de l'orge ;* 3° *Culture de l'avoine ;* 4° *Culture du maïs ;* 5° *Culture du sarrazin.*

NOTIONS DE BOTANIQUE

La tige - La sève
LEÇONS

Cours Moyen

1. — La *tige* est l'organe de la plante qui s'élève le plus souvent au-dessus du sol.

2. — Elle porte les *bourgeons*, les *feuilles*, les *fleurs* et les *fruits*.

3. — La tige est *simple* comme celle du blé, ou *ramifiée* comme celle du chêne; dans ce dernier cas, elle se divise en *branches*.

4. — On distingue aussi des tiges *herbacées*, comme celle des haricots, et des tiges *ligneuses*, comme celle du sapin.

5. — Les tiges herbacées ne durent généralement qu'un an et présentent, du dehors au dedans, *l'épiderme*, des *cellules*, un *canal*.

6. — Les tiges ligneuses sont vivaces et présentent du dehors au dedans, *l'écorce*, *l'aubier*, le *bois*, un *canal*.

7. — Les tiges ligneuses s'accroissent annuellement entre l'écorce et l'aubier.

8. — Cet accroissement est dû à la *sève*, sang nourricier du végétal.

9. — Chaque année s'ajoute une nouvelle couche circulaire concentrique visible dans la section horizontale d'un arbre.

10. — Le nombre de ces couches indique l'âge du végétal ligneux.

Cours Supérieur

1. — Suivant sa forme, la tige se dénomme: *tronc, stipe, chaume, rhizome, tubercule*.

2. — Le tronc est ligneux : il décroît de diamètre de bas en haut ; il se ramifie. Exemple : le hêtre.

3. — Le stipe, herbacé ou ligneux, conserve sensiblement le même diamètre; il ne se ramifie pas. Exemples : le palmier, la fougère.

4. — Le chaume, toujours herbacé, est creux, ne se ramifie pas. Exemple : les céréales.

5. — Le rhizome, comme on le voit dans la fougère, et le tubercule, qu'on trouve dans la pomme de terre, sont souterrains.

6. — Certaines tiges sont *grimpantes*, celle du haricot; d'autres sont *rampantes*, celle du fraisier.

7. — L'écorce des végétaux ligneux comprend, du dehors au dedans : *l'épiderme*, *l'enveloppe subéreuse, l'enveloppe cellulaire, le liber*.

8. — On distingue la *sève brute* ou montante et la *sève élaborée* ou descendante.

9. — La sève brute part des racines, monte par le bois jusqu'aux feuilles, exhale une grande partie de l'eau qu'elle contient.

10. — La sève élaborée descend par le liber, dépose dans ce trajet la nouvelle couche ligneuse destinée à accroître l'arbre.

Exercices d'observation

1. — Pourquoi le nombre des cercles concentriques du tronc d'un arbre scié indique-t-il son âge ? — 2. Pourquoi l'aubier est-il moins dur que le cœur ? — 3. Pourquoi un tubercule de pomme de terre est-il une tige? — 4. Pourquoi une tige de haricot s'attache-t-elle à son tuteur? — 5. La taille de jeunes rameaux ligneux, possible avec l'ongle durant la première période d'été, est-elle encore possible sur des rameaux de même date en novembre ou en décembre? — Justifiez votre réponse. — 6. D'où proviennent la gomme des cerisiers, des pêchers, la résine des sapins ? — 7. Pourquoi écorce-t-on le chêne au printemps et non en hiver au moment du plein abattage des arbres ? — 8. Pourquoi le bûcheron fend-il plus facilement un tronc d'arbre vert qu'un tronc d'arbre sec ?

Rédactions

1. **La tige et ses diverses parties.** — Résumez une leçon sur les diverses parties de la tige, faite avec une rondelle de tronc de chêne, en indiquant, de l'extérieur au centre ces différentes parties, avec le rôle et l'utilité de chacune d'elles.

2. **La sève.** — Suivez la marche de la sève dans un arbre depuis son départ des racines jusqu'à sa transformation en aubier.

3. **Des tiges ligneuses et des tiges herbacées.** — Dites où on les trouve et l'emploi qui est fait de 2 ou 3 tiges de chaque catégorie.

Problèmes

1. — La circonférence d'un chêne prise à 1^m de haut, avec une ficelle, est exactement de 2^m20. Donnez à 1mm. près, le diamètre de cet arbre à la même hauteur.

2. — Une plantation de pin maritime renferme 125 arbres fournissant, chacun et annuellement, en moyenne $2^{kg}200$ de résine (produit de la tige). Calculer le produit en résine de la plantation, sachant qu'un kilog. de cette substance est estimé 0 fr. 20.

EXPÉRIENCES A RÉALISER PAR LES ÉLÈVES

1. — Prendre une rondelle d'un tronc d'arbre que l'on vient de scier, déterminer son âge.

2. — Couper, en avril-mai, une branche de saule. Faire une incision annulaire à 10 cent. de l'extrémité coupée. Frapper légèrement sur l'écorce. Tirer à soi l'écorce comprise entre l'incision et l'extrémité. Le cylindre d'écorce arrive aisément. *Conséquence du mouvement de la sève.* Passer la langue sur le bois écorcé : saveur sucrée.

3. — Refaire la même expérience en octobre; impossible d'avoir l'écorce. *La sève ne circule plus.*

4. — Couper au printemps, avril-mai, un pied de vigne du jardin d'expérience, juste au-dessus de la racine principale. Remplacer la tige par un tube de verre qui emboîte exactement à sa base l'extrémité supérieure de la racine coupée. Maintenir par un bâton ce tube verticalement. *On voit un liquide monter dans le tube; c'est la sève.* Idée de son ascension.

PLANTES SARCLÉES
Plantes-racines et Tubercules
LEÇONS

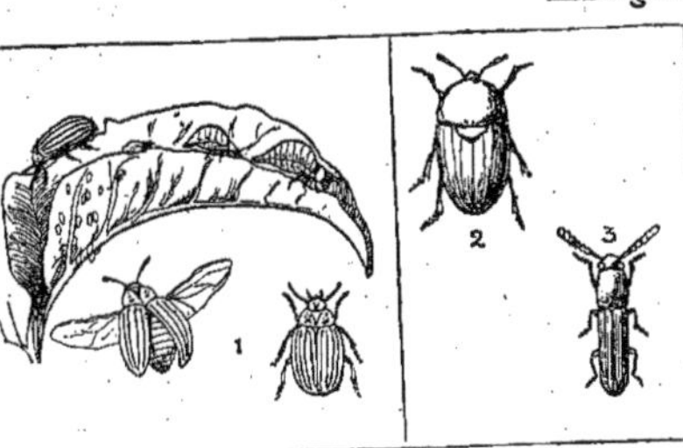

Les ennemis des plantes sarclées
1. Doryphora de la pomme de terre : œufs, larves, insectes parfaits.
2. Sylphe opaque. — Atomaire linéaire.

I. — **1.** Les plantes sarclées sont caractérisées par leurs racines pivotantes et par les renflements tuberculeux de leurs tiges souterraines. — **2.** Les plantes-racines comprennent les betteraves fourragères et à sucre, les navets, les choux-navets et les carottes fourragères. — **3.** Les plantes à tubercules comprennent les pommes de terre et les topinambours. — **4.** Elles demandent toutes un sol parfaitement ameubli et copieusement fumé. — **5.** La semence des plantes-racines est une graine, celle des plantes tuberculeuses, un tubercule. — **6.** Les semis et plantations se font le plus souvent en lignes. **7.** La récolte est un arrachage. — **8.** On conserve ces plantes en caves, celliers et silos. — **9.** Certaines d'entre elles sont utilisées dans l'industrie, d'autres pour la nourriture de l'homme et des animaux, quelques-unes simplement pour la nourriture des animaux.

II. — **1.** Les betteraves aiment un sol profond, un peu argileux. Les autres plantes sarclées préfèrent un sol léger. — **2.** La culture préparatoire consiste en labours, hersages et roulages. — **3.** Comme engrais, on fournit des matières riches en acide phosphorique et en azote: du fumier seul, ou, mieux encore, du fumier complété soit par des engrais minéraux, soit par des engrais organiques, soit par des arrosages au purin. — **4.** Les plantes sarclées demandent, comme soins d'entretien, des hersages, des binages, des démariages (plantes-racines), des semis de nitrate en couverture. Les tubercules sont soumis, en plus, au buttage. — **5.** Les plantes sarclées craignent: 1º certains champignons parasites: frisolée et peronospora infestans; 2º certains insectes: atomaire linéaire, sylphe opaque et doryphora.

Questionnaire

I. — **1.** Pourquoi les plantes sarclées sont-elles appelées ainsi? — **2.** Que comprennent: 1º les plantes-racines; 2º les plantes tubercules? — **3.** Quel sol convient le mieux à ces plantes? — **4.** Comment les reproduit-on? — **5.** A quelle époque de l'année ont lieu les semis et plantations? — **6.** Qu'est la récolte? — **7.** Qu'est-ce qu'un silo? — **8.** Parlez de l'utilité particulière de chacune de ces plantes.

II. — **1.** Quel sol préfèrent les betteraves? les autres plantes sarclées? — **2.** En quoi consiste la culture préparatoire de la terre? — **3.** Quels éléments fertilisants préfèrent ces plantes? — **4.** Donnez une formule d'engrais complet pour betteraves. — **5.** Que produisent le démariage sur les plantes-racines, le buttage sur les plantes-tubercules? — **6.** Quels sont les ennemis et les maladies que craignent ces plantes? — **7.** Comment peut-on lutter contre les maladies?

Rédactions

1. Les plantes sarclées : Divisions. — Plantes tuberculeuses: utilité, culture. — Plantes-racines: utilité, culture.

2. La pomme de terre. — Sa description. Son histoire. Sa culture. Ses ennemis. Ses usages.
C. E. Meuse, 1885.

3. La betterave. — Caractère de la plante. — Sa culture. — Ses différents usages dans l'alimentation et l'industrie.

Problèmes

I. — **1. Evaluation d'une récolte de carottes fourragères.** — On récolte en moyenne 140.000 kg. de carottes fourragères par hectare. Quelle sera la valeur de la récolte obtenue sur un champ de la forme d'un triangle rectangle ayant pour côtés de l'angle droit: $43^m 50$ et 237^m? On vend le quintal de carottes 3 fr. 25.
C. E. Manche, 1888.

2. Commerce de pommes de terre. — L'hectolitre de pommes de terre pèse 80 kg. Un marchand achète dans un village 320 hectolitres de pommes de terre à raison de 2 fr. 95 les 50 kg.; les frais de transport jusqu'à la ville lui coûtent 8 fr. les 1000 kg. Il vend alors sa marchandise à raison de 0 fr. 80 le décalitre. Quel bénéfice réalise-t-il sur cette opération.
C.E. Eure-et-Loir.

II. — **Prix de revient d'une fumure complétée d'engrais minéraux pour betteraves.** — A combien revient l'emploi d'engrais nécessaires à une culture de betteraves fourragères et comprenant 30.000 kg. de fumier à 6 fr. 50 la tonne, 500 kg. de superphosphate de chaux dosant 14 p. 0/0 d'azote à 0 fr. 50 l'unité et un quintal de nitrate de soude à 15,5 p. 0/0 d'azote et valant 1 fr. 50 l'unité.

4. Calcul de la potasse enlevée au sol par une récolte de pommes de terre. — J'ai cultivé des pommes de terre dans un terrain rectangulaire de 82^m de long sur 15^m de large; la récolte moyenne a été de 180 kg. à l'are; sachant que cette plante enlève au sol 0 kg. 86 de potasse pour 100 kg. de tubercules récoltés à parfaite maturité, on demande de calculer le poids total de potasse enlevé à ma terre.

1. — Respect des branches

C'est bien de cueillir des fleurs, au moins n'est-ce pas mal ; mais casser la branche pour avoir des fleurs, n'y a-t-il pas là quelque chose comme de l'ingratitude ? N'est-ce pas un acte d'imprévoyance, d'égoïsme et de barbarie ? Oui, il y a de l'ingratitude, car c'est rendre le mal pour le bien. Les arbres nous ressemblent un peu ; comme nous, ils naissent, ils vivent, ils meurent. Vivants, ils nous charment, nous donnent de l'ombre et des fruits. Morts, ils nous réchauffent, ils soutiennent, ils meublent nos maisons. C'est un acte d'imprévoyance, car les fleurs renaissent ; mais les branches ne repoussent pas. C'est un acte d'égoïsme, car on prive les autres du plaisir que l'on a goûté soi-même ; c'est de la barbarie, car le propre du barbare, c'est de ne pas sentir la beauté, de ne pas la comprendre et de détruire les belles œuvres de la nature comme les chefs-d'œuvre des arts.

VESSIOT
C. E. (Doubs) 1887

2. — La betterave à sucre

La culture de la betterave à sucre, on ne saurait trop le répéter, partout où l'industrie l'a introduite, a décuplé la richesse du pays. Les préjugés absurdes qui la supposaient contraire à la production des céréales ont cédé à la force de l'évidence ; les belles récoltes de blé obtenues après la betterave, dans des terres qui jadis n'en donnaient que de médiocres, ont répondu victorieusement à d'injustes préventions et viennent corroborer, de tout le poids de l'expérience, le raisonnement par lequel il faut se rendre compte du mode de végétation et de culture propre à cette racine.

En effet, la betterave se nourrit en partie des gaz de l'atmosphère qu'elle absorbe par ses larges feuilles, et sa racine pivotante prend à une grande profondeur, le reste de la substance qui lui est nécessaire, en y puisant des sucs que l'analyse a prouvé être tout différents de ceux qui constituent la substance des graminées.

C. E. Aisne 1883.

3. — Parmentier et la culture de la pomme de terre

M. Parmentier, qui avait appris à connaître la pomme de terre dans les prisons d'Allemagne, où il n'avait eu souvent que cette nourriture, montra, par un examen chimique de cette racine, qu'aucun de ses principes n'est nuisible. Il fit mieux encore : pour apprendre au peuple à y prendre goût, il en cultiva en plein champ, dans les lieux très fréquentés, les faisant garder avec appareil pendant le jour seulement, heureux quand il apprenait qu'il avait excité ainsi à ce qu'on lui en volât quelques-unes pendant la nuit. Il aurait voulu que le roi, comme on le rapporte des empereurs de la Chine, eût tracé le premier sillon de son champ : il en obtint du moins de porter, en pleine cour, dans un jour de fête solennelle, un bouquet de fleurs de pomme de terre à la boutonnière, et il n'en fallut pas davantage pour engager plusieurs grands seigneurs à en faire planter.

Mais les ennemis de la pomme de terre, hors d'état de prouver qu'elle fait du mal aux hommes, ne se tinrent pas pour battus ; ils prétendirent qu'elle en ferait aux champs et les rendrait stériles. Il n'y avait nulle apparence qu'une culture qui aide à nourrir plus de bestiaux et à multiplier les engrais pût jamais avoir pour résultat d'effriter le sol ; néanmoins, il fallut encore répondre à cette objection et considérer la pomme de terre sous le point de vue agricole. M. Parmentier reproduisit donc, sous diverses formes, tout ce qui regarde sa culture et ses usages, même pour la fertilisation des terres ; il ne se lassait point d'en parler dans des ouvrages savants, dans des instructions populaires, dans des journaux, dans des dictionnaires de tout genre. Pendant quarante ans il n'a manqué aucune occasion de la recommander.

CUVIER.

4. — Utilisation culinaire du topinambour

Beaucoup de personnes apprécient mal la qualité culinaire des tubercules de cette plante ; on les trouve trop mous, trop fades, trop aqueux. Évidemment ils ne valent pas les pommes de terre, mais la manière de les préparer y est pour quelque chose, et ce vieux proverbe ; « La sauce fait avaler le poisson » est parfaitement applicable en la circonstance.

Au lieu de bouillir ou cuire en ragoût les topinambours, comme on le fait généralement, il faut les faire frire tout comme les pommes de terre ; mais au lieu de les couper en tranches minces, il faut en faire des petits cubes, des dés, comme disent les cuisinières, afin que l'intérieur reste tendre. Si l'on veut prendre la peine de plonger, au préalable, ces dés dans de la pâte à frire et de les jeter ensuite dans la graisse bien bouillante, on en obtient un plat délicieux ; on ne croirait jamais manger du vulgaire topinambour.

De plus, ce mets est léger, moins farineux, moins rassasiant et plus digestif que la pomme de terre.

Améliorer l'Agriculture est une gloire qui vaut toutes les autres.

ENSEIGNEMENT EXPÉRIMENTAL
Les plantes sarclées

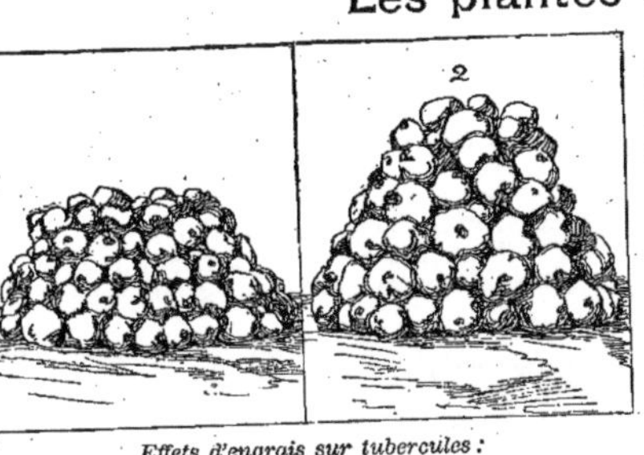

Effets d'engrais sur tubercules :
1. Fumier seul. — 2. Fumier et engrais complémentaires.

Reproduction de l'expérience

Milieu : 2 carrés du jardin d'expérience
Superficie : 10 mq. chacun.
Plantes : Pommes de terre.
Engrais : 1. - 3 kg. de fumier au mq. - 2. Au mq., 20 gr. de nitrate de soude, 20 gr. de chlorure de potassium, 40 gr. de phosphate de chaux à 15 0/0, ou scories Thomas (même richesse) et 1 kg. 500 de fumier.

Note à consigner sur le carnet agricole

Parcelles	Plantes	ENGRAIS		Rendement
		Nature	Poids	

Tableau de Renseignements. — Les plantes sarclées

NATURE	DATES DES SEMIS	QUANTITÉ A L'HECTARE	FACULTÉ GERMINATIVE	DURÉE DE VÉGÉTATION	RENDEMENT MOYEN A L'HECTARE		POIDS de l'hectolitre DE SEMENCE
					Racines	Feuilles	
Betteraves (F)	Mars-Mai.	5 à 6 kg.	5 ans.	24 à 25 semaines	300 à 500 qx.	160 à 200 qx.	25 kg.
Betteraves (s)	Avril-Mai.	20-25 —	5 —	23-25 —	350-500 —		25 —
Navets	Juillet-Août.	2-4 —	7 —	10-12 —	200 —	60-80 —	45 —
Choux-navets	Mai-Août.	4-6 —	7 —	16-20 —	200-250 —		60 —
Panais	Février-Juill.	3-4 —	2 —	30-40 —	300-500 —	60-80 —	20 —
Pom. de terre	Mars-Avril.	13-15 qx.		12-24 —	150-350 —		60 —
Topinambour.	Février - Mars.	12-20 —		36-45 —	150-300 —	300-500 —	65 —
Carottes	Avril-Mai.	3-4 kg.	4 —	24-30 —	250-300 —	60-80 —	25 —

(F) *fourragères.* — (S) *à sucre.*

Devoir d'Agriculture locale: Culture de la betterave

La betterave est cultivée après (1). La préparation du sol comprend (2). On emploie comme engrais (3). La semence est achetée à (4); on sème le plus souvent en (5) et en (5) les variétés fourragères suivantes (6) vers (7). Les soins d'entretien consistent en (8). La récolte a lieu vers (9), à l'aide (10). Les betteraves sont remisées en (11). Le rendement moyen à l'hectare est de (12), la superficie communale ensemencée est de (12), elle (13). Les betteraves sont utilisées pour (14).

(1) Plantes dont la culture a précédé immédiatement la betterave. — (2) Nombre de labours, hersages et roulages. — (3) Indiquer les formules locales d'engrais. — (4) Lieu et nom du vendeur. — (5) En place ou en pépinière, en lignes ou à la volée. — (6) Variétés cultivées au pays. — (7) Date ordinaire du semis. — (8) Binages, sarclages, démariages, semis de nitrate etc. — (9) Epoque ordinaire du pays. — (10) De la herse à dents, de l'arracheur de betteraves. — (11) Caves ou silos. — (12) Renseignements à prendre sur la statistique communale. — (13) Suffit ou pourrait être augmentée. — (14) Pour la nourriture des animaux ou pour la vente.

Autres devoirs. — 1° *Culture du navet;* 2° *Culture du chou-navet;* 3° *Culture du panais;* 4° *Culture de la pomme de terre;* 5° *Culture de la carotte.*

NOTIONS DE BOTANIQUE

Bourgeons - Feuilles
LEÇONS

Cours Moyen

1. — Les *bourgeons* sont de petits organes qui apparaissent sur les tiges ou sur les branches des végétaux ligneux.

2. — On les appelle encore *yeux* ou *boutons*.

3. — Certains se transforment en feuilles et en rameaux, ce sont des *bourgeons à bois* ; ils sont généralement pointus.

4. — D'autres se transforment en fleurs et en fruits, ce sont des *bourgeons à fruits* ; ils sont plutôt arrondis.

5. — Le développement des bourgeons peut être hâté ou retardé par les diverses opérations de la *taille*.

6. — Le *greffage* repose sur la transplantation des bourgeons.

7. — Les *feuilles* sont généralement vertes ; elles présentent deux parties essentielles : le *limbe* et le *pétiole*.

8. — Le pétiole est la partie allongée ou queue ; le limbe est la partie élargie.

9. — On distingue des *feuilles simples* comme celles du pommier et des *feuilles composées* comme celles du trèfle.

10. — On distingue encore des *feuilles opposées*, telles que celles du pois ; des *feuilles verticillées*, telles que celles du laurier-rose : des *feuilles alternes*, comme celles de giroflée.

Cours Supérieur

1. — A l'extrémité de chaque branche ou de chaque tige se trouve un bourgeon terminal.

2. — Sur le pourtour des tiges ou des branches existent des *bourgeons axillaires*.

3. — Tout pétiole en se rattachant à la branche est généralement entouré d'une gaine ou de *stipules*.

4. — Le limbe est formé de *nervures*, d'un tissu vert ou *parenchyme*, le tout recouvert de *l'épiderme*.

5. — L'épiderme est percé de petits trous appelés *stomates* qui font communiquer la plante avec l'atmosphère.

6. — La couleur verte des feuilles est due à une matière verte nommée *chlorophylle*.

7. — Cette chlorophylle fixe le carbone de l'acide carbonique qu'aspirent les feuilles durant le jour : c'est la fonction de nutrition

8. — Les feuilles aspirent également l'oxygène de l'air tout en dégageant l'acide carbonique : c'est la fonction de respiration.

9. — Elles rejettent de plus l'excès d'eau dont est chargée la sève.

10. — Le rendement des plantes est en rapport direct avec la vigueur des feuilles : l'effeuillage est donc une opération nuisible.

Exercices d'observation

1. — Pourquoi les bourgeons gonflent-ils au printemps ? 2. — A quelle origine attribuez-vous le liquide gluant qui s'attache aux doigts lorsqu'on cueille des bourgeons de pin ou de sapin ?

Économie domestique. — 1. Pourquoi est-il indispensable de laver assez fréquemment les feuilles des plantes d'appartement ? — 2. Pourquoi les arbres feuillus purifient-ils l'atmosphère ? — 3. Doit-on laisser des plantes d'appartement la nuit dans les chambres à coucher ? — Les réponses aux deux questions précédentes sont-elles contradictoires ? — Justifiez-les. — 4. L'effeuillage prématuré augmente-t-il ou diminue-t-il une récolte de plantes-racines (betteraves) ou de plantes-tubercules (pommes de terre) ? — Justifiez votre réponse.

Rédactions

1. **Les bourgeons.** — Ce qu'est un bourgeon. — Les deux sortes de bourgeons. — Description de chacun d'eux. — Faire l'histoire d'un bourgeon à bois jusqu'au moment où il sera devenu une branche ligneuse.

2. **Les feuilles.** — Faire la description d'une feuille et montrer le rôle des feuilles dans la végétation.
C. E. Orne.

3. **Danger de l'effeuillage.** — Un pommier depouillé de ses feuilles par les chenilles dépérit ; dites pourquoi. — Précautions à prendre pour empêcher ces animaux de causer d'autres dégâts dans le verger.

Problèmes

1. — On a calculé que les feuilles et tiges herbacées d'un hectare de prairie fixaient annuellement 30 quintaux de charbon, enlevé à l'acide carbonique de l'air. Que fixent, en charbon, dans le même temps, les feuilles et tiges herbacées d'une prairie carrée ayant 104^m de côté.

2. — Les feuilles et les tiges herbacées du trèfle renferment 2 p. 0/0 d'azote dont le 1/3 provient du sol et le reste de l'air atmosphérique. Calculer, en grammes, le poids d'azote enlevé par une charge de ce fourrage pesant 250 ^{kg}.

EXPÉRIENCES A RÉALISER PAR LES ÉLÈVES

1. — Pratiquer une entaille au-dessus d'un bourgeon : *végétation plus active de ce bourgeon.* — Pratiquer l'entaille au-dessous d'un bourgeon vigoureux : *ralentissement dans sa végétation.*

2. — Mettre sur le plateau d'une balance un pot contenant une plante en pleine végétation. — Faire équilibre sur l'autre plateau avec les poids nécessaires. — Au bout de quelque temps, la balance se relève du côté du pot. — *La plante a perdu de son poids par la transpiration des feuilles.*

3. — Remplir d'eau de Seltz un flacon assez large — Le renverser sur une cuvette pleine d'eau après y avoir introduit des feuilles vertes de plantes aquatiques fraichement cueillies. Exposer le tout au soleil. — Des bulles d'oxygène se forment, gagnent le fond du flacon renversé. *Les feuilles décomposent l'acide carbonique en charbon et oxygène.*

Prairies naturelles & Prairies artificielles

LEÇONS

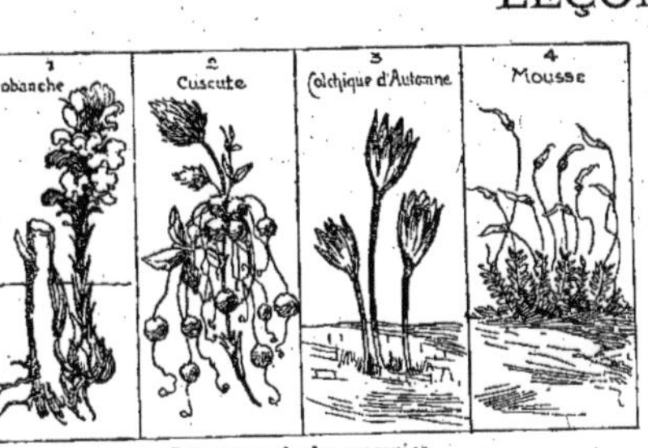

Les ennemis des prairies

I. — **1.** Les plantes fourragères sont données, comme nourriture aux bestiaux, en vert ou en sec. — **2.** Elles proviennent des prairies naturelles, ou permanentes, situées le plus souvent le long des cours d'eau et des prairies artificielles dont la durée est limitée à un petit nombre d'années. — **3.** Une prairie naturelle est formée de graminées telles que le ray-grass, la fléole, la fétuque, le brome, etc. — **4.** Une prairie artificielle est formée par les légumineuses comme le trèfle, le sainfoin, la luzerne, la lupuline, la vesce, etc. — **5.** La récolte des prairies porte le nom de fenaison. — **6.** La première coupe donne le foin, la seconde le regain. Le fourrage sec est conservé au fenil ou en meules ; le fourrage vert est ensilé. La culture des pois, des lentilles et des fèves se rattache à celle des prairies artificielles.

II. — **1.** La préparation du sol des prairies comprend des labours, hersages et roulages. — **2.** Les soins d'entretien consistent en hersages, sarclages et épierrements dans les prairies artificielles, et, dans les prairies naturelles, en irrigations ou en drainages. — **3.** Comme engrais ces prairies sont avides d'azote et d'acide phosphorique ; on y enfouit du fumier, du noir animal, des déchets de la rue, et, en couverture, on emploie des engrais phosphatés et potassiques. — **4.** Dans les prairies artificielles, très avides de potasse, on enfouit, avant le semis, un engrais complet formé de matières minérales, et, durant la végétation, on utilise, en couverture, le chlorure de potassium, les cendres et le plâtre. — **5.** Dans les prairies naturelles, la semence est formée d'un mélange de graines que l'on sème en deux fois, les grosses d'abord, les petites ensuite. — **6.** Le semis des prairies artificielles a lieu au printemps, à la volée, dans une céréale. — **7.** On doit détruire dans les prairies naturelles : les mousses, la centaurée, la patience, la colchique, la renoncule âcre, les joncs et les roseaux, et, dans les prairies artificielles, la cuscute et l'orobanche.

Questionnaire

I. 1. — Qu'appelle-t-on plantes fourragères ? — 2. — D'où proviennent-elles ? — 3. Qu'est-ce qu'une prairie naturelle ? — 4. Citez les principales plantes qui entrent dans sa composition. — 5. Qu'entend-on par prairie artificielle ? — 6. De quoi est-elle formée ? — 7. Parlez de la fenaison. — 8. Quels instruments nécessite-t-elle ? — 9. Indiquez les différents modes de conservation des fourrages secs ou verts.

II. — 1. Quels sont les travaux préparatoires du sol des prairies ? — 2. Quels soins d'entretien nécessitent les prairies ? — 3. L'engrais qui convient aux prairies artificielles est-il le même que celui des prairies naturelles ? — 4. Pourquoi pas ? — 5. Pourquoi sème-t-on les graines de légumineuses avec une céréale ? — 6. Quelles plantes nuisibles craignent : 1° les prairies artificielles, 2° les prairies naturelles ? — 7. Comment les détruit-on ?

Rédactions

1. **Les prairies naturelles et artificielles.** — Qu'entend-on par prairies naturelles et par prairies artificielles ? Nommez les principales plantes fourragères.
C.E. Perros-Guirec (Côtes-du-Nord) 1897.

2. **Les divers aspects de la prairie.** — Vous décrirez : 1° L'aspect de la prairie en hiver, en indiquant ce que les inondations y déposent d'utile ; 2° Son aspect au printemps ; 3° Son aspect animé pendant la fenaison.
C. E. (Gorron, Mayenne.)

3. **Le foin.** — Les herbes des prés. Le faucheur, la fenaison, le foin, le fenil. — Emploi du foin ; abondance, rareté du foin.

Problèmes

I. — **1. Revenu d'une prairie.** — Une prairie, ayant la forme d'un trapèze, dont la grande base mesure 456^m, la petite base 324^m et la hauteur 115 mètres, a été achetée à raison de 20 fr. l'are. Elle produit, en un an, environ 560 bottes de fourrage pesant chacune 5 kg. Ce fourrage est vendu au prix moyen de 7 fr. 60 le quintal. A quel taux l'acquéreur de la prairie a-t-il placé son argent ?
C. E. Paris.

2. Evaluation d'une récolte complète de trèfle. — Un champ de trèfle a donné à la première coupe 1885 kg. de foin sec ; la deuxième coupe a été les 3/5 de la première et la troisième les 2/3 de la deuxième ; quelle a été la récolte totale et quelle en est la valeur à 7 fr. 50 le quintal ?

II. — **3. Pureté des semences de graminées.** — On avait acheté, avec garantie sur facture, 8 kg. de fléole des prés à 1 fr. 10 le kg. et dont la pureté devait être les 97/100 du poids total ; 60 kg. de ray-grass anglais à 0 fr. 75 le kg., et dont la pureté devait être les 95/100 du poids total et 20 kg. de paturin des prés à 1 fr. 25 le kg. et dont la pureté était garantie aux 85/100. — Après contrôle fait dans une station agronomique, on ne reconnaît que les degrés de pureté suivants : fléole 60 p.0/0 ; ray-grass 70 p. 0/0 et paturin 55 p. 0/0. Que doit-on réclamer au vendeur ?

4. — **Valeur des éléments enlevés par une récolte de sainfoin.** — On évalue à 32 quintaux à l'hectare le poids d'une récolte de sainfoin ; sachant que 100 kg. de ce fourrage enlèvent au sol 1 kg. 80 d'azote à 1 fr. 50 le kg. ; 0 kg. 47 d'acide phosphorique à 0 fr. 50 le kg. et 1 kg. 79 de potasse à 0 fr. 45 le kg., calculer la valeur totale des éléments enlevés dans un terrain carré de 120^m de côté.

1. — Les Herbes des champs

Brillantes fleurs d'été, vous ne faites pas oublier celles qui naissent au printemps dans les forêts sauvages. Je parlerai aussi de vous, humbles herbes des champs. Parentes des grandes graminées, elles n'ont pas le soin de l'industrie humaine pour se multiplier ; dès qu'il y a quelque part un atome de terre, l'herbe s'en empare et résiste à tout. Elle a aussi la beauté qu'on ne prend pas la peine d'apercevoir. On ne regarde pas à ses pieds des herbes qui sont des merveilles d'élégance et de grâce. Du milieu d'une touffe de feuilles s'élève une hampe mince d'où partent des rameaux qui vont toujours s'amincissant jusqu'aux derniers fils où sont suspendues des graines imperceptibles. Cela remue au moindre souffle ; c'est frêle et charmant.

Emportons ces fleurs agrestes, faisons-en une libre gerbe ; elle durera ainsi, et nous gardera, dans nos hivers, avec le souvenir d'autres jours, un rayon du soleil sous lequel elles ont été cueillies.

BERSOT.
C. E. Haute-Marne (1887).

2. — Utilité des prairies

C'est du sein des prairies qu'ont été tirées les plantes que l'on cultive dans nos jardins. La prairie est notre premier potager ; et, avec les plantes d'un usage ordinaire, le botaniste y cueille une multitude de simples qui fournissent aux hommes des médicaments toujours prêts, d'excellents baumes, des purgatifs agissants, des vulnéraires efficaces.

Mais le principal bien que nous procurent les prairies, c'est de fournir, presque sans frais, la subsistance aux animaux dont nous pouvons le moins nous passer. Le bœuf, dont la chair nous nourrit ou dont le travail nous aide à façonner nos terres, n'a besoin pour vivre que de l'herbe des prés. Le cheval, dont les services sont innombrables, ne demande, pour toute récompense, que le libre usage de ces mêmes lieux, ou une quantité suffisante du foin qu'on y recueille. Il s'y élance, après son travail, avec autant de grâce que de liberté, et nous tient quitte alors de tout autre soin. La vache, dont le lait est un des grands soutiens de notre vie, n'exige que la même faveur. La prairie est le meilleur des héritages ; il est même préférable aux champs, puisque ses rapports sont toujours sûrs, et qu'il ne demande ni labours ni semailles : rarement il arrive qu'il soit ravagé par la sécheresse ou les inondations : il n'en coûte que la peine de recueillir ce qu'il donne.

Cousin-DESPRÉAUX. — *Le livre de la Nature.*
(Lecoffre — Editeur).

3. — La Chute des feuilles

C'est triste de voir tomber les feuilles ; mais à cette tristesse se mêle je ne sais quelle douceur, soit qu'après une pluie tiède et fine, elles se détachent sans bruit et coulent obliquement et lentement vers la terre humide ; soit qu'au souffle des vents d'automne, elles s'envolent, bruyantes comme des bandes d'oiseaux effarouchés, ou qu'elles tournoient dans les airs, ou qu'elles roulent pêle-mêle, à la débandade, en rasant le sol.

C'est triste, et cette tristesse est facile à comprendre ; d'abord les feuilles qui tombent, c'est l'hiver qui vient, et l'hiver ne refroidit pas seulement le corps, il serre le cœur ; il fait passer à travers l'esprit des idées noires ; il fait penser à la vieillesse, aux maladies, à la mort. Et puis ce n'est pas gai non plus de voir à ses pieds, fanées, souillées, mortes enfin, ces feuilles que naguère encore on voyait sur sa tête, vertes, fraîches et vivantes. On fait retour sur soi-même, on compare sa destinée à la leur ; on se dit qu'un jour ou l'autre, bientôt, demain peut-être, on sera comme elles arraché et rendu à la terre : et l'on songe à ceux qui sont partis et qu'on ira rejoindre un jour.

Mais il y a dans toutes ces pensées un charme si pénétrant qu'on n'échangerait pas contre des joies ces heures de mélancolie. A travers les arbres dépouillés, on voit la face du ciel, et cette vue ranime et console comme une espérance. Le soleil aussi, que plus rien ne voile, a des tiédeurs caressantes et répand sur toute la nature des teintes d'une exquise douceur. Par ces belles et languissantes journées d'automne, les promenades offrent un spectacle charmant. Pour les enfants surtout, que la vivacité turbulente de leur âge préserve de la mélancolie, les feuilles tombantes ou tombées sont une bonne fortune, un stimulant de leur activité, une ressource dans leurs jeux. Les uns prennent plaisir à enfoncer leurs petites jambes dans les jonchées épaisses et à faire crier et voler les feuilles sous leurs pas ; les autres courent après les feuilles qui tombent et les attrapent au vol ; ceux-ci plongent leurs mains ouvertes dans les couches humides et se jettent les uns aux autres des poignées de feuilles avec de grands éclats de rire ; ceux-là font des tas qu'ils enjambent et sautent en courant. J'en ai vu qui, avec les larges feuilles des platanes ou des marronniers se faisaient des couronnes, ou des ceintures, ou des baudriers ; quelques-uns en remplissaient leurs petites brouettes qu'ils venaient verser sous les pieds de leurs mères assises pour leur en faire des tapis.

A. VESSIOT.
Journal " l'Instituteur "

Plantes fourragères

Reproduction de l'expérience

Milieu : Parcelles d'une prairie.
Superficie : 10 mq. chacune.
Plantes : Graminées de cette prairie.
Engrais : Parcelle 1. — Néant.
    —   —   2. — Scories Thomas. — 80 gr.
au mètre carré.

Note à consigner sur le carnet agricole

Parcelles	Superficie	ENGRAIS		Rendement
		Nature	Poids	

Effets de l'acide phosphorique sur les graminées.
A GAUCHE : Avec engrais phosphaté (scories Thomas).
A DROITE : Sans engrais.

Tableau de Renseignements. — Fourragères légumineuses

NATURE	DATES DE SEMIS	QUANTITÉ A L'HECTARE	FACULTÉ GERMINATIVE	DURÉE DE VÉGÉTATION	RENDEMENT à L'HECTARE		POIDS de l'hectolitre DE GRAINES
					Fourrage vert	Fourrage sec	
Luzerne	Mars-Mai.	20-35 kg.	2-4 ans.	Vivace.	200-300 qx.	70-80 qx.	77 kg.
Sainfoin	Mars-Mai.	120-150 —	2 —	Vivace.	150 —	50-60 —	30 —
Trèfle violet..	Mars-Avril.	10-20 —	2-3 —	Bis annuel.	200 —	70-80 —	70 —
— incarnat	Août-Septemb.	15-20 —	2 —	Annuel.	150-200 —	45 —	80 —
Vesce	Mars-Septemb.	200 —	5-6 —	Annuelle.	100-150 —	30-40 —	80 —
Pois.........	Mars-Avril.	160-200 —	4-5 —	16-20 semaines.	150-200 —		78-80 —
Féverolles (A)	Sept.-Octobre	150-200 —	4-5 —	40-50 —	20-30 hl. grains	20-30 qx. paille	85-88 —
Féverolles (P)	Février-Mars	160-220 —	4-5 —	18-22 —	15-25 —	15-25 —	80-85 —

(A) *d'automne.* — (B) *de printemps.*

Devoir d'Agriculture locale : Prairies naturelles

Ici, on voit des prairies naturelles sur les rives du (1) ; les plantes qui dominent dans leur composition sont (2) ; cela est dû à un excès (3) ; on pourrait rétablir l'équilibre en (4) ; certaines herbes nuisibles, telles que (5) qui amoindrissent la qualité des récoltes, seraient facilement détruites par (6) ; la pratique des irrigations est rendue facile et rémunératrice à cause des (7) qui se trouvent sur le (1). (8) hectares sont affectés à des pâturages et (9) hectares à la récolte du foin et du regain ; ces fourrages sont (10).

(1) Cours d'eau de la commune. — (2) Des graminées ; indiquer les variétés ; ou des légumineuses, indiquer les variétés. — (3) D'azote, pour les graminées ; de potasse, pour les légumineuses. — (4) Employant du phosphate de chaux joint à du chlorure de potassium, s'il y a excès de graminées ; joint à du nitrate de soude, s'il y a excès de légumineuses. — (5) Joncs, carex, prêles, luzules, mousses, colchique d'automne, cigüe, centaurée, patience. etc. — (6) La pratique du drainage pour joncs, carex, prêles, luzules ; du hersage avec emploi de sulfate de fer pour mousse ; de sarclage et d'arrachage pour colchique, cigüe, etc. — (7) Féculeries, brasseries, distilleries. — (8) Superficie en pâturage. — (9) Superficie pour récolte en sec. — (9) Consommés sur place ou vendus.

Autre devoir. — *Culture des fourragères légumineuses.*

Fleurs et Fruits
LEÇONS

Cours Moyen

1. — *La fleur* est la partie de la plante qui se transforme en fruit.

2. — De l'extérieur à l'intérieur elle comprend : le *calice*, la *corolle*, les *étamines* et le *pistil*.

3. — Le calice, ordinairement vert, est formé de *sépales*.

4. — La corolle, aux couleurs variées, est formée de *pétales*.

5. — Le calice et la corolle donnent la beauté et le parfum à la fleur.

6. — Les étamines sont des fils minces situés à l'intérieur de la fleur ; il en est de même du pistil placé au centre et plus gros que les étamines.

7. — La base du pistil se nomme *ovaire*.

8. — Lorsque l'ovaire se développe il donne le *fruit*.

9. — Tout fruit présente deux parties bien distinctes : l'*enveloppe* et la *graine*.

10. — On utilise les fruits soit comme nourriture, soit comme base de préparation de boissons, soit comme mode de reproduction des végétaux à cause de la graine qu'ils renferment.

11. — Certains fruits sont *charnus* : pomme et raisin ; d'autres sont *secs* : noisette, grain de blé.

Cours Supérieur

1. — Dans l'étamine on remarque le *filet*, la tête ou *anthère* et une poussière jaune ou *pollen*.

2. — Dans le pistil, on distingue la base ou *ovaire*, le *style* et la tête ou *stigmate*.

3. — Quand la fleur est épanouie, le pollen des étamines tombe sur le stigmate, pénètre dans le style et se rend dans l'ovaire.

4. — Il y a alors *fécondation*, l'ovaire grossit et se transforme en fruit.

5. — Le vent, les insectes, particulièrement les abeilles, assurent la fécondation en transportant le pollen à distance.

6. — La pluie, le brouillard, le froid empêchent la fécondation et déterminent la *coulure* du fruit.

7. — Certaines plantes ont des fleurs sans pistil, d'autres, des fleurs sans étamines ; la plupart ont des fleurs complètes.

8. — Les premières forment la catégorie des plantes *dioïques*, comme le chanvre ; il y a alors des pieds mâles avec étamines et des pieds femelles avec pistil.

9. — Si les fleurs mâles et femelles, quoique distinctes, se trouvent sur le même pied, la plante est dite *monoïque*, comme le maïs.

Exercices d'observation

1. — Pourquoi les fourrages fauchés en pleine fleur ont-ils plus de richesse nutritive que ceux fauchés après la formation de la graine ? — 2. Pourquoi et comment les abeilles fécondent-elles les fleurs ? — 3. Expliquez comment la pluie peut faire couler les fruits ? — 4. Quand la défloraison se produit, quelles sont les parties de la fleur qui se détachent successivement pour tomber à terre et quelle est celle qui reste pour former le fruit ? — 5. Pourquoi les marronniers ont-ils tant de fleurs et si peu de gros marrons ?

ÉCONOMIE DOMESTIQUE. Comment expliquez-vous que la lame d'un couteau se ternisse lorsqu'on coupe une pomme verte ?

Rédactions

1. La Fleur. — Rappelez la leçon que votre Maître vous a faite sur la fleur avec la fleur de giroflée que vous lui avez apportée à cet effet.

2. Le Fruit. — Parties essentielles d'une pomme coupée. — Quelle espèce de fruit est-ce ? N'y a-t-il pas d'autres fruits charnus ? — Citez des fruits secs. — Indiquez leurs parties importantes.

3. Organes des Fleurs et des Fruits. — 1° Quels sont les organes d'une fleur complète ? — 2° Dans quel ordre se trouvent-ils disposés ? (*figure explicative*) — 3° Quel organe de la fleur se transforme en fruit ? — 4° Quelles sont les parties principales : 1° du fruit ; 2° de la graine ?
(C. E. Seine-et-Oise).

Problèmes

1. — Une safranière (plantation de safran) est longue de 80m., large de 52m. On vend le pollen du safran, comme matière colorante jaune à raison de 80 fr. le kilog. Quelle sera la valeur de la récolte de la 2ᵉ année de plantation si le rendement moyen de pollen est, durant cette 2ᵉ année, de 25 kilog. par hectare ?

2. — Un jardinier a couvert de pêchers en espalier un mur de son jardin long de 18m. 75, haut de 3m. 60. Sachant qu'un mètre carré de pêchers en espalier donne une valeur moyenne annuelle de 1 fr. 45 de pêches ; que la surface productive des pêchers égale les 3/5 de celle du mur, on demande le revenu moyen de cette plantation.

EXPÉRIENCES A RÉALISER PAR LES ÉLÈVES

1. — Écraser sur du papier quelques graines d'œillette, de colza, de chanvre. Constater qu'elles y laissent des taches huileuses. *Conclure que les graines de certains fruits peuvent entrer dans la fabrication des huiles.*

2. — Semer des volubilis blancs et rouges en deux endroits différents du jardin. A l'épanouissement des volubilis blancs, enlever délicatement les étamines, sans toucher au pistil. Détacher un ou deux volubilis rouges épanouis. Faire toucher deux jours de suite le stigmate (haut du pistil) du volubilis blanc par les anthères des étamines du volubilis rouge. — Remarquer le pied fécondé artificiellement. — En semer la graine seule l'année suivante, on obtient des fleurs blanches panachées de rouge et de violet. *Idée du croisement chez les végétaux.*

Plantes Textiles, Oléagineuses, Tinctoriales & Aromatiques.

LEÇONS

Insecte et Plante
nuisibles aux plantes industrielles

I. — 1. Les plantes industrielles se subdivisent en plantes textiles : chanvre et lin; en plantes oléagineuses : colza, navette, pavot et cameline; en plantes tinctoriales : garance, gaude, pastel et safran; en plantes aromatiques; tabac et houblon. — **2.** Toutes, sauf le houblon et le safran, se reproduisent par semis faits tantôt en place, tantôt en pépinière. **3.** Le houblon est multiplié par jets enracinés et le safran par bulbes. — **4.** La récolte peut être un fauchage, une cueillette, un arrachage. — **5.** Les plantes industrielles subissent certaines transformations avant d'être utilisées par l'homme : les plantes textiles entrent dans la fabrication de la toile; les plantes oléagineuses dans celles de l'huile; les plantes tinctoriales servent à teindre les étoffes; les plantes aromatiques ont des usages divers.

II. — 1. Le sol propre aux plantes industrielles varie avec les espèces. Ce sol demande des labours suivis de façons à la herse et au rouleau. Les plantes industrielles semblent avides d'azote. Les engrais qu'on leur fournit sont le fumier, le guano, la colombine, les matières fécales, les tourteaux, les engrais chimiques. En assolement, elles suivent les plantes sarclées, les prairies artificielles ou les céréales. — **2.** Les plantes textiles croissent sans soins d'entretien; les plantes oléagineuses, les plantes tinctoriales et les plantes aromatiques réclament des éclaircissages, des binages, des sarclages, des buttages. On fait subir l'écimage, l'ébourgeonnage et l'épamprement au tabac. Le houblon reçoit une taille et une fumure annuelle. — **3.** Le lin et le chanvre craignent la cuscute et l'orobanche; le lin craint en outre la brûlure, le rouge et l'étêtement.

Questionnaire

I. — 1. Qu'appelle-t-on plantes industrielles ? — **2.** Comment les subdivise-t-on ? — Citez des plantes textiles, oléagineuses, tinctoriales, aromatiques. — **4.** Indiquez l'usage de chacune d'elles. — **5.** Comment les reproduit-on ? — **6.** Quel est le mode de reproduction : 1° du safran; 2° du houblon. — **7.** Quel est le genre de récoltes de chacune d'elles ?

II. — 1. Indiquez le sol qui convient à chaque nature de plantes industrielles ? — **2.** Comment le façonne-t-on? — **3.** Quel élément fertilisant préfèrent-elles ? — **4.** Citez leur place dans la rotation. — **5.** Citez les soins d'entretien particuliers à chacune de ces plantes. — **6.** Que craignent le lin et le chanvre? — **7.** Quels procédés emploie-t-on contre ces ennemis et ces maladies ?

Rédactions

1. Les plantes industrielles. — Quelles sont les plantes industrielles cultivées dans votre département ? Quelle est celle dont la culture est la plus répandue ? Les différents usages.   C. E.

2. Le chanvre. — Votre cousin qui habite la ville, ne connaît pas le chanvre; il ignore comment cette plante est cultivée, la filasse obtenue, il ne se doute pas des travaux nécessaires encore pour avoir de la toile blanchie. — Donnez par écrit toutes les indications que vous pourrez lui fournir à ce sujet.   C. É.

3. Plantes oléagineuses. — Parlez des plantes oléagineuses que vous connaissez. — Dites comment on fabrique l'huile. — Faites la description d'un moulin à l'huile. — Différentes sortes d'huiles.

Problèmes

I. — 1. Rapport d'une culture de colza. — Sur un terrain d'une surface de 3 hares, 65, un fermier a récolté 17 hl, 60 de colza par hectare et il a vendu ce colza 21 fr. 75 l'hectolitre. Sachant que les frais de loyer, de culture, et de fumure se sont élevés à 266 fr. 50 par hectare, on demande quel a été son bénéfice ?

2. Vente d'une récolte de houblon. — Une personne a récolté 357 kg. de houblon. Elle en a vendu le 1/3 à 2 fr. le kilog. et le reste à 2 fr. 75 le kilog.; quel a été le prix de vente total ?

II. — 3. Coût d'engrais chimiques pour culture de lin. — Pour la culture du lin, la formule suivante est employée avec succès dans le Nord : quantité à l'hectare : sulfate d'ammoniaque 200 kg.; nitrate de soude, 200 kg.; chlorure de potassium, 200 kg. et superphosphate 500 kg.; calculer, d'après ces données, le coût par hectare, si le sulfate d'ammoniaque est à 20 p. 0/0 d'azote et le nitrate de soude à 15,5 p. 0/0, valant 1 fr. 50 l'unité, le chlorure de potassium à 50 p. 0/0 de potasse, coûtant 0 fr. 45 l'unité, et si le quintal de superphosphate vaut 7 francs.

4. Emploi de nitrate pour culture de chanvre. — Le chanvre est particulièrement avide d'azote; une récolte d'un quintal en enlève environ 2 kg. 60 au sol; calculer la quantité de nitrate de soude à employer dans une terre à laquelle on veut demander 32 quintaux de chanvre, sachant que cette terre contient déjà, grâce à une fumure précédente, les 2/3 de l'azote nécessaire; on sait que le nitrate employé est à 15 p. 0/0 d'azote.

1. — La fleur

La fleur donne le miel : elle est la fille du matin, le charme du printemps, la source des parfums, la grâce des vierges, l'amour des poètes. Elle passe vite comme l'homme ; mais elle rend doucement ses feuilles à la terre. Chez les anciens, elle couronnait la coupe du banquet et les cheveux blancs du sage ; les premiers chrétiens en couvraient les martyrs et l'autel des catacombes ; aujourd'hui, et en mémoire de ces antiques jours, nous la mettons dans nos temples. Dans le monde nous attribuons nos affections à ses couleurs, l'espérance à sa verdure, l'innocence à sa blancheur ; il y a des nations entières où elle est l'interprète des sentiments : livre charmant qui ne renferme aucune erreur dangereuse et ne garde que l'histoire fugitive des révolutions du cœur.   C. E. (1899).

2. — Les fleurs du printemps

L'anémone si mobile,
Frêle tribut du printemps,
Courbe sa tige débile,
Sous ses pétales flottants.
La primevère avec joie
Brise ses langes dorés ;
La violette déploie,
Sa robe aux pans azurés.

Voici la noble pensée
Avec ses trois écussons :
Voici l'épine élancée
Qui blanchit sur les buissons ;
La véronique étoilée
Aux yeux bleus et languissants,
Et la pervenche étalée
Sur les gazons renaissants.

Le fraisier brode sur l'herbe,
Des festons de fleurs d'émail,
Lui qu'on verra plus superbe
Chargé de fruits de corail ;

La gentille pâquerette,
S'égaye aux feux du matin,
Et, comme une collerette,
Ouvre ses plis de satin.

Le thym né sur la colline,
Répand ses dons parfumés.
Le narcisse qui s'incline
Se mire aux ruisseaux aimés.
Le muguet sous les fougères,
Courbe son front assoupi,
Et le bleuet des bergères,
Va grandir près de l'épi.

Dans les ombres taciturnes,
D'un sentier sombre et voûté,
La mousse arbore ses urnes
Sur un tapis velouté.
Et la liane balance,
En embrassant le bosquet,
Ses feuilles en fer de lance,
Et ses coupes en bouquet.

Ch. Nodier.

3. — Le chanvre

C'est une plante bien utile que le chanvre. Quand un navire enfle ses voiles au vent et vogue fièrement sur la mer, il le doit au chanvre ; quand des maçons élèvent sur un échafaudage des pierres énormes en tirant le gros câble auquel elles sont attachées, c'est le chanvre qui leur rend ce service. Quand vous faites tourner votre toupie avec une ficelle, c'est le chanvre qui vous amuse. Quand vous êtes bien fatigués, le soir, mes enfants, et qu'en rentrant de la promenade vous vous couchez entre deux draps blancs que votre mère a étendus sur le lit, c'est le chanvre qui vous reçoit et vous repose. La toile à voile, les câbles, les ficelles, les draps de lit et bien d'autres objets sont faits avec du chanvre.

C. E. (Savoie).

4. — Le lin

Le lin est une plante annuelle, à jolies fleurs bleues. Dans l'ouest et dans le nord de la France on le cultive, avec d'assez grands soins, pour ses tiges dont les fibres peuvent se tisser et servir à la fabrication d'une toile très fine et aussi pour ses graines dont on retire l'huile.

Pour la préparation de la filasse de lin, la tige est soumise au rouissage, au teillage et au peignage.

Par le *rouissage*, la tige, qui trempe dans l'eau durant une dizaine de jours, pourrit en partie ; il ne reste plus que le bois et les fibres.

Dans le *teillage*, on brise les tiges, de manière à casser les particules de bois, tandis que les fibres résistent,

Enfin par le *peignage*, on sépare avec des peignes spéciaux les fibres qui forment la filasse.

Les plantes industrielles

Effets d'engrais dans la culture du chanvre.

1. Témoin. — 2. Sans potasse. — 3. Sans azote. — 4. Sans phosphate. — 5. Complet. — 6. Intensif.

Reproduction de l'expérience

Matériel : 6 pots à fleur.
Milieu : Terre épuisée.
Graine : Chanvre.
Engrais : 1. Néant. — 2. Nitrate, 6 gr., superphosphate, 9 gr. — 3. Superphosphate, 9 gr., chlorure, 3 gr. — 4. Nitrate, 6 gr., chlorure, 3 gr. — 5. Nitrate, 6 gr., superphosphate, 9 gr., chlorure, 3 gr. — 6. Nitrate, 12 gr., superphosphate, 18 gr., chlorure, 6 gr.

Note à consigner sur le carnet agricole

Pots	Plante	ENGRAIS		RÉSULTATS	
		Nature	Poids	Tiges	Grains
1					
2					
3,etc.					

Tableau de Renseignements. — Plantes industrielles

NATURE	DATES DES SEMIS	QUANTITÉ A L'HECTARE	FACULTÉ GERMINATIVE	DURÉE DE VÉGÉTATION	RENDEMENT A L'HECTARE		POIDS de l'hectolitre de semence
					Grains	Divers	
Chanvre	Mai-Juin.	150 kg.	4 à 10 ans.	12 à 14 semaines	8 à 20 hectól.	8 à 12 qx. filasse.	50 à 55 kg.
Lin	Mars-Mai.	150 —	7 à 8 —	12 à 14 —	5 à 7 —	3 qx. à 5 qx. 5 filasse.	65 kg.
Colza	Juillet-Août.	2 à 8 kg.	3 à 10 —	46 à 50 —	20 à 35 —	14 à 20 qx. paille.	68 —
Navette	Août-Sept.	4 à 5 —	3 à 6 —	40 à 47 —	15 à 20 —	10 à 12 qx. —	65 —
Pavot	Fév.-Mars.	25 kg.	2 ans.	16 à 20 —	14 à 18 —	»	55 à 60 kg.
Houblon	Oct.-Avril.	2.500 plants.	»	Vivace.	»	12 à 17 qx. cônes.	»
Tabac	Mars-Avril.	10 à 40.000 —	9 ans.	12 à 20 semaines	»	15 à 20 qx. feuilles.	70 kg.

Maxime : *Ce n'est pas ce qu'on sème qui rapporte, c'est ce qu'on soigne.* — (Proverbe flamand.)

Devoir d'Agriculture locale : Plantes industrielles

A (1) on cultive encore quelques plantes industrielles ; ce sont, comme plantes (2), le (3) et le (3), comme plantes (4), le (3) et le (3), comme plantes (5), le (3) et le (3).

Culture du chanvre

Le chanvre se cultive généralement après (6). On donne comme préparation au sol (7). Les engrais employés consistent (8). L'ensemencement se fait (9) ; on sème vers (10). La récolte a lieu vers (11), on procède par (12). Le chanvre est utilisé dans la région pour (13).

(1) Nom du pays. — (2) Textiles. — (3) Nature des plantes cultivées à X. — (4) Oléagineuses. — (5) Tinctoriales. — (6) Cultures locales qui précèdent immédiatement le chanvre. — (7) Le nombre de labours, de hersages, de roulages. — (8) Formules d'engrais. — (9) A la volée ou en lignes. — (10) Epoque moyenne du semis. — (11) Date ordinaire de la récolte. — (12) Par arrachage ou par cueillette. — (13) Les usines de X. et de Y.

Autres devoirs. — *Cultures de plantes industrielles de la région.*

Classification générale — Dicotylédones
LEÇONS

Cours Moyen

1. — Comme on l'a fait pour les animaux, l'étude des plantes a été rendue plus facile par la *classification botanique*.

2. — On distingue des plantes *avec fleurs* et des plantes *sans fleurs*.

3. — Parmi les plantes à fleurs, certaines ont une graine formée de deux parties distinctes, ou *cotylédons*, comme le haricot; ce sont des plantes *dicotylédones*.

4. — D'autres, comme le blé, ont une graine formée d'un seul cotylédon; ce sont des plantes monocotylédones.

5. — Les plantes dicotylédones forment trois groupes importants.

6. — Dans le premier groupe de dicotylédones on range les *solanées*, les *labiées* et les *composées*.

7. — Le type des solanées est la pomme de terre; cette famille renferme encore la tomate et l'aubergine, plantes alimentaires; la belladone, le tabac, la jusquiame, plantes vénéneuses.

8. — Parmi les labiées, il est bon de connaître la menthe, le thym, le serpolet, toutes plantes odorantes.

9. — Les composées réunissent plusieurs fleurs sur une espèce de disque, telles sont la chicorée, la laitue, la camomille, l'absinthe, le chrysanthème.

Cours Supérieur

1. — Toutes les plantes à fleurs, herbacées ou ligneuses, telles que la violette, le pommier, forment l'embranchement des *phanérogames*.

2. — Toutes les plantes sans fleurs, comme les mousses, les champignons, forment l'embranchement des *cryptogames*.

3. — Les dicotylédones ayant une corolle à pétales soudés, comme la belladone, sont dites *gamopétales*.

4. — Les dicotylédones ayant une corolle à pétales distincts, comme le coquelicot, sont appelées *dialypétales*.

5. — Les dicotylédones ne présentant pas de pétales, comme le chêne, forment le groupe des *apétales*.

6. — Aux dicotylédones gamopétales (premier groupe) se rattachent encore les *borraginées*, les *gentianées*, les *personnées*, les *rubiacées*, les *primulacées*.

7. — Le type des borraginées est la bourrache, plante médicinale.

8. — Celui des gentianées est la gentiane, également médicinale.

9. — Parmi les personnées, il faut au moins connaître le bouillon blanc, plante très utile.

10. — Le gentil muguet des bois caractérise les rubiacées.

11. — La primevère (vulgaire coucou), le lilas, sont des primulacées.

Exercices d'observation

1. — Pourquoi un tubercule de pomme de terre mis en terre au printemps se vide-t-il au fur et à mesure de la croissance de la tige et des feuilles? — 2. Pour quelle raison effeuille-t-on les tomates? — 3. Donnez la raison pour laquelle vos parents lient la chicorée du jardin. — 4. Pourquoi les ménagères emploient-elles des feuilles de thym comme condiment? — 5. Une fleur de marguerite est-elle une seule fleur? — 6. Mange-t-on la fleur ou le fruit de l'artichaut? — 7. Pourquoi la culture du tabac n'est-elle pas libre? — 8. Quel est le principe vénéneux de cette plante? — 9. Qu'arriverait-il si vous mangiez des baies rouges de la belladone? — 10. Doit-on manger les fruits sauvages sans se renseigner à l'avance?

Rédactions

1. **Dicotylédonée et Monocotylédonée.** — A quoi reconnaît-on qu'une plante est dicotylédonée? monocotylédonée? — Indiquez quelques plantes cultivées de chacun de ces embranchements.

2. **La famille de la pomme de terre.** — Faites la description de la fleur de pomme de terre. — Dites à quelle famille cette plante appartient. — Citez d'autres plantes alimentaires et nuisibles de la même famille.

3. **Les composées.** — Citez les plantes les plus importantes de la famille des composées et indiquez leurs usages. — Vous direz pourquoi ces plantes ont mérité d'être désignées sous le nom de composées.

Problèmes

1. — Une labiée, la menthe poivrée, est cultivée pour son essence. — Dans un terrain triangulaire ayant 22 m 50 de base sur 12 m. 50 de hauteur, on en a créé une petite plantation. Par are on a récolté 80 kilog. de tige. Sachant: 1° que 500 kilog. de tige fournissent 1 kilog d'essence de menthe; 2° que la densité de ce liquide est de 0,876, calculer le nombre de décilitres d'essence de menthe produite par cette plante.

2. — Dans la moitié d'un carré planté en pommes de terre, on a coupé les tiges de ces solanées avant la floraison; dans la deuxième moitié, on ne les a coupées que quelques jours avant la maturité. La première partie n'a fourni que 40 kilog. de tubercules à l'are, vendus à 0fr.20 le kilog.; la deuxième, au contraire, a donné 410 kilog. par même superficie. Dites la perte causée par la suppression inopportune des tiges de pommes de terre.

Collections à faire

Comme application de cette leçon et des trois suivantes, récolter, pour l'herbier, les plantes caractéristiques des familles citées ci-après et mentionner, dans la fiche de chaque famille, les plantes utiles et nuisibles qu'indique le texte de la leçon.

borraginées. bourrache — *composées,* bleuet — *gentianées,* gentiane — *labiées.* sauge — *personnées,* véronique — *primulacées,* primevère — *rubiacées,* muguet des bois — *solanées,* pomme de terre.

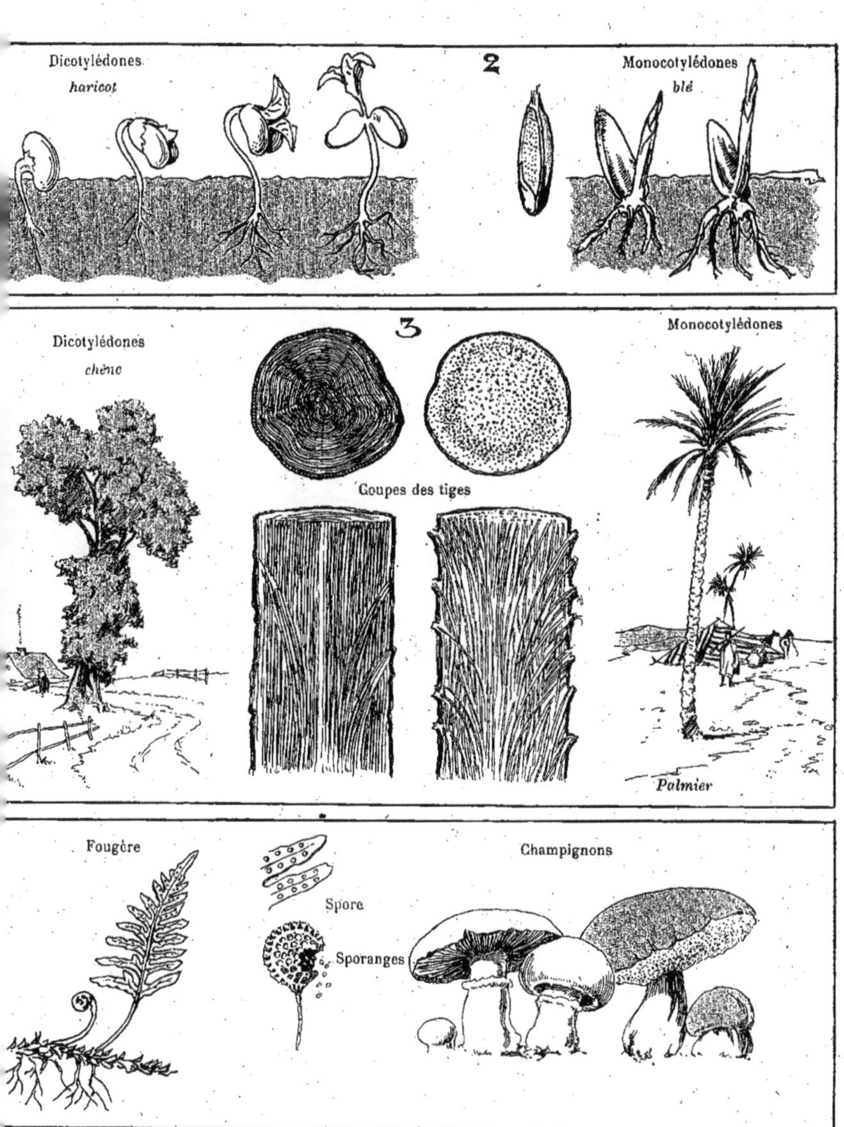

Les Végétaux

1. Développement d'un dycotylédone : le haricot. — 2. Coupe et développement du grain de blé. —
3. Dicotylédones et monocotylédones. — 4. Fougère et champignons.

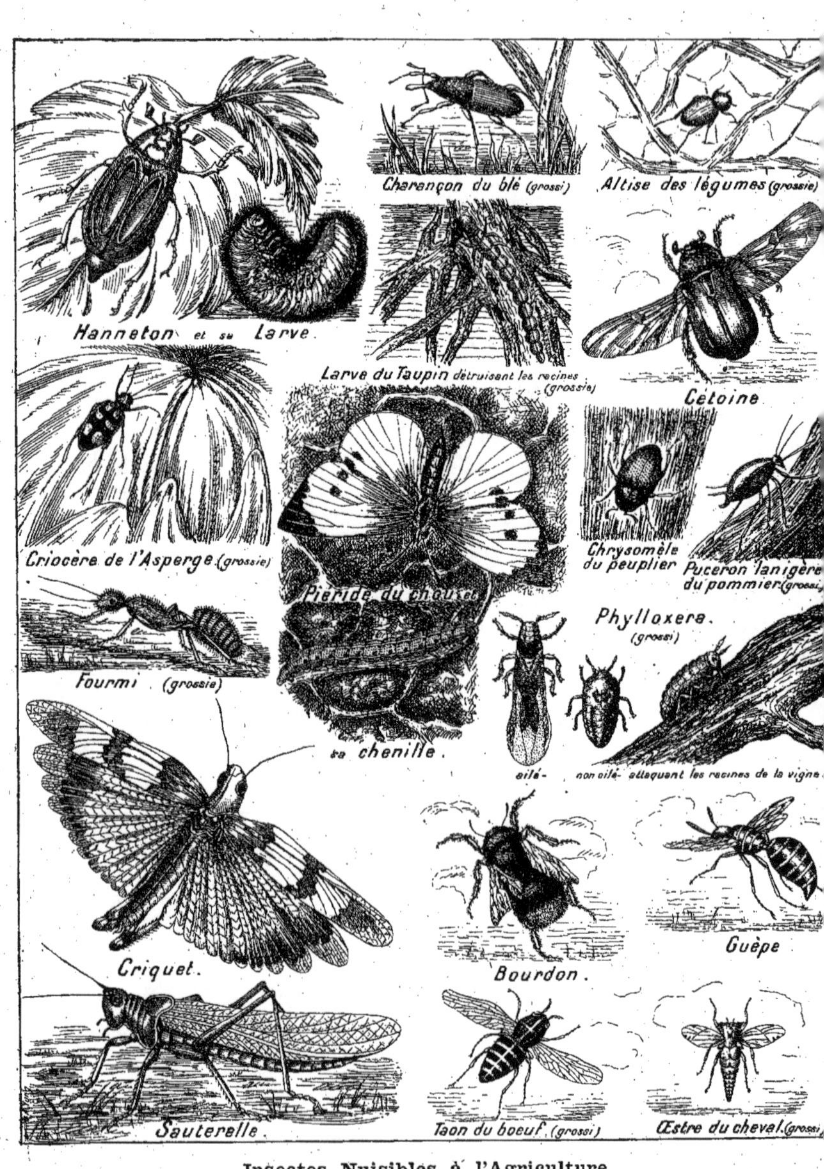

Insectes Nuisibles à l'Agriculture

LE JARDIN POTAGER
Les Légumes
LEÇONS

I. — **1.** Le jardin potager est un terrain consacré à la culture des légumes spécialement destinés à la nourriture de l'homme. — **2.** On subdivise ces plantes en légumes-racines, tubercules, bulbes, feuilles, graines et fruits. — **3.** Tout jardin potager doit être bien défoncé, bien fumé, et entouré d'un mur ou d'un treillage. — **4.** La culture des légumes est naturelle ou forcée; la culture naturelle se fait sur planches; la culture forcée se fait sur couches ou sur ados. — **5.** On favorise la culture forcée à l'aide des cloches et des châssis vitrés. — **6.** La récolte a lieu au fur et à mesure des besoins : c'est une cueillette ou un arrachage. — **7.** On conserve les légumes au cellier, en cave, en jauge.

II. — **1.** Toutes les terres franches conviennent à la culture des légumes. La préparation du sol consiste en bêchages suivis de façons à la fourche et au rateau. — Le semis a lieu sur place ou en pépinière, à la volée ou en lignes. — Le semis en pépinière est suivi de la transplantation. — Les légumes-racines, feuilles, graines et fruits se reproduisent par graines, les légumes-tubercules par tubercules, les légumes-bulbes par bulbes. — L'engrais varie avec le genre de produit que l'on désire: azote pour légumes-feuilles, acide phosphorique et potasse pour tubercules et racines, potasse pour légumes-graines. — On emploie l'engrais par enfouissage et en couverture. — Comme soins d'entretien, ces plantes réclament des arrosages, des sarclages, des binages, des éclaircissages, des buttages. — **2.** Les légumes craignent: 1º de nombreux insectes ou larves; 2º Les araignées. 3º les limaces et les limaçons; 4º quelques maladies parasitaires : pourriture, chancre, blanc, rouille, jaunisse; 5º toutes les intempéries. — **3.** Les plantes du jardin doivent être soumises aux règles d'un assolement rationnel.

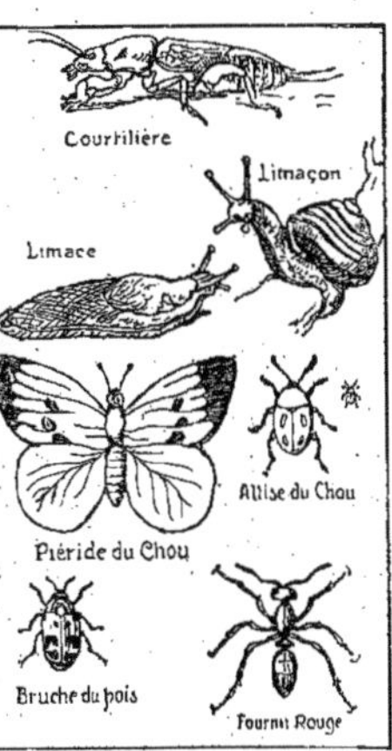

Quelques ennemis des légumes

Questionnaire

I. — **1.** Qu'est-ce qu'un jardin potager ? — **2.** Où est-il généralement placé ? — **3.** De quoi l'entoure-t-on ? — **4.** Qu'est-ce qu'un légume ? — **5.** Comment divise-t-on les légumes? — **6.** Indiquez quelques légumes de chaque catégorie ? — **7.** Qu'est-ce qu'une couche ? Comment la forme-t-on ? Quel est son effet sur la germination, sur la végétation ? — **8.** Pourquoi emploie-t-on les cloches, des châssis vitrés, des paillassons ? — **9.** Où et comment conserve-t-on les légumes ?

II. — **1.** Citez l'engrais qui convient le mieux à chaque catégorie de légumes. — **2.** Quels légumes sème-t-on en place ? en pépinière ? — **3.** De quels soins doit-on entourer une transplantation de légumes ? — **4.** Citez les soins d'entretien que réclament ces plantes. — **5.** Que craignent-elles comme maladies, comme intempéries ? 3. — Comment lutte-t-on contre ces divers fléaux ?

Rédactions

1. Notre jardin. — Description de notre jardin. — Sa situation. — Son aspect au mois d'avril. — L'agrément que procure un jardin. — Son utilité.

2. Les légumes. — Légumes cultivés pour leurs feuilles, leurs racines, leurs graines. Tubercules et bulbes.

3. Plantes à racines alimentaires. — Citez quelques plantes dont les racines ou les tubercules servent à notre alimentation. Quelques mots de leur culture, des services qu'elles nous rendent. *C. E. Seine.*

Problèmes

I. — **1. Vente de légumes.** — Un ouvrier intelligent et laborieux a fait vendre au marché 4 douzaines de salades à 0 fr. 05 pièce, 32 choux pommés à 0 fr. 30 la paire, 45 kg. de pommes de terre à 0 fr. 15 le kg. et 22 litres de haricots à 0 fr. 40 le litre ; avec le prix de vente il achète une certaine quantité de vin à 0 fr. 40 le litre ; quelle est cette quantité ?

2. Richesse nutritive des pois et lentilles. Les pois et lentilles contiennent 3 gr. 9 décigrammes d'azote par hectogramme. Combien faut-il de pain pour fournir la même quantité d'azote qu'un quart de kilog de ces légumes, sachant que le pain contient par hectogramme 1 gramme, 1 décigramme d'azote. *C. E. Charente-Intérieure.*

II. — **3. Coût d'une culture de haricots.** — On recommande par are la fumure suivante pour la culture intensive des haricots : 5 kg. 50 de superphosphate et 2 kg. de chlorure de potassium ; à combien revient l'emploi de cette fumure dans 6 planches cultivées en haricots et longues de 5 mètres et larges de 1ᵐ 20; le superphosphate vaut 7 francs le quintal et le chlorure de potassium 22 fr. 5 les 100 kg. ?

4. Culture de salade. — On devait donner une fumure complète à une planche de salade longue de 6 mètres, large de 4ᵐ 50; mais comme on manque de cet engrais, on n'a pu fournir qu'une demi-fumure et on a complété avec du superphosphate à 16 p. 0/0 d'acide phosphorique, à la dose de 0 kg. 75 par are, par du chlorure de potassium à 50 p. 0/0 de potasse à la dose de 0 kg. 500 par are, par du sulfate d'ammoniaque à 20, 5 p. 0/0 d'azote à la dose de 1 kg. par are ; sachant que ces engrais minéraux n'ont fourni à la salade que les 3/4 de l'acide phosphorique, les 2/3 de la potasse et la 1/2 de l'azote qu'ils possèdent, on demande quelle quantité de ces éléments a été fournie par la demi-fumure ?

1. — Nécessité de la classification botanique

Lorsque tu jettes les yeux autour de toi, tu te sens d'abord frappé de la multitude des végétaux répandus de toutes parts, sur la terre et dans les eaux. En les examinant de plus près, si tu les compares avec attention entre eux, tu verras partout la variété le disputer à la profusion. Tu observeras des nuances de grandeur, de port, de figures et de couleurs multipliées à l'infini ; tu verras les végétaux les plus disparates placés les uns à côté des autres ; les mousses les plus délicates croissant au pied et sur le tronc même d'arbres séculaires qui portent à 150 ou 200 pieds de haut leur cime majestueuse. Certaines plantes diffèrent entre elles entièrement et dans toutes leurs parties ; d'autres ne diffèrent que dans quelques unes de ces parties ; certaines autres se ressemblent en tous points. On connaît aujourd'hui plus de 100.000 espèces de plantes. Tu comprends que la mémoire la plus heureuse serait insuffisante pour retenir les noms d'une telle quantité d'êtres. Il te serait également difficile de trouver la description d'une plante dont tu voudrais connaître le nom et les propriétés, si tu étais obligé de feuilleter d'un bout à l'autre la Flore du pays où tu l'aurais récoltée. Il a donc fallu donner en quelque sorte un signalement à chaque espèce de plante, rapprocher celles qui offraient des points de ressemblance, éloigner celles qui présentaient des dissemblances plus ou moins prononcées ; en un mot, les soumettre à des arrangements méthodiques et conventionnels. Il a aussi fallu inventer un langage particulier et des formules représentant d'une manière exacte et concise les différences constatées. C'est le but de la classification botanique.

Henry Berthoud.
La Botanique au village (Dupont, édit.)

2. — Le jardin de l'École.

.... Et le jardin, comment vous dire l'utilité et le charme qu'il présente ? Il est la joie et la poésie de l'école.... Voyez-vous ces allées bien droites et ombragées, ces carrés remplis de plantes potagères, ces espaliers couverts de fruits, venus par vos soins ? Quel bonheur de se promener au milieu de ces richesses, à la portée de tous, puisqu'elles sont si faciles à produire ? Entendez-vous les oiseaux qui babillent dans le bouquet d'arbres voisin !... Quel plaisir pour vos élèves de contempler la jeune couvée, qu'ils garderont avec amour et qu'ils apprendront ainsi de bonne heure à respecter !... Voyez-vous encore ces plantes grimpantes qui tapissent les fenêtres de l'école, en y conservant, en été, la plus délicieuse fraîcheur !... Comme tout ce paysage gai et riant est destiné à rendre le séjour de l'école agréable aux enfants et aux maîtres !...

L'influence moralisatrice du jardin est si bien reconnue que dans ces admirables cités ouvrières que de nos jours construisent les grandes villes manufacturières, les industries prospères, à côté de chaque maison se trouve un petit coin de terrain que l'ouvrier vient cultiver à ses heures de loisir.

On a eu raison de penser que le soin des légumes et des fruits l'arracherait à des habitudes plus dangereuses et le rendrait meilleur pour ceux qui l'entourent.

Dans les écoles maternelles grandement installées, chaque enfant dispose d'un petit carré de jardin où il peut cultiver les plantes qui lui plaisent. Voyez-vous ce jardinier de cinq ans préparer lui-même son terrain, le nettoyer, le fumer avec grand soin et y jeter bientôt quelques semences ? Avec quelle inquiète sollicitude, tous les matins, il vient visiter son jardinet ! Un jour, ô bonheur ! il a vu poindre la jeune pousse, encore humide de la rosée de la nuit ; avec quel amour il la contemple ! Comme il va la préserver de tout danger !

On conçoit déjà combien ce petit jardin est fécond en enseignements utiles pour l'enfance ; voilà l'idée de propreté et de soin, le sentiment d'affection et de gratitude qui en découle ; voici encore à peu de distance, l'idée du travail la plus essentielle, si salutaire pour le bonheur des individus, qui commence à germer dans le cerveau de l'enfant.

Gasquin.
Conférence faite en 1867 à la Sorbonne.

3. — La ménagère doit diriger le potager.

Le chef de l'exploitation est trop distrait par ses occupations les plus importantes pour pouvoir se livrer lui-même à diriger les travaux du jardin et surtout à surveiller les ouvriers qui les exécuteront.

Je ne connais qu'un moyen pour la culture économique d'un jardin dans une ferme, c'est que la fermière en prenne elle-même la direction. Par la nature même des choses, cette branche de l'économie rurale entre dans ses attributions ; ses occupations sédentaires lui permettent d'avoir toujours l'œil sur le jardin, pourvu qu'il soit immédiatement attenant à la maison d'habitation ; elle peut y utiliser de la manière la plus profitable les instants que les autres occupations du ménage laissent libres, soit pour elle, soit pour les servantes de la ferme ; enfin personne ne connaît mieux qu'elle les besoins du ménage en légumes divers et pour chaque saison de l'année, en sorte que personne n'est plus à portée qu'elle de diriger les cultures de manière à assurer un approvisionnement constant. Aussi, si l'on rencontre une ferme qui se fait distinguer par un jardin potager plus étendu et plus soigné que les autres, que l'on prenne des informations, et l'on reconnaîtra toujours que c'est la ménagère qui en dirige la culture.

A toutes celles qui voudront prendre ce soin, je promets la plus agréable distraction à leurs travaux intérieurs, et une source de bien-être qui fera bientôt pour elles, de la culture du jardin, l'occupation la plus douce et la plus attrayante.

Mathieu de Dombasle.
Calendrier du bon cultivateur.

ENSEIGNEMENT EXPÉRIMENTAL
Les légumes

Effets d'engrais sur légumes-feuilles.
c. Témoin. — A. Avec fumier.— B. Avec engrais chimique complet.

Reproduction de l'expérience

Milieu : 3 carrés de jardin.
Plantes : Choux, salades.
Engrais : 1. Témoin, néant. — 2. Fumier de ferme, dose habituelle des jardiniers de l'endroit. — 3. Engrais minéral, au mètre carré : Nitrate, 60 gr. — Phosphate de chaux, 90 gr. — Chlorure de potassium, 20 gr.

Notes à consigner sur le carnet agricole

Parcelle	Plante	DATE Planta-tion	ENGRAIS Nature	ENGRAIS Poids	Résultats

Tableau de Renseignements : Culture naturelle des légumes : dates de semis

Légumes semés sur place

NATURE DES LÉGUMES	Durée de la plante	Janvier	Février	Mars	Avril	Mai	Juin	Juillet	Août	Septembre	Octobre	Novembre	Décembre
Carottes (graines).	1.		a.	a.	a.	a.	a.	a.	a.	s.			
Navets —	1.		a.	a.	a.	a.	a.	a.	a.				
Radis —	1.		a.	a.	a.	a.	a.	a.	a.	a.			
Pom. de ter. (tub.)	1.			a.	a.	a.							
Ail (bulbe)	1.	a.	a.	a.						s.			
Echalotte (bulbe).	1.		a.	a.						s.	s.		
Oignon —	1.	a.	a.	a.	a.	a.		s.	s.	s.			
Cerfeuil (graines).	v.	a.	a.	a.	a.	a.	a.	a.	a.	s.			
Persil —	v.	a.	a.	a.	a.	a.	a.	a.	a.	s.	s.	s.	s.
Haricots —	1.				a.	a.	a.	a.					
Lentilles —	1.			a.	a.	a.	a.						
Pois —	1.	a.	a.	a.	a.	a.	a.						

Légumes soumis au repiquage

NATURE DES LÉGUMES	Durée de la plante	Janvier	Février	Mars	Avril	Mai	Juin	Juillet	Août	Septembre	Octobre	Novembre	Décembre
Choux (graines)..	1.		a.	a.	a.	a.	a.	s.	s.	s.			
Chicorée —	1.		a.	a.	a.	a.	a.	a.	a.	as			
Céleri —	1.		a.	a.	a.	a.							
Laitue —	1.		a.	a.	a.	a.	a.	a.	as	s.			
Poireaux —	1.		a.	a.	a.	a.	as	as	s.	s.			
Asperges (griffes)	v.		s.	s.	s.	s.							
Artichauts (plants)	v.				as	as							
Citrouilles (grain.)	1.			ac	ac	a.	a.						
Concombres —	1.	ac	ac	ac	ac	a.	a.	a.					
Fraisiers (plants).	v.		a.	s.	s.								
Melons (graines)..	1.	ac	ac	ac	ac	a.							
Tomates —	1.	ac	ac	ac	ac								

ABRÉVIATIONS. — (a.) Légume même année. — (s.) Légume année suivante. — (ac.) Légume même année, semis sur couches. — (as.) Même année ou année suivante. — (1.) Annuelle. — (v.) Vivace.
Les colonnes portant les indications a., s., ac., as., indiquent les mois de semis.

Devoir d'Horticulture locale : Culture de la carotte

Pour obtenir des carottes dans mon jardinet, j'ai d'abord ameubli la terre par (1) ; j'ai ensuite employé comme engrais (2) ; enfin j'ai semé par mètre carré (3) grammes de graine (4). Les variétés que j'ai ensemencées sont (5). Comme soins d'entretien successifs depuis la levée jusqu'à la récolte, j'ai dû me préoccuper de (6). Mes carottes semées le (7) ont été récoltées le (8) ; je les ai remisées (9) ; le rendement que j'ai obtenu pour (10) mètres carrés est de (11). Ce légume servira à (12).

(1) Des façons à la bêche, à la houe, au rateau. — (2). Du fumier consommé complété par (indiquer les engrais minéraux convenant à une culture de carottes). — (3) Poids de graine au mq., poids à la volée, poids en ligne. — (4) A la volée, en lignes. — (5) Meilleures variétés alimentaires. — (6) D'éclaircir, de biner, de sarcler, d'arroser. — (7) Date du semis. — (8) Date de la récolte. — (9) En cave, au cellier, en silo. — (10) Surface cultivée en carottes, — (11) Rendement total en kilogrammes. — (12) La nourriture de mes parents et à la mienne, ou à la vente.

Autres devoirs. — *Culture des autres légumes.*

NOTIONS DE BOTANIQUE

Les Dicotylédones
LEÇONS

Cours Moyen

1. — Dans le deuxième groupe des dicotylédones on place : les *ombellifères*, les *rosacées*, les *légumineuses* et les *crucifères*.

2. — Presque toutes les ombellifères : carotte, panais, persil, cerfeuil, céleri, anis, angélique, sont utilisées dans les préparations culinaires; une d'entre elles, la cigüe, est excessivement vénéneuse.

3. — La plupart des arbres fruitiers : pommier, poirier, cerisier, prunier, pêcher, abricotier, amandier, néflier ; quelques arbustes : framboisier, rosier; un légume-fruit, le fraisier, appartiennent à la famille des rosacées.

4. — Beaucoup de légumineuses sont alimentaires : haricots, pois, fèves, lentilles; d'autres constituent les prairies artificielles: trèfle, luzerne, sainfoin, vesce.

5. — Un certain nombre de crucifères sont également alimentaires : navet, radis, chou, cresson.

6. — Dans le troisième groupe des dicotylédones, on cite les *amentacées*.

7. — Les amentacées comprennent les arbres de nos forêts : chêne, hêtre, charme, aune, saule, peuplier; quelques arbres fruitiers : noyer et châtaignier; un arbuste fruitier, le noisetier.

Cours Supérieur

1. — Aux dicotylédones dialypétales (second groupe), se rattachent encore les *renonculacées*, les *papavéracées*, les *cucurbitacées*, les *violacées*, les *linées*, les *malvacées*.

2. — Le type des renonculacées est la renoncule; on y ajoute l'anémone, l'aconit, la pivoine.

3. — Le coquelicot caractérise les papavéracées; cette famille comprend aussi le pavot et l'œillette.

4. — Les melons, les cornichons, les concombres appartiennent à la famille des cucurbitacées.

5. — Le type des violacées est la violette ; celui des linées, le lin; celui des malvacées, la mauve ou la guimauve.

6. — Aux dicotylédones apétales (troisième groupe), se rattachent aussi les *polygonées*, les *chénopodées*, les *urticées*, les *euphorbiacées*.

7. — Les polygonées renferment le sarrasin (céréale), l'oseille (légume), la rhubarbe (plante médicinale).

8. — La betterave et l'épinard (plantes alimentaires) appartiennent à la famille des chénopodées.

9. — Les urticées ont comme plante caractéristique l'ortie ; le chanvre, le houblon, le mûrier, sont des urticées.

10. — L'euphorbe est la plante typique des euphorbiacées ; le buis se range dans la même famille.

Exercices d'observation

1. — Que remarque-t-on lorsque l'on frotte légèrement dans l'eau des racines et des fleurs de saponaire ? — 2. D'où provient le parfum spécial du kirsch obtenu en distillant des cerises? — 3. Pourquoi ne faut-il pas manger des noyaux de pêche? — 4. Quelle est la partie du pied de haricot dont l'aspect a pu faire donner aux légumineuses le nom de papilionacées ? — 5. Pourquoi peut-on transformer les tiges de lin en fil ? — 6. Tous les pieds du chanvre donnent-ils des graines ? Comment dénomme-t-on ceux qui n'en donnent pas? — 7. A quelle époque apparaissent les fleurs de l'orme? Pourquoi les feuilles de cet arbre sont-elles appelées pain de hanneton? — 8. Pourquoi a-t-on moins de chance d'être piqué par l'ortie en la serrant fortement qu'en la cueillant légèrement? — 9. Que remarque-t-on sur la surface de la capsule encore verte d'un pavot que l'on vient d'entailler au canif? — 10. Qu'arrive-t-il lorsque l'on applique sur la peau un cataplasme de graines de moutarde?

Rédactions

1. **Racontez une herborisation faite.** — Dites : ce que c'est qu'herboriser, la manière de récolter les plantes, comment on les fait dessécher, et enfin comment on les dispose dans un herbier.

2. **Fleur de crucifère et fleur de légumineuse.** — Décrivez une fleur de crucifère (giroflée) et une fleur de légumineuse (haricot). Différences frappantes qui existent entre les fleurs de ces deux familles.

3. **Amentacées ligneuses.** — Noms des arbres de nos forêts. - Leur utilisation.

Problèmes

1. — Quel est le produit brut d'un terrain rectangulaire long de 65 mètres, large de 1/2 de la longueur, planté de pavot-œillette, sachant qu'un hectare de cette plante fournit environ 21 hectolitres, pesant 70 kilog. l'un ? Le kilog. est vendu 0 fr. 65.

2. — On a coupé 84 kilog. d'orties tendres. Après leur dessication au soleil, elles ont perdu 1/5 de leur poids. Elles équivalent alors aux 21/22 du même poids de bon foin estimé 4 fr. 50 le quintal. Que valent ces orties ainsi préparées ?

Collections à faire

1. — Récolter pour l'herbier les plantes caractéristiques des familles ci-après et mentionner les plantes utiles et nuisibles qu'indique le texte des leçons.

(A) *Crucifères*, giroflée — *cucurbitacées*, cornichon — *légumineuses*, pois - *linées*, lin — *malvacées*, mauve — *ombellifères*, cigüe — *papavéracées*, coquelicot — *rosacées*, ronce — *renonculacées*, bouton d'or — *violacées*, violette.

(B) *Amentacées*, noisetier — *chénopodées*, betterave — *euphorbiacées*, euphorbe — *polygonées*, sarrasin — *urticées*, ortie.

Fleurs et arbustes d'ornement — Plantes d'appartement

LEÇONS

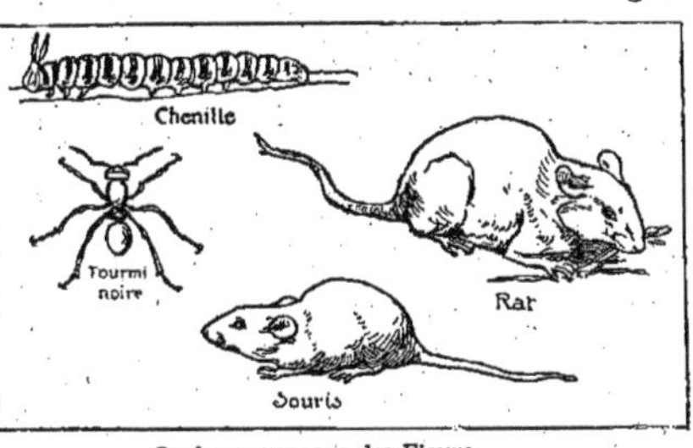

Quelques ennemis des Fleurs

I. — 1. Les plantes d'agrément sont cultivées en vue de l'ornementation des jardins et des appartements. — **2.** Elles se subdivisent en plantes herbacées et en plantes ligneuses. — **3.** Les plantes herbacées comprennent des variétés annuelles, bisannuelles et vivaces. — **4** Toutes les plantes ligneuses sont vivaces. — **5.** La plupart sont recherchées pour leurs fleurs, mais certaines sont également décoratives par leur feuillage. — **6.** Leur culture est naturelle ou forcée. — **7.** Dans ce dernier cas elle a lieu en serres. — **8.** Les plantes d'appartement se cultivent en pots, en jardinières ou en caisses. — **9.** On cueille les fleurs pour en confectionner des bouquets ou pour en extraire l'odeur.

II. — 1. Les plantes d'ornement aiment une bonne terre franche aussi humifère que possible. — On façonne la terre à la bêche, à la fourche, au râteau. — La culture naturelle se fait en bordures, potées, touffes ou corbeilles. — Les variétés herbacées se propagent par graines, bulbes, caïeux, éclats, boutures et tubercules. — Les variétés ligneuses se multiplient par boutures, marcottes et greffes. — Comme engrais, on utilise le fumier, le compost, le guano, la colombine, les engrais en poudre, minéraux et organiques. — Les soins d'entretien consistent en arrosages, bassinages, sarclages, binages, pincements, taille et palissage. — **2.** Les ennemis des plantes d'agrément sont les taupes, les chenilles, les pucerons, les fourmis, les araignées, les limaces, les limaçons, les vers blancs. — **3.** Le sol destiné aux plantes d'appartement doit être très fertile et peu compact. — On recommande l'usage de la terre de bruyère et l'emploi d'engrais en dissolution. — Les arrosages et les bassinages seront très fréquents. — Les plantes rustiques et celles qui aiment bien l'ombre réussissent le mieux dans les appartements.

Questionnaire

I. — 1. Qu'appelle-t-on plantes d'agrément? — **2.** Citez quelques variétés herbacées, annuelles, bisannuelles, vivaces. — **3.** Quels sont les arbustes d'ornement que vous connaissez? — **4.** Pourquoi cultive-t-on ces plantes? Comment est leur culture? — **6.** Qu'est-ce qu'une serre? **7.** — Qu'appelle-t-on plantes d'appartement? En quoi les cultive-t-on?

II. — 1. Quelle terre convient aux plantes d'agrément? — **2.** Quels sont les différents modes de reproduction? — **3.** Quels engrais utilise-t-on? — **4.** En quoi consistent les soins d'entretien? — **5.** Citez les ennemis des plantes d'agrément? Comment les détruit-on? — **6.** Quelle terre emploie-t-on dans la culture en pots? — **7.** Quel est le meilleur mode d'engrais pour ces mêmes cultures? — **8.** Sur quoi repose le choix des plantes d'appartement?

Rédactions

1. Mes Fleurs. — Si votre père mettait à votre disposition un carré de terrain pour y cultiver des fleurs, comment disposeriez-vous ce terrain? Quelles fleurs y cultiveriez-vous? De quelle façon reproduiriez-vous ces fleurs? — C. E.

2. Description de plantes ornementales. — Faites la description complète, tige, feuilles, fleurs, des plantes d'ornement que vous connaissez le mieux. Choisissez simplement 2 ou 3 plantes.

3. Culture de bouture en pot. — Dans une lettre à une amie, racontez comment vous avez obtenu votre première plante de bouture en pot; parlez des conseils que vous avez reçus, des procédés que vous avez employés, du plaisir que vous avez éprouvé.

Problèmes

1. Fumure d'une plate-bande de fleurs. — On fume avec du fumier très consommé une plate-bande de fleurs établie le long d'une cour rectangulaire de 37m de long sur 20m de large; la largeur de cette plate-bande est de 0m 80; on emploie une brouettée de ce fumier par 4 mètres carrés; quelle sera la dépense si la brouettée d'engrais coûte 0 fr. 40?

2. Confection de bouquets. On a cueilli 374 œillets et 272 roses; on se propose de faire avec ces fleurs le plus grand nombre de bouquets pareils; quel sera le nombre de bouquets, et comment seront-ils composés?

II. — 3. Préparation d'engrais pour fleurs. — D'après M. P. Wagner, une plate-bande déjà riche en humus et sur laquelle on veut cultiver des fleurs, recevrait avec avantage un mélange d'engrais minéraux formé pour 100 grammes, de 30 grammes de phosphate d'ammoniaque, 43 grammes de nitrate de potasse, 16 grammes de nitrate de soude et 11 grammes de sulfate d'ammoniaque; sachant que cet engrais s'emploie à la dose de 3 kg. par are, calculer le poids de chacun des engrais qu'il faudrait utiliser sur une plate-bande de 50mq de superficie.

4. Ce que produit une récolte de rosiers. — 350 pieds de rosiers ont fourni 70 kilogrammes de fleurs qui ont été vendues à un fabricant d'essence de rose à raison de 0 fr. 65 le kilogramme; cette récolte provient d'un terrain ayant une superficie de 1 are 75 et ayant coûté 10fr. l'are; on demande: 1° le rapport d'un pied de rosier; 2° le taux de l'argent employé à acheter le terrain si l'on déduit du prix de vente des fleurs, les frais divers d'entretien, de fumure et autres estimés à 0 fr. 08 par par pied.

1. — Une pâquerette.

Prenez une de ces petites fleurs qui, dans cette saison, tapissent les pâturages et qu'on appelle ici pâquerette, petite marguerite ou marguerite tout court. Regardez-la bien ; car à son aspect, je suis sûr de vous surprendre en vous disant que cette fleur si petite et si mignonne est réellement composée de deux ou trois cents fleurs toutes parfaites, c'est-à-dire ayant chacune sa corolle, son germe, son pistil, ses étamines, sa graine, en un mot aussi parfaite en son espèce qu'une fleur de jacinthe ou de lis. Chacune de ces folioles blanches en dessus, roses en dessous, qui forment comme une couronne autour de la marguerite, et qui ne vous paraissent tout au plus qu'autant de petits pétales, sont réellement autant de véritables fleurs ; et chacun de ces petits brins jaunes que vous voyez dans le centre et que d'abord vous n'avez peut-être pris que pour des étamines, sont de véritables fleurs. Si vous aviez déjà les doigts exercés aux dissections botaniques, que vous vous armassiez d'une loupe et de beaucoup de patience, je pourrais vous convaincre de cette vérité par vos propres yeux ; mais, pour le présent, il faut commencer, s'il vous plaît, par m'en croire sur parole, de peur de fatiguer votre attention sur les atomes. Cependant, pour vous mettre au moins sur la voie, arrachez une de ces folioles blanches de la couronne, vous croirez d'abord cette foliole plate d'un bout à l'autre ; mais regardez-la bien par le bout qui était attaché à la fleur, vous verrez que ce bout n'est pas plat, mais rond et creux en forme de tube et que de ce tube sort un petit filet à deux cornes ; ce filet est le style fourchu de cette fleur, qui, comme vous le voyez, n'est plate que par le haut...

En considérant toute la marguerite comme une seule fleur, ce sera donc lui donner un nom très convenable que de lui donner le nom de fleur composée. Or, il y a un grand nombre d'espèces et de genres de fleurs formées, comme la marguerite, d'un assemblage d'autres fleurs plus petites, contenues dans un calice commun.

JEAN-JACQUES ROUSSEAU.

2. — Les Fleurs.

La culture des plantes d'ornement est une culture bien attrayante et bien capable de passionner ceux qui s'y livrent ; elle convient surtout aux femmes et aux jeunes filles à qui elle procure d'agréables délassements. Un parterre en fleurs ! Est-il rien de plus charmant à voir ? N'est-il pas agréable en été de pouvoir cueillir dans son jardin quelques gros bouquets pour orner ses appartements ? La maison du pauvre elle-même prend un air de gaieté par des fleurs garnissant la fenêtre ou par un peu de verdure tapissant les murs. Aimez donc les fleurs, jeunes filles ; elles réjouissent l'œil et font même du bien à l'âme. Si vous pouvez disposer d'un jardin, ne manquez pas d'y établir un parterre de fleurs ; à défaut de jardin, ayez au moins quelques plantes à cultiver dans votre maison ou dans votre chambre. Il n'est pas de délassement plus honnête et plus sain.

C. E. Pas-de-Calais.

3. — Le rosier

La rose est la reine des fleurs : ceci est admis par tout le monde. Elle réunit, en effet, toutes les qualités, tous les mérites que l'on recherche dans ses gracieuses productions. Le rosier est donc le roi des arbustes ; à ce titre, il a droit à occuper dans les jardins une place des plus distinguées.

Le genre rosier est très nombreux en espèces. Celles que l'on trouve dans nos cultures sont au nombre de vingt-cinq environ ; elles ont produit des variétés qui se comptent par milliers.

Le rosier sauvage ou églantier, si commun dans nos haies, ne se recommande pas par la beauté de ses fleurs, mais c'est celui que l'on préfère pour recevoir la greffe des belles variétés. Aussi est-il cultivé en grand dans les jardins, mais plus particulièrement dans les pépinières.

C. E. Gironde.

Maxime

La bêche d'un homme laborieux enfante des merveilles.

Les Fleurs

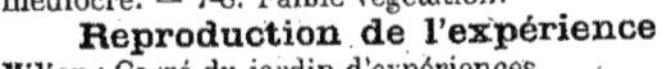

Effets de la sélection de graines.

Résultats de semis de graines d'un même pied en milieu identique :

1, Très bonne végétation. — 2. Assez bonne végétation. — 3-4. Bonne végétation. — 5-6. Végétation médiocre. — 7-8. Faible végétation.

Reproduction de l'expérience

Milieu : Carré du jardin d'expériences.

Graines : Fèves de marais, provenant du même pied « *condition essentielle* ».

Conseils : Semer une graine dans 8 pots de même profondeur.

Notes à consigner sur le carnet agricole

N° des graines	DATES		Végétation	Dates de maturité	RÉSULTATS obtenus
	Semis	Levée			

Tableau de Renseignements : Culture des fleurs : dates de semis

NATURE DES FLEURS	Janvier	Février	Mars	Avril	Mai	Juin	Juillet	Aout	Septembre	Octobre	Novembre	Décembre
Balsamine..........(1)			a.	a.	a.	a.						
Capucine..........(1)				a.	a.	a.						
Coquelicot double...(1)	a.	a.	a.	a.								
Giroflée quarantaine.(1)				a.	a.							
Immortelle.........(1)				a.	a.	a.						
Œillet d'Inde.......(1)				a.	a.	a.						
Pétunia............(1)				a.	a.							
Phlox annuel.......(1)				a.	a.	a.						
Reine-Marguerite...(1)			a.	a.	a.							
Zinnia.............(1)				a.	a.							

NATURE DES FLEURS	Janvier	Février	Mars	Avril	Mai	Juin	Juillet	Aout	Septembre	Octobre	Novembre	Décembre
Giroflée jaune......(2)		a.										
Œillet de poètes.....(2)				a.	a.	a.	a.	a.				
Pensée............(2)								a.	a.			
Julienne...........(V)				a.	a.	a.						
Plantation-bulbes												
Glaïeuls...........(V)			a.	a.	a.							
Jacinthes..........(V)										s.	s.	
Lis...............(V)	a.	a.	a.				s.	s.	s.			
Renoncules.......(V)	a.	a.	a.	a.	a.					s.	s.	
Tulipes...........(V)										s.	s.	

(1) Fleurs annuelles. — (2) Feurs bisannuelles. — (v) Fleurs vivaces. — (a) et (s) Indiquent, en colonnes, le mois de semis. — (s) Fleur l'année suivante. — (a) Fleur la même année.

Devoir d'Horticulture locale : Culture de la reine-marguerite

Une des fleurs qui a le mieux réussi dans mon jardinet est la reine-marguerite. J'ai semé la graine sur (1), vers le (2) ; au bout de (3) la levée a été parfaite ; après (4) jours de croissance, j'ai mis le pied en pépinière ; au bout de (5) jours, je l'ai repiqué définitivement en place ; j'en ai fait de (6) que je (7) fréquemment. Plus tard, quand ces fleurs auront formé de la graine, c'est-à-dire vers (8), je la récolterai pour obtenir de nouveaux semis l'an prochain.

(1) Couche, côtière, ados. — (2) Date du semis. — (3) Nombre de jours écoulés entre la date du semis et celle de la levée. — (4) Nombre de jours du plant à l'époque du premier repiquage. — (5) Nombre de jours écoulés entre l'époque du premier repiquage et celle du repiquage définitif. — (6) Belles bordures, de beaux massifs, de belles corbeilles. — (7) Bine, sarcle, arrose. — (8) Date moyenne de la maturité des graines.

NOTIONS DE BOTANIQUE *SCIENCES* — 38ᵉ Leçon

Monocotylédones — Conifères

LEÇONS

Cours Moyen

1. — Les familles les plus importantes des *monocotylédones* sont les *liliacées*, les *palmiers* et les *graminées*.

2. — Beaucoup de liliacées sont alimentaires : ail, oignon, poireau, échalotte, ciboule, asperge ; d'autres sont ornementales : lis et tulipe.

3. — Les palmiers sont exotiques ; ils ne croissent qu'en pays chauds ; on distingue le palmier, le dattier, le cocotier, le sagoutier ; tous donnent des fruits comestibles.

4. — Les graminées forment une famille excessivement nombreuse ; elles comprennent d'abord toutes nos céréales : blé, seigle, orge, avoine, maïs, millet, sorgho, et de plus la majeure partie des herbes de nos prairies naturelles : paturin, brôme, flouve, ray-grass, fétuque, etc. ; la canne à sucre est également une graminée.

5. — Comme intermédiaires entre les monocotylédones et les cryptogames, on cite les conifères ; ce sont des arbres et arbustes résineux à fleurs réduites à des écailles, comme le pin, le sapin, le cyprès, le génévrier.

Cours Supérieur

1. — Les *monocotylédones* comprennent encore : les *amaryllidées*, les *iridées*, les *orchidées*, les *cypéracées*.

2. — Les amaryllidées ont pour types le narcisse, le perce-neige, cultivés comme plantes d'ornement.

3. — Parmi les iridées on cite : l'iris, le safran, le glaïeul, toutes plantes ornementales.

4. — Les orchidées sont des plantes aux fleurs bizarres comme l'orchis ; elles prospèrent surtout dans les régions torrides. Parmi elles on trouve la vanille, plante culinaire, et un certain nombre d'autres variétés dont la racine donne une fécule connue sous le nom de salep.

5. — Les cypéracées ressemblent fortement aux graminées ; elles sont caractérisées par le carex.

6. — Les fleurs des conifères n'ont pas d'ovaire.

7. — Aux conifères se rattachent les cycadées qui ne croissent que dans les régions tropicales ; leur type est le cycas qui ressemble au palmier.

Exercices d'observation

1. — Que mange-t-on dans l'oignon ? — 2. Pourquoi le son obtenu avec les anciens moulins était-il plus nourrissant que celui que fournissent les moulins modernes perfectionnés ? — 3. Pourquoi coupe-t-on les céréales avant que les chaumes (tiges) soient complètement desséchés ? — 5. La feuille du blé a-t-elle une queue ou pétiole ? — 5. La balle des céréales obtenue au battage est-elle une partie de la fleur ou un rudiment de feuille ? — 6. Pourquoi les pins et les sapins paraissent-ils toujours verts ? — 7. Les cônes de pin sont-ils des fleurs ou des fruits ?

Rédactions

1. Les graminées. — Citez les plantes les plus importantes de la famille des graminées et indiquez leurs usages. (C. E.)

3. Les palmiers. — Dans une serre vous avez admiré une belle collection de palmiers. Décrivez ces arbres. — Indiquez la différence qui existe entre une tige de palmier et celle du marronnier, comme constitution intérieure et comme aspect extérieur.

2. Les conifères. — Particularités présentées par les conifères (pins, sapins, cyprès) comme aspect durant l'hiver par rapport aux autres arbres. — Citez les pays où ils prospèrent. — Usage de leur bois. — Utilisation médicale de leur sève.

Problèmes

1. — Les graminées des prairies, fauchées lorsqu'elles sont convenablement mûres, perdent les 3/4 de leur poids par la dessication. Un pré a donné 24 quintaux de foin sec. Quel est, en kilogrammes, le poids des graminées vertes qui a fourni ce foin ?

2. — A l'état sec, la densité du pin sylvestre est de 0,550 tandis que celle du sapin n'est que de 0.460. Trouver la différence de poids qui existe entre 2 poutres, l'une en pin sylvestre, l'autre en sapin, ayant chacune 9 mètres de long et 22 centimètres d'équarrissage.

Collections à faire

1. — A récolter, pour l'herbier, les plantes caractéristiques des familles ci-après et mentionner dans la fiche de chaque famille, les plantes utiles et nuisibles qu'indique le texte des leçons.

(A) *Amaryllidées*, perce-neige. — *Cypéracées*, carex. — *graminées*, ray-grass. — *iridées*, glaïeul ou iris. — *Liliacées*, lis. — *Orchidées*, orchis.

(B) *Conifères*, sapin.

ARBUSTES FRUITIERS

Groseillier, Framboisier. — Vigne, Vin.

LEÇONS

I. — **1.** Les arbustes fruitiers sont des végétaux ligneux cultivés pour leurs fruits. — **2.** Ils comprennent des arbustes ligneux proprement dits : groseilliers, framboisiers, noisetiers et un arbuste sarmenteux, la vigne. — **3.** Ces végétaux croissent dans tous les terrains dont le sol est assez profond. — **4.** Les arbustes se reproduisent naturellement par semis. — **5.** On préfère la multiplication artificielle : bouturage pour groseillier et noisetier, drageonnage pour framboisier, bouturage, provignage et greffage pour la vigne. — **6.** La récolte des fruits est une cueillette; ces fruits sont conservés en bocaux ou au fruitier. — Le raisin sert surtout à fabriquer le vin.

II. — **1.** Le défoncement est de toute nécessité pour la préparation de la terre destinée à la vigne, soit française, soit américaine. — Comme engrais, on enfouit annuellement du fumier court et des composts avec addition d'engrais chimiques. — Le sol d'un vignoble réclame des labours annuels, des binages, des sarclages. — **2.** La vigne subit les diverses opérations de la taille d'hiver et de la taille d'été; elle reçoit également les traitements préventifs denommés sulfatage, soufrage, ébouillantage. — La vigne en treille, affecte la forme de palmettes, de cordons, de T; la vigne cultivée en pleins champs est dite haute ou basse. — **3.** La vigne craint : 1º plusieurs champignons : oïdium, mildiou, black-rot; 2º plusieurs insectes : cochylis, guêpe, pyrale, phylloxera; 3º certaines intempéries : gelée, grêle, grande pluie. — **4.** La fabrication du vin comprend la vendange, le foulage, le cuvage, la fermentation. — Les grands crus de vins français sont ceux de Champagne, de Bourgogne, du Bordelais et du Midi. — La vinification varie avec ces régions. — Le vin craint l'acidité, la graisse, la tourne, le moisi.

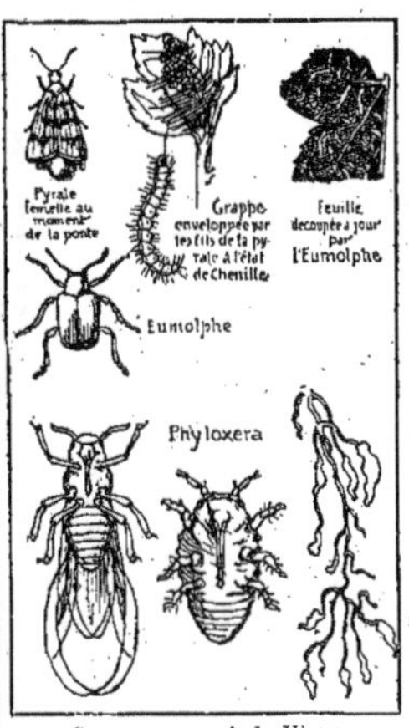

Les ennemis de la Vigne

Questionnaire

I. — **1.** Qu'appelle-t-on arbustes fruitiers ? — **2.** Que comprennent-ils? — **3.** Dans quels terrains réussissent-ils? — **4.** Comment les reproduit-on naturellement? artificiellement? — **5.** Comment nomme-t-on leur récolte? — **6.** A quoi sert particulièrement le raisin?

II. — **1.** Quelle préparation demande la terre destinée à un vignoble? — **2.** Quel engrais convient aux vignes? — **3.** Citez les soins d'entretien : 1º relatifs au sol; 2º relatifs au végétal. — **4.** Quels traitements préventifs emploie-t-on en viticulture? — **5.** Comment lutte-t-on contre le phylloxera? — **6.** Citez les ennemis, les maladies, les intempéries que craint la vigne. — **7.** Comment combat-on ces fléaux? — **8.** Que comprend la fabrication du vin? — **9.** A quelles maladies le vin est-il sujet?

Rédactions

1. La Vigne. — Les soins qu'elle réclame depuis sa taille jusqu'à sa récolte. *C. E.*

2. Le Vin. — Un de vos cousins habite un pays de cidre. Vous lui écrivez et lui expliquez la fabrication du vin. *C. E. (Mayenne)*

3. Le Phylloxera. — 1º Ce que c'est que le phylloxera, où il vit et comment il vit. — 2º Comment il se reproduit et se propage. — 3º Époque à laquelle il a été importé en France, ravages qu'il y a causés. Mesures à prendre contre le phylloxera.

Problèmes

I. — **1. Prix de revient de la fumure d'une vigne.** — On a employé par hectare pour fumer une vigne: 300 kg. de nitrate de soude à 24 fr, 50 les 100 kg.; 125 kg. de sulfate de potasse à 25 fr. 50 les 100 kg.; 200 kg. de superphosphate à 6 fr. 50 les 100 kg. Quel est le prix de revient de la fumure dans un terrain de 2 hares 40 ares?

2. Lutte contre le phylloxera. — Calculer combien il faut d'hectolitres d'eau pour submerger une vigne rectangulaire atteinte de phylloxera, sachant qu'elle a 136m de longueur et 47 décamètres de tour. On supposera que cette vigne est parfaitement horizontale et que l'eau vient s'élever à un décimètre de hauteur? *C. E. Aveyron.*

II. — **3. Richesse variable de raisins en alcool.** — Suivant une expérience de Bouchardat, les variétés suivantes de raisins ont donné en alcool : le gouais blanc 3,2 p. 0/0; le gamais 3,8 p. 0/0; le pinot 10 p. 0/0. On demande quelle quantité de chacun de ces vins il faudra récolter pour avoir, avec chaque variété, 150 hl. d'alcool?

4. Prix de revient d'une plantation de vigne. — Un propriétaire achète 2.750 pieds de vigne américaine à raison de 325 fr. le mille. Pour les mettre en terre il dépense 425 fr.; en outre, les frais de culture et d'entretien de cette jeune vigne, jusqu'au bout de la 3me année, s'élèvent à 38 fr. 50 par an. On demande à combien lui revient à cette époque chaque pied de vigne restant, sachant qu'un dizième des pieds a péri. — *C. E. Gironde.*

1. — Les confitures

A la Saint-Jean d'été les groseilles sont mûres,
Dans le jardin, vêtu de ses plus beaux habits,
Près des grands lis, on voit pendre sous les ramures
Leurs grappes couleur d'ambre ou couleur de rubis.

Voici l'heure. Déjà dans l'ombreuse cuisine
Les pains de sucre blanc, coiffés de papier bleu,
Garnissent le dressoir, où la rouge bassine
Reflète les lueurs du réchaud tout en feu.

On apporte les fruits à pleines panerées,
Et leur parfum discret embaume le palier ;
Les ciseaux sont à l'œuvre, et les grappes lustrées
Tombent comme les grains défilés d'un collier.

Doigts d'enfants, séparez, sans meurtrir la groseille,
Les pépins de la pulpe entr'ouverte à demi !
La grave ménagère, attentive, surveille
Ce travail délicat d'abeille ou de fourmi.

Vous êtes son chef d'œuvre, exquises confitures !
Dès que l'été fleurit les liserons du seuil,
Après les longs travaux, lessives et coutures,
Vous êtes son plaisir, son luxe et son orgueil.

A. THEURIET.

Poésies (édit. Lemerre)

2. — Le framboisier

Des arbustes universellement répandus et dont la culture est non moins universellement négligée, ce sont les framboisiers. Sous prétexte qu'ils sont indigènes, on les traite comme des amis intimes ; comme ils passent pour s'accommoder de tous les terrains et de toutes les expositions on les parque dans le sol le plus aride, dans le coin le plus retiré du jardin ou du verger.

C'est tout au plus si on les débarrasse du vieux bois devenu improductif ; trop rapprochés les uns des autres, ils accumulent, ils mêlent, ils entre-croisent leurs tiges et la framboisière devient un massif impénétrable, une façon de forêt vierge dans laquelle, au mois de juillet, on récoltera très péniblement quelques douzaines de baies aigrelettes et très peu parfumées que l'on acceptera comme des framboises.

Champagne agricole.

3. — Les engrais pour la vigne

La vigne est classée, avec juste raison, parmi les plantes peu exigeantes en azote : c'est, en effet, dans le feuillage que se rencontre en grande partie l'azote contenu dans les récoltes ; et, comme dans presque tous les cas le feuillage revient directement au sol, on peut dire que l'appauvrissement est insignifiant.

Les engrais azotés ont sur la vigne une action particulière qui règle les conditions de leur emploi ; donnés en excès ou mal à propos dans les terres riches, ils provoquent un développement abondant des feuilles et des sarments ; les grappes se nourrissent alors imparfaitement et ne mûrissent pas. Le pincement et l'effeuillage peuvent, dans certaines limites, corriger cet excès de vigueur.

La vigne, comme toutes les cultures arbustives, a des exigences très faibles en acide phosphorique ; il n'en est pas moins vrai que, dans les fumures annuelles, nous devons tenir compte de la restitution de l'acide phosphorique, qui se pratiquera sous forme d'engrais facilement assimilable. C'est surtout au moment de la création du vignoble qu'il faut se préoccuper de la fumure phosphatée, et c'est en procédant au labour de défoncement qu'on doit l'enfouir à dose élevée sous forme de phosphate naturel.

Dans toutes les formules d'engrais pour la vigne, nous voyons figurer la potasse, et cela quel que soit le sol. Il convient de combattre une habitude qui repose sur une théorie erronée ou trop absolue.

Pour la vigne, comme pour tout autre végétal, on doit tenir compte de la composition du sol. Dans les vignobles du Beaujolais, d'une partie des côtes du Rhône (terrains primitifs), la potasse est le plus souvent sans effet. Cependant on est à peu près certain d'en obtenir des effets rémunérateurs si on l'applique sur les vignobles crayeux de la Champagne, des Charentes, etc.

A. MÜNTZ et A. Ch. GIRARD.

(Les Engrais.)

Maxime

Ne point surveiller ses ouvriers, c'est livrer sa bourse à leur discrétion.

La Vigne

Effets d'engrais sur la vigne :
1. Sans engrais minéraux. — 2. Avec engrais minéraux.

Reproduction de l'expérience

Milieu : Sol moyennement riche. — 2 carrés.
Nature du sol : A (*Calcaire*).
   1° Carré avec engrais. — Engrais au mètre carré : Nitrate de soude, 40 gr. — Superphosphate de chaux, 40 gr. — Sulfate de potasse, 15 gr. — Sulfate de fer, 40 gr.
   2° Témoin. — Engrais, néant.
B (*peu ou pas calcaire*).
   1° Carré avec engrais. — Engrais au mètre carré : Nitrate de soude, 40 gr. — Scories de déphosphoration, 60 gr. — Sulfate de potasse, 10 gr. — Plâtre, 60 gr.
   2° Témoin. — Engrais, néant.

Tableau de Renseignements. — Vigne : Cépages américains.

PRODUCTEURS DIRECTS		PORTE-GREFFES	
NOMS	RÉGIONS ET TERRAINS	NOMS	RÉGIONS ET TERRAINS
Herbemont	Terres profondes et meubles, Sud-Ouest, presque indemne du phylloxera.	Cordifolia............	Sols calcaires et crayeux, complétement indemne du phylloxera.
Jacquez	Tous les terrains, régions chaudes, résiste assez bien au phylloxera.	Berlandieri	Calcaire crayeux, même blanche, tout à fait résistant au phylloxera.
Noah................	Résiste bien au mildiou, peu au phylloxera, vin alcoolique.	Riparia..............	Tous les climats et tous les sols, extrêmement résistant au phylloxera.
Othello	Sols pierreux et calcaires, assez résistants au phylloxera.	Rupestris............	Tous les climats, sols secs, résistance de premier ordre au phylloxera.

Devoir d'Horticulture locale: Culture de la vigne.

Notre vigne a été obtenue de (1), elle a la forme de (2). Le sol où elle croît a été d'abord (3) puis enrichi par des engrais organiques à décomposition lente comprenant (4). Chaque année on lui donne encore une fumure complémentaire formée de (5); puis il est (6). L'arbuste est taillé vers (7); il est successivement ébourgeonné, pincé, du (8) au (8); on l'abrite des intempéries à l'aide (9). Les moyens préventifs employés pour combattre l' (10) ou le (10) consistent en (11). Ce qui n'est pas consommé de suite est conservé par (12).

(1) De semis, de bouture, de marcotte, de provin, de plant greffé. — (2) Treille, berceau, tonnelle. — (3) Défoncé, labouré façonné à la houe. — (4) Engrais dont on dispose dans la localité. — (5) Formule locale d'engrais minéraux joints à du fumier consommé. — (6) Biné, sarclé. — (7) Date ordinaire de la taille d'hiver. — (8) Dates entre lesquelles ont lieu généralement ces diverses opérations. — (9) De bâches, de toiles, de brise-vent. — (10) L'oïdium ou le mildiou. — (11) Le soufrage ou la bouillie bordelaise. — (12) Suspension ou par le procédé Thomery.

NOTIONS DE BOTANIQUE

Cryptogames
LEÇONS

Cours Moyen

1. — Les *cryptogames* sont des plantes sans fleurs.

2. — Leur couleur est très variable.

3. — On distingue plusieurs groupes : les *fougères*, les *mousses*, les *algues*, les *lichens* et les *champignons*.

4. — Les fougères de nos pays croissent particulièrement dans les forêts ; on utilise leurs feuilles comme litière ; dans les pays chauds, on trouve des fougères atteignant la taille d'un arbre ; ce sont des *fougères arborescentes*.

5. — Les mousses croissent un peu partout, sur les arbres, sur les murs humides, sur la terre ; on les considère comme plantes nuisibles.

6. — Les algues vivent dans les eaux ; elles sont vertes, rouges, brunes, bleuâtres.

7. Les lichens sont les mousses des pays froids ; certains servent à la nourriture des rennes ; d'autres ont des emplois médicinaux.

8. — Les champignons, excessivement nombreux, croissent un peu partout ; les uns sont alimentaires : truffe, bolet bronzé ; les autres sont excessivement vénéneux bolet livide, fausse oronge.

Cours Supérieur

1. — Certains cryptogames présentent une tige, des racines et des feuilles ; ce sont les fougères, les prêles et les lycopodes.

2. — Les prêles, plantes nuisibles, se trouvent généralement en terre humide.

2. — La poudre de lycopode est un produit pharmaceutique.

4. — D'autres cryptogames ont simplement une tige et des feuilles ; ce sont les mousses et les hépatiques.

5. — Dans le dernier embranchement des cryptogames, on ne distingue plus ni racines, ni tige, ni feuilles.

6. — Cet embranchement comprend : les algues, les champignons, les lichens.

7. — Les algues inférieures portent le nom de *bactéries* ; elles se développent au milieu des tissus animaux et peuvent occasionner le charbon, la rage, le rouget des porcs.

8. — Certains champignons parasites des végétaux déterminent la rouille du blé, l'ergot du seigle, le mildiou et l'oïdium de la vigne.

9. — D'autres, portant le nom de le vûres, occasionnent la fermentation de la bière, du cidre, du vin.

Exercices d'observation

1. — Que remarque-t-on sur le dessous des feuilles de fougères ? Que deviendront ces petites masses brunes ?

2. — Les mousses sont spongieuses ; cette propriété ne les rend-elles pas utiles dans une forêt au sol pierreux et sec ?

3. — Vers quel point cardinal croît le plus souvent la mousse des arbres ? Pourquoi ? Cela n'a-t-il pas une utilité pratique lorsque l'on est perdu en forêt ?

Économie domestique. — 1. D'où provient le varech de vos matelas ? — 2. Pourquoi les champignons naissent-ils parfois spontanément à l'endroit où l'on jette ordinairement les épluchures de la maison ? — 3. A quoi attribuez-vous les moisissures qui apparaissent sur certains aliments mal conservés ? Ces moisissures sont-elles de même couleur sur le pain que sur les fruits ? — 4. Pourquoi des moisissures apparaissent-elles sur des confitures mal couvertes ? — 5. En botanique, où classeriez-vous ce que l'on appelle vulgairement la mère du vinaigre ?

Rédactons

1. **Les fougères.** — Description d'une fougère, ses usages. Racontez ce que sont devenues les fougères arborescentes des temps reculés. En trouve-t-on parfois des traces ?

2. **Les champignons et leur danger.** — Une famille de votre village s'est empoisonnée en mangeant des champignons. Impression produite dans la localité. Résolution prise à la suite des obsèques de ces malheureux.

3. **Champignons microscopiques.** — Maladies produites par des champignons microscopiques sur le blé, le seigle, la vigne. Moyens de les combattre.

Problèmes

1. — Quelle est la dépense occasionnée pour le traitement de l'oïdium, dans une vigne longue de 92^m, large de 8^m50, sachant que l'on répand 30 kilog. de soufre par hectare, que cette matière coûte 0 fr. 45 le kilog. et que la main-d'œuvre est effectuée par le vigneron lui-même ?

2. — Quelle valeur acquerront 20 kilog. d'amadou (*champignon parasite du chêne ou du hêtre*) recueillis en forêt, si l'amadou préparé par le pharmacien ne représente plus que les 2/5 du poids de l'amadou brut et est vendu 0 fr. 10 le décagramme ?

Collections à faire

A récolter pour l'herbier les plantes caractéristiques des familles citées ci-après ; ajouter et mentionner sur les fiches de chaque famille, les plantes utiles et nuisibles qu'indique le texte de la leçon.

(a) *Algues*, conserves d'eau douce. — *Fougères*, capillaire. — *Mousse*, mousse des jardinières.

(b) *Champignons*, feuille de blé atteinte de rouille. — Epi de seigle avec ergot. — Feuilles de vigne avec mildiou ou oïdium.

Les Arbres fruitiers. — Le Cidre.

LEÇONS

I. — 1. Les arbres fruitiers sont classés en arbres à fruits à pépins, à fruits à noyaux, à fruits divers. — **2.** On reproduit naturellement les arbres fruitiers par semis de graines stratifiées. — **3.** On les multiplie artificiellement par le bouturage, le marcottage, le drageonnage et le greffage. — **4.** La plantation à demeure suit ces divers modes de reproduction. — **5.** Cette plantation a lieu d'automne au printemps. — **6** La récolte des fruits est une cueillette ou un gaulage. — **7.** Ils sont conservés au fruitier. — **8.** Le cidre est une boisson obtenue avec des pommes; le cidre de poires se nomme poiré.

II. — 1. Plus un sol est profond, mieux il convient à la culture des arbres fruitiers. — La préparation consiste en défoncement, en amélioration des couches inférieures par apports de terre meuble et d'engrais d'animaux à décomposition lente. — Certains soins d'entretien s'appliquent au sol : binages et apports annuels d'engrais; d'autres à la tige : taille d'hiver, taille d'été, traitements préventifs. — **2.** Les arbres non taillés sont dits à haute tige. — Les arbres taillés affectent la forme de cordons, de palmettes, d'U, lorsqu'ils sont palissés; de pyramides, de cônes, de fuseaux, de colonnes, de gobelets, lorsqu'ils ne sont pas palissés. — **3.** Les arbres fruitiers redoutent : 1º certains mammifères : lièvres, lapins, loirs, souris, mulots; 2º certains insectes : hannetons, charançons, scolytes, anthonomes, guêpes, fourmis, chenilles, pucerons; 3º des mollusques : escargots, limaces; 4º des végétaux parasites : gui, mousse, lichen, blanc; 4º quelques maladies : jaunisse, chancre, gomme, cloque; 6º toutes les intempéries. — **4.** La fabrication du cidre comprend l'écrasage, le macérage, le pressage, la fermentation et le soutirage. — Les meilleurs cidres sont ceux de Normandie et de Bretagne; on les obtient avec des pommes de bonne qualité.

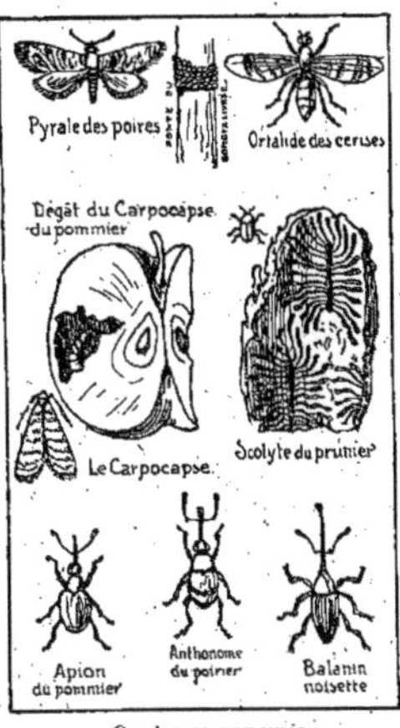

Quelques ennemis des arbres fruitiers

Questionnaire

I. — 1. Citez des arbres fruitiers à fruits à pépins, à fruits à noyaux, à fruits divers. — **2.** Comment reproduit-on les arbres fruitiers? — **3.** A quel moment les plante-t-on à demeure? — **4.** Quelle différence y a-t-il entre un fruit d'un arbre greffé et un fruit d'un arbre non greffé? — **5.** Comment nomme-t-on la récolte des arbres fruitiers? — **6.** Qu'est-ce que le cidre? le poiré? — **7.** Qu'est-ce qu'un fruitier?

II. — 1. En quoi consiste la préparation de la terre dans la culture des arbres à fruits? — **2.** Citez les soins d'entretien : 1º relatifs au sol; 2º relatifs au végétal. — **3.** Quelle forme peuvent affecter les arbres fruitiers soumis à la taille? — **4.** Comment combat-on les fléaux des arbres fruitiers? — **5.** Que comprend la préparation du cidre?

Rédactions

1. Fruits à pépins. — Principaux fruits à pépins. — Arbres qui les portent. — Usages que l'on fait de ces fruits. — Boissons qu'on peut en tirer. — A quoi peuvent servir les pépins? *C. E. Luri (Corse) 1898.*

2. Les gelées printanières. — A quel moment sont-elles à craindre? — Leurs effets sur les arbres fruitiers et sur la vigne. — Moyens employés pour préserver la vigne et les arbres fruitiers des effets de la gelée.

3. La pomme, le cidre. — Pommes comestibles; différentes variétés; caractères de ces pommes. — Pommes à cidre; différentes variétés; caractères de ces pommes. Régions dans lesquelles on récolte la pomme à cidre. Fabrication du cidre.

Problèmes

1. — 1. Échange de fruits. — Une fruitière, qui ne savait guère calculer, échange ses pêches valant 2 fr. 70 les 3 douzaines, contre un nombre égal d'abricots à 0 fr. 91 les 13; elle a fait ainsi une perte de 1 fr. 24. Combien avait-elle de pêches?

2. Transformation de pommes en cidre. — On a brassé 73 demi-hectolitres de pommes qui rendent 28 p. 0/0 de leur volume de jus. On y a ajouté l'eau nécessaire pour doubler ce volume. Les pommes coûtent 4 fr. 30 l'hectolitre; les frais de pressurage sont de 21fr.45; le transport de la boisson a coûté 0 fr. 40 par hectolitre. A combien revient le litre de cidre? *C. E. Calvados.*

II. — 3. Quantité d'acide phosphorique nécessaire aux arbres fruitiers. — Pour l'établissement rationnel d'un verger, on défonce généralement le sol à 1 mètre de profondeur et on doit mélanger à la terre remuée 40 kg. à l'are de scorie de déphosphoration dosant 17 p. 0/0 d'acide phosphorique; calculer combien on aura, de cette façon, donné d'acide phosphorique à une plantation d'arbres couvrant toute l'étendue d'un verger long de 80^m et large de 45^m.

4. Engrais pour arbres fruitiers. — Un propriétaire a, dans son jardin, 50 pieds d'arbres fruitiers dont les 3/5 ont un développement tel que leur couronne couvrirait par sa projection 25^{mq}. La couronne des arbres restants n'est que les 4/5 de celles des précédentes; sachant que pour une couronne qui couvre 25^{mq} on emploie par pied d'arbre, 1 kg. 400 de superphosphate à 0 fr. 07 le kg., 400^{gr} de chlorure de potassium à 0 fr. 22 le kg. et 1/2 kg. de nitrate de soude à 0 fr. 24 le kg., on demande de calculer le prix de l'engrais nécessaire pour mettre aux pieds de 50 arbres, en tenant compte dans le calcul des surfaces couvertes par les couronnes.

1. — Fausse oronge.

Cette espèce de champignon semble avoir été créée tout exprès pour dire aux gourmets de se tenir sur leurs gardes, que pour goûter d'une friandise, il faut avoir appris auparavant à distinguer, sous peine de mort, le poison d'avec ce qui peut flatter le palais. C'est un avertissement qui montre que les sensualistes mêmes ne sont pas exemptés de la loi du travail. La fausse oronge est d'un aspect très agréable. Son chapeau rond, d'un beau rouge-orangé, moucheté de blanc, strié aux bords, vous invite en quelque sorte à approcher. Abattez-le avec votre canne ; les lames qui le garnissent en dessous ressemblent aux feuillets blancs d'un livre. Son pédicule gracieux, orné, en haut, d'un collier bien dessiné, bulbeux en bas ; sa chair d'une blancheur éclatante, tout dans ce champignon vous attire. Le perfide ! Voulez-vous savoir à qui vous avez affaire ? Mêlez quelques parcelles de sa chair blanche avec un peu de lait : toutes les mouches qui en goûteront, tomberont, au bout de quelques instants, frappées de mort ; leur ventre ballonné indique l'effet du poison. C'est ainsi que dans beaucoup de contrées de l'Allemagne, particulièrement en Thuringe, les campagnards se débarrassent des essaims de mouches qui, vers la fin de l'été, infestent leurs habitations. Et voilà comment l'homme peut faire tourner à son profit les objets de la nature, qui, au premier abord, paraissent plutôt nuisibles qu'utiles.

Ferdinand Hœfer.
Les Saisons.

2. — Les champignons inférieurs.

Lorsqu'on sème les spores du champignon sur du sable mouillé ou simplement sur des lames de verre, elles donnent naissance au mycélium ou blanc de champignon. Les champignons viennent à la suite, ainsi que les fleurs après la plante qui les porte. La rapidité avec laquelle les champignons croissent est proverbiale. *Pousser comme un champignon* est le dicton par lequel on exprime une croissance très rapide. Quelques heures suffisent pour les voir surgir sur des points où rien n'avait été aperçu auparavant. Cependant une observation attentive eût révélé la présence du mycélium, de cette partie vivante moins apparente que le champignon.

La ménagère qui n'a pas recouvert avec soin ses pots de confiture voit la surface de la confiture se recouvrir de moisissures. On dirait un duvet très fin, velouté, de couleur variée. Avant d'enlever cette moisissure, regardons-la au microscope : c'est une forêt de champignons d'une petitesse extrême dont les spores se trouvaient dans l'air. Vus au microscope, on dirait une forêt de hautes herbes. Chacun de ces brins sera bientôt couronné d'un pompon, d'où s'échapperont ensuite des milliers de spores.

Le muguet dont souffrent les jeunes enfants est une végétation analogue qui se développe dans l'intérieur de la bouche. La teigne est aussi un champignon. Ainsi les champignons ne se développent pas seulement sur les végétaux.

Certaines moisissures se développent à la surface des animaux noyés, particulièrement des mouches qui flottent sur l'eau. Ce fin duvet blanchâtre qui recouvre la mouche morte et quelquefois les poissons vivants, est composé de filaments transparents d'une extrême finesse, tantôt simples, tantôt rameux et disposés en rayons sur le corps de l'animal comme les épingles sur une pelote arrondie.

Les champignons puisent dans les milieux où ils naissent et où ils vivent une partie de leur nourriture et accélèrent la décomposition et la disparition des végétaux et des animaux sur lesquels ils se fixent. Mais tandis que d'un côté ils contribuent à détruire, d'un autre côté ils contribuent à édifier, car par leurs propres débris, ils favorisent le développement d'une nouvelle végétation.

D'après *Les Infiniments petits*, par Félix Hément.

(Hachette, éditeur.)

3. — L'arbre fruitier est un capital.

Les arbres de nos jardins et de nos vergers ne vivent pas des siècles comme les chênes de nos forêts.

Quand un arbre a fourni une carrière de cinquante à soixante ans, plus ou moins, selon le terrain et les soins, il commence à se ressentir de la vieillesse et à donner de moins en moins chaque année.

C'est donc une nécessité de planter si l'on veut maintenir la production fruitière. Il y a, de plus, une considération à laquelle on ne s'arrête pas assez ; c'est celle-ci : *l'arbre fruitier est un capital*. Il n'est pas exagéré, en effet, de dire qu'un arbre à haute tige, une fois élevé, rapporte en moyenne sa pièce de 5 francs par an.

Cent arbres peuvent donc rapporter 500 francs et représentent par conséquent un capital de 12 à 15.000 francs.

Voilà pourquoi il serait à souhaiter que l'on vît partout à la campagne des arbres fruitiers autour des habitations, qu'il n'y eût pas de ferme sans son verger, avec ses pruniers, ses cerisiers, ses poiriers et ses pommiers de toutes variétés et de toutes époques !

Je suis vieux, dit-on, et il faut douze à quinze ans pour qu'un arbre à haute tige soit en plein rapport ; mais, est-ce que nous n'avons pas derrière nous des enfants et des petits enfants ?

La vigne rapporte beaucoup, c'est vrai ; mais elle a bien des ennemis ; elle demande plus de soins et de dépense que jamais, tandis que l'arbre fruitier, les pommiers, par exemple, qui font la fortune du Perche, de la Bretagne et de la Normandie, au bout de quelques années de plantation ne demandent presque plus d'entretien. Il faut donc planter ; c'est plus qu'une chose utile, c'est *un devoir* pour tous ceux qui ont du terrain propice à la culture des arbres et qui ont une famille autour d'eux.

A défaut de patrimoine, laissons des arbres à nos enfants, *car c'est un capital*.

E. Ouvray (*Agriculture moderne.*)

Les arbres fruitiers

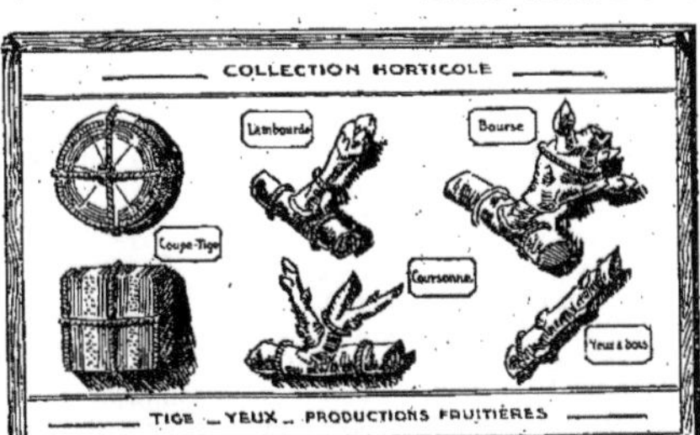

Carton mural à collections

Matériel : 1 carton-fond de 20 cm. sur 24 cm. Papier blanc ou papier affiche.

Conseils : Préparer le carton en leçon de travail manuel. — Recueillir les échantillons au moment de la taille d'hiver.

Collections à faire

1º Coupes longitudinales et transversales de diverses tiges ;

2º Productions fruitières : yeux à fruits, dards, lambourdes, bourses, coursonnes ;

3º Fragments de rameaux avec bourgeons à bois.

Tableau de Renseignements : Arbres fruitiers ; variétés ; formes à basse tige

	ARBRES	VARIÉTÉS	FORMES EN BASSE TIGE
à fruits à pépins	1º Poiriers........	Madeleine, beurrés Giffard, Louise bonne, duchesse d'Angoulême, passe-crassane, bergamotte, etc..	Cordons, palmettes, vases, pyramides et fuseaux.
	2º Pommiers	Rambour d'été, reine des reinettes, calville blanc et rouge, reinette grise, belle fleur rouge.......	Cordons, palmettes, gobelets et pyramides.
à fruits à noyaux	3º Pêchers	Grosse mignonne, Madeleine rouge, belle impériale	Cordons obliques et palmettes.
	4º Abricotiers	Abricot-pêche, royal. alberge, Jacques...........	
	5º Pruniers	Reine-Claude, mirabelle de Monsieur, quetsches ..	Pyramides, fuseaux, palmettes.
	6º Cerisiers.......	Guigne hâtive, bigarreau gros cœuret, griotte de Montmorency, cerise anglaise, reine Hortense...	Pyramides, fuseaux, gobelets.
à fruits secs	7º Noyers........	Ordinaire, à gros fruits, tardif....................	A haute tige seulement.
	8º Amandiers.....	Grosse ordinaire, à la dame, ronde fine..........	Vase ou gobelet.
à fruits divers	9º Oliviers........	A fruits blancs, à fruits odorants, à fruits doux...	A haute tige seulement.
	10º Orangers	Orange franche, de Nice, de Grasse...........	Cordons obliques, vases, gobelets.
	11º Figuiers	Figue blanche du Midi, figue de Marseille.........	Haute tige (midi). — Cepée inclinée (nord).
	12º Châtaigniers....	Ordinaire, grosse rouge, de Lyon.................	A haute tige seulement.

Devoir d'Agriculture locale : Les arbres fruitiers

On s'occupe à (1) de la culture d'arbres à fruits (2) tels que (3), d'arbres à fruits (4) tels que (5), enfin d'arbres à fruits (6) tels que (7). Les fruits à pépins sont destinés à (8). Certains d'entre eux, la pomme et la poire, entrent dans la fabrication du (9) ; les fruits à noyaux sont (10), la cerise donne d'excellents (11), la prune une (12), l'olive une (13) ; les noix sont vendues (14), on en fait également de l' (13) ; les figues et les châtaignes sont (15).

(1) Nom du pays. — (2) A pépins. — (3) Le pommier, le poirier, le cognassier, le néflier, le grenadier, l'oranger. — (4) A noyaux. — (5) Le cerisier, le prunier, le pêcher, l'abricotier, l'amandier, l'olivier. — (6) Sans pépins ni noyaux. — (7) Le noyer, le figuier, le châtaignier. — (8) A la consommation, à la vente, à la confiserie. — (9) Cidre et du poiré. — (10) Consommés, vendus, confits. — (11) Kirsch. — (12) Eau-de-vie recherchée. — (13) Huile de première qualité. — (14) Fraîches ou sèches. — (15) Consommées, vendues.

NOTIONS DE BOTANIQUE

Plantes utiles. — Plantes nuisibles

LEÇONS

Cours Moyen

1. — Les plantes sont également classées en *plantes utiles* et en *plantes nuisibles*.

2. — Les plantes utiles rendent des services à l'homme.

3. — Elles comprennent d'abord les *plantes alimentaires, fourragères et industrielles* de grande et de petite cultures.

4. — Elles comprennent ensuite les *plantes médicinales* utilisées pour combattre les indispositions légères.

5. — Les plantes médicinales se subdivisent en plantes *apéritives, purgatives, vermifuges, pectorales, sudorifiques, fébrifuges, calmantes, émollientes.*

6. — Les plantes apéritives excitent l'appétit, les purgatives débarrassent l'estomac, les vermifuges détruisent les vers intestinaux.

7. — Les plantes pectorales combattent les affections de la poitrine, les sudorifiques favorisent la sécrétion de la sueur.

8. — Les plantes fébrifuges coupent les fièvres, les calmantes adoucissent les irritations nerveuses, les émollientes ramollissent les parties enflammées.

9. — Les *plantes nuisibles* causent des préjudices aux hommes, aux animaux, aux végétaux ; elles sont *vénéneuses ou parasites.*

Cours Supérieur

1. — Parmi les plantes apéritives, on cite le houblon, la pensée sauvage.

2. — Les fleurs de pêcher, la racine de rhubarbe sont purgatives.

3. — On emploie comme vermifuges, l'absinthe, les racines de fougère (capillaire).

4. — Les fleurs de violette, de tilleul, de sureau, donnent une tisane adoucissante.

5. — Les plantes sudorifiques comprennent surtout : les tiges de douce-amère, les fleurs de tilleul, les fleurs de bourrache.

6. — Pour combattre les fièvres, on utilise la tige supérieure de la petite centaurée, la racine de gentiane.

7. — Les principales plantes calmantes sont : les coquelicots, la valériane ; parmi les plantes émollientes on range les feuilles de bouillon blanc, la racine de guimauve.

8. — Comme *plantes vénéneuses*, il faut apprendre à connaître : la *belladone*, la *stramoine*, la *digitale*, la *ciguë*, l'*euphorbe*, l'*ellébore*, les *champignons non comestibles.*

9. — Comme plantes encombrantes ou parasites, il faut détruire celles qui infestent les champs et les jardins, et celles qui s'attachent aux végétaux ligneux et herbacés.

Exercices d'observation

Economie domestique. — 1. Pourquoi les infusions de fleurs de coquelicot calment-elles les douleurs ? — 2. Pourquoi les cataplasmes de feuilles et de racines de guimauve rendent-ils les inflammations moins sensibles ? — 3. Y a-t-il une différence, comme préparation, entre une décoction et une infusion de feuilles ou de fleurs de bourrache ? — 4. Pourquoi l'usage de l'épinard, du cresson, de la chicorée, dans l'alimentation, contribue-t-il à conserver la santé ? — 5. Où apparaît la rouille du blé, l'ergot du seigle, le mildiou de la vigne ? — 6. A quoi reconnaît-on la ciguë quand on froisse ses tiges ou ses feuilles ? — 7. Pourquoi fait-on vomir une personne que l'on suppose être empoisonnée par des champignons ou par d'autres plantes vénéneuses ?

Rédactions

1. **Les plantes utiles.** — Comment se subdivisent les plantes utiles à l'homme ? — D'où provient la dénomination particulière de chaque subdivision ? — Enumérez, par ordre d'importance, les plantes utiles que vous connaissez dans chaque catégorie.

2. **Une des utilités de la botanique.** — Une de vos camarades a failli empoisonner sa famille en employant de la ciguë au lieu de cerfeuil dans l'assaisonnement d'une salade. Démontrez-lui, à cette occasion, l'utilité de la botanique, et indiquez-lui un certain nombre de plantes vénéneuses dont elle devra se défier.

Problèmes

1. — 8 mètres carrés de terrain inculte sont couverts de chardons à raison de 14 pieds par mètre carré. Chaque pied peut donner environ 30,000 graines de cette plante nuisible, dont les 3/4 sont susceptibles de germer et de donner naissance à des chardons qui envahiront le terrain avoisinant. — Quelle surface risque d'être ainsi couverte, si l'on ne pratique pas l'échardonnage du terrain inculte ? (on comptera en moyenne 14 pieds par mètre carré).

2. — 30 grammes de cônes de houblon permettent de faire un litre de tisane. Un malade boit par jour 2 verres de cette tisane, de chacun 14 centilitres de capacité. — A combien revient l'achat des cônes employés à préparer la tisane de 6 personnes pendant 3 semaines, si le kilogramme est estimé 4 fr. 50.

Collections à faire

Récolter, faire dessécher, empaqueter et classer par propriétés médicinales, les plantes ou parties de la plante indiquées ci-après :

Apéritives : gentiane, houblon, pensée sauvage. — *Purgatives* : fleurs de pêcher, racines de rhubarbe. — *Vermifuges* : absinthe, fumeterre, racine de capillaire (fougère). — *Pectorales* : fleurs de violette, guimauve, tilleul, sureau, bouillon blanc, feuilles de lierre terrestre, racines de mauve et guimauve. — *Sudorifiques* : fleurs de tilleul et de sureau, feuilles et fleurs de bourrache, tiges de la douce-amère. — *Fébrifuges* : sommités de la petite centaurée, fleurs et feuilles de chardon bénit, racine de gentiane. — *Calmantes* : pétales de coquelicot, fleurs de primevère, de tilleul. — *Emollientes* : feuilles de guimauve, de bouillon blanc, de violette, racines de guimauve.

Arbres Forestiers — Boisement.

LEÇONS

I. — **1.** La forêt est un vaste terrain planté d'arbres de toutes sortes. — **2.** Ces arbres portent le nom d'arbres forestiers. — **3.** On les divise en arbres à feuilles caduques tels que le chêne, l'orme, le bouleau, le platane, le hêtre, etc, et en arbres résineux tels que le pin, le sapin, le mélèze. — **4.** Les forêts peuvent être créées dans tous les terrains. — **5.** On doit choisir néanmoins des essences en rapport avec la nature du sol. — **6.** La multiplication des arbres forestiers a lieu naturellement par semis de graines. — **7.** Elle a lieu également par transplantation de sujets tirés des des forêts ou de pépinières. — **8.** Pour utiliser les arbres forestiers on les soumet à l'abattage. — **9.** Le bois obtenu est dit de chauffage ou d'industrie.

II. — **1.** Le sol destiné à être boisé ou reboisé sera préalablement labouré et hersé. — Le semis de graines a lieu à la volée ou en rigoles transversales à la pente du terrain. — Si on transplante, mieux vaut le faire au printemps qu'à l'automne. — Les soins d'entretien consistent en éclaircissages et en élagages. — **2.** Un bois est dit en futaies ou en taillis. — Une forêt en futaies est éclaircie tous les ans par l'arrachage ou l'abattage des plus beaux pieds. — Une forêt en taillis est coupée périodiquement, mais on réserve les arbres de belle venue, appelés baliveaux. — Les arbres forestiers craignent le scolyte destructeur, le bossu, le gâte-bois, la vrillette, etc. — **4.** Le boisement présente de nombreux avantages : il retient les eaux fluviales, il empêche la descente des terres, il augmente la couche humifère du du sol, il assainit l'atmosphère, il fournit une source de richesse aux pays montagneux, il donne un gage de sécurité aux habitants des côtes. Il ne faut donc déboiser qu'avec la plus extrême prudence.

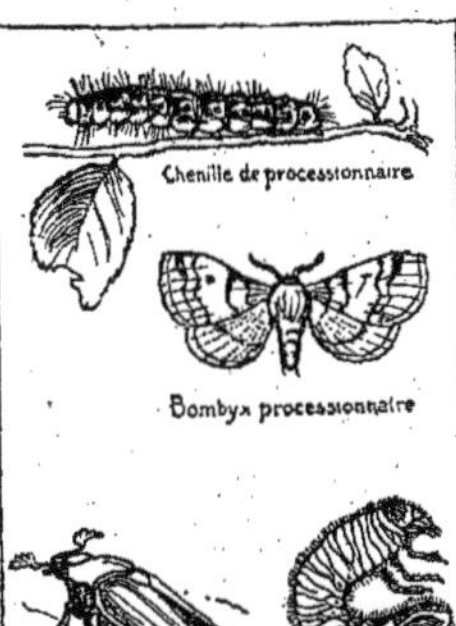

Quelques ennemis des arbres forestiers

Questionnaire

I. — **1.** Qu'appelle-t-on forêt ? — **2.** Qu'est-ce qu'un arbre forestier ? — **3.** Comment subdivise-t-on ces arbres ? — **4.** Citez des arbres à feuilles caduques, des arbres résineux. — **5.** Où peut-on créer des forêts ? — **6.** Comment multiplie-t-on les arbres forestiers ? — **7.** Comment les utilise-t-on ? — **8.** Qu'est-ce qu'un bois de chauffage ? Un bois d'industrie ?

II. — **1.** Quelle préparation demande-t-on au sol destiné à une forêt ? — **2.** Comment sème-t-on les graines ? — **3.** Quels soins d'entretien réclame une forêt ? — **4.** Qu'est-ce qu'une forêt en taillis ? Une forêt en futaies ? — **5.** Quels insectes craignent les arbres forestiers ? — **6.** Citez les avantages du boisement.

Rédactions

1. Les grandes forêts. — Leur utilité. — Les produits qu'on en tire. — Le reboisement. — Les plus remarquables dans votre département ; en France.
C. E. Gard.

2. Utilité des arbres. — Citez les arbres forestiers que vous connaissez et dites à quels usages leur bois est ordinairement employé.
C. E.

3. Inconvénients du déboisement des montagnes.
C. E. Lozère, 1899.

Problèmes

I. — **1. Débit d'un tronc de chêne.** — Un tronc de chêne a fourni 35 planches ; ce tronc a coûté 55 fr. 50 et chaque planche a 1m 60 de longueur. On a employé, pour le débiter, 2 ouvriers pendant 2 jours, à 3 fr. 50 par jour. Quel est le prix de revient du mètre linéaire de cette planche ?
C. E. Montfort. 1885.

2. Exploitation d'un taillis. — Un marchand de bois achète un taillis de 475 ares au prix de 4 fr. l'are ; il obtient 124 stères de bois qu'il vend au prix de 18 fr. l'un et 4.500 fagots vendus à raison de 70 fr. le cent. Quel bénéfice réalise-t-il si l'exploitation lui a coûté 1.975 francs ?

II. — **3. Pouvoir absorbant des sciures employées comme litières.** — On sait que 50 kg. de sciure de bois de peuplier ont le même pouvoir absorbant qu'un quintal de paille de blé ; en supposant qu'on ajoute une certaine quantité de cette sciure à la litière ordinaire d'un cheval, qui est évaluée à 4 kg. de paille de blé par jour, on demande quelle devrait être cette quantité journalière pour remplacer 10 kg. 500 de paille dans une semaine ?

4. Boisement par semis. — A combien revient l'achat de graines nécessaires pour semer en bois un terrain rectangulaire long de 240m, large de 85m, si l'on emploie, pour un hectare, un mélange comprenant 200 kg. de glands, 5 kg. de graines de bouleau, 50 kg. de graines de hêtre et 6 kg. de graines de charme ; on sait que le kg. de glands coûte 0 fr. 30, celui de graines de bouleau 0 fr. 90, de graines de charme, 1 fr. 80, de graines de hêtre, 1 fr. 30.

1. — La moisson des bois en automne

C'est surtout quand l'automne est venu, que les bois prodiguent leurs largesses. A cette époque, comme vous l'avez sans doute remarqué, les noisettes que le soleil a dorées sont pleines, et les coudraies feuillues tendent vers nous leurs amandes jumelles. C'est là que les écureuils viennent faire leur provision pour la saison des frimas. Les prunelles bleuissent leurs fruits âpres, vert pâle, au milieu du feuillage rougissant des sauvageons. Les baies des cornouillers, semblables à des olives vermeilles, achèvent de mûrir à côté des épines vinettes cramoisies, et du haut des alisiers, pendent les bouquets bruns des alises, pareilles quant au goût et à la couleur à de petites nèfles. Les chênes font pleuvoir leurs glands, et les sangliers en font leur régal. Mais le plus riche produit des bois est le fruit du hêtre, la faîne. Vers la mi-septembre, les capsules rougeâtres et rugueuses des hêtres s'entr'ouvrent; les faînes s'en échappent deux à deux; avec un bruit sec; le sol est jonché de leurs graines brunes et triangulaires. Alors tous les bois sont en rumeur: femmes, vieillards, enfants, tout le monde accourt des villages environnants pour récolter la faîne. On étend sous chaque arbre de grands draps blancs, on secoue la branche à coups de gaule, et les graines anguleuses tombent comme une averse.

La faîne est très savoureuse. Les paysans en font une huile qui a l'avantage de se conserver pendant dix ans sans perdre sa qualité, et qui sert à confectionner des fritures dont les gourmets font leurs plus chères délices.

Dictée donnée au concours d'admission de l'école pratique de sylviculture des BARRES (1899).

2. — Le chant des bûcherons

Voici les bûcherons, les francs coupeurs de chênes !
Par la neige ou la pluie ils font leur dur métier;
Dès que le jour commence, en route ! Le gibier
Ne rôde pas plus qu'eux dans les forêts lointaines ;
Leurs jarrets sont de fer, leurs muscles sont d'acier.
Voici les bûcherons, les francs coupeurs de chênes !

L'arbre, dans le taillis comme un géant campé,
Au-dessus du chemin dressait sa grande taille ;
Son tronc large et noueux semblait une muraille...
Dans l'herbe le voilà gisant... Qui l'a frappé ?
Ce sont les bûcherons, ils ont comme une paille
Brisé l'arbre géant dans le taillis campé.

Qui nourrit de charbon la fournaise béante,
Où l'on coule la fonte, où l'on forge le fer ?
Qui fournit leurs grands mâts aux vaisseaux de la mer ?

Qui donne à la maison sa porte et sa charpente,
Qui fait luire dans l'âtre un soleil en hiver
Et nourrit de charbon la fournaise béante ?

Ce sont les bûcherons. — Leur bras n'est jamais las.
Parfois, quand la forêt, de brouillards imprégnée,
Fait silence l'hiver, le bruit d'une cognée
Ou d'un chêne qui roule et tombe avec fracas,
Retentit dans le fond d'une combe éloignée...
Ce sont les bûcherons, leur bras n'est jamais las.

Honneur aux bûcherons, aux francs coupeurs de chênes!
Ils n'ont pas sitôt mis le pied hors du taillis,
Qu'ils se sentent le cœur pris du mal du pays.
Au bois est leur patrie, au bois sont leurs domaines ;
Leurs fils y grandiront près des pères vieillis,
Les fils des bûcherons, des francs coupeurs de chênes !

André THEURIET (*Sylvine*).

3. — Les plantes médicinales. — Récolte et dessication

Nous laissons perdre quantité de plantes médicinales que nous pourrions utiliser, parce que nous ne savons pas les préparer et les dessécher comme il convient.

On utilise tantôt le bois, l'écorce et les racines ; tantôt les feuilles, les fleurs, les fruits, les graines ; tantôt les plantes entières des plantes médicinales.

C'est en hiver qu'on prend le bois des arbres et c'est en automne qu'on prend celui des arbrisseaux. C'est en automne encore qu'on lève l'écorce des arbrisseaux, et c'est au printemps qu'on lève l'écorce des arbres.

C'est au printemps qu'on arrache les racines des plantes, celles de patience et de bardane, par exemple. On les débarrasse de la terre qui les entoure ainsi que de leur chevelu. Si elles sont volumineuses et par conséquent difficiles à dessécher, on les découpe en rondelles ou en lames, et, dans cet état, la dessiccation se fait au soleil ou au four. Dès qu'elles sont bien sèches, on les enferme dans un sac en papier qu'on place ensuite en lieu sec. Les mêmes précautions sont à prendre quand il s'agit de dessécher du bois, des écorces ou des racines.

La récolte des feuilles de lierre terrestre, de pariétaire, de menthe, etc., s'effectue après la floraison, avant que les graines des plantes soient mûres.

S'agit-il de récolter des fleurs ? On les prend autant que possible au moment où elles commencent à s'ouvrir. Pour un grand nombre, et entre autres pour la violette et la primevère officinale, il convient de les débarrasser de leur calice et des renflements qui contiennent les graines. Il ne faut conserver que ce qu'on appelle la fleur.

Pour les plantes herbacées que l'on récolte entières, c'est-à-dire avec les feuilles et les fleurs, au moment où ces dernières s'ouvrent, le meilleur moyen de les dessécher consiste à les placer à l'ombre, dans une chambre ou un grenier bien aéré et de les y suspendre sur un filet à grosses mailles, afin que l'air circule partout; à défaut de filet, on se contente de les étendre sur des feuilles de papier ou sur des claies en ayant soin de les retourner de temps en temps.

La récolte des fruits et des graines se fait aussitôt la maturité et un peu avant qu'ils tombent d'eux-mêmes.

Tout fruit taché, contusionné ou attaqué par les insectes, doit être écarté, parce qu'il est sujet à pourrir et aussi parce qu'il peut avoir perdu de ses propriétés. On dessèche les fruits au soleil, puis au four.

Quant aux graines, on s'assure de leur qualité en les jetant dans l'eau. Les bonnes vont au fond, les mauvaises surnagent; on jette ces dernières et on ressuie les premières sur du papier buvard. Après quoi, on les met sécher au soleil et au four quand le pain en a été retiré.

(*Gazette du Village.*)

Herbier scolaire — Les arbres forestiers

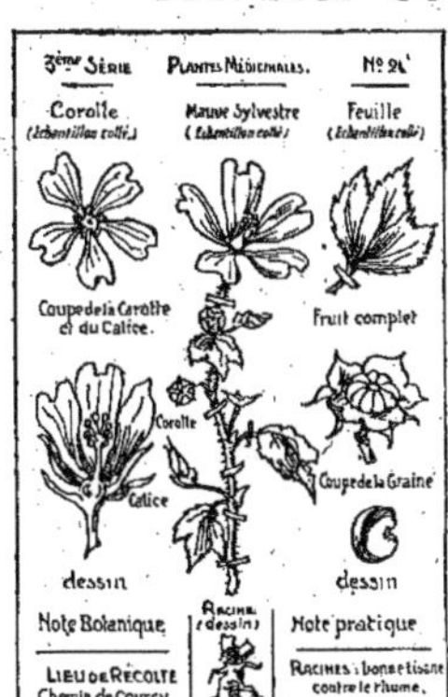

Herbier scolaire

Matériel : Papier buvard pour dessécher les plantes,
Papier blanc — format pot — pour conserver les échantillons.
Bandes gommées pour maintenir les échantillons.

Conseils : *Récolte* — en temps sec. — Prendre : fleurs, feuilles, tiges, racines et plus tard graines.

Dessication : entre feuilles de buvard -- compresser avec livres. — Changer ce papier tous les jours.

Mise en place : comme dans la gravure ci-contre.

Titres des Collections de l'herbier :

1. — Type des principales familles.
2. — Plantes caractéristiques des sols.
3. -- Plantes médicinales.
4. → Plantes agricoles ou horticoles,
5, — Plantes nuisibles.

Tableau de Renseignements : Boisement par semis et plantation.

ESSENCES		SEMIS en place en plein	SEMIS en place en partiel	SEMIS en pépinière	Distance des plants	PLANTS A L'HECTARE NOMBRE DES PLANTS en triangle	on carré ou en quinconce
Aune........		10 - 12 kg.	6 - 8 kg	1 - 2 kg	0 m, 50	46.194	40.000
Bouleau.....		30 - 40	24 - 30	1 - 2	0 m, 75	20.532	17.777
Charme.....		45 - 50	30 - 33	1,5 - 2	1 m,	11.548	10.000
Châtaignier..	Poids de graines à l'Hre	450 - 600	350 - 450	50	1 m, 25	7.395	6.400
Chêne.......		750 - 900	580 - 600	100 - 150	1 m, 50	5.132	4.444
Erable......		60 - 65	40 - 45	7,5 - 10	1 m, 75	3.771	3.455
Frêne.......		40 - 45	27 - 30	2 - 3	2 m,	2.887	2.500
Hêtre.......		325 - 425	250 - 300	6 - 10	2 m, 25	2.281	2.066
Orme.......		28 - 30	18 - 22	1 - 2	2 m, 50	1.848	1.600
Pin sylvestre.		6 - 8	6 - 8	1	2 m, 75	1.528	1.325
Sapin		80	50 - 60	2 - 3	3 m,	1.283	1.111

Devoir d'Agriculture locale : Les Arbres forestiers

Nos forêts comprennent diverses essences de bois ; il y a des arbres à feuilles caduques tels que (1) et des arbres à feuilles persistantes tels que (2). Ces forêts sont généralement (3) entretenues et (4) comme soins annuels (5) ; elles sont cultivées en (6) les taillis sont coupés tous les (7). On utilise les produits qu'elles fournissent pour (8). Aujourd'hui (9) on favorise (10).

(1) Le chêne, le hêtre, le frêne, le châtaignier, le charme, le bouleau, l'érable, le platane, le peuplier, le saule, le mélèze. (2) le sapin, le pin. (3) bien ou mal. (4) reçoivent ou devraient recevoir. (5) l'arrachage des épines, l'abattage des arbres morts, le repiquage ou le semis des places vides, l'élagage etc. (6) futaies ou taillis (7) 20, 25, ou 30 ans, indiquer la coutume locale. (8) la construction, l'industrie, le chauffage ; (9) avec raison ou à tort (10) le reboisement ou le déboisement.

TABLE DES MATIÈRES

SCIENCES | AGRICULTURE

<table>
<tr><td>

Sciences (*suite*)

</td><td>

Agriculture (*suite*)

</td></tr>
</table>

Extrait du Catalogue de la Librairie Vve Auguste GODCHAUX

Méthode Pratique
de LECTURE-ÉCRITURE-ORTHOGRAPHE
par **A. RENAULT**, Inspecteur primaire

Présentant une concordance absolue avec la Méthode d'Écriture-Lecture du même auteur.

PREMIER LIVRET : 0 fr. 30. — DEUXIÈME LIVRET : 0 fr. 45.

LA MÊME MÉTHODE, en *4 tableaux doubles* (rectos et versos) de 80 cent. de hauteur sur 104 cent. de largeur.
Les *8 tableaux* en feuilles : 5 fr. — Les mêmes tableaux sur *4 cartons* (rectos et versos utilisés) : 10 fr.

Adoptée pour les Écoles communales de Paris.

Enseignement Simultané
de l'Écriture, de la Lecture, de l'Orthographe et du Dessin
MÉTHODE PRATIQUE D'ÉCRITURE-LECTURE
par **A. RENAULT**, Inspecteur primaire, Officier de l'Instruction publique

Contenant de nombreux Exercices de Dessin très faciles.

Mise en concordance absolue avec les 2 livrets et les tableaux de lecture du même auteur.

13 cahiers adoptés pour les Écoles communales de Paris, Lyon, Marseille, etc. — *Le cahier* : 0 fr. 10.

EXERCICES DE DESSIN
Préparatoires à l'épreuve spéciale du Certificat d'études primaires.

par **D. CHOPIN**, Professeur de Dessin, Officier d'Académie

Approuvés par le Comité des Inspecteurs de dessin.

NOUVELLE ÉDITION, entièrement refondue

Méthode pratique et intuitive, montrant la construction de chaque modèle à l'aide de croquis successifs,
indiquant les différentes phases du tracé,
et appliquant les principes de la circulaire ministérielle du 12 janvier 1898.

Dessin à main levée. — Dessin géométrique. — Exercices de travail manuel. — Exercices d'invention. —
Dessin dicté. — Dessin de mémoire. — Dessin colorié.

16 cahiers répartis en 4 cours. — *Le cahier* : 0 fr. 10.

Adoptés pour les Écoles communales de Paris, Lyon, Marseille, etc.

Le Livre Unique de Morale et d'Instruction civique
par **POIGNET** et **BERNAT**

Ouvrage conçu sur un plan absolument nouveau, appliquant la méthode concentrique et permettant
d'étudier chacune des leçons sous les formes diverses de : *Résumés, — Copies, — Dictées, — Maximes
d'écriture, — Lectures, — Exercices de récitation, — Problèmes moraux, — Lectures d'images.*

Prix fort : 1 fr. 50.

LE LIVRE UNIQUE DE SCIENCES & D'AGRICULTURE
APPLIQUANT L'ENSEIGNEMENT CONCENTRIQUE
par **DELIÈGE**

LECTURES SCIENTIFIQUES ET AGRICOLES
Avec applications à l'hygiène, à l'économie domestique et à l'antialcoolisme.

Prix fort : 1 fr. 25.

MÉTHODE D'ÉCRITURE DROITE (AVEC MODÈLES MOBILES)
par **FRANÇOIS**, Directeur d'École Normale

Série de 8 cahiers. — *Le cahier* : 0 fr. 10.

CAHIERS D'ÉCRITURE ANGLAISE (AVEC MODÈLES MOBILES)
par **MOULIN**

Série de 7 cahiers. — *Le cahier* : 0 fr. 10.

Imp. Vve Auguste GODCHAUX, éditeur, 133, boulevard de Charonne. — Paris.

www.ingramcontent.com/pod-product-compliance
Ingram Content Group UK Ltd.
Pitfield, Milton Keynes, MK11 3LW, UK
UKHW021906070726
13613UKWH00001B/357